高等学校规划教材

铸造合金原理及熔炼

第2版

蔡启舟 吴树森 编

ZHUZAO HEJIN YUANLI JI RONGLIAN

化学工业出版社
·北 京·

内容提要

《铸造合金原理及熔炼》（第2版）共分4章，第1章为铸铁，介绍了铸铁的结晶与组织的形成、灰铸铁、球墨铸铁、蠕墨铸铁和特种铸铁，重点是铸铁的凝固及组织形成与控制的基本理论。第2章为铸钢，阐述了铸造碳钢、铸造低合金钢和铸造高合金钢的化学成分、组织与性能以及铸钢的热处理。第3章为铸造有色合金，阐述了铸造铝合金、铸造铜合金、铸造镁合金、铸造锌合金的合金牌号、化学成分、组织与性能控制等。第4章为铸造合金的熔炼，主要介绍了感应电炉熔炼、冲天炉熔炼、电弧炉炼钢的原理以及铸铁、铸钢熔体的炉外精炼和铸造有色合金的熔炼与精炼。

《铸造合金原理及熔炼》（第2版）可作为普通高等学校材料成型及控制工程专业、材料加工工程专业和机械类专业本科生教材，也可作为相关技术人员的参考用书或企业继续教育的培训教材。

图书在版编目（CIP）数据

铸造合金原理及熔炼/蔡启舟，吴树森编．—2版．—北京：化学工业出版社，2020.8（2024.7重印）
高等学校规划教材
ISBN 978-7-122-37109-6

Ⅰ.①铸… Ⅱ.①蔡… ②吴… Ⅲ.①铸造合金-熔炼-高等学校-教材 Ⅳ.①TG136

中国版本图书馆CIP数据核字（2020）第092336号

责任编辑：陶艳玲　　装帧设计：史利平
责任校对：刘　颖

出版发行：化学工业出版社（北京市东城区青年湖南街13号　邮政编码100011）
印　　装：北京盛通数码印刷有限公司
787mm×1092mm　1/16　印张16¼　字数404千字　2024年7月北京第2版第5次印刷

购书咨询：010-64518888　　售后服务：010-64518899
网　　址：http://www.cip.com.cn
凡购买本书，如有缺损质量问题，本社销售中心负责调换。

定　　价：78.00元

前 言

本书自2010年出版以来，因内容全面，专业性和实用性强，深受广大读者的欢迎，但随着专业教学改革和铸造合金理论与技术的不断发展，内容有待进一步更新与完善，特进行本次修订。

本书的修订内容主要为：各类铸造合金的牌号和技术参数均采用了最新的国家标准。在第1章中，增加了灰铸铁的冶金质量指标、等温淬火球墨铸铁、厚大断面球墨铸铁的生产、硅固溶强化铁素体球墨铸铁，以及球化处理和蠕化处理新技术等内容。第2章中，增加了低合金高强度铸钢、微合金化铸钢，并重新编写了合金元素在钢中的作用、高锰钢的加工硬化机理和马氏体不锈钢等内容。第3章中，将原“3.1.5 其他铸造铝合金”中的铸造铝铜合金、铸造铝镁合金和铸造铝锌合金等改编为与“3.1.1 铸造铝硅合金”并列的3个小节，同时，将原“3.3 铸造镁合金和锌合金”改编为“3.3 铸造镁合金”和“3.4 铸造锌合金”。考虑到目前普遍采用感应电炉熔炼铸铁和铸钢，而且，铸造镁合金的产量逐年增加，第4章中，将原“4.3 感应电炉熔炼”改编为“4.1 铸铁和铸钢的感应电炉熔炼”，并新增“4.6 镁合金熔炼”一节。其他部分知识在原书基础上作了局部的改动与调整，基本保持了原书的结构与风格。

此外，书中许多地方更新和补充了最新的技术发展，适当增加了学术前沿的内容。在修订过程中，我们参考了国内外的有关书籍、教材以及期刊学术论文，引用了其中一些材料和数据，在此，谨向各书的编者、论文作者和出版者表示深切的谢意。

本书可作为普通高等学校材料成型及控制工程专业、材料加工工程专业和机械类专业本科生教材，也可作为相关技术人员的参考用书，或企业继续教育的培训教材。

由于编者的水平有限，书中难免有错误和不妥之处，恳请广大读者批评指正。

编 者

2020年3月

第1版前言

铸造合金是重要的工程材料，广泛应用于各工业部门，在国计民生中占有重要的地位。我国是一个铸造大国，铸件产量自2000年起连续几年遥居世界首位，2008年铸件产量已达3350万吨。但是，所生产的铸件材质性能普遍较国外低1～2级，少数高档铸件仍需进口。任何一个高性能铸件的获得，必须掌握铸造合金的化学成分、熔炼、热处理等工艺因素、金相组织和性能之间的关系。在上述背景下编写了这本书，本书的目的是使读者在掌握铸造合金的基本理论的同时，又能触及学科前沿的最新技术成果。

全书共分4章，第1章为铸铁合金，介绍了铸铁的结晶与组织的形成、灰口铸铁、球墨铸铁、蠕墨铸铁和特种铸铁。重点是铸铁的凝固及组织形成与控制的基本理论。第2章为铸钢，阐述了铸造碳钢、铸造低合金钢和铸造高合金钢的化学成分、组织与性能以及铸钢的热处理。第3章为铸造有色合金，阐述了铸造铝合金、铸造铜合金、铸造镁合金、铸造锌合金的合金牌号、化学成分、组织与性能控制等。第4章为铸造合金的熔炼，主要介绍了冲天炉熔炼、电弧炉炼钢、感应电炉熔炼的原理以及铸铁、铸钢熔液的炉外精炼和铸造有色合金的精炼。

本书是在总结作者多年来从事《铸造合金原理及熔炼》教学和科研实践经验的基础上，同时吸取国内同仁多年的教学改革成果而编写的。全书系统论述了有关铸造合金原理及其熔炼技术的知识，力求加强基础理论、阐明基本概念与基本问题，尽可能介绍学科前沿的最新研究成果，并提供了丰富的生产和实验数据，加强了实用性，突出了先进性。

本书可作为大专院校材料成形及控制工程专业铸造方向或铸造专业的教材，也适合从事铸造合金的研究与生产的科技人员参考。

本书第1章和第2章由蔡启舟编写，第3章和第4章由吴树森编写。

由于编者的水平有限，在内容和学术观点方面，可能有失偏颇，存在不少的错漏，敬请广大读者指正。

编　者

2009年8月

目　录

第 1 章　铸铁 …… 1

1.1　铸铁概述 …… 1

1.1.1　铸铁的种类 …… 1

1.1.2　铸铁的相与组织 …… 2

1.2　铸铁的结晶与组织形成 …… 6

1.2.1　Fe-C 合金双重状态图 …… 6

1.2.2　白口铸铁的一次结晶 …… 9

1.2.3　灰铸铁的一次结晶 …… 11

1.2.4　球墨铸铁的一次结晶 …… 14

1.2.5　铸铁的二次结晶 …… 19

1.2.6　化学成分对铸铁组织的影响 …… 20

1.2.7　主要工艺因素对铸铁组织的影响 …… 24

1.3　灰铸铁 …… 26

1.3.1　灰铸铁的组织和性能 …… 26

1.3.2　灰铸铁的生产 …… 30

1.3.3　灰铸铁的冶金质量指标 …… 32

1.3.4　提高灰铸铁力学性能的途径 …… 33

1.3.5　灰铸铁的孕育 …… 36

1.3.6　灰铸铁的铸造性能 …… 40

1.3.7　灰铸铁的热处理 …… 41

1.4　球墨铸铁 …… 42

1.4.1　球墨铸铁的组织及性能 …… 42

1.4.2　球墨铸铁的生产 …… 44

1.4.3　球墨铸铁的铸造性能及主要缺陷 …… 51

1.4.4　球墨铸铁的热处理 …… 56

1.4.5　等温淬火球墨铸铁 …… 58

1.4.6　厚大断面球墨铸铁件的生产 …… 60

1.4.7　硅固溶强化铁素体球墨铸铁 …… 61

1.5　蠕墨铸铁 …… 62

1.5.1　蠕墨铸铁的组织及性能 …… 62

1.5.2　蠕墨铸铁的生产 …… 64

1.6　特种铸铁 …… 69

1.6.1　减磨铸铁 …… 69

1.6.2　抗磨铸铁 …… 72

1.6.3　耐热铸铁 …… 75

1.6.4　耐腐蚀铸铁 …… 79

思考题 …… 80

第 2 章　铸钢 …… 82

2.1　铸造碳钢 …… 82

2.1.1　铸造碳钢的化学成分及性能 …… 82

2.1.2　铸造碳钢的结晶及组织 …… 83

2.1.3　铸造碳钢的基本组元对力学性能的影响 …… 88

2.1.4　铸造碳钢的热处理 …… 89

2.1.5　碳钢的铸造性能 …… 91

2.1.6　铸造碳钢的焊接性能 …… 93

2.2　铸造低合金钢 …… 93

2.2.1　合金元素在钢中的作用 …… 94

2.2.2　普通铸造低合金钢 …… 96

2.2.3　低合金高强度铸钢 …… 100

2.2.4　微合金化铸钢 …… 101

2.2.5　特殊低合金钢 …… 103

2.2.6　铸造低合金钢的热处理 …… 104

2.2.7　低合金钢的铸造性能 …… 105

2.2.8　低合金铸钢的焊接性能 …… 107

2.3　铸造高合金钢 …… 107

2.3.1　铸造高锰钢 …… 107

2.3.2　铸造不锈钢 …… 114

2.3.3　铸造耐热钢 …… 122

思考题 …… 124

第 3 章　铸造有色合金 …… 125

3.1　铸造铝合金 …… 125

3.1.1　铸造铝硅合金 …… 125

3.1.2　铸造铝铜合金 …… 140

3.1.3　铸造铝镁合金 …… 145

3.1.4　铸造铝锌合金 …… 147

3.1.5　铸造铝合金的热处理 …… 149

3.2　铸造铜合金 …… 155

3.2.1　铸造铜合金的分类 …… 155

3.2.2　铸造锡青铜 …… 156

3.2.3　铸造铝青铜 …… 161

3.2.4　铸造铅青铜 …… 164

3.2.5 铸造黄铜 …… 166
3.3 铸造镁合金 …… 169
3.3.1 概述 …… 169
3.3.2 铸造镁合金的种类及性能 …… 169
3.4 铸造锌合金 …… 174
3.4.1 概述 …… 174
3.4.2 Zn-Al 合金及其合金化 …… 175
3.4.3 压铸用锌基合金 …… 176
3.4.4 高 Al 锌合金 …… 176
思考题 …… 177
第4章 铸造合金的熔炼 …… 179
4.1 铸铁和铸钢的感应电炉熔炼 …… 179
4.1.1 感应电炉加热及熔化原理 …… 179
4.1.2 炉衬材料和烧结 …… 182
4.1.3 铸铁的工频感应电炉熔炼 …… 185
4.1.4 铸钢的感应电炉熔炼 …… 188
4.2 铸铁的冲天炉熔炼 …… 192
4.2.1 冲天炉的燃烧过程原理 …… 192
4.2.2 冲天炉的热交换过程原理 …… 199
4.2.3 冲天炉的冶金反应原理 …… 202
4.2.4 冲天炉强化熔炼的主要措施 …… 207
4.2.5 铸铁熔液的炉外脱硫 …… 210
4.3 铸钢和铸铁的电弧炉熔炼 …… 214
4.3.1 电弧炉炼钢的特点 …… 214
4.3.2 碱性电弧炉熔炼 …… 215
4.3.3 碱性电弧炉吹氧返回法炼钢 …… 220
4.3.4 酸性电弧炉熔炼 …… 222
4.3.5 低碳及超低碳钢的炉外精炼 …… 224
4.4 铝合金熔炼 …… 227
4.4.1 熔炼炉 …… 227
4.4.2 铝合金的熔炼特点 …… 230
4.4.3 铝合金熔液的精炼 …… 231
4.5 铜合金熔炼 …… 238
4.5.1 铜合金的熔炼特点 …… 238
4.5.2 铸造铜合金的脱氧 …… 241
4.5.3 铸造铜合金的除氢 …… 242
4.5.4 铸造铜合金用的熔剂 …… 242
4.6 镁合金熔炼 …… 243
4.6.1 镁合金熔炼设备 …… 243
4.6.2 镁合金熔炼的氧化与保护 …… 246
4.6.3 镁液除气与精炼 …… 249
思考题 …… 252
参考文献 …… 253

第1章 铸 铁

1.1 铸铁概述

铸铁是指含碳量大于2.11%或者组织中具有共晶组织的铁碳合金。工业上所用的铸铁，实际上都不是简单的铁-碳二元合金，而是以铁、碳、硅为主要元素的多元合金。常用铸铁除Fe以外的成分范围大致为：C2.4%～4.0%，Si0.6%～3.0%，Mn0.2%～1.2%，P0.04%～1.20%，S0.04%～0.20%，有时还可加入各种合金元素，以便获得具有各种性能的合金铸铁。

铸铁是近代工业生产中应用最为广泛的一种铸造金属材料。在机械制造、冶金矿山、石油化工、交通运输和国防工业等各部门中，铸铁件约占整个机器质量的45%～90%，因此学习和研究铸铁技术，对于发展铸造生产、充分发挥铸铁件在国民经济各部门中的作用，是很有意义的。本章主要讨论灰铸铁、球墨铸铁、蠕墨铸铁，以及特种铸铁的组织与性能特点、生产工艺和有关的基本理论。

1.1.1 铸铁的种类

根据碳在铸铁中存在的形态不同，通常可将铸铁分为白口铸铁、灰铸铁、球墨铸铁、蠕墨铸铁、可锻铸铁等。为了便于后续各节的学习，对几种常用铸铁做简要介绍。

(1) 白口铸铁（white cast iron）

白口铸铁中，碳除了少量固溶于铁素体外，绝大部分以碳化物的形式存在，断口呈银白色。白口铸铁的特点是硬而脆，难以切削加工，所以一般铸件中不希望出现白口。但是，在实际生产中，有时却利用白口铸铁的硬度高、抗磨性能好等优点，制造一些高耐磨性的零件和工具，如农具（犁铧等）、球磨机的衬板和磨球、喷丸机的叶片以及电厂灰渣泵的耐磨件等。

另外还可以铸成具有一定厚度的白口表面层而心部则为灰口组织的冷硬铸铁，最常见的冷硬铸铁件有轧辊及矿车车轮。

为了提高白口铸铁的韧性及耐磨性，常加入一些合金元素，如Cr、V、B和RE（Rare Earth稀土）。

(2) 灰铸铁（grey cast iron）

灰铸铁中，碳主要结晶成石墨，并呈片状形式，断口为暗灰色。灰铸铁的化学成分一般为：C2.6%～3.6%，Si1.2%～3.0%，Mn0.4%～1.2%，P≤0.30%，S≤0.15%。灰铸铁生产简便、成品率高、成本低，虽然它的强度较低（R_m150～400MPa），但它的一系列优点（适中的硬度、较小的缺口敏感性、减振性和耐磨性等）和优良的铸造性能，使不同牌号的灰铸铁在工业生产中得到了广泛的应用，如各种机器零件，如机床、内燃机、汽车、农用机械零件等。

(3) 球墨铸铁（ductile cast iron）

球墨铸铁液在浇注前，经球化和孕育处理，碳主要以球状石墨的形态存在于铸铁中。球墨铸铁除具有与灰铸铁类似的优点（如耐磨、减振、良好的切削加工性能和铸造工艺性能等），还具有比普通灰铸铁高得多的强度、塑性和韧性。

球墨铸铁的优良力学性能和其组织特点有关。在球墨铸铁中，石墨结晶成球状，它对基体的割裂作用很小，基体强度的利用率可达70%～90%，因而其抗拉强度不仅高于其他铸铁，甚至高于碳钢。

球墨铸铁已成功地用于铸造一些受力复杂，强度、韧性、耐磨性要求较高的零件，如发动机曲轴、凸轮轴、齿轮、连杆等零件。

(4) 蠕墨铸铁（compacted/vermicular graphite iron）

蠕墨铸铁由金属基体和蠕虫状石墨构成。金相分析证明，蠕虫状墨的端部较钝，其结构具有球状石墨特点，中间是片状石墨结构，它的大小、多少和分布决定着该铸铁的性能。

蠕虫状石墨是介于片状石墨和球状石墨之间的一种中间形态，由于这个原因，蠕墨铸铁的性能也介于灰铸铁和球墨铸铁之间。它具有接近于灰铸铁的铸造性能和导热性，并有接近于球墨铸铁的强度，所以，作为一种新型工程材料，越来越引起人们的关注。蠕墨铸铁可广泛用于高强度零件，如机床零件；耐热零件，如汽缸盖、钢锭模、发动机排气管等。

(5) 可锻铸铁（malleable cast iron）

可锻铸铁是将一定成分的白口铸件毛坯经退火处理，使白口铸铁中的渗碳体分解成为团絮状石墨，从而得到由团絮状石墨和不同基体组织组成的铸铁。根据热处理工艺不同，可锻铸铁可分为铁素体可锻铸铁和珠光体可锻铸铁。

铁素体可锻铸铁（又称黑心可锻铸铁），坯件在非氧化性介质中进行石墨化退火，莱氏体和珠光体皆分解，其组织为铁素体+团絮状石墨，具有一定的强度和较高的塑性和韧性，故常用于制造承受冲击、振动及扭转负荷的零件，如汽车、拖拉机中的后桥、转向机构、弹簧钢板支座；电力输电线安装的各类金属扣件；各种低压阀门、管件和纺织机与农机零件或农具等。

珠光体可锻铸铁由于强度高、硬度亦较高的特点，常用于制造一些耐磨零件，如曲轴、杆、齿轮、凸轮等。近年来由于球墨铸铁制造技术的发展，可锻铸铁部分地被球墨铸铁所取代。但由于可锻铸铁的生产过程较易控制，有较好的生产稳定性，生产成本低，故仍在某些领域中使用。特别是对于一些大批量的复杂薄壁小件的生产，可锻铸铁的优点就更加突出，其应用仍具有一定的优势。

可锻铸铁的铸造工艺性能较差。由于低碳、低硅，铸铁为白口组织，凝固时没有石墨析出，所以凝固时收缩较大，同时流动性能也不像灰铸铁那样好，因此必须在铸造工艺上加以特别注意。

1.1.2 铸铁的相与组织

尽管铸铁的种类牌号繁多，但就显微组织而言，它们都是由以下各种金属或非金属相组成的，只是由于组成相的性质及其相互比例的变化而使铸铁的性能发生了变化。

(1) 奥氏体（Austenite）

奥氏体是C溶入γ-Fe中所形成的间隙固溶体，具有面心立方结构，其晶格常数a与温度T有关：$a=(0.3618+0.8496\times10^{-5}T)$ nm。非合金铸铁的奥氏体是一种高温组织，它只在共析温度以上存在，温度下降到共析转变温度以下即转变为铁素体+渗碳体（两相组成珠光体）或铁素体+石墨。但高镍或高锰铸铁的奥氏体十分稳定，其共析转变温度降到室温以下，使奥氏体能在室温条件下存在。

图1-1为奥氏体的晶格结构。面心立方晶格最大空隙位置（1/2，1/2，1/2）的空隙半径

为 $R=0.414r=0.054\text{nm}$（r 为 Fe 原子半径，$r=0.130\text{nm}$），而 C 原子半径为 0.077nm，因此 C 原子固溶于 γ-Fe 晶格将引起晶体膨胀。碳在奥氏体中的最大溶解度为 2.08%，共析反应时溶解度下降到 0.68%。非合金铸铁的奥氏体固溶碳量对奥氏体的共析转变影响很大，由于 C 是稳定奥氏体的元素，随着溶碳量增加，奥氏体将变得更加稳定或共析转变更困难，因而更容易获得数量更多、组织更致密的珠光体基体。

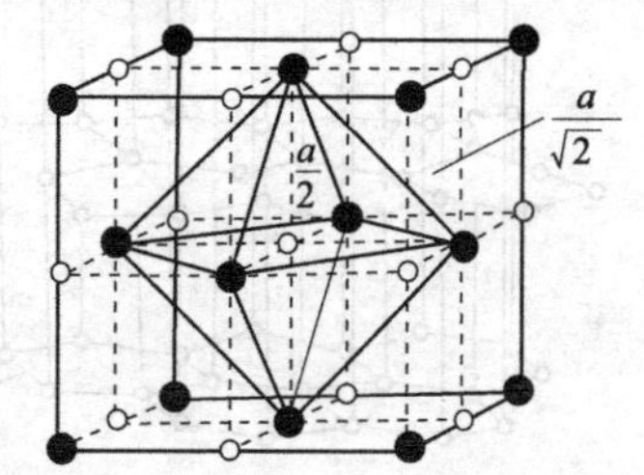

图 1-1 奥氏体的晶格结构
●—金属原子；○—C 原子

（2）铁素体（ferrite）

铁素体是 C 溶入 α-Fe 中所形成的间隙固溶体，具有体心立方晶格结构，其晶格常数为 $a=(0.2860+0.4252\times10^{-5}T)$ nm。铁素体的体心立方晶格内有两个最大间隙位置，一个为四面体，如图 1-2（a）所示，间隙半径 $R=0.291r=0.038\text{nm}$（r 为 Fe 原子半径），另一个为八面体，如图 1-2（b）所示，间隙半径 $R=0.154r=0.020\text{nm}$。而碳的原子半径为 0.077nm，比上述间隙半径大得多，因此，碳在铁素体中的溶解度很小，727℃时为 0.0218%，温度下降时溶解度更小，所以铁素体是一种微碳固溶体。

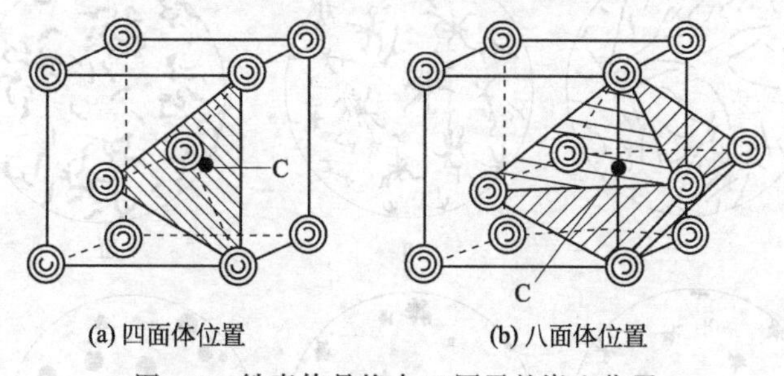

(a) 四面体位置　(b) 八面体位置

图 1-2 铁素体晶格中 C 原子的嵌入位置

铸铁含硅量比较高，硅置换体心立方晶格中的铁原子变为含硅铁素体。硅有固溶强化作用，随着含硅量的增加，铸铁的强度及硬度提高。但硅的有效半径大于铁，当含硅量大于 3.0%时，铁素体晶格畸变的程度大使材料的脆性增大。

铁素体是一种高塑性、高韧性、中等强度的金属基体，是高韧性铸铁期望的显微组织，如铁素体球墨铸铁、铁素体可锻铸铁的铁素体含量在 80%以上。与此相反，高强度铸铁则应限制铁素体的含量，以保证足够的强度、硬度和耐磨性。

铸铁组织中的铁素体含量取决于化学成分、冷却速度、孕育及热处理条件，提高 C、Si 含量，减少 Mn 等稳定珠光体元素，降低冷却速度，强化孕育或用高温退火处理都有助于增加铁素体含量。

（3）石墨（graphite）

无论是片状还是球状石墨，其结构都是六方晶系，如图 1-3 所示，基面为（0001）面，柱面为（$10\bar{1}0$）面。基面内的 C 原子以共价键结合，结合能为 293.1～334.9kJ/mol，大于金刚石的结合能 267.9kJ/mol。六方形结构内的 C 原子距离为 0.1421nm，层与层之间的距离为 0.3354nm，基面间的碳原子靠极性键即范德瓦尔力结合，结合能为 16.7kJ/mol，这个方向上的抗拉强度不到 20MPa。由于层内的共价键能比层间极性键能大约 20 倍，因此石墨结构表现极大的各向异性，结晶学上把垂直于基面（0001）的方向称为 c 轴方向，平行于基面而垂直于柱面的方向称为 a 轴方向。

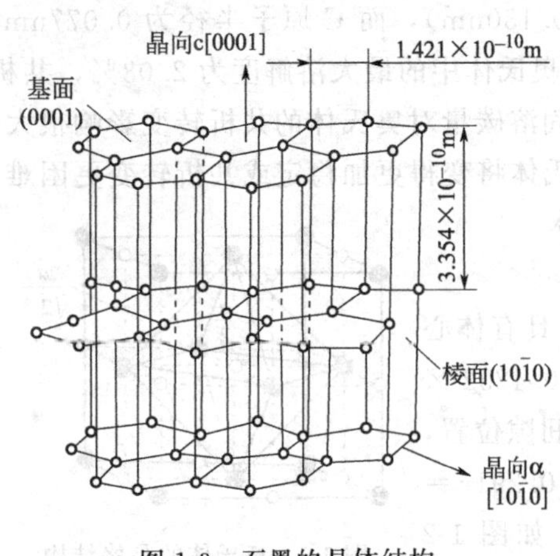

图 1-3　石墨的晶体结构

石墨结构的各向异性对性能和结晶方式影响很大：

① 层间受到切向力作用时容易滑移，因此石墨有一定的润滑作用；

② 平行于基面或垂直于柱面的 a 轴方向是石墨优先生长方向，因为该方向具有不饱和共价键，工业铁液中的石墨由于 a 轴方向和 c 轴方向的生长速度有显著差别而倾向于片状结构；

③ 在纯净铁液中，基面的界面能 56.2J/cm^2，比柱面的界面能 433.0J/cm^2 小得多，基面强烈的表面活性使它具有比柱面更大的生长速度，以致倾向于球状生长。

石墨因结晶条件而呈现出不同形态，国际标准化组织（International Organization for Standardization，ISO）制定的标准中将石墨形态分为Ⅰ～Ⅵ等 6 种形态，如图 1-4 所示。

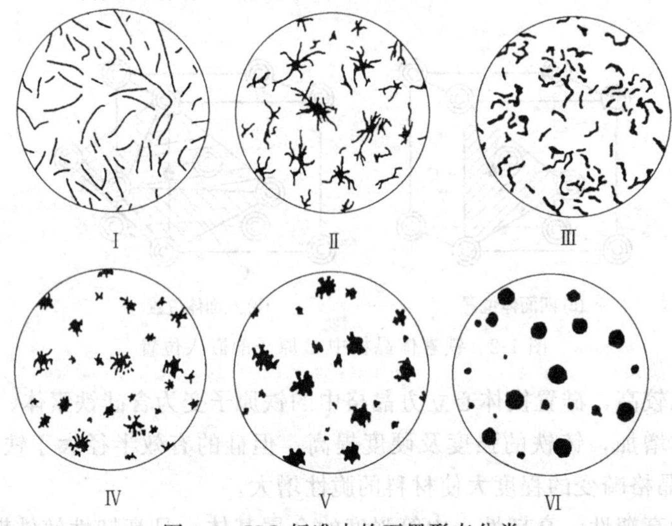

图 1-4　ISO 标准中的石墨形态分类

（4）渗碳体（cementite）

渗碳体是铁与碳形成的间隙化合物，含碳量为 6.69%，是铸铁中的重要组成相。根据 X 射线衍射分析可知，Fe_3C 为斜方晶系，晶格常数 $a=0.4515$nm，$b=0.5077$nm，$c=0.6726$nm。在 Fe_3C 晶格中由 Fe 原子构成三面棱形的链状结构，每个棱面都与（001）面平行。一个 Fe_3C 晶胞有 12 个 Fe 原子、4 个 C 原子，Fe 原子与碳原子之比为 3∶1。一个 C 原子与邻近的 4 个原子以共价键连结，并把三个棱面连接起来，层内及层间的铁原子由金属键联结，如图 1-5 所示。渗碳体具有很高的硬度，HV1000～1100，但塑性很差，伸长率接近于零。

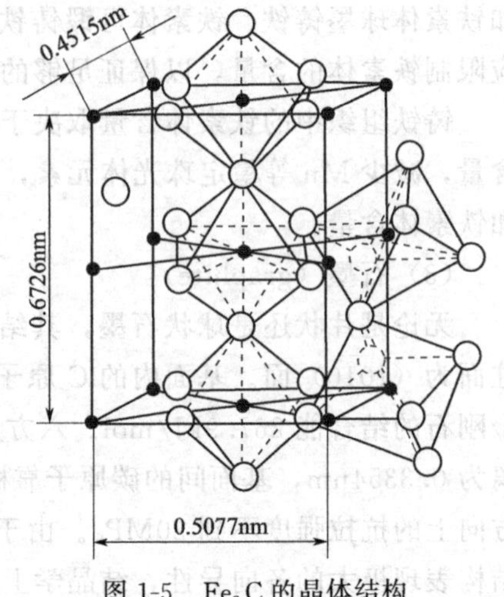

图 1-5　Fe_3C 的晶体结构

●—C 原子；○—Fe 原子

渗碳体是介稳定系结晶的产物，直接从过共晶成分铁液中析出，在铁液中形核长大。尺寸粗大的渗碳体称为初生渗碳体，它对强度的破坏最严重。共晶反应时与奥氏体同时生长的渗碳体称为共晶渗碳体，它和共晶奥氏体形成的机械混合物称为莱氏体（Ledeburite），这个共晶体在继续冷却过程中不断从共晶奥氏体内析出细小的二次渗碳体并附着在初生或共晶渗碳体上。奥氏体冷却到共析点以下即发生共析反应，生成α铁素体＋渗碳体，二者共同组成的共析体就是珠光体。因此，常温下看到的莱氏体并不是由奥氏体和共晶渗碳体组成，而是由珠光体和共晶渗碳体组成（通常称为变态莱氏体）。

由大量初生渗碳体或莱氏体组成的显微组织特别硬而脆，不能加工，强度很低，很难直接应用，但若含量适当又可能是很好的抗磨材料。对于承受一定负荷的结构零件，游离渗碳体被视为必须加以限制的有害组织，应予消除。而对于抗磨铸铁则必须保证有一定数量的渗碳体，以确保其耐磨性。

Fe_3C 和其他金属固溶体一样，合金原子也能置换晶内的 Fe 原子，晶内的空隙亦可能被别的原子嵌入形成固溶体，如 $(Fe \cdot Cr)_3C$ 就是铬置换铁形成的复杂碳化物，其显微硬度为 HV831～1196；属六方晶系的 $(Fe \cdot Cr)_7C_3$ 显微硬度为 HV1227～1475。在硼铸铁中，可形成硼固溶渗碳体 $Fe_3(B \cdot C)$，其硬度比一般渗碳体高，是硼铸铁中的一种硬质相。

（5）莱氏体（Ledeburite）

莱氏体为介稳定系转变时的共晶组织，由奥氏体与渗碳体组成的两相机械混合物，冷却到共析温度以下时，奥氏体转变为珠光体，由珠光体与共晶渗碳体混合的组织称为变态莱氏体。

（6）珠光体（pearlite）

珠光体是奥氏体的共析转变产物，由于冷却速度较快，反应按介稳定系进行，形成由铁素体和渗碳体组成的机械混合物，是一种强度、硬度、韧性都较理想的基体，其性能波动与铁素体和渗碳体层状结构的片间距有关，片间距越小或分散度越大，则强度、硬度越高。

珠光体可在铸态下形成，也可在正火处理过程中形成。化学成分中的碳化物形成元素（如 Mn、Cr 等）或稳定珠光体形成元素（如 Ni、Cu、Sn 等）越多、冷却速度越快，珠光体数量就越多，片间距越小，强度、硬度越高。

珠光体铸铁的强度受石墨形态的影响大。片状石墨因割裂和尖端应力集中，使金属基体的强度、韧性被严重削弱，珠光体基体灰铸铁的强度较低，其伸长率几乎为零。球状石墨对基体的割裂作用较小，珠光体基体球墨铸铁的抗拉强度可达 700～800MPa，伸长率为 2%～5%。

（7）磷共晶（phosphide eutectic）

一般来说，磷不是有意加入的元素，而是从铁矿石中带入生铁、再由生铁转入合金的一种有害的杂质。普通灰铸铁的磷量为 0.04%～1.0%，强度越高要求磷的含量越低，因为它是低熔点晶间偏析型元素。当铸铁含磷量超过 0.06%时，晶间偏析的程度足以形成二元或三元磷共晶。二元磷共晶由 $(\alpha + Fe_3P)$ 组成，在冷却速度缓慢或石墨形核率较高的条件下形成，其显微硬度 HV750～800。当冷却速度比较快，或石墨形核率较低，或含 0.1%以上 Cr、V 等碳化物形成元素时，由于碳化物形成元素和磷一起向晶界偏析，形成三元磷共晶，它由 $(\alpha + Fe_3P + Fe_3C)$ 组成，其显微硬度 HV900～950。二元磷共晶熔点 954℃，三元磷共晶熔点 984℃，均低于铸铁的共晶凝固温度，所以磷共晶只能在共晶团边界上凝固，呈多棱孤岛状或连续网状结构。高硬度磷共晶的这种分布状态对提高耐磨性十分有利，但也因此而使脆性增大。强化孕育条件、细化共晶团、控制磷共晶数量有可能得到断续网状磷共晶结构，既保持较高的强度又有较好的耐磨性。

磷共晶对性能的不利影响是降低韧性，特别是低温韧性，使韧脆转变温度上升。因此，高韧性铸铁对磷含量有比较严格的要求，球墨铸铁要求不超过0.07%～0.08%P，可锻铸铁要求不超过0.180%P，高强度灰铸铁允许0.15%～0.20%P。有些耐磨铸铁希望有8%～15%磷共晶，磷含量达到0.3%～0.6%。

1.2 铸铁的结晶与组织形成

1.2.1 Fe-C合金双重状态图

(1) 铁-碳状态图的双重性

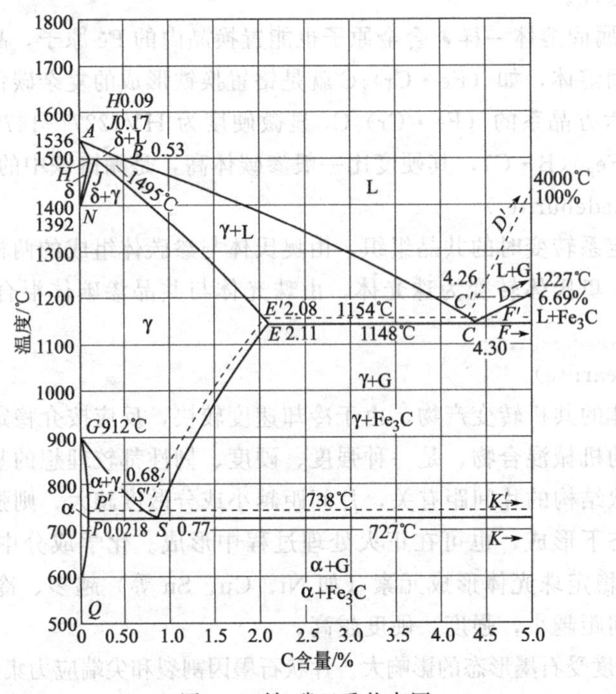

图1-6 铁-碳双重状态图

碳在铸铁中可能有以下三种存在形式。

① 固溶于金属基体。C可以间隙原子方式固溶于δ铁素体、奥氏体和α铁素体，C在δ铁素体、奥氏体和α铁素体的最大溶解度分别为0.09%（1495℃）、2.11%（1148℃）和0.0218%（727℃）；

② 在快速凝固的条件下，除少量碳固溶于金属基体外，大部分碳将与铁结合成化合物Fe_3C，如白口铸铁；

③ 在缓慢冷却条件下，碳有足够的时间聚集为石墨，如灰铸铁和球墨铸铁等。

这就是说，除少量碳固溶于金属基体之外，其余的碳是结晶为石墨还是碳化物，将取决于冷却速度。换言之，铁—碳合金将因冷却速度的变化而有两种结晶系：Fe-石墨系和Fe-Fe_3C系，把这两个结晶系合并为一个状态图便得到如图1-6所示的Fe-C双重状态图。图内表示各相区的位置和组织，虚线为Fe-石墨系临界线，实线为Fe-Fe_3C系临界线。

从热力学观点看，在一定的条件下一定成分的铸铁以奥氏体加石墨的状态存在时具有较低的能量，是处于稳定平衡的状态，如图 1-7 所示。这也说明了奥氏体加渗碳体的组织，虽然亦是在某种条件下形成，在转变过程中也是平衡的，但不是最稳定的。

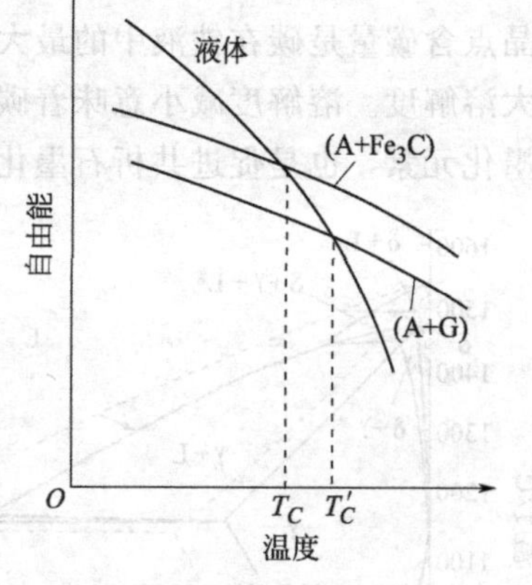

图 1-7 铸铁中各种组成体的自由能随温度而变的示意图

从结晶动力学（晶核的形成与长大过程）的观点看，以含 C 4.30％的共晶成分液体在低于共晶温度的凝固为例：在液体中形成含 C6.69％的渗碳体晶核形成要比含 C100％的石墨晶核形成容易，而且渗碳体是间隙型的金属间化合物，并不要求铁原子从晶核中扩散出去。因此，在某种条件下，奥氏体加石墨的共晶转变的进行还不如莱氏体共晶转变那样顺利。共析转变也可从热力学、动力学两方面去分析而得到和上面相似的结论。

由此可见，从热力学观点上看，$Fe\text{-}Fe_3C$ 相图只是介稳定的，Fe-C（石墨）相图才是稳定的。从动力学观点看，在一定条件下，按 $Fe\text{-}Fe_3C$ 相图转变亦是可能的，因此就出现了二重性。

Fe-C（石墨）相图和 $Fe\text{-}Fe_3C$ 相图的主要不同处如下。

① 稳定平衡的共晶点 C' 的成分和温度与 C 点不同

$$L_{C'}(C4.26\%)\xrightarrow{1154℃}\gamma_{E'}(C2.08\%)+\text{G(石墨)} \tag{1-1}$$

$$L_C(C4.30\%)\xrightarrow{1148℃}\gamma_E(C2.11\%)+Fe_3C\ \text{(二相组成莱氏体)} \tag{1-2}$$

② 稳定平衡的共析点 S' 的成分和温度与 S 点不同

$$\gamma_{S'}(C0.68\%)\xrightarrow{738℃}\alpha_{P'}+\text{G(石墨)} \tag{1-3}$$

$$\gamma_S(C0.77\%)\xrightarrow{727℃}\alpha_P+Fe_3C\text{(二相组成珠光体)} \tag{1-4}$$

（2）Fe-C-Si 准二元相图

铸铁的实际成分不仅含 Fe、C，还有 Si、Mn、S、P 等，其中 Fe、C、Si 是主要元素，因此，用 Fe-C-Si 三元素状态图来说明铸铁的组织变化更加确切。三元系状态图是立体图，结构复杂，绘制困难，使用不便。为了便于研究，通常用一定含硅量的 Fe-C 状态图或 Fe-C-Si 状态图的某一个截面图来分析铸铁的组织变化。图 1-8 所示为含 2.4％Si 的 Fe-C 状态图，硅改变了 Fe-C 状态图的形状，改变了 Fe-C 系合金的结晶过程。

硅的作用可归纳如下。

① 奥氏体液相线和固相线温度均随硅量增加而下降，意味着增加硅量可提高铁液的过热度（浇注温度与凝固点之差）和流动性，改善铁液的铸造性能。

② 石墨液相线随硅量增加而显著上升，并扩大石墨液相线和共晶反应线的温度范围，前者表明硅促进石墨形核，可在更高的温度下析出，后者表明已析出的石墨和铁液有更长的共存时间，使石墨生长得更加粗大。

③ 硅使 γ 相区缩小，即减少了碳在奥氏体中的溶解度，促使碳从奥氏体中析出。换言之，硅降低了奥氏体的稳定性，使其转变更加容易。

④ 随着含硅量提高，共析反应起始温度和终了温度上升，共析反应温度范围扩大，如图 1-9 所示，这表明硅促使奥氏体在更高的温度分解或转变。更高的共析反应温度有利于 Fe、C 原子的扩散和聚集，促进奥氏体向铁素体转变，即提高基体铁素体化的能力。

⑤ 硅减少共晶点和共析点的含碳量，本质上是促进液态石墨化和固态石墨化，因为共晶点含碳量是碳在铁液中的最大溶解度，共析点含碳量是共析反应温度下碳在奥氏体中的最大溶解度。溶解度减小意味着碳的析出能力增大，或石墨化能力提高。故硅既是促进共晶石墨化元素，也是促进共析石墨化元素。

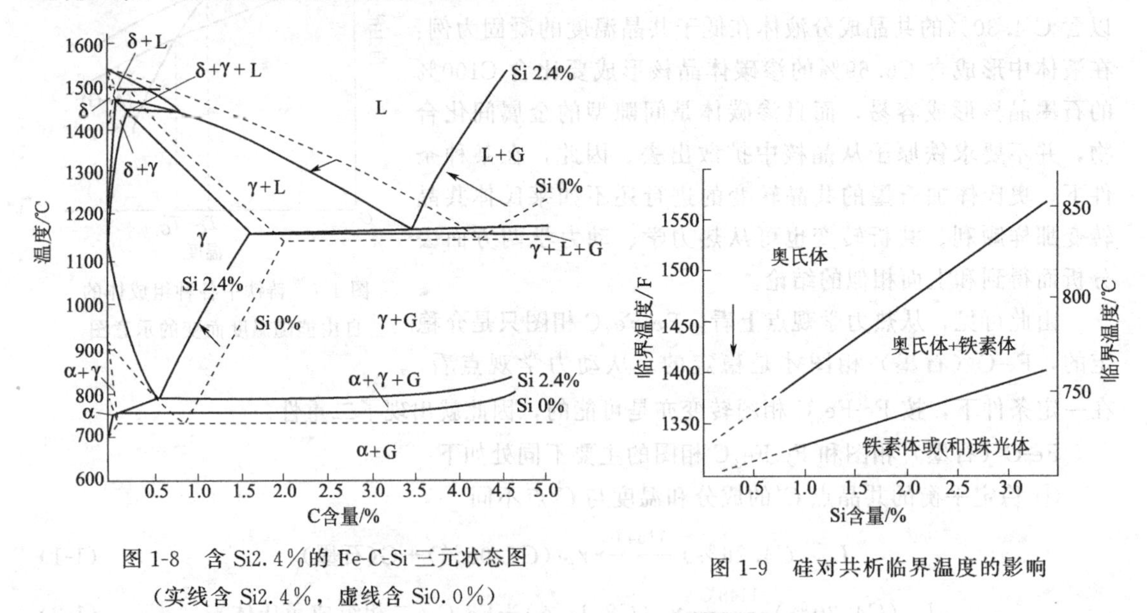

图 1-8　含 Si2.4%的 Fe-C-Si 三元状态图
（实线含 Si2.4%，虚线含 Si0.0%）

图 1-9　硅对共析临界温度的影响

(3) 铸铁中常见元素对铁-碳相图的影响

铸铁中除了 Fe、C、Si 外，还含有一定量的合金元素，它们对 Fe-C 双重相图的影响各不相同。因此，在分析铸铁的实际结晶过程及组织时，必须考虑各元素对相图中各临界点的影响。表 1-1 定性地列举了一些常见元素在一般含量范围内对双重相图上各临界点的影响趋势。

表 1-1　元素对铁-碳相图的影响

元素	铁-石墨系					铁-渗碳体系					碳的活度	石墨化	元素含量增加时，促进组织形成
	共晶温度/℃	共析温度	共晶点碳量/%	γ饱和碳量	共析点碳量	共晶温度	共析温度	共晶点碳量	γ饱和碳量	共析点碳量			
S	−	+	−0.36	+	−	−	+	−	+	−	+	−	珠光体，渗碳体
Si	+14	++	−0.31	−	−	−	+	−	−	−	+	+	铁素体
Mn	−8	−	−0.027	+	−	−	−	+	+	−	−	−	珠光体，碳化物
P	−21	+	−0.33		−	−	+	−			+	+−	珠光体
Cr	−6	+	+0.063	+	−	+	+	−	+	−	−	−	珠光体，碳化物
Ni	+3	−	−0.053	−		−					+	+	珠光体，并细化
Cu	+3	−	−0.074			−					+	+	珠光体
Co	+	−				−					+	+	
V	−	+	+0.135			+					−	−	碳化物，珠光体
Ti	−	+				+					−	−	铁素体
Al	+	+	−0.25			+					+	+	铁素体
Mo	−10	+	+0.025			−					−	−	铁素体，细化珠光体
W	−	+				−					−	−	

续表

元素	铁-石墨系					铁-渗碳体系					碳的活度	石墨化	元素含量增加时，促进组织形成
	共晶温度/℃	共析温度	共晶点碳量/%	γ饱和碳量	共析点碳量	共晶温度	共析温度	共晶点碳量	γ饱和碳量	共析点碳量			
Sn	−	−				−					+	+−	珠光体
Sb	−					−					+	−	珠光体
Mg	−					−						−	珠光体，渗碳体
Nb											−	−	
RE												−	珠光体，渗碳体
B												−	珠光体，渗碳体
Te												−	珠光体，渗碳体

注：1. “+”代表增加、提高、促进；“−”代表降低、阻碍。

2. 数字代表加入1%合金时的波动值。

（4）碳当量和共晶度

根据各元素对共晶点实际碳量的影响（表1-1），将这些元素的量折算成碳量的增减，称之碳当量，以 CE（carbon equivalent）表示，为简化计算，一般只考虑Si、P的影响，因而 $CE=\mathrm{C}+1/3(\mathrm{Si}+\mathrm{P})$，将 CE 值和共晶点 C' 点碳量（4.26%）相比，即可判断某一成分的铸铁偏离共晶点的程度，如 $CE>4.26\%$ 为过共晶成分，$CE=4.26\%$ 为共晶成分，$CE<4.26\%$ 为亚共晶成分。

铸铁偏离共晶点的程度还可用铸铁的实际含碳量和共晶点的实际含碳量的比值来表示，这个比值称为共晶度，以 S_c 表示。

$$S_c=C_{铁}/C_{C'}=\frac{C_{铁}}{4.26\%-1/3(\mathrm{Si}+\mathrm{P})} \tag{1-5}$$

式中 $C_{铁}$——铸铁实际含碳量，%；

$C_{C'}$——稳定系共晶点的含碳量，%；

Si、P——铸铁中硅、磷含量，%。

如 $S_c>1$ 为过共晶，$S_c=1$ 为共晶，$S_c<1$ 为亚共晶成分铸铁。

根据 CE 的高低、S_c 的大小还能间接地推断出铸铁铸造性能的好坏以及石墨化能力的大小，因此是一个较重要的参数。

1.2.2 白口铸铁的一次结晶

白口铸铁的一次结晶过程应按照 $Fe\text{-}Fe_3C$ 相图来描述。白口铸铁中的碳以渗碳体的形态出现，在不同结晶阶段的渗碳体的组织形态不同，对铸铁性能的影响也不同。

介稳定系铁碳合金的共晶组织为渗碳体/奥氏体共晶团，即莱氏体共晶。莱氏体中的奥氏体和渗碳体以片状协同生长的方式，同时在侧向上以奥氏体为分隔晶体的蜂窝结构成长，即共晶渗碳体（领先相）的（0001）面是共晶团的基础，排列得很整齐的奥氏体芯棒沿[001]方向嵌入渗碳体基体，形成蜂窝状共晶团。但在最初，共晶团并不具有规律的蜂窝结构，常在渗碳体团之间生长着奥氏体的片状分枝，但逐渐地它们便成为杆状。这个转化与共晶结晶前沿的杂质富集有关，所形成的成分过冷非常适宜于凸出部分的长大。但由于渗碳体的各向异性结构，不大可能在[001]方向有分枝的成长，而奥氏体则可能垂直于共晶团基面的方向发生分枝。奥氏体的长大使周围液体富碳，促使渗碳体又在奥氏体分枝间生长，使奥氏体形成被分隔开的晶体，这就是所谓莱氏体的侧向生长（图 1-10），最后，在连续的渗碳体基体中构成蜂窝状的共晶体。图 1-11 所示的是变态莱氏体的形貌，图中的珠光体呈黑色斑点或条块状，渗碳体基体呈白色。

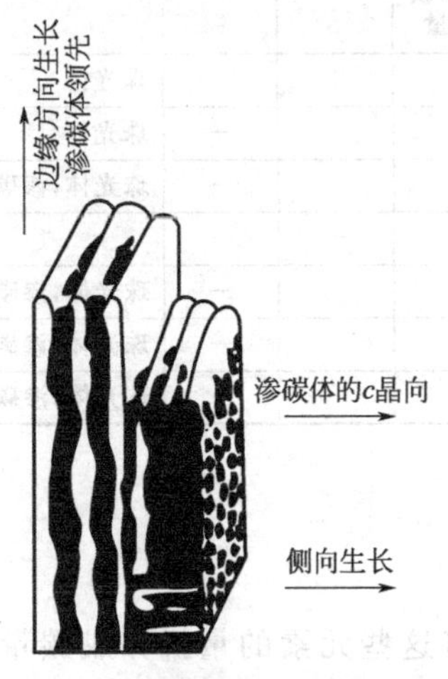

图 1-10　莱氏体的“边缘方向生长”及“侧向生长”

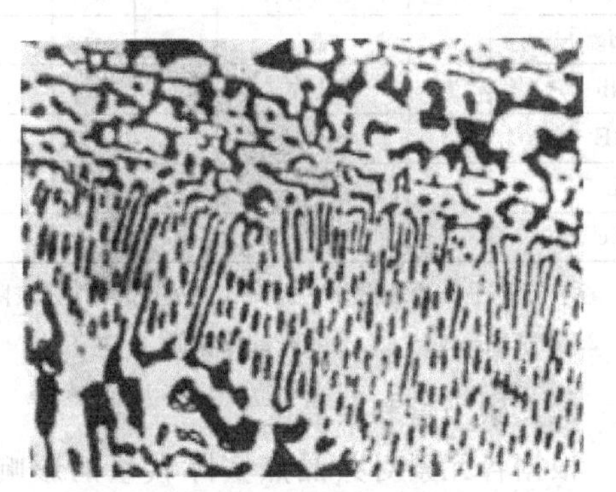

图 1-11　共晶白口铸铁的室温平衡组织

亚共晶白口铸铁中的初生相为奥氏体，在液相线以下温度自液相中析出。初生奥氏体呈树枝状生长，形成沿散热方向得到主要发展的树枝状晶粒。随着温度的继续下降，奥氏体晶粒不断长大，残留液相的成分逐渐富碳而接近点共晶成分。至共晶温度以下，发生共晶转变，其生长方式和前述相同。图 1-12 为亚共晶白口铸铁的典型金相组织，它由树枝状初生奥氏体和莱氏体组成。

过共晶白口铸铁的一次结晶从过冷到液相线以下温度时析出初生渗碳体，初生渗碳体具有带有锯齿状边缘的板状生长方式，在金相试样磨面上常表现为粗直的白亮条状。随着温度继续下降，初生渗碳体不断长大，残留熔体的成分逐渐接近共晶点。当温度进一步下降到介稳定系共晶温度以下时，发生共晶转变。过共晶白口铸铁的典型金相组织如图 1-13 所示，图中白亮板状即为初生渗碳体，其余部分为莱氏体。莱氏体中的奥氏体经共析转变已变为珠光体。

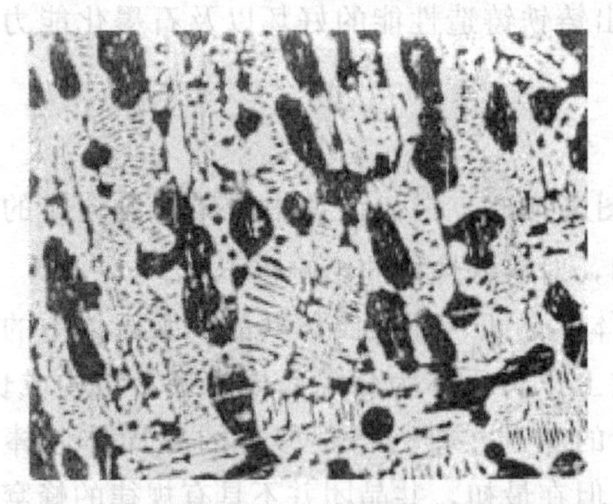

图 1-12　亚共晶白口铸铁的室温平衡组织

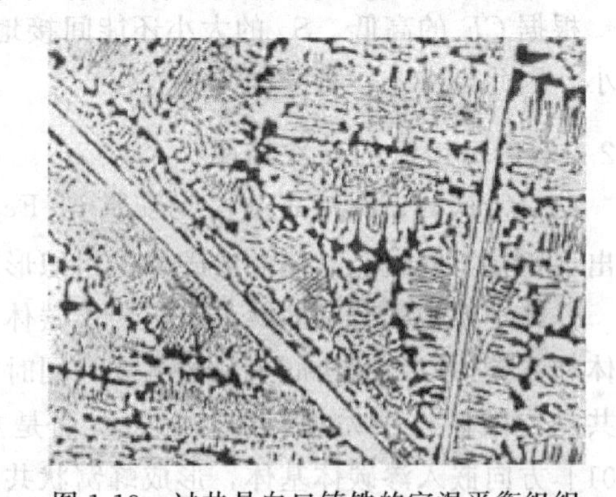

图 1-13　过共晶白口铸铁的室温平衡组织

在普通的白口铸铁中，渗碳体共晶组织不仅可以是莱氏体型，而且也可以是板条状渗碳体型。前者一般在过冷度较小的条件下形成，如果在过冷度较大的条件下凝固，则趋向于形成板条状渗碳体，此时共晶生长以片状渗碳体和奥氏体呈分离形式进行，亦是一种离异型共晶组织。这种板条状渗碳体共晶组织的白口铸铁比具有莱氏体共晶组织的白口铸铁有较高的性能，特别是韧性。

1.2.3 灰铸铁的一次结晶

(1) 初生奥氏体的结晶

初生奥氏体树枝晶对铸铁的组织及力学性能有间接或直接的影响，它在灰铸铁中的作用与钢筋在钢筋混凝土中的作用一样，能起到骨架的加固作用，并能阻止裂纹的扩展。

当凝固在平衡条件下进行时，只有当化学成分为亚共晶时才会析出初生奥氏体。其实在非平衡条件下，铸铁中存在一个共生生长区，而且偏向石墨的一方，因而在实际情况下，往往共晶成分，甚至过共晶成分的铸铁在凝固过程中亦会析出初生奥氏体。

如图 1-14（a）所示，当亚共晶铁液冷却到液相线以下时，奥氏体开始从熔体中析出，随着温度下降，和奥氏体平衡的铁液含碳量沿液相线变化，碳浓度随温度下降而上升，与此同时已结晶的奥氏体含碳量沿固相线变化，随温度下降也上升，至共晶平衡温度时，奥氏体中碳的最大溶解度为 2.08%，铁液含碳量为 4.26%。

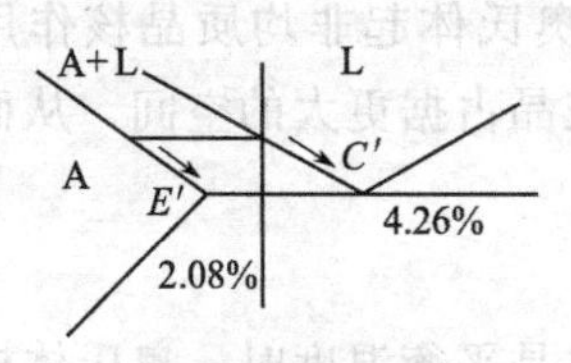

(a) 凝固过程中熔体和奥氏体的含碳量变化

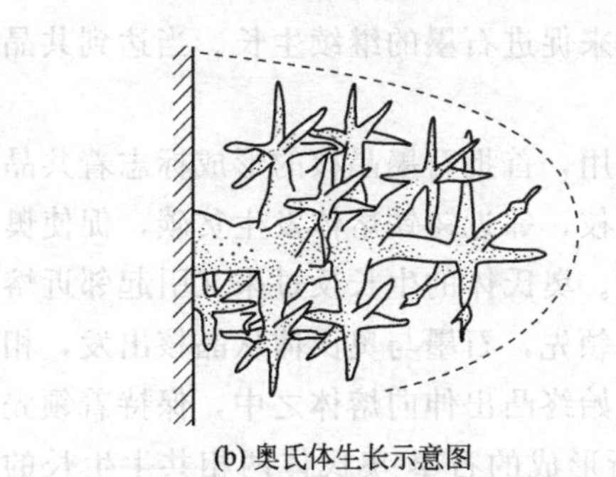

(b) 奥氏体生长示意图

图 1-14 奥氏体的结晶及其形态

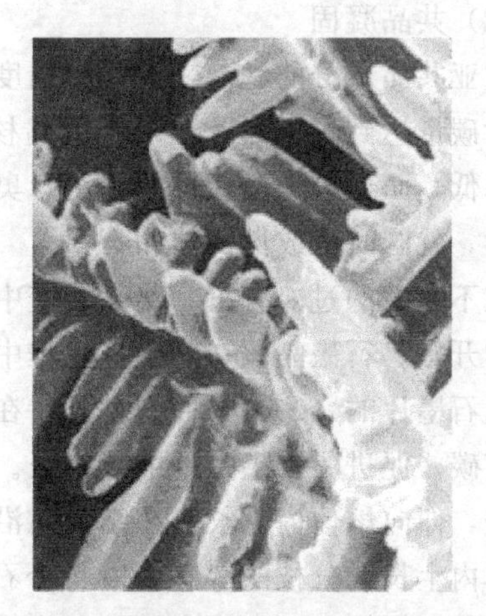

图 1-15 灰铸铁中的奥氏体枝晶三维形貌

奥氏体为面心立方晶格，其原子密排面为（111）面，当奥氏体直接从熔体中形核、成长时，只有按密排面生长，其表面能最小，析出的奥氏体才稳定，由原子密排面 {111} 构成的晶体外形是八面体。八面体的生长方向必然是八面体的轴线，也即 [100] 方向，由于八面体尖端的快速生长，便形成了奥氏体的一次晶枝，在一次晶枝上长起微小的突起，以此为基础长出二次晶枝，进而长出三次晶枝，最后长成三维树枝晶，图 1-14（b）为奥氏体生长示意图。图 1-15 为灰铸铁中的奥氏体枝晶的三维形貌。奥氏体枝晶生长的特点之一是晶枝的生长程度不同，有的晶枝生长快，有的晶枝因前沿有溶质元素的富集而生长受到阻碍，因而生长较慢，故铸铁中的奥氏体枝晶往往具有不对称、不完整的特征。

奥氏体枝晶中的化学成分不均匀性是由凝固过程所决定的。按照相图，先析出的奥氏体枝晶心部含碳量较低，随着温度下降，奥氏体含碳量沿固相线变化，即含碳量逐渐增高，形成所谓芯状组织。对奥氏体枝晶及其结晶前沿的微观分析表明，在初生奥氏体中有硅的富集，锰则较低，而在枝晶间的残存液体中则是碳高、锰高、硅低。这样，在奥氏体的生长过程中，在结晶前沿就有不同元素的富集或贫乏，如形成了硅的反偏析及锰的正偏析，即存在着较大的浓度不均匀性。

研究发现，与碳亲和力小的石墨化元素（如 Al、Cu、Si、Ni、Co）在奥氏体中皆有富集，说明在奥氏体心部的含量高于奥氏体边缘的含量，即形成晶内反偏析。白口化元素（Mn、Cr、W、Mo、V），与碳的亲和力大于铁，富集于共晶液体中，在奥氏体内则呈中心浓度低、边缘浓度高的正偏析。

由于在奥氏体内部以及奥氏体间剩余液体中都存在成分上的不均匀性，因此它既可对铸铁的共晶凝固过程发生影响，如在共晶凝固时，可激发由按稳定系凝固向亚稳定系凝固的转变，促使形成晶间碳化物，又可对凝固以后的固态相变或热处理过程发生影响，如破碎状铁素体的获得，就是在热处理时利用了奥氏体内部成分不均匀的特点。因此，这是一个值得注意的问题。

影响奥氏体枝晶数量及粗细的因素主要有化学成分、合金元素以及冷却速度。例如加入0.005%～0.01%Ti可在铁液中形成 TiN 或 Ti（CN），对奥氏体起非均质晶核作用，游离钛原子又促进成分过冷，以致奥氏体枝晶变长，使奥氏体枝晶占据更大的空间，从而提高了强度，并减少铸件开裂的程度。

（2）共晶凝固

对亚共晶成分的铁液来说，当温度降至略低于稳定系共晶平衡温度时，奥氏体枝晶间的熔体含碳量达到过饱和，于是石墨晶核就能形成并长大，这样石墨-熔体界面上的熔体含碳量又降低，而促进了奥氏体的析出。奥氏体的析出反过来促进石墨的继续生长。当达到共晶转变时，就同时形成奥氏体和石墨。

在不太大的过冷度下，共晶转变中由石墨起领先作用，首批石墨晶核的形成标志着共晶转变的开始。石墨晶核在其生长过程中很快形成片状分枝，邻近铸铁熔体发生贫碳，促使奥氏体以石墨片的（0001）面为基础，在石墨片之间析出。奥氏体的生长反过来又引起邻近熔体的富碳，促进了石墨片的继续生长。就这样，由石墨领先，石墨与奥氏体从晶核出发，相互促进，伸向熔体内生长。在结晶前沿，石墨片的端部始终凸出伸向熔体之中，保持着领先向熔体内生长和分枝的势态。以每个石墨晶核为中心所形成的石墨-奥氏体两相共生生长的共晶晶粒称为共晶团。许多学者研究指出，共晶团实质上是由空间连续的石墨骨架和连续的共晶奥氏体所构成。图 1-16 为灰铸铁中正在生长的一个共晶团示意图。

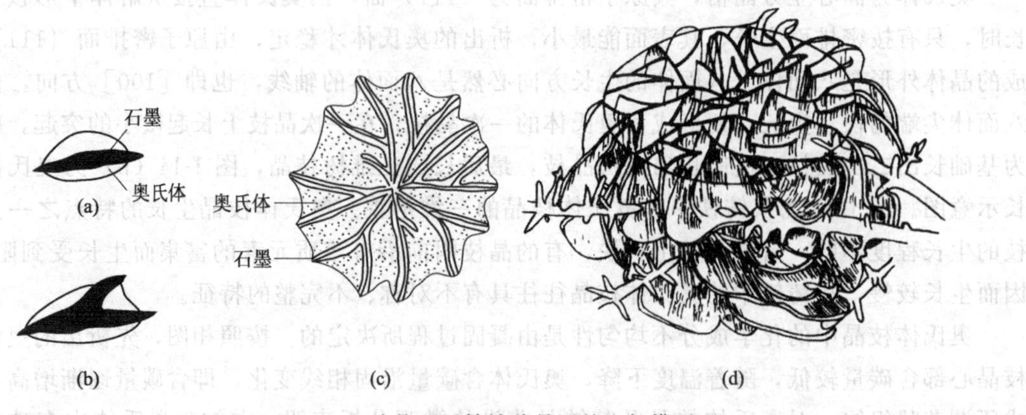

图 1-16　片状石墨铸铁共晶团的生长模型

图 1-17 示意地说明了亚共晶灰铸铁的共晶转变中各个共晶团同时生长的过程。在共晶转变开始阶段，初生奥氏体枝晶间的熔体内开始形成细小的共晶团。而后各个共晶团在熔体中生长，在熔体凝固完毕之前，多数共晶团均被残留的少量熔体所隔离。灰铸铁共晶团数（个/cm^2）决定于共晶转变时的成核及成长条件。冷却速度及过冷度越大、非均质晶核越多，生长速度越慢，则形成的共晶团数越愈多。随共晶团数量的增加，白口倾向减少，力学性能略有提高。但由于增加了共晶凝固期间的膨胀力，因而使铸件胀大的倾向增加，从而增加了缩松倾向。控制共晶团数，对铸铁生产具有重要作用，尤其对耐压铸件更为重要。由于共晶团数随生产条件而异，且不同铸件的要求也有所不同，所以各工厂应有各自的控制手段，作为控制和分析铸铁质量的一个指标。

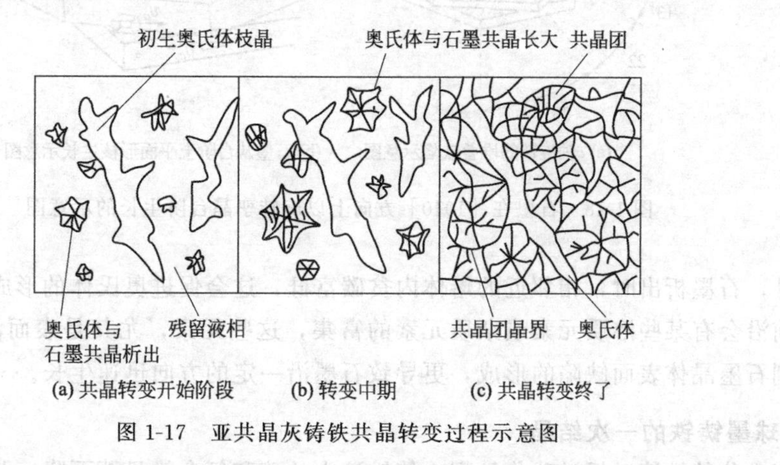

(a) 共晶转变开始阶段　(b) 转变中期　(c) 共晶转变终了

图 1-17　亚共晶灰铸铁共晶转变过程示意图

过共晶灰铸铁的凝固过程则由析出初生石墨开始，到达共晶平衡温度并有一定程度过冷时，进入共晶阶段，此时共晶石墨及共晶奥氏体可在初生石墨的基础上析出，所以可见到共晶体与初生石墨相连的组织特征。其最后的室温组织与共晶成分、亚共晶成分的灰铸铁基本相似，所不同的是组织中有粗大的初生片状石墨存在，而共晶石墨也显得较多和较粗些。

（3）石墨的晶体结构及片状石墨的长大

石墨的晶体结构如图 1-3 所示，呈六方晶格结构。由于石墨具有这样的结构特点，从结晶学的晶体生长理论看，石墨的正常生长方式应是沿基面的择优生长，最后形成片状组织。然而在不同的实际条件下，石墨往往会出现多种多样的形式，因而必然存在着影响石墨生长的因素，而这主要与石墨的晶体缺陷以及结晶前沿熔体中的杂质浓度有关。

在实际的石墨晶体中确实存在着多种缺陷，其中旋转孪晶、螺旋位错以及倾斜孪晶对石墨的生长有很大的影响，而且在不同成分、经不同处理所得到的铁液以及在不同的过冷度下，形成这些缺陷的倾向是不同的。

石墨是非金属晶体，在纯 Fe-C-Si 合金中的生长界面为光滑界面，无论在基面上或棱面上，要依靠二维晶核的生长是比较困难的，需要的过冷度较大。但是，在石墨晶体中存在着旋转孪晶缺陷（图 1-18）。石墨内旋转孪晶的存在，提供了晶体生长所需的台阶，这种台阶可促进在石墨晶体的（1010）面上，即 a 向上的生长。因此，如果以 v_a 及 v_c 分别表示 a 向及 c 向的石墨生长速度，则取决于 v_a/v_c 的比值，在铸铁中便会出现不同形式的石墨。如 $v_a > v_c$，一般认为形成片状石墨，相反如 $v_a = v_c$ 或 $v_a < v_c$ 就会形成球状石墨。在普通灰铸铁中石墨结晶成片状，一般认为这是由于硫、氧等活性元素吸附在石墨的棱面（$10\bar{1}0$）

上，使这个原为光滑的界面变为粗糙的界面，而粗糙界面生长时只要较小的过冷度，生长速度快，因而使石墨棱面的生长速度迅速，即 a 向生长占优势，此时 $v_a > v_c$，使石墨最后长成片状。

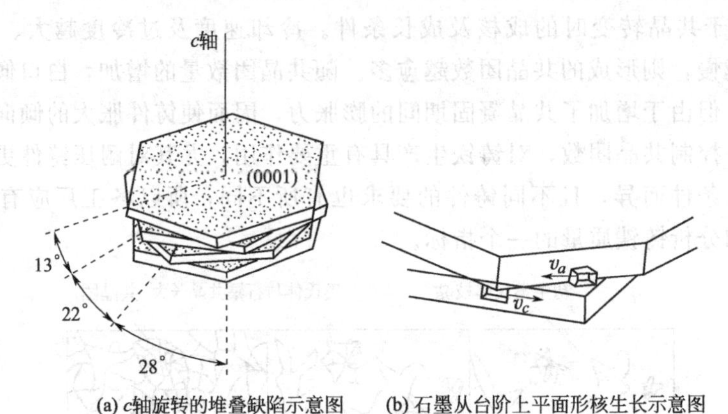

(a) c轴旋转的堆叠缺陷示意图　　(b) 石墨从台阶上平面形核生长示意图

图 1-18　石墨在［10$\bar{1}$0］方向上以旋转孪晶台阶生长的示意图

另外，石墨析出时，相邻近的熔体内贫碳富硅，这会促进奥氏体的形成，这样更会造成共晶相前沿会有某些溶质元素或杂质元素的富集，这些元素，尤其是表面活性元素的存在，会影响到石墨晶体表面缺陷的形成，更导致石墨沿一定的方向迅速生长。

1.2.4 球墨铸铁的一次结晶

一定成分的铁液，经过球化处理，使铁液中的硫和氧含量显著下降，此时球化元素在铁液中有一定的残留量，这种铸铁在共晶凝固过程中将形成球状石墨。

(1) 球状石墨的结构

低倍观察时，球状石墨接近球形，高倍观察时，则呈多边形轮廓，内部呈现放射状，在偏振光照明下尤为明显（图 1-19）。利用扫描电镜更可以看出，石墨球表面一般不是光滑的球面，而是有许多胞状物（图 1-20）。从球状石墨中心截面的复型电镜照片可以看到，石墨球内部结构具有年轮状的特点（图 1-21），其内部在一定直径的范围内，年轮较乱，其中心可看到白色小点，认为是球状石墨籍以长大的核心。从球状石墨的这些结构和外形的特征，结合石墨晶体结构的特点，可以断定，球状石墨具有多晶体结构，从核心向外呈辐射状生长，每个放射角皆由垂直于球的径向而呈相互平行的石墨基面堆积而成，石墨球就是由大约 20～30 个这样的锥体状的石墨单晶体组成，因而球的外表面都是由（0001）面覆盖，如图 1-22（a）所示。

如前所述，石墨在长成片状时，因 S、O 等活性元素吸附在旋转孪晶台阶处，显著降低了石墨棱面（10$\bar{1}$0）与合金液的界面张力，使得［10$\bar{1}$0］方向的生长速度大于［0001］方向，石墨最终长成片状。当向铁液中加入 Mg、RE 等球化剂后，它们首先与氧、硫发生反应，使液体中活性氧、硫的含量大大降低，抑制石墨沿 a 向的快速生长，同时，按螺旋位错缺陷方式生长则得以加强，如图 1-22（a）。因为，氧、硫等表面活性元素若吸附在螺旋台阶的旋出口处，它们将抑制这一螺旋晶体的生长。现在氧、硫被球化剂脱除后，这一抑制作用大大减弱，使得螺旋位错方式这一看起来沿［10$\bar{1}$0］方向堆砌、实际是沿（0001）生长的方式占优，每个螺旋位错发展为锥体状的石墨单晶体，最终使石墨长成如图 1-22（b）所示的由多个石墨单晶组成的石墨球。

在球墨铸铁中，除了圆整的石墨球外，还会有其他形式的、偏离球状的各种变异石墨。

图 1-19　球状石墨的偏振光照片

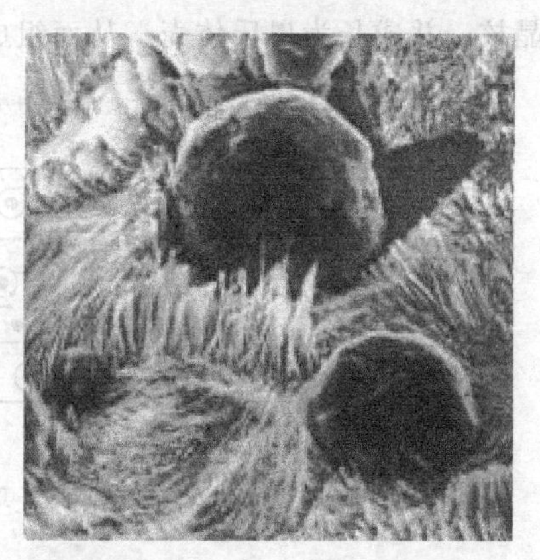

图 1-20　球状石墨的表面形态

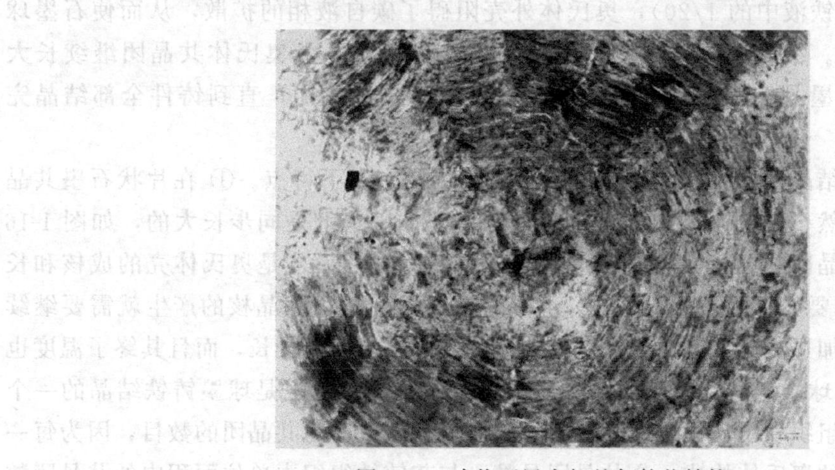

图 1-21　球状石墨内部的年轮状结构

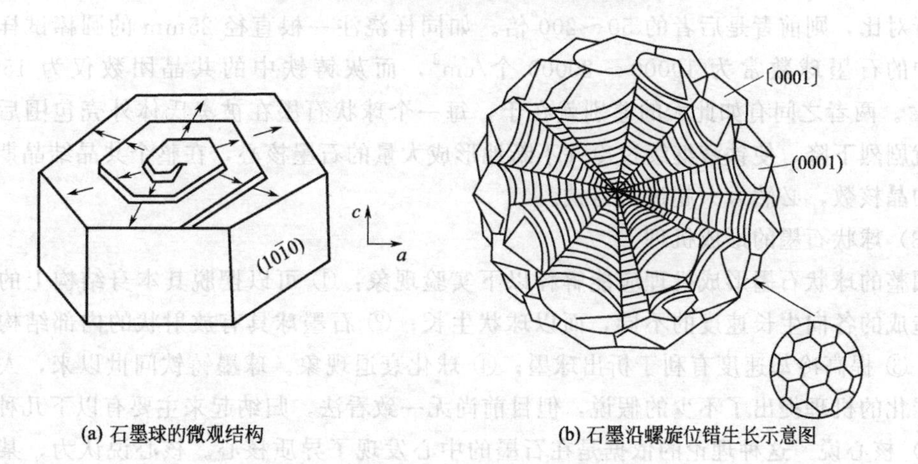

(a) 石墨球的微观结构　(b) 石墨沿螺旋位错生长示意图

图 1-22　球状石墨结构及成长过程示意

(2) 球墨铸铁的共晶转变

球墨铸铁的共晶结晶是从液相中形成首批石墨球开始的，其共晶开始温度与灰铸铁差不多。这些石墨球单独在液相中一直长大到相当尺寸（如 0.001～0.002mm，有时达

0.03mm)。由于石墨球的生长，其周围的铁液发生贫碳，逐渐形成一个环绕石墨球的环形液态贫碳区。在一定冷却条件下，当石墨球生长到一定尺寸时，环形液态贫碳区就会形成奥氏体晶核，并成长为奥氏体壳，从而组成石墨—奥氏体共晶团，如图 1-23 所示。

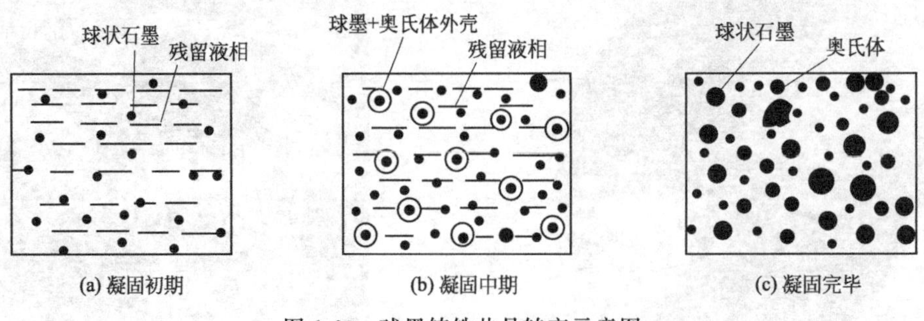

图 1-23　球墨铸铁共晶转变示意图

球状石墨的奥氏体壳一旦形成，由于碳在固态奥氏体中的扩散速度大大低于在铁液中的扩散速度（仅为铁液中的 1/20），奥氏体外壳阻碍了碳自液相的扩散，从而使石墨球的生长速度剧烈下降。结晶过程要继续进行，除了已形成的石墨-奥氏体共晶团继续长大外，还需要有新的石墨晶核不断地形成、长大和组成新的共晶团，直到铸件全部结晶完毕为止。

与灰铸铁的共晶结晶过程相比，球墨铸铁的共晶结晶有以下特点。① 在片状石墨共晶团的结晶过程中，虽然石墨也是领先相，但石墨和奥氏体基本上是同步长大的，如图 1-16 所示。而球状石墨共晶团的结晶则先是石墨的形核和长大，然后才是奥氏体壳的成核和长大。② 因球墨铸铁需要不断地补充新晶核，共晶结晶才能完成，新晶核的产生就需要继续冷却，需要不断地增加过冷度，因此球墨铸铁的共晶结晶不但时间较长，而且其终了温度也比灰铸铁低得多。③ 球墨铸铁的共晶团晶粒比灰铸铁细得多，这也是球墨铸铁结晶的一个特点。如将球墨铸铁组织中单位面积内的球状石墨数目（此数即为共晶团的数目，因为每一个石墨球均与其周围的奥氏体构成一个共晶团晶粒）与灰铸铁组织中单位面积内的共晶团数目进行对比，则前者是后者的 50～200 倍。如同样浇注一根直径 25mm 的圆棒试样，球墨铸铁中的石墨球数常为 10000～20000 个/cm^2，而灰铸铁中的共晶团数仅为 150～200 个/cm^2。两者之间有如此大的差别就在于，每一个球状石墨在被奥氏体外壳包围后，生长速度就剧烈下降，使铁液继续过冷并不断地形成大量的石墨核心，在整个共晶结晶期间总共形成的晶核数，必然大大超过灰铸铁。

（3）球状石墨的形成机理

圆整的球状石墨形成机理应能解释以下实验现象：① 可以摆脱其本身结构上的各向异性所造成的各向生长速度的不同，而以球状生长；② 石墨球具有放射状的内部结构且是多晶体；③ 提高冷却速度有利于析出球墨；④ 球化衰退现象。球墨铸铁问世以来，人们对于石墨球化的机理提出了不少的假说，但目前尚无一致看法，归纳起来主要有以下几种理论。

1）核心说　这种理论的依据是在石墨的中心发现了异质核心。核心说认为，某种异质核心的存在使石墨各向等速生长，从而形成球状石墨。雅各布斯（Jacobs）等用电子显微镜和电子探针研究了球状石墨的核心，发现它们是具有双层结构的硫氧化物。其心部为 Ca-Mg 或 Ca-Mg-Sr 的硫化物，其外壳是具有尖晶石结构的 Mg-Al-Si-Ti 氧化物。心部与外壳的晶体取向为：

(110) 硫化物∥(111) 氧化物

$[1\bar{1}0]$ 硫化物∥$[2\bar{1}\bar{1}]$ 氧化物

外壳与石墨的晶体取向为：

(110) 硫化物∥(0001) 石墨

$[1\bar{1}0]$ 硫化物∥$[1010]$ 石墨

他们认为，石墨在这种具有尖晶石构造的核心上作晶体取向延长的生长，因而长成球状。但是，这种理论无法解释冷却速度的提高有利于球墨析出，也无法解释球化衰退现象。

2）过冷说　过冷说的依据是球墨析出时其共晶转变所要求的过冷度较片状石墨大。这种理论认为，由于过冷使碳的过饱和度增高，结晶速度增加，石墨 a 轴方向与 c 轴方向的生长速度的差别减小，因此石墨球化。但是，这种理论至今缺少足够的实验依据。人们难免提出疑问：过冷现象究竟是石墨球化的原因，还是生成球状石墨的后果？

3）表面能说　表面能说的依据是铁液经过球化处理后其表面张力有很大的变化。布鲁特（Brutter）等人的测定表明，灰铸铁的表面张力为80～100Pa，镁处理后铸铁的表面张力为130～140Pa。但是，上述表面张力的测定没有考虑石墨晶体的各向异性。后来，不少人用热解石墨测定铁液与石墨基底面的界面能（$\sigma_{B\text{-}L}$）和铁液与石墨棱面间的界面能（$\sigma_{P\text{-}L}$），得出了一些重要的实验结果。莫斯温（McSwain）提出，用Ce或Mg处理的铁液中，$\sigma_{B\text{-}L}<\sigma_{P\text{-}L}$，因此石墨沿 c 轴生长，结果形成球状。与此相反，当铁液中含有S和O等表面活性元素时，$\sigma_{B\text{-}L}>\sigma_{P\text{-}L}$，结果石墨沿 a 轴方向生长为片状。但是，表面能说不能解释纯Fe-C-Si合金在一定的冷却速度下也会得到球状石墨，对于球化衰退现象也无法作出有力的说明。

4）吸附说　吸附说认为，如果石墨（$10\bar{1}0$）面吸附有Mg、Ce等球化元素，则石墨沿 c 轴方向优先生长，石墨长成球状；如果石墨（$10\bar{1}0$）面吸附了O、S等表面活性元素，则石墨沿基面优先生长，成为片状。由于实验手段的限制，要确切证实微量元素在石墨表面的吸附是十分困难的。事实上，当铁液中O、S等反球化元素含量足够低时，石墨就有可能长成球状。

5）位错说　希勒特（Hillert）根据石墨中螺旋位错的存在首先提出了这一理论。他认为，螺旋位错产生的分枝使石墨形成球状。Mg和Ce等元素都具有与形成非金属结合的倾向，它们可吸附在非金属性强的C-C结合的基面的生长前沿。如果这些元素进入正在生长的石墨中，就会妨碍螺旋位错的发展，螺旋位错就可能向其他新的方向分枝，成为新的螺旋位错。这样反复进行，则生长为球状。而西多伦克（Sidorenko）则认为球状石墨的形成是由于相互作用的螺旋位错群聚而产生，并不需要希勒特所说的新的螺旋位错。螺旋位错理论可以很好地解释球状石墨的内部结构和外部形貌，但无法说明球墨析出时要求较大过冷的问题，也不能解释球化衰退现象。

6）气泡说　气泡说认为，铁液经过球化处理后，其中形成许多微小的气泡，在凝固过程中，石墨在这些气泡内结晶，形成球状石墨。如图1-24所示，如果铁液中存在气泡，由于气-液相界面是石墨最容易结晶的地方，在这个界面上多处形成石墨微晶。由于石墨结晶的各向异性，这些微晶在平行于石墨基面的方向形成板状晶，并沿着气泡界面生长。如果板状晶生长前沿互相干扰，则该处成为石墨的晶界，石墨然后向气泡内侧生长，当其填满气泡时，就形成了外部呈球状、内部结构为放射状的石墨球。如果石墨填满气泡后，铁液中仍有过剩的碳，石墨将向气泡外侧生长。这一理论不仅可以解释石墨的结构与形貌，而且可以很好地说明球化衰退现象。但这一理论的最直接证明是在铸铁凝固过程中找到中空的石墨球，可惜目前尚无此报道。

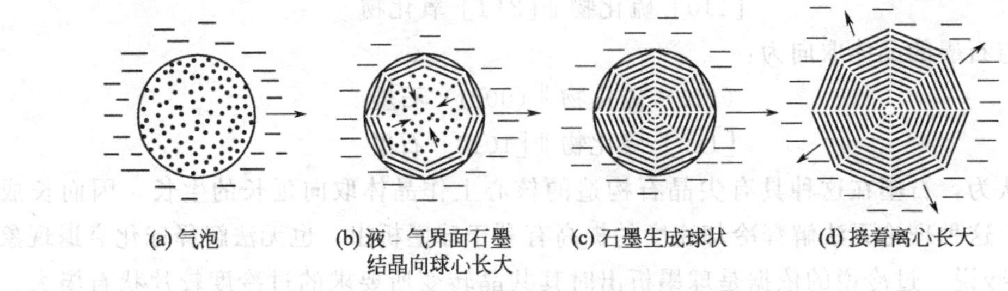

图 1-24　气泡理论的球状石墨生长模型

（4）蠕虫状石墨的形成过程

蠕虫状石墨可以认为是石墨从片状石墨过渡到球状石墨过程中若干种过渡形式中的一种最接近于球状石墨的过渡形态。

在光学显微镜下，蠕虫状石墨制成的薄膜仍存在着明显的偏光现象。在透射电镜下观察，蠕墨与片墨、球墨相比，其结构更加复杂。蠕墨主要是由具有小角度取向差的片晶组成的。片晶的排列在局部区域比较整齐，在大范围内则是不规则的。整个蠕墨由许多个小节组成，每个小节之间存在一个很小的夹角。在某些小节的长度方向呈 a 向生长，在另外一些小节处又呈放射状的角锥状晶的 c 向生长，在蠕墨的端部、在改变生长方向的拐角处却呈年轮状结构，与球墨的结构相似，石墨呈 c 向生长，由图 1-25 可见蠕墨在长度方向上都呈 a 向生长的特征。

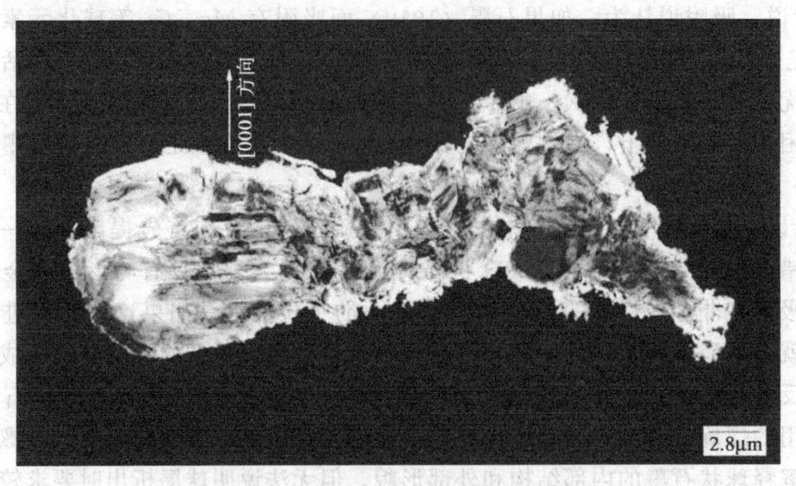

图 1-25　蠕虫状石墨的形貌（TEM）

蠕墨的立体形貌，与片墨相似，从石墨核心出发，向四面八方生长成一簇珊瑚状石墨，但是它比片墨分枝多，弯曲、厚钝得多。

蠕墨的生长机制介于片墨和球墨之间，由于蠕铁是经过蠕化孕育处理，铁液的物理化学特性与灰铁有很大区别而接近于球墨铸铁。可以将其看作是“球化不足”的球墨铸铁。经蠕化处理以后，硫、氧等表面活性元素相对较低，使铁液与石墨各晶面之间的界面能发生较大变化，特别是铁液与石墨（$10\bar{1}0$）面之间界面能的提高。如有资料认为，这一界面能大于等于 $(1.15\sim1.25)\times10^{-4}\mathrm{J/cm^2}$ 时石墨为球状；当它为 $(1.0\sim1.1)\times10^{-4}\mathrm{J/cm^2}$ 时，石墨为蠕虫状；当这一值小于 $1.0\times10^{-4}\mathrm{J/cm^2}$ 时为片状。蠕化后的铁液得到相当程度的净化，结晶过冷度较大，石墨在生长过程中分枝程度较灰铁大。在蠕墨开始生长时，由于有相当量的蠕化剂，石墨按 c 向生长；在生长过程中消耗掉一部分蠕化剂，又使石墨呈 a 向生长；生长到一定程度，由于蠕化剂等在结晶前沿某种程度的“富集”，又在此处按 c 向生长，从而改变石墨生长方向，产生拐弯；在此处又将足够的变质剂消耗，使石墨沿 a 向生长。如此重复，石墨不断呈 c 向、a 向交替生长，不断改变其生长方向。由于生长过程中冷却速度、杂质、孕育条件等因素的变化和影响，蠕墨在长大过程中，虽然不断变化生长方向，但仍然以 a 向生长为其总趋势，仅在过渡、转弯及端头局部区域才呈 c 向生长。

对蠕墨铸铁组织形成和性能的认识正在发展，关于蠕虫状石墨形成机理的认识亦有待于加深。

1.2.5 铸铁的二次结晶

(1) 奥氏体中碳的脱溶

普通成分的铸铁，共晶转变后组织为含碳约 2.08% 的奥氏体加石墨。如继续冷却，奥氏体中的含碳量将减小，以二次石墨的形式析出。如为白口铸铁，由于共晶转变时按亚稳定系转变，则此时一般亦按亚稳定系析出二次渗碳体。在固态连续冷却的条件下，析出的高碳相往往不需要重新形核，而只是依附在共晶高碳相上。如对于灰铸铁来说，由奥氏体脱溶而析出的二次石墨就堆积在共晶石墨上。

(2) 铸铁的共析转变

共析转变属固态相变，由于原子扩散缓慢，其转变速度要比共晶凝固速度低得多，故共析转变经常有较大的过冷，甚至完全被抑止。

当奥氏体冷却至共析温度以下，并达到一定的过冷度后，就开始共析转变。共析转变是决定铸铁基体组织的重要环节。

和共晶转变一样，共析转变也往往按成对长大的方式进行，即两个固体相与 Fe_3C 相互协同地从第三个固体相长大（见图 1-26）。成对相的组织通常由交替的 α 和 Fe_3C 片组成，而且一般在 α 与 Fe_3C 晶体之间的公共界面上存在着择优的位向关系。

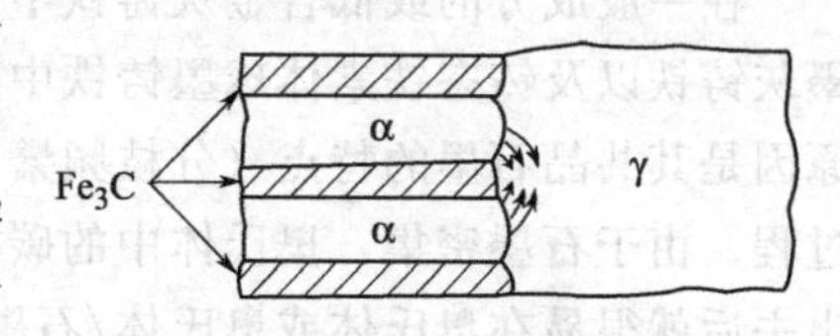

图 1-26 珠光体长大时碳的扩散

由铁素体和渗碳体片交替组成的共析组织，称为珠光体。因此，以下主要讨论珠光体的形成过程。

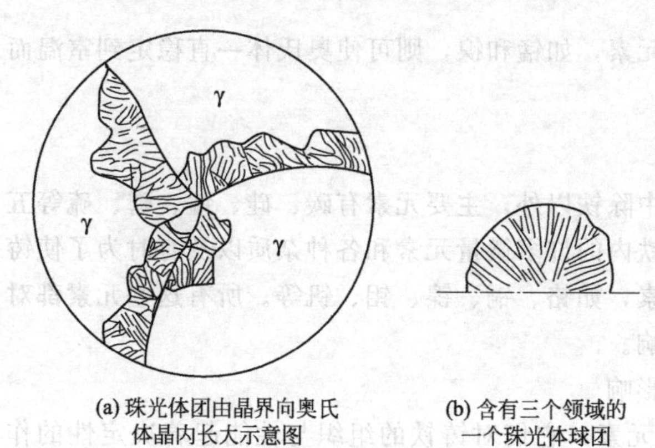

(a) 珠光体团由晶界向奥氏体晶内长大示意图　(b) 含有三个领域的一个珠光体球团

图 1-27 珠光体长大示意图

1）形貌　普遍地观察到珠光体组织在母相（γ 相）的界面上形核，并以球团状晶粒向母相内长大［图 1-27 (a)］。每个珠光体团由多个结构单元组成，在这些结构单元中，大部分片层是平行的。这些结构单元称为珠光体领域，见图 1-27 (b)。往往观察到珠光体团只向相邻晶粒中的一个晶粒内长大［图 1-27 (a)］。

2）形核　在铸铁中究竟哪个相先析出成为珠光体的核心，未见确切报道。从铸铁实际情况出发，到达共析温度后，铸铁中除奥氏体外，尚有石墨（灰铸铁）或共晶渗碳体（白口铸铁）两种情况，因而可推论，在不同情况下可能亦会有不同的相先析出。如对于白口铸铁，共析转变时可能由 Fe_3C 领先析出，对于灰铸铁，则先由奥氏体中发生碳的脱溶，然后析出铁素体，进而进入共析阶段，这可由石墨边上经常有一薄层铁素体以及D型石墨铸铁往往易得大量铁素体基体而得到间接的证实。

共析转变常在奥氏体的界面或奥氏体/石墨界面上形核，先析出的领先相和奥氏体之间有一定的晶体学位向关系，一个相形成后，其邻近的奥氏体中碳的浓度将发生改变，引起碳原子的界面扩散，为第二相的析出创造了条件，由于铁素体和渗碳体存在着晶体学位向关系，因而认为珠光体转变时这种形核方式是可信的。

3）生长　一旦渗碳体或铁素体从奥氏体界面上并向奥氏体相内生成后，就开始生长。在渗碳体或铁素体同时生长的过程中，各自的前沿和侧面分别有铁和碳的富集。在生长前沿产生溶质元素的交替扩散，使晶体生长，生长时不但有向前生长，而且有通过搭桥或分枝的方式沿其侧面交替地生长，形成新片层，最后形成团状共析领域。在一个共析领域中，所有铁素体和渗碳体片分别属于两个彼此穿插的、有一定位向关系的单晶体。

共析转变时还有一个特点，先析出的领先相虽然长自与晶核有位向关系的某个奥氏体晶体，却长入与它们无特定位向关系的另一个奥氏体晶粒中［见图1-27（a）］。

共析转变产物层片间的间距与转变温度有关，转变温度降低，层片间距变小，转变产物就由粗片状的珠光体逐渐过渡到细片状珠光体（索氏体）及极细片状珠光体（托氏体）。

共析转变的速率亦随转变温度的不同而改变，过冷度增大会使共析领域生长加快，但是扩散系数却随温度的下降而减小，所以共析转变的速率并不随温度的下降而单调地增高，低于一定温度后就转为减慢，故其等温转变曲线具有C形曲线的特征。

在一般成分的或低合金灰铸铁中，共析转变主要是珠光体转变，但在蠕墨铸铁、D型石墨灰铸铁以及铸态铁素体球墨铸铁中的共析转变则有其自己的特点，其中一个共同而主要的原因是其共晶石墨的特点（分枝频繁、细化石墨量较多、石墨球较细等），影响到共析转化过程。由于石墨密集，奥氏体中的碳极易脱溶而堆积到共晶石墨上去，而奥氏体中的碳扩散出去后就很易在奥氏体或奥氏体/石墨的界面上析出铁素体的核心，随着过程的进行，不断析出石墨及铁素体，使最后的基体成为铁素体为主的组织。这些铸铁大多数都有硅较高、锰较低的特点，因此，共析转变的平衡温度较高，更有利于扩散过程的进行，因而更易得到以铁素体为主的铸铁。

如加入足够数量的稳定奥氏体的合金元素，如锰和镍，则可使奥氏体一直稳定到室温而不发生转变，从而可获得奥氏体铸铁。

1.2.6　化学成分对铸铁组织的影响

铸铁的化学成分是很复杂的，在铸铁中除铁以外，主要元素有碳、硅、锰、磷、硫等五种，其他还有随炉料和熔炼过程中进入铸铁内的许多微量元素和各种杂质以及有时为了使铸铁获得某些特殊性能而加入的一些合金元素，如铬、铜、镍、钼、钒等。所有这些元素都对铸铁的结晶组织和力学性能有着很大的影响。

（1）碳和硅对铸铁组织与力学性能的影响

碳和硅是普通灰铸铁中最主要的两个元素，它们对铸铁的组织与性能起着决定性的作用。生产上经常是通过控制与调整碳及硅的含量来控制和改善普通灰铸铁的力学性能。

碳在铸铁中是促进石墨化的元素。增加含碳量，可使铸铁的石墨化程度增加，形成石墨的碳量增加，石墨也变得粗大，基体中珠光体数量减少，铁素体增加。在亚共晶铸铁中增加含碳量，能减小铸铁的结晶温度范围，使石墨分布均匀。

碳所以能促进石墨化，主要由于碳本身是构成石墨的元素。增加含碳量，提高了铁液中碳的浓度，也就促进了铁液中自发结晶核心的形成。提高含碳量，也能使铁液中未熔化的石墨夹杂物增多，即非自发结晶核心也有所增加。碳还可以提高铁液的实际结晶温度。这些都为石墨化的进行创造了有利条件。

为了提高铸铁的强度，使金相组织中的石墨细小而量少，珠光体有所增多，就需要把含碳量适当降低。

硅能溶解在铁中形成固溶体。硅在铁中溶解度较大，如硅在奥氏体中溶解度为2.5%，在铁素体中溶解度为16.8%（室温）。硅促进石墨化的作用是因为硅能使铸铁的共晶点和共析点向左上方移动，也就是说硅能降低碳在铸铁和固溶体中的溶解度，使石墨容易析出。硅提高了共晶和共析的转变温度，使铸铁在较高的温度下进行共晶和共析转变，有利于石墨结晶核心的稳定和碳原子、铁原子的扩散。硅还能减弱铁碳的结合力，促使渗碳体分解。这些都有利于石墨化过程的进行。试验表明，若铸铁中没有硅或含硅量很低时，即使是含碳量很高，石墨化也很困难。只有当铸铁中有硅存在时，碳量的提高才能起促进石墨化的作用。

总之，碳、硅都是促进石墨化的重要元素，它们对铸铁的组织与性能有着决定性的影响。提高铸铁的碳当量，可使石墨数量增多，石墨粗大，共晶团颗粒增大。降低碳当量，可减少石墨的数量，使石墨细化。若碳当量过低，因增大了铸铁的结晶范围，使晶间石墨增多。

（2）硫和锰对铸铁组织与性能的影响

硫在铸铁中是有害元素。硫可以完全溶解在铁液中，但在固态的奥氏体、铁素体中的溶解度却很小。当硫的质量分数超过0.02%时，就能形成独立的硫化物，根据结晶条件和含锰量的不同，其存在形式也不同。当铸铁中无锰或含锰较低而且冷却速度较大时，在晶粒边界处能形成三元共晶体（$Fe-Fe_3C-FeS$，其中，0.17%C，31.7%S，熔点975℃）或二元共晶体（Fe-FeS，其中36.5%S）以及其他富铁硫化物。当含锰高时，则能形成高熔点MnS，如图1-28所示。

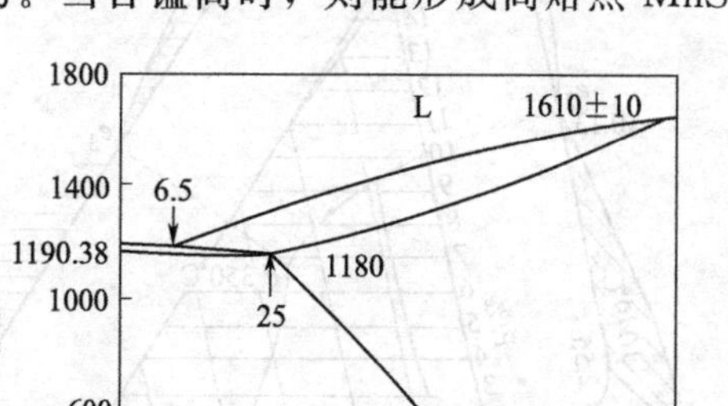

硫在铸铁中因能增强Fe-C原子间的结合力，所以促使铸铁按介稳定系统进行结晶，能较强烈地阻碍石墨化。特别当冷却速度较快、碳硅量较低时，硫阻碍石墨化的作用就更显著，铸铁白口化的倾向也越大。

硫在铸铁中还恶化铸铁的铸造性能，如降低流动性、容易产生裂纹等。因此硫在灰铸铁中，一般应限制在0.12%以下。

图1-28 FeS-MnS状态图

锰在铸铁中是作为有益合金元素加入的。因一般铸铁中皆含有硫，故锰的作用首先表现在抵消硫的有害作用上。锰和硫之间有比较大的亲和力，可发生以下反应：

$$Mn+S = MnS \tag{1-6}$$

$$Mn+FeS = MnS+Fe \tag{1-7}$$

硫化锰的熔点为（1610±10）℃，高于铁液的温度，所以在铁液中多呈固体质点存在。因其密度小能从铁液中浮出，或呈颗粒状夹杂物存留在铸铁中，故可大大减弱硫的有害影响。

为了减弱硫的有害作用，锰在铸铁中的加入量与含硫量的关系如下。

按锰与硫相对原子质量的比值 Mn/S=54.94/32.06=1.71，即锰为硫的 1.7 倍，这是理论值，一般实际锰的质量分数较理论值再增大 0.2%~0.3%，其经验公式为：

$$w_{Mn}=1.7w_S+(0.2\sim0.3)\% \tag{1-8}$$

式中 w_{Mn}——铸铁中锰的质量分数；

w_S——铸铁中硫的质量分数。

锰在铸铁中的独立作用，只有在它与硫的化学反应后所剩余的部分才表现出来。在铸铁中，锰可以溶解在基体中（如在铁素体中形成置换固溶体），也可溶解在渗碳体中形成 $(Fe\cdot Mn)_3C$。锰溶解在渗碳体中，可增加铁与碳的结合力，所以锰是一种阻碍石墨化的元素，它可增大铸铁的白口深度，增加化合碳的数量。因铸铁中都存在一定数量的硫，锰首先和硫反应，抵消硫阻碍石墨化的作用。因此在有硫存在的铸铁中提高含锰量，开始是促进石墨化的。只有当锰超过抵消硫所需的含量时，锰阻碍石墨化的作用才明显地表现出来。

在灰铸铁中，通常硫的质量分数在 0.08%~0.15%范围时，约需要 0.4%~0.6%的锰与硫作用，当锰超过这个数量时，才开始增多珠光体和化合碳量。所以锰加入铸铁中，开始不但不增加硬度而且有使铸铁软化的倾向。只有当含锰量继续增加达到一定数量时，铸铁的强度、硬度才有所提高。这主要是使铸铁基体中珠光体数量增多、珠光体细化所致。为保证铸铁得到珠光体基体，通常锰的质量分数应在 0.6%~1.2%范围内。当锰过高，超出 1.5%时，铸铁中易出现自由渗碳体。

(3) 磷对铸铁组织与性能的影响

磷完全溶于铁液。结晶时，从 Fe-C-P 三元状态图（图 1-29）可以看出，$Fe\text{-}Fe_3C$ 和 $Fe\text{-}Fe_3P$ 也有共晶点 e_3，图中 Ee_1、Ee_2 和 Ee_3 三线皆下斜汇集于最低点 E 发生共晶反应。E 点为三元共晶点，其成分为 6.89%P、2.40%C、90.71%Fe，共晶温度为 950℃。从 $Fe\text{-}Fe_3P$ 二元状态图可知，当处于共晶温度时，磷在铁液中的溶解度为 2.55%。在铸铁中，由于碳量高，磷在铁液中的溶解度急剧降低，而且磷在固态铁中扩散又很慢，因此在铸铁结晶时，磷偏析很严重，铸铁中即使含磷很低，凝固也能出现三元磷共晶体（$\gamma+Fe_3C+Fe_3P$）。当三元共晶结晶时，若铁液的石墨化能力强（如当铸铁碳当量较高、冷却速度小或孕育充分时），则仍可得到二元共晶体。

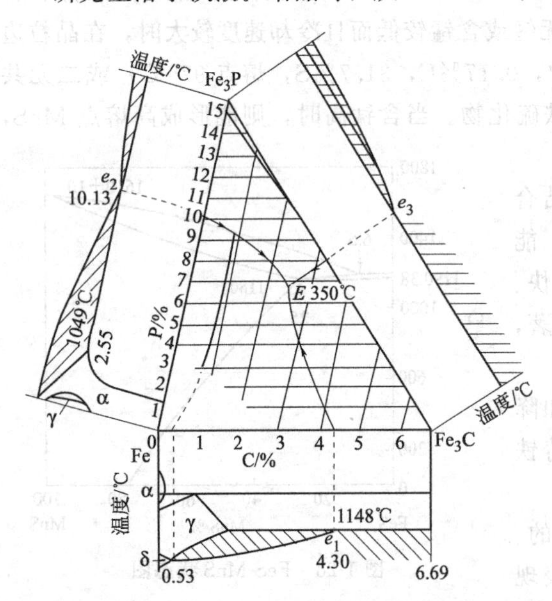

图 1-29 Fe-C-P 三元状态图（局部简图）

磷能降低铸铁的共晶点含碳量，同时又降低共晶温度，由于以上两点对石墨析出的作用是矛盾的，故磷对石墨化的影响不大，一般稍能促进铸铁一次结晶的石墨化。在共析转变时，磷有稳定珠光体的作用，在铸态或热处理（石墨化退火）后的铸铁金相组织中，可发现在磷共晶体的附近，常有少量的残留珠光体存在。

磷共晶体本身硬而脆，二元磷共晶的显微硬度为HV750～800，三元磷共晶为HV900～950左右。故铸铁的硬度随含磷量的增高而增高，而韧性则随含磷量的增高而降低，使铸铁变得又硬又脆。磷共晶体作为硬质点存在于铸铁中，可明显地提高铸铁的耐磨性。当磷的质量分数不是很高时（0.5%以下），提高含磷量，强度稍有增加，但如果磷量继续提高，则强度下降，特别是当出现网状磷共晶体时，强度降低更多。所以，要求有一定强度的铸铁如HT200和HT300等，一般控制磷的质量分数不超过0.15%，有些耐磨铸件（如机床床身、汽缸套等）在0.6%以上，称高磷铸铁。

实践中还发现含磷高时，能使铸件粘砂明显减少，一些氧化性气孔、铁豆孔等缺陷也减少。同时由于铁液流动性好，铸件充填性高，也有利于排气去渣，容易获得健全的铸件。因此，某些地区的普通灰铸铁件，特别是浇注薄壁铸件，磷的质量分数高达0.5%～0.8%。

(4) 铸铁中合金元素对组织与性能的影响

在铸铁中常用的合金元素有镍（Ni）、铜（Cu）、钴（Co）、铝（Al）、铬（Cr）、钼（Mo）、钒（V）、钨（W）和钛（Ti）等，这些合金元素对铸铁石墨化的影响有很大差别。

1）合金元素对Fe-C相图共晶温度的影响

图1-30为常见合金元素对共晶平衡温度的影响趋势。值得注意的是，某些元素对稳定系和介稳定系中共晶温度的影响，不但不同，而且方向相反。如Ni、Si、Cr、V、Ti便有这样的作用。Ni和Si扩大了两个系统的共晶温度间隔，Cr、V、Ti则缩小了此温度间隔。由于在此温度间隔内，只可能按稳定系进行共晶转变，析出石墨/奥氏体共晶，不可能析出渗碳体，故凡扩大这一间隔的元素（如Ni、Si）将促进共晶转变时析出石墨。相反，缩小这一温度间隔的元素（如Cr、V、Ti）将阻止石墨的析出，促使共晶转变按亚稳定系进行。

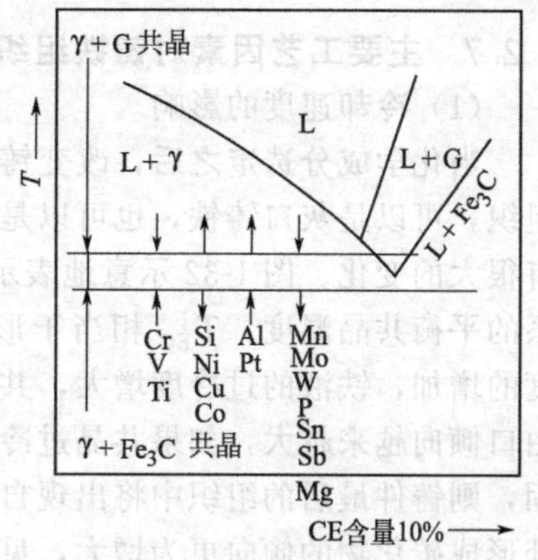

图1-30 合金元素对Fe-G、$Fe\text{-}Fe_3C$共晶平衡温度的影响
↑—提高；↓—降低

2）合金元素对石墨化的影响

按这些合金元素对铸铁石墨化的作用，一般可分为三组。

第一组如镍、铜、钴、铝等元素，一般都有促进一次结晶石墨化的作用。在这些合金元素中，镍、铜等又能阻碍珠光体分解，稳定珠光体，因此可使珠光体数量增多和细化强化铸铁基体，在铸铁中既能提高强度和硬度（见图1-31），又能防止白口的产生。

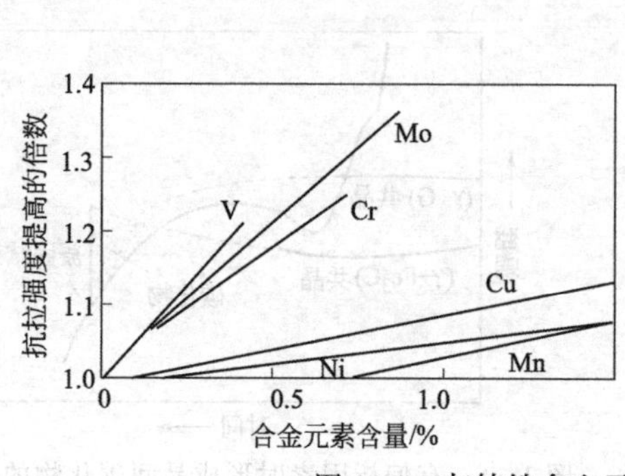

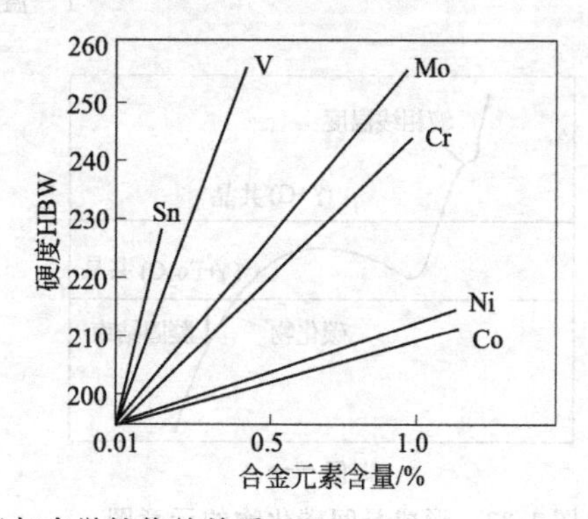

图1-31 灰铸铁合金元素与力学性能的关系

第二组如铬、钼、钒等都以渗碳体为基础形成固溶体，如 $(Fe \cdot Cr)_3C$、$(Fe \cdot Mo)_3C$、$(Fe \cdot V)_3C$，也可以形成一些特殊碳化物。因为这些合金元素能增强铁和碳的结合力，故强烈地阻碍石墨化。当在硅的质量分数为 1.5%～2.9%的铸铁中，加入 2%～3%的铬或1%的钒，已足以使铸铁出现白口。由于这些元素都具有细化石墨和强化基体的作用，故加入适量时，都能有效地提高强度和硬度，见图 1-31。

钼阻碍石墨化的作用较小，但强化基体作用较显著，并能加强热处理效果，因而常在球墨铸铁中使用。

第三组如钛等元素，在铸铁中多形成特殊碳化物，如 TiC 等。钛在灰铸铁中一般加入量很小，它有轻微促进石墨化的作用，有的资料指出，钛可促使高碳硅铸铁中粗大片状石墨细化，因而有利于提高铸铁的强度。因它还能提高铸铁的耐磨性（加入量 0.1%Ti 以下），所以可用于有润滑下的耐磨铸铁。

在铸铁中加入部分合金元素的目的除提高强度外，很多情况下是为了获得铸铁的一些特殊性能，如耐蚀性、耐热性、耐磨性、非磁性等。

1.2.7 主要工艺因素对铸铁组织的影响

（1）冷却速度的影响

当化学成分选定之后，改变铸铁共晶阶段的冷却速度，可在很大范围内改变铸铁的铸态组织，可以是灰口铸铁，也可以是白口铸铁；改变共析转变时的冷却速度，其基体组织也会有很大的变化。图 1-32 示意地表示了冷却速度增大后所造成的影响，图中 T_{EG} 相当于稳定系的平衡共晶温度，T_{EC} 相当于形成莱氏体共晶的介稳定系的平衡共晶温度。随着冷却速度的增加，铁液的过冷度增大，共晶反应平台离莱氏体共晶线的距离越来越近，说明铸铁的白口倾向越来越大，如果共晶过冷温度低于莱氏体共晶线，或最后凝固部分进入介稳定区凝固，则铸件最后的组织中将出现自由状态的共晶渗碳体，再考虑偏析的因素，在共晶团边界处形成碳化物的倾向更为增大，见图 1-33 和图 1-34。

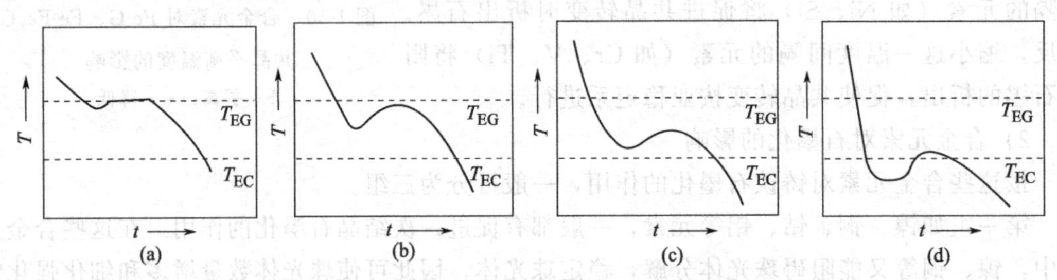

图 1-32 冷却速度对铸铁凝固组织的影响示意图

T—温度；t—时间

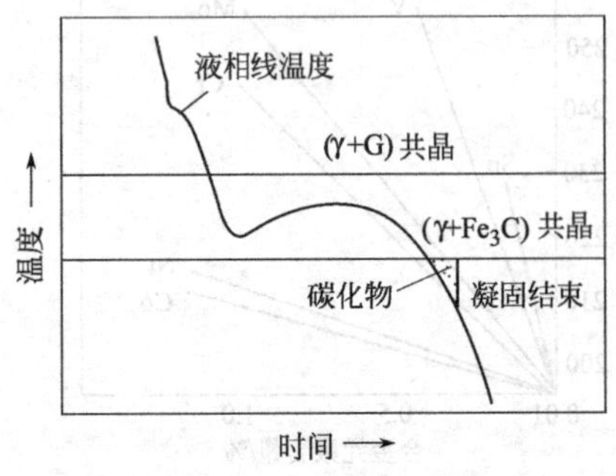

图 1-33 形成晶间碳化物的示意图

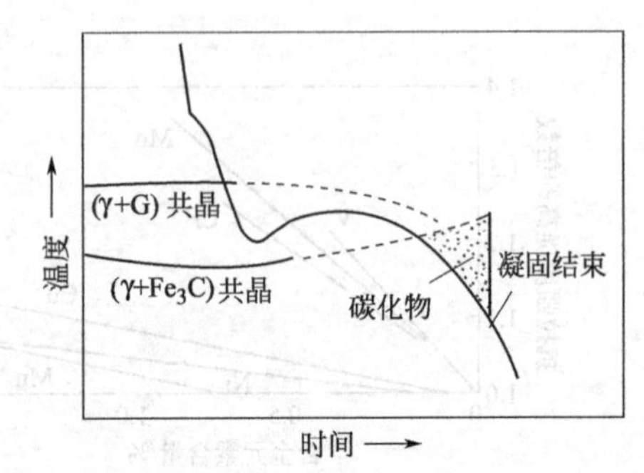

图 1-34 有偏析因素时形成晶间碳化物的示意图

（2）铸件结构的影响

在铸造生产实际中，冷却速度的影响常常通过铸件壁厚、铸型条件以及浇注温度等因素体现出来。随着铸件壁厚的减小，铸件的冷却速度增加，铸铁组织中的石墨变得细小，石墨化程度降低，基体中珠光体数量增加且更细密，铁素体数量减少，铸铁的强度、硬度都有所增加，但铸件过薄，易使铸件局部或全部出现白口组织。

铸件的几何形状比较复杂，壁厚差别也较大，很难简单地进行分析比较。因此根据传热学原理，在铸件工艺设计中提出了铸件模数 M 的概念，$M=V/A$（V—铸件体积，A—铸件表面积）。M 值表示单位面积占有的体积量，因此 M 值的大小在一定程度上体现了铸件的散热能力。M 值越大，冷却速度越小；反之，冷却速度越大。

（3）浇注温度的影响

浇注温度对铸件的冷却速度略有影响，如提高浇注温度，则在铁液凝固以前把型腔加热到较高温度，降低了铸铁通过型壁向外散热的能力，所以延缓了铸件的冷却速度，既可促进共晶阶段的石墨化，又可促进共析阶段的石墨化。因此，提高浇注温度可稍使石墨粗化，但实际中很少用调节浇注温度的办法来控制石墨尺寸。

不同的铸型材料具有不同的导热能力，能导致不同的冷却速度。干砂型导热较慢，湿砂型导热较快，金属型更快，而石墨型最快。有时可以利用各种导热能力不同的材料来调整铸件各处的冷却速度，如用冷铁加快局部厚壁部分的冷却速度，用热导率低的材料减缓某些薄壁部分的冷却速度，以获得所需的组织。

（4）气体的影响

铸铁中的气体可以以溶解的方式存在，亦可以与各元素以各种结合的方式存在，而各种结合形式的化合物对铸铁又有各自的影响，因而气体对组织的影响就比较复杂，加上过去对此问题注意及研究得不够，因而就缺乏足够的资料。

氢：能使石墨形状变粗，同时都有强烈稳定渗碳体和阻碍石墨析出的能力。此外，还有形成反白口的倾向。氢量增加时，铸铁的力学性能和铸造性能皆会恶化。

氮：阻碍石墨化，稳定渗碳体，促进 D 型石墨的形成，如达到一定含量，还能促进形成蠕虫状石墨。氮还有稳定珠光体的作用，因而可提高铸铁的强度。

如铁液中的含氮量大于 100ppm（1ppm＝1mg/kg）时，则可形成氮气孔缺陷（像裂纹状的气孔）；尤其含量大于 140ppm 时更甚，此时可用加 Ti 的方法消除之。因 Ti 有很好的固氮能力而形成 TiN 硬质点相，以固态质点状态分布于铸铁中，氮气的有害作用便可大为降低。

氧：对灰铸铁组织有四方面的影响：① 阻碍石墨化，即增高白口倾向，含氧量增高时，组织图上灰口、白口的分界线右移。② 含氧增加，铸铁的断面敏感性也增大。③ 氧增高时，容易在铸件中产生气孔，因为要发生 $[FeO]+[C]═[Fe]+CO$ 的反应，反应生成物 CO 不溶于铁液，高温时可逸出，但随铁液温度的降低，铁液黏度增大，CO 无法逸出，往往留在铸件形成皮下气孔。这种气孔一般呈簇状，位于铸件顶部，在生产上是常见的，铁液氧化严重时更易产生。④ 增加孕育剂及变质剂的消耗量。

（5）炉料的影响

在生产实践中，往往可碰到更换炉料后，虽然铁液的主要化学成分不变，但铸铁的组织（石墨化程度、白口倾向以及石墨形态甚至基体组织）都会发生变化，炉料与铸件组织之间的这种关系，通常用铸铁的遗传性来解释，但这种遗传性与什么因素有关，研究得还不够。只能认为这种遗传性与生铁中的气体、非金属夹杂、不经常分析的微量元素以及生铁的原始组织有关。

消除炉料遗传性的措施有两种：① 提高铁液的过热温度；② 用两种以上的原生铁进行配料，可减弱炉料的遗传性。

(6) 铸型材料的影响

铸型材料的不同也能影响铸件的冷却速度，湿砂型冷却速度大于干砂型，干砂型冷却速度又大于预热型，金属型冷却速度更大。有些局部过厚的铸件，为避免过厚的部位组织过粗而影响使用，可放置随形的金属冷铁，以加速该部位的冷却，获得理想的组织。

(7) 铁液的过热和高温静置的影响

在一定范围内提高铁液的过热温度，延长高温静置的时间，都会导致铸铁的石墨及基体组织的细化，使铸铁强度提高；进一步提高过热温度，铸铁的成核能力下降，因而使石墨形态变差，甚至出现自由渗碳体，使强度性能反而下降。因而存在一个临界温度。临界温度的高低，主要取决于铁液的化学成分及铸件的冷却速度。所有促进过冷度增大的因素，皆使临界温度向低温方向移动。一般认为，普通灰铸铁的临界温度约在1500～1550℃，在此温度以下总希望出铁温度高些为好。

经高温过热的铁液如在较低温度下长时间静置，过热效果便会局部或全部消失。这便是过热效果的可逆性现象。其原因可能是重新形成大量非均质晶核，使成核能力提高，从而使过冷度降低而恢复到过热以前的状态，但铁液的纯净度提高了，含气量降低了。

(8) 孕育的影响

铁液浇注以前，在一定的条件下（过热温度、化学成分、合适的加入方法等），向铁液中加入一定量的物质（称为孕育剂）以改变铁液的凝固过程，改善铸态组织，从而达到提高性能的目的，这种处理方法称为孕育处理。目前在各种铸铁的生产中，孕育处理得到了广泛的应用。

在生产孕育铸铁时，往往要求铁液的过热温度高，伴随而来的必然是成核能力的下降，因此，往往会在铸态组织中出现过冷石墨，甚至还会有一定量的自由渗碳体出现。孕育处理能降低铁液的过冷倾向，促使铁液按稳定系共晶进行凝固，同时对石墨形态也会产生积极的影响。对于不同的铸铁，皆可通过炉前孕育（变质）处理，改善铸态的组织，从而改善铸铁的性能。各种铸铁的孕育工艺细节，可参阅本章1.3.5节。

1.3 灰铸铁

灰铸铁通常是指具有片状石墨的铸铁，它的断口呈灰色。灰铸铁生产简便，工艺出品率高，成本低；具有优良的铸造性能，在缺口敏感性、减振性和耐磨性方面有独特的优点。因此，在工业生产中，灰铸铁得到了广泛的应用。

1.3.1 灰铸铁的组织和性能

(1) 灰铸铁的组织

灰铸铁的金相组织由金属基体和片状石墨所组成。主要的金属基体形式有珠光体、铁素体及珠光体加铁素体三种。石墨片可以不同的数量、大小、形状分布于基体中。此外，还有少量非金属夹杂物，如硫化物、磷化物等。

石墨是灰铸铁中的碳以游离状态存在的一种形式，它与天然石墨没有什么差别，仅有微量杂质存在其中。其特性软而脆，强度极低（<20MPa，伸长率近于零），密度约 $2.25g/cm^3$，约为铁的 1/3，即约 3%（质量分数）的游离碳就可以在铸铁中形成占体积约 10%的石墨，致使金属基体强度得不到充分的发挥，故常把灰铸铁看作有大量微小裂纹或孔洞的碳钢。

在不同的条件下（指化学成分、冷却速度、成核能力等）结晶的灰铸铁，片状石墨的分布形态和尺寸不同。我国灰铸铁金相标准规定，将石墨按分布特征分成六种基本类型，如图 1-35 所示。

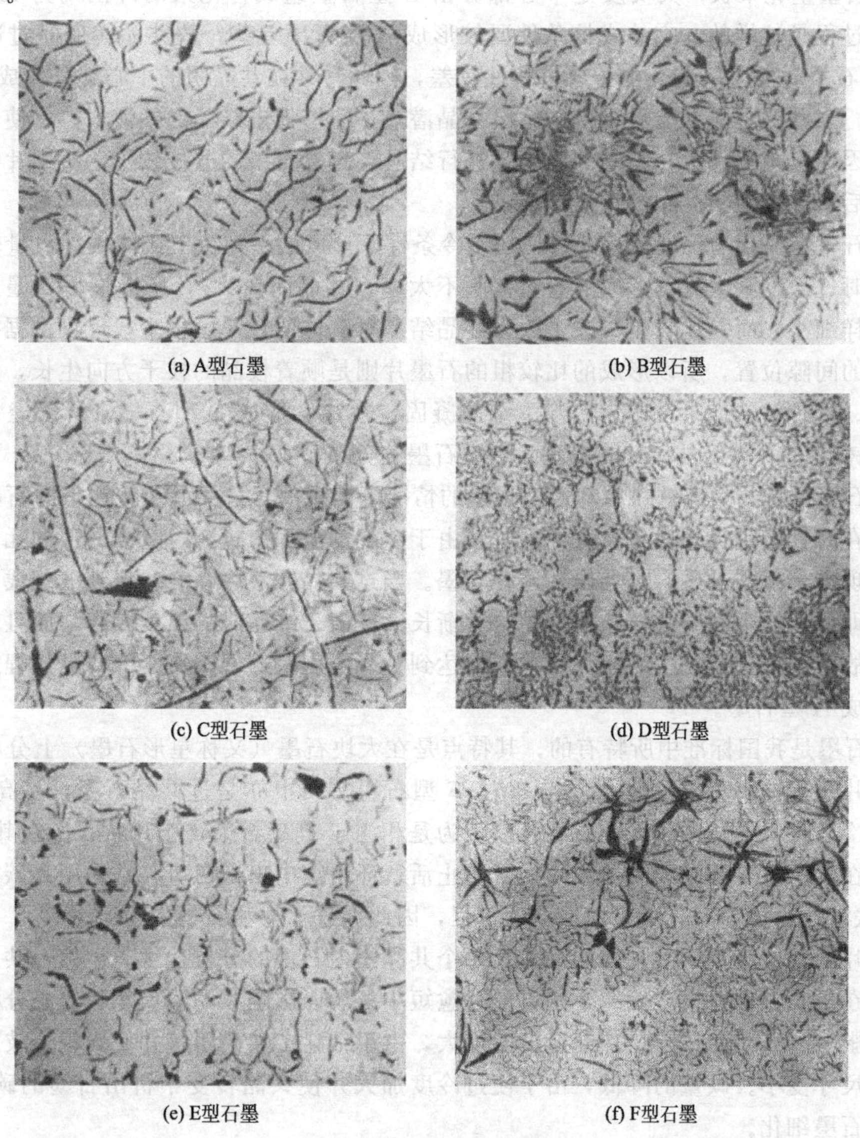

图 1-35 片状石墨分布图

A 型石墨是在石墨的成核能力较强、冷却速度较慢、共晶转变在很小的过冷度下进行的。由于晶核的数目较多，又在很小的过冷度下结晶，线生长速度低，所以石墨分枝不很发达，故形成较为均匀分布的片状石墨，这是灰铸铁中最经常出现的一种石墨分布形态。

D 型石墨是在石墨的成核条件较差（如碳当量低）、冷却速度较大、造成较大的过冷情况下形成的。由于稳定系和介稳定系共晶温度之间的间隔较大（硅量并不很低时），因此所造成的过冷尚不足以遏制石墨析出。在这种结晶温度下，当熔体的温度刚刚下降至稳定系共晶平衡温度以下时，石墨晶核还不能大量形成，而奥氏体则在初生奥氏体枝晶的基础上或通过形成新的晶核仍不断析出，直到出现较大的过冷时，奥氏体枝晶之间的残留熔体中才形成大量石墨晶核。因这时石墨是在较大的过冷度下成长，分枝很发达，故最后在奥氏体枝晶间形成许多细小的无一定排列方向的石墨。这种石墨常在牌号较高（碳量较低）、薄壁（冷却速度较快）的灰铸铁铸件中出现，D型石墨又称“过冷石墨”。

B型石墨呈花朵状，其实质是中心部分由D型石墨组成，花朵的外围则为A型石墨。其形成的过程是这样的：它的成核条件要较形成A型石墨差些，故共晶转变时过冷度也比出现A型石墨时要大一些。由于成核条件较差，因此常常在共晶团的中心部分形成过冷（D型）石墨，当共晶结晶开始后，由于放出结晶潜热，能够把未结晶的铁液加热，使其温度有所上升，因而其外围部分在稍高的温度下进行结晶，当然石墨的分枝较少，石墨片也显得粗大些，最后形成花朵状分布。

E型石墨是亚共晶程度较大的铸铁在慢冷条件下形成的。初生奥氏体枝晶数量较多，至共晶结晶时过冷度不太大，形成的石墨核心不太多（共晶团较大），所以最后石墨片不像D型石墨那样细小，而是比较粗一些，因为共晶结晶时液体的数量已很少，仅仅占据初生奥氏体枝晶间的间隙位置，所以形成的比较粗的石墨片则是顺着枝晶的枝干方向生长，显出一定的方向性。这种铸铁如果在快速冷却下结晶凝固，往往会形成D型石墨，所以经常在高强度的薄壁铸铁件中，会同时出现D型、E型石墨的分布特征。

C型石墨是过共晶铸铁在冷却速度很慢的情况下出现的。过共晶灰铸铁中的石墨常呈这种形态。在对铁液进行石墨化孕育处理时，由于孕育剂量加入过大，造成局部硅元素过于富集，使出现局部过共晶区，也会出现这种石墨。当过共晶铁液冷却时，遇到液相线，在一定过冷度下即析出初生石墨晶核，在熔体中逐渐长大。由于结晶时的温度较高，而且成长的时间较长，故生长成分枝较少的粗大片状。当达到共晶温度时，便按正常的共晶过程进行，此时大都形成A型石墨。

F型石墨是我国标准中所特有的，其特点是在大块石墨（又称星形石墨）上分布着许多小的石墨片（这些小石墨片呈A型分布）。F型石墨实质上亦是过共晶石墨，是高碳铁液，在较大过冷条件下生长的。大块石墨可以认为是相当于C型石墨，小片状石墨在其上生长。这种石墨在生产活塞环时经常出现，为了防止活塞环组织中出现白口，常采用高碳（如C＞3.8%）铁液，由于壁薄，必须加强孕育过程，因此促进了F型石墨的生产。

石墨片的长度决定于共晶团的尺寸及每个共晶团内石墨的分枝程度。显然，共晶团愈细小，石墨在生长过程分枝愈发达，则石墨片愈短小。所以影响共晶团尺寸和石墨分枝程度的因素都会影响到石墨的尺寸。冷却速度的加大，由于细化了共晶团，并使石墨分枝发展，故而使石墨尺寸变小。碳量的降低，由于使过冷度加大并使共晶转变中析出石墨的碳量减少，从而可使石墨细化。

灰铸铁的基体主要分为三类，即铁素体基体、铁素体和珠光体混合基体以及珠光体基体，如图1-36所示。基体中珠光体的数量和分散度与铸铁共析转变时的过冷度有关。过冷度越大（如降低碳当量，增加冷却速度），则珠光体的比例越高，分散度也越大。普通灰铸铁的金属基体是由珠光体与铁素体按不同比例组成的，其分布特征是铁素体大多出现在石墨的周围。高强度灰铸铁则主要是珠光体基体或索氏体基体。此时，渗碳体与铁素体的片间距很小（一般小于0.3～0.8μm），要放大400倍以上才能分辨出来。由于这种层状组织排列紧密，因此强度及硬度值也就较高。

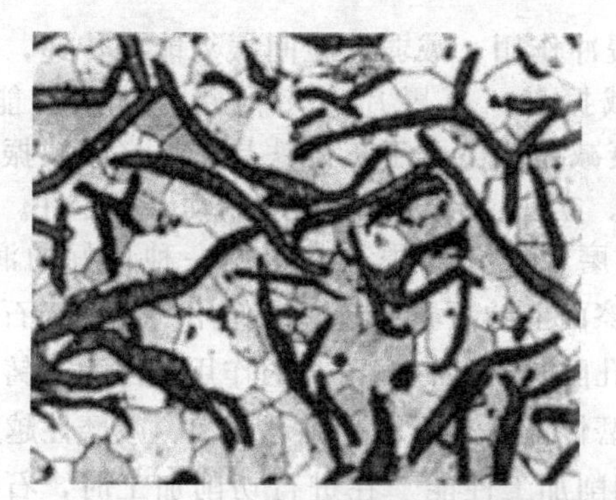

(a) 铁素体基体

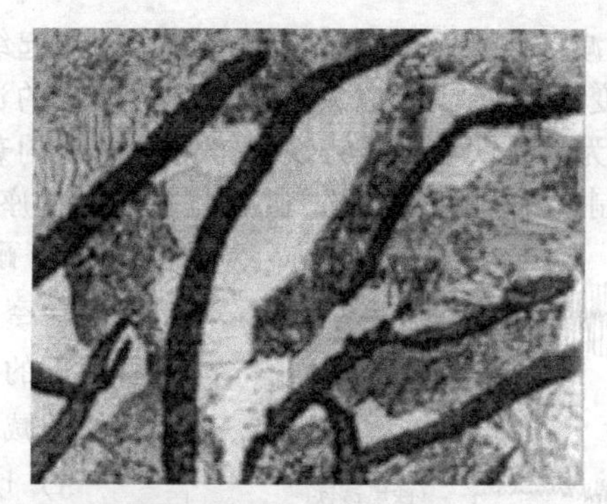

(b) 铁素体和珠光体混合基体

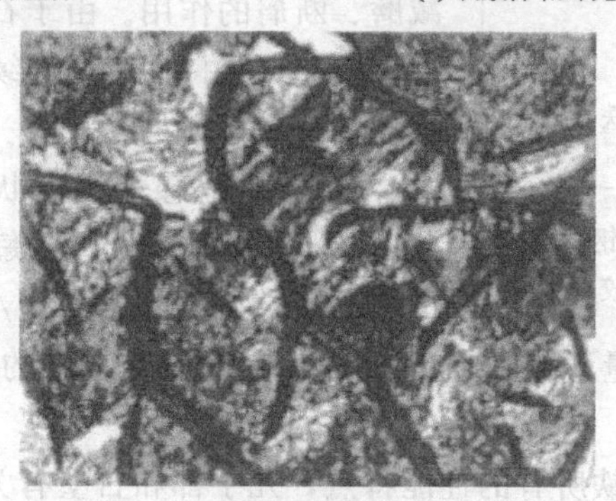

(c) 珠光体基体

图 1-36 灰铸铁的基体组织

(2) 灰铸铁的性能特点

1) 强度性能 灰铸铁中的石墨不仅破坏了基体的连续性，减少了金属基体承载的有效面积，使实际应力大大增加；同时，在石墨尖端处易造成应力集中，使石墨尖端的应力远大于平均应力，前者称为石墨的缩减作用，后者称为石墨的切割作用。所以灰铸铁的抗拉强度和弹性模量均比钢低得多。例如珠光体和铁素体混合基体灰铸铁的抗拉强度只有150MPa，而正火45钢可达700～800MPa。灰铸铁中的石墨片的数量越多、尺寸越大、分布越不均匀，对力学性能的影响就越大。但灰铸铁的抗压强度比其抗拉强度高出3～4倍之多，并不比钢差多少。这是因为石墨的数量、大小和形状对抗压强度的削弱作用较少，在压应力作用下石墨尖端的应力集中影响不大。

由于石墨存在而产生严重应力集中，造成裂纹的早期发生，而基体抵抗裂纹扩展的能力又较差，因此导致脆性断裂，故灰铸铁的塑性和韧性几乎表现不出来。很明显，由于片状石墨的存在而引起的性能降低，其总的影响并不是两者的代数和，切割作用对基体的危害往往比缩减作用要强烈得多。

2) 硬度 在钢中，布氏硬度和抗拉强度之比较为恒定，约等于3，在铸铁中，这个比值就很分散。同一硬度时，抗拉强度有一个范围。同样，同一强度时，硬度也有一个范围，这是因为强度性能受石墨影响较大，而硬度基本上只反映基体情况所致。许多工厂以铸铁的硬度来估计其抗拉强度，不少资料中也提出 R_m 和 HBW 之间的关系式。必须指出，这种估计只有在工艺条件稳定、石墨片的参数基本接近的情况下才是可靠的。

灰铸铁的硬度决定于基体，这是由于硬度的测定方法是用钢球压在试块上，钢球的尺寸相对于石墨裂缝而言是相当大的，所以外力主要承受在基体上，因此随着基体内珠光体数量的增加，分散度变大，硬度就相应得到提高，当金属基体中出现了坚硬的组成相时（如自由渗碳体、磷共晶等)，硬度就相应增加。

3）减振性　石墨对铸铁件承受振动能起缓冲作用，减弱晶粒间振动能的传递，并将振动能转变为热能，所以灰铸铁具有良好的减振性，石墨片愈多愈粗，减振性能愈好。图 1-37 为灰铸铁与球墨铸铁和铸钢对振动的衰减曲线。由于灰铸铁具有良好的减振性，特别适合制造发动机的缸体、缸盖，机器的机座、立柱、导轨和车辆的制动器等零件。

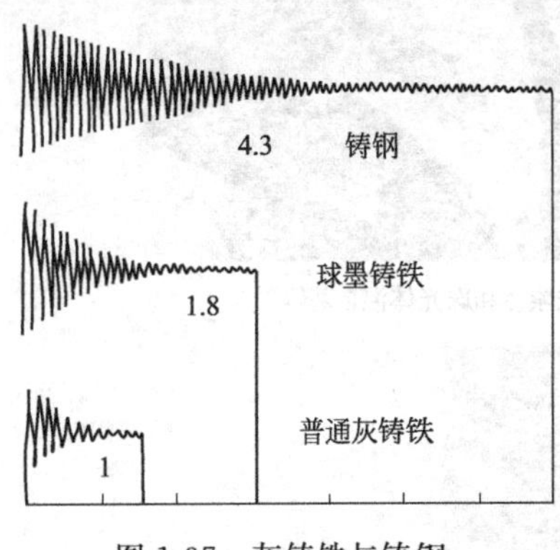

图 1-37　灰铸铁与铸钢、球墨铸铁减振性比较

4）耐磨性能　石墨本身也是一种良好的润滑剂，脱落在摩擦面上的石墨可起润滑作用，还由于石墨剥落后留下的孔隙具有储存润滑剂的作用。因而灰铸铁具有良好的减磨性能，且石墨越细越均匀，减磨性越好。

5）切削加工性能　在进行切削加工时，石墨起着减磨、断屑的作用。由于石墨脱落形成显微凹穴，起储油作用，可维持油膜的连续性，故灰铸铁切削加工性能良好，刀具磨损小。

6）缺口敏感性　片状石墨相当于许多微小缺口，从而减小了铸件对缺口的敏感性，无缺口试样和有缺口试样的疲劳强度之比 $\sigma_{-1}/\sigma_{-1k}=1.05\sim1.26$，而钢约为 1.5。因此表面加工质量不高或组织缺陷对铸铁疲劳强度的不利影响要比对钢的影响小得多。

从以上讨论看，灰铸铁所有的性能特点，几乎都和石墨有关。因此，总的来说，灰铸铁的力学性能虽然来源于它的金属基体，但却在很大程度上受制于石墨，它的性能是基体与石墨作用的综合体现。

1.3.2　灰铸铁的生产

（1）灰铸铁的牌号

国家标准《灰铸铁件》（GB/T 9439—2010）中，根据直径 ϕ30mm 单铸试棒加工的标准拉伸试样所测得的最小抗拉强度值，将灰铸铁件分为 8 个牌号，如表 1-2 所示，其中，HT 表示灰铁的汉语拼音的第一个字母，后面的三位数代表抗拉强度的最低值。灰铸铁的抗拉强度与铸件壁厚有关，同一牌号的灰铸铁件不同壁厚处会得到不同的抗拉强度。当铸件壁厚超过 20mm，而质量又超过 2000kg 时，也可采用与铸件冷却条件相似的附铸试棒或附铸试块加工成试样来测定抗拉强度，测定结果比单铸试棒的抗拉强度更接近铸件材质的性能，测定值应符合标准的规定。

表 1-2　灰铸铁牌号、力学性能、组织与用途（GB/T 9439—2010）

牌号	力学性能		组织		应用举例
	最小抗拉强度 R_m/MPa	布氏硬度 HBW	石墨	基体	
HT100	100	≤170	粗片状	铁素体	低载荷和不重要零件，如防护罩、小手柄、支架、重锤等
HT150	150	125～205	较粗片状	铁素体＋珠光体	中等载荷的零件，如支柱、底座、齿轮箱、刀架、阀体、管路附件等
HT200	200	150～230	中等片状	珠光体	较大载荷和重要零件，如床身、缸体、缸盖、齿轮、飞轮、联轴器、轴承座等
HT225	225	170～240			
HT250	250	180～250			
HT275	275	190～260	细片状	珠光体	高载荷重要零件，如齿轮、凸轮、高压液压缸滑阀壳体等
HT300	300	200～275			
HT350	350	220～290			

（2）灰铸铁的化学成分

要生产出合格铸件，必须选定合理的化学成分，熔炼出合格的铁液，另外还有铸型工艺等。铸型工艺部分在有关的课程中介绍，有关铸铁熔炼的内容将在第 4 章中讨论。因此，灰铸铁生产中如何根据具体条件选定化学成分是这一部分的重点内容。

铸件的使用性能是选择化学成分的前提，主要是力学性能的要求。若铸铁所要求的力学性能较高，则首先应适当降低碳、硅量。降低碳、硅量，石墨数量降低，石墨细化，对提高铸铁的抗拉强度有较显著的作用。随着碳、硅量的降低，石墨化程度也迅速降低，使基体珠光体增多和细化，铁素体数量减少，促使铸铁强度、硬度皆有所提高。

为了提高力学性能，适当提高含锰量也很必要。在灰铸铁中，锰作为较为常用的合金元素使用。提高含锰量，除可抵消硫的有害作用外，还能降低石墨化程度，使珠光体增多和细化，强化金属基体。因此在要求强度较高的灰铸铁中，锰的质量分数都较高，如 HT200 中含 0.5%～0.6%Mn，有时可达 0.8%。在更高牌号的灰铸铁中，Mn 多在 0.8%～1.0%范围内，有时可达 1.2%。

严格限制含硫量和含磷量，也是高强度灰铸铁的一项重要要求。降低含硫和含磷量，可减少那些能降低力学性能的非金属夹杂物（如硫化物、磷化物等），以保证铸件性能的稳定。

除力学性能外，有的铸件尚有其他使用性能的要求（如耐磨性、减振性以及切削加工的要求等），确定化学成分之前皆应进行了解，并都应作为确定化学成分的依据。

铸件在铸型中的冷却速度是选择化学成分的主要条件。在相同的化学成分下，由于冷却速度的差异，可以得到完全不同的组织和性能。所以在选择化学成分时，必须充分考虑到铸件的大小、厚度、浇注温度的高低、造型材料的特点等。如随着铸件壁厚的增加，碳、硅含量应适当减少，含锰量要相应增加。这样做是为了抵消由于铸件加厚、冷却速度降低、结晶时过冷度减少所造成的石墨粗化，石墨增多和基体中铁素体增加都对力学性能有不利影响。相反若铸件小，壁厚薄，则应适当提高碳、硅量，减少含锰量，以避免产生白口及麻口组织。

表 1-3 是考虑到壁厚影响时，化学成分的选取范围，同一铸件有不同壁厚时，按关键部位的壁厚选定。

表 1-3　不同壁厚灰铸铁件的化学成分

牌号	壁厚/mm	化学成分/%				
		C	Si	Mn	P	S
HT100	＜10	3.6～3.8	2.3～2.6			
	10～30	3.5～3.7	2.2～2.5	0.4～0.6	≤0.40	≤0.15
	＞30	3.4～3.6	2.1～2.4			
HT150	＜20	3.5～3.7	2.2～2.4			
	20～30	3.4～3.6	2.0～2.3	0.4～0.6	≤0.40	≤0.15
	＞30	3.3～3.5	1.8～2.2			
HT200	＜20	3.3～3.5	1.9～2.3			
	20～40	3.2～3.4	1.8～2.2	0.6～0.8	≤0.30	≤0.12
	＞40	3.1～3.3	1.6～1.9			
HT250	＜20	3.2～3.4	1.7～2.0			
	20～40	3.1～3.3	1.6～1.8	0.7～0.9	≤0.25	≤0.12
	＞40	3.0～3.2	1.4～1.6			
HT300	＞15	3.0～3.2	1.4～1.7	0.7～0.9	≤0.20	≤0.10
HT350	＞20	2.9～3.1	1.2～1.6	0.8～1.0	≤0.15	≤0.10

注：高于 HT250 的牌号，是通过孕育处理得到的。

1.3.3 灰铸铁的冶金质量指标

同一成分的铁液经不同的处理，可获得不同性能的铸铁，因此，必须对灰铸铁件生产的冶金过程做周密的考虑，以便既能得到要求的强度指标，又能保证铸铁具有良好的工艺性能。

为了衡量灰铸铁的冶金质量，提出了一些综合性指标。

（1）成熟度和相对强度

基于灰铸铁的共晶度 S_c 计算出的其抗拉强度和硬度，称为正常强度和正常硬度，计算公式如下：

$$R_m = 1000 - 800S_c \tag{1-9}$$

$$\mathrm{HBW} = 530 - 344S_c \tag{1-10}$$

随着熔炼技术和孕育工艺的发展，灰铸铁的实际强度远高于计算出的正常强度。

将从 ϕ30mm 试棒上测得的抗拉强度 $R_{m测}$ 与计算的正常强度的比值称为成熟度。

$$RG = \frac{R_{m测}}{1000 - 800S_c} \tag{1-11}$$

式中 RG——成熟度；

$R_{m测}$——ϕ30mm 试棒测得的抗拉强度，MPa；

S_c——共晶度。

对于灰铸铁，RG 可在 0.5～1.5 内波动，适当的过热与孕育处理能提高 RG 值。如 $RG<1$，表明孕育效果不良，生产水平低，未能发挥材质的潜力。$RG>1$，表示通过熔炼技术和孕育处理的铸铁在较高的共晶度下获得高强度，通常希望 RG 在 1.15～1.30 之间。

如果用 ϕ30mm 试棒上测得的硬度计算，则可获得灰铸铁的相对强度。

$$RZ = \frac{R_{m测}}{2.27\mathrm{HBW}_{测} - 227} \tag{1-12}$$

式中 RZ——成熟度；

$\mathrm{HBW}_{测}$——ϕ30mm 试棒测得的硬度。

RZ 可在 0.6～1.4 之间波动，$RZ>1$，表示强度高，硬度低，材料综合性能好。

（2）硬化度及相对硬度

$$HG = \frac{\mathrm{HBW}_{测}}{530 - 344S_c} = \frac{\mathrm{HBW}_{测}}{170.5 + 0.793(T_L - T_S)} \tag{1-13}$$

式中 HG——硬化度；

T_L、T_S——铸铁液相线和固相线温度；

$HG<1$，表示在保持强度下有较低的硬度。

将从 ϕ30mm 试棒上测得的硬度与计算硬度的比值称为相对硬度。

$$RH = \frac{\mathrm{HBW}_{测}}{100 + 0.44\sigma_{b测}} = \frac{\mathrm{HBW}_{测}}{\mathrm{HBW}_{计算}} \tag{1-14}$$

RH 波动在 0.6～1.2 之间，以 0.8～1.0 为佳。RH 低，表明灰铸铁的强度高，硬度低，有良好的切削性能。良好的孕育处理能降低 RH 值。

将成熟度与硬化度的比值称为品质系数。

$$Q_i = \frac{RG}{HG} \tag{1-15}$$

Q_i 在 0.7～1.5 之间波动，希望控制 $Q_i>1$，使灰铸铁在保持高强度的同时具有良好的铸造性能与加工性能。

近年来，一些国家用抗拉强度和布氏硬度之比 m 作为内控标准：

$$m=\frac{R_m}{HBW} \tag{1-16}$$

式中，m 表示灰铸铁的切削性能指标，这一方式更为直接。m 值大，则表明在强度高时，硬度低，切削性能好。根据不同的牌号将 m 控制在 1.0～1.4 为好。

1.3.4 提高灰铸铁力学性能的途径

为了提高灰铸铁的力学性能，常采取下列各种措施：合理选定化学成分、孕育处理、微量或低合金化，根据力学性能要求，各种措施还可同时采用。本节主要讨论化学成分和合金化的影响，孕育处理将在 1.3.5 节中讨论。

(1) 合理选定化学成分

提高 Si/C 比。对于灰铸铁来说，碳当量增高，性能降低。但在碳当量保持不变的条件下，适当提高 Si/C 比（如由 0.5 提高至 0.75），在铸铁的凝固特性、组织结构与材质性能方面有如下的变化：组织中初生奥氏体量增加，有加固基体的作用；由于总碳量的降低，石墨量相应减少，减少了石墨的缩减及切割作用；溶入铁素体中的硅量增高，强化了铁素体；提高共析转变温度，珠光体稍有粗化，对强度性能不利；由于硅的增高，使铁液的白口倾向有所降低。

经过实际应用的结果，认为在碳当量较低时，适当提高 Si/C 比，强度性能会有所提高（图 1-38），切削性能有较大改善，但缩松、渗漏倾向可能会增高。在较高碳当量时，提高 Si/C 比反而使 R_m 下降（图 1-38），但白口倾向总是减小的（图 1-39）。

在选定化学成分的基础上，适当采用较高锰量，无论对强度、硬度、致密度以及耐磨性都有好处，这种含锰较高的灰铸铁已在机床铸件上得到了一定的应用。

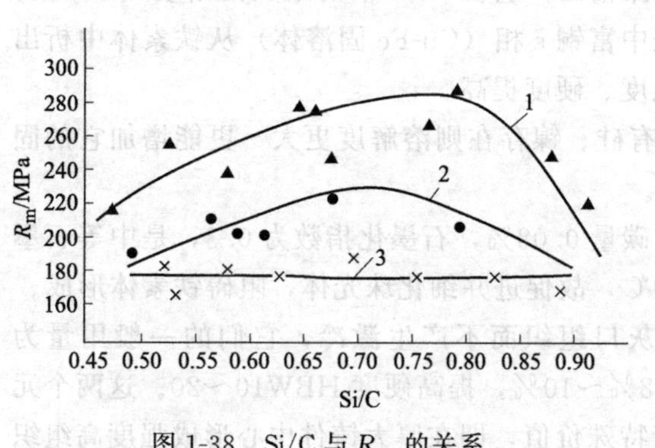

图 1-38 Si/C 与 R_m 的关系

1—CE=3.6%～3.8%；2—CE=3.8%～4.0%；3—CE=4.0%～4.2%

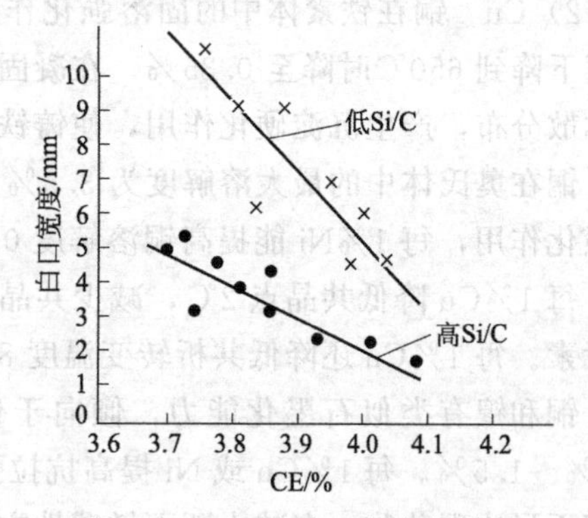

图 1-39 Si/C 与白口倾向的关系

(2) 低合金化

在常规化学成分的基础上添加一种或几种合金元素，使铸铁的显微组织得到改善，力学性能及物理、化学性能得到提高的方法谓之为合金化。根据合金元素加入量的不同，合金化可实现不同的目的：① 添加合金元素在 3.0%以下，属于低合金化或微合金化，其目的是提高铸铁的强度、改善组织和性能的均匀性；② 添加 3.0%～30.0%合金元素，属于高合金化，目的是显著提高铸铁的耐磨性、耐热性及耐蚀性。对于灰铸铁，常采用低合金化来提高强度和改善组织均匀性。

合金元素对铸铁的冶金学特性、凝固过程、显微组织及物理化学性能都有直接或间接的影响，其作用主要表现在以下几方面：① 改变稳定性和介稳定系共晶平衡温度；② 改变共晶点含碳量；③ 改变铁液的石墨化能力；④ 影响奥氏体的稳定性，改变共析平衡温度；⑤ 提高合金的力学性能。下面讨论常用合金元素对灰铸铁组织和性能的影响。

1）Ni　镍溶入铁素体中起固溶强化作用，能提高铸铁的强度、硬度。镍可减少共晶点含碳量，提高共晶反应温度，具有中等石墨化能力，石墨化指数为 0.3，故能降低铁液的激冷倾向，对消除白口或麻口组织颇有效。加入 0.1%～1.0%Ni 可细化共晶团和石墨，不形成碳化物，不增大白口倾向，阻止形成铁素体，这种特性使镍具有很小的断面敏感性。

每 1%Ni 可减少共析点含碳量 0.05%，但降低共析温度约 20℃。它稳定奥氏体，扩大 γ 相区，迫使共析反应在更低的温度下进行，因而抑制铁素体，促进基体珠光体化。随着镍量增加珠光体分散度增大，当 Ni＞5%时甚至变成马氏体。灰铸铁常用 0.25%～5.0%Ni。加镍要和改变硅量结合起来考虑，因为二者都是石墨化元素。如果保持高硅量的情况下，加镍不会使强度、硬度有显著变化，只有降低硅量的同时增加镍才能获得高强度和良好的组织均匀性。虽然只降低硅量不加镍也能提高强度，但会加剧铸件厚薄断面的硬度差和组织的不均匀性。

另一方面，在用镍合金化的同时把降低碳、硅量或 *CE* 结合起来可使灰铸铁抗拉强度提高 10%～15%。为了提高合金化的效果，往往将 Ni、Mo、Ni、Cr 或 Ni 和 Cr、Mo 联合起来使用，尤其是厚大铸件用这种合金化方法最有效。镍和铬的用量一般取 3∶1，镍和钼的用量取 2∶1。

2）Cu　铜在铁素体中的固溶强化作用和镍相当，它在 α-Fe 中的最大溶解度约 3.3%，温度下降到 650℃时降至 0.35%。在凝固过程中富铜 ε 相（Cu-Fe 固溶体）从铁素体中析出呈弥散分布，产生沉淀硬化作用，使铸铁的强度、硬度提高。

铜在奥氏体中的最大溶解度为 3.5%，若有硅、镍存在则溶解度更大，更能增加它的固溶强化作用，每 1%Ni 能提高铜溶解度 0.5%。

每 1%Cu 降低共晶点 2℃，减少共晶点含碳量 0.08%，石墨化指数为 0.3，是中等石墨化元素。每 1%Cu 还降低共析转变温度 8～10℃，故促进并细化珠光体，阻碍铁素体形成。

铜和镍有类似石墨化能力，倾向于保持灰口组织而不产生激冷，它们的一般用量为 0.5%～1.5%。每 1%Cu 或 Ni 提高抗拉强度 8%～10%，提高硬度 HBW10～20。这两个元素都不形成碳化物，在减小断面敏感性方面有特殊价值，即在厚大铸件中心形成强度高组织致密的基体，而在薄壁处不增大白口倾向。

铜很少单独使用，和碳化物形成元素联合作用的效果更大，和铜配对的元素有 Cr、Mo、Mn、V 等。为了使铸件获得最大的强度、硬度而不损害韧性和加工性，铜和稳定碳化物元素之间必须保持恰当比例，若碳＞3%，则铜、铬比取（3～4）∶1，若碳＜3%则铜、铬比取（4～6）∶1。钼和锰可取等量的铜来平衡，但铜、钒比需取 10∶1。

铜在铸铁中的用途很广，可用来提高铸铁的减摩性、减振性和耐磨性，适用于制造滑动摩擦零件，如制动鼓等。在特种铸铁中加入 4%～7%Cu 可有效地提高耐热性和耐蚀性。灰铸铁中加0.5%～1.5%Cu也能提高在稀硫酸、过氯酸、海水、大气和含硫燃油中的抗腐蚀性。

铜还能提高铁液的流动性，显著改善铸造性能。

3）Cr　铬是最强烈的稳定和形成碳化物元素之一。每1%Cr使稳定系共晶点含碳量增加0.06%，略微降低稳定系共晶平衡温度，但显著提高介稳定系共晶平衡温度，结果稳定系和介稳定系共晶平衡温度范围随铬量增加变得越来越窄，以致白口倾向增大。铬的共晶石墨化指数为－1.2，共析石墨化指数为－0.4，是典型的反石墨化元素，同时还能形成复杂碳化物（Fe·Cr)$_3$C、(Fe·Cr)$_7$C$_3$，这些碳化物比Fe_3C的硬度和热稳定性高得多。

Cr<0.5%时能稍微细化石墨片，使之分布更均匀，阻碍铁素体形成，增加并细化珠光体，提高铸件的强度、硬度和耐磨性。每1%Cr提高抗拉强度30%～40%，提高硬度HBW50～70。普通铸铁中大约只需0.5%Cr就可获得最大的强度，但Cr>0.8%即出现碳化物，反而使强度下降。

由于厚大铸件冷却速度缓慢，石墨常常很粗大以及中心缩松，加入适量的铬可消除游离铁素体，使整个铸件的组织及硬度更均匀。

铬铸铁的熔点较高，流动性较差，收缩性大，白口倾向也大，在熔炼和铸造工艺方面应给予注意。

4）Mo　钼的共晶石墨化指数为－0.35，白口倾向低于铬，但共析石墨化指数－1.2，显然，含钼铸铁比含铬铸铁的奥氏体稳定性高得多。同时钼铸铁形成的（Fe·Mo)$_3$C、Mo_2C、$Mo_{23}C_6$等复杂碳化物也比铬碳化物有更大的稳定性，因此钼铸铁不仅在保持铸铁高强度方面有显著作用，而且在450～650℃高温还能阻止珠光体的体积生长和蠕变。

钼由于促进并细化珠光体，而提高铸件的强度和硬度。每1%Mo可提高抗拉强度35%～40%，提高硬度HBW20～40。钼铸铁的冲击韧性高于普通铸铁，有人认为这是钼对铸铁性能最突出的贡献之一。

钼的另外一种作用是提高奥氏体的稳定性和淬透性，降低γ转变为α的转变速度，减少铸件发生淬裂或淬火变形现象。由于钼具有这些持性，加入0.6%～0.8%Mo就可在铸态条件下得到强度、硬度、耐磨性很好的贝氏体-马氏体针状组织。冷却速度越大，钼含量越高获得针状组织就越多。如果Mo和Cu、Ni等元素联合作用则得到针状组织的效果更好。含0.8%Mo、1.2%Ni针状灰铸铁的抗拉强度达到402～495MPa，HBW255～320，无缺口冲击韧性41J/cm^{-2}。

钼铸铁具有良好的组织均匀性和在较高硬度下具有高强度、高韧性。这种优越的综合性能有利于改善疲劳特性和耐磨性。因此，它在铸造曲轴、凸轮轴以及耐磨件中得到应用。

5）V　钒是最强烈的碳化物形成元素之一，主要用来稳定渗碳体和阻止石墨化。钒倾向于使基体索氏体化并形成碳化物，如VC、V_4C_3、(Fe·V)$_3$C。钒用量少于0.35%可使磷共晶/碳化物分布更散乱、均匀，亦有利于铸件强度、硬度、耐磨性提高，每0.1%V平均提高抗拉强度3.4%～4.5%，硬度提高HBW8～10。

钒对铁素体的固溶强化作用仅次于钼而优于铬。钒使稳定系共晶平衡温度下降，介稳定系共晶平衡温度上升。钒为0.8%时，介稳定系共晶温度超过稳定系共晶平衡温度，使铁液结晶为白口组织。钒的共晶石墨化指数为－2，共析石墨化指数为－4，是常见合金元素中反石墨化最强烈的元素。

钒对铸铁最重要的贡献是使石墨更细小，分布更均匀。在大断面铸铁中不产生低强度区，表层也不生成大量铁素体。

钒常和镍、铜等石墨化元素联合使用，经过孕育处理可得到更高的强度。

6）Ti 由于钛对氧、氮有很强的亲和力而作为一种优良的还原剂或脱氧剂，可净化铁液，改善被氧化铁液的流动性。钛的石墨化作用比硅强烈得多，因为钛和碳形成 TiC（HV 3200），和氮作用形成 TiN，与氧作用形成 TiO_2，这些细小、分散、坚硬的物质不溶入铁液而起非均质晶核作用。加入 0.1%～0.2%Ti 可细化共晶团和石墨，减少白口倾向，提高强度和耐磨性。但钛用量要加以限制，因为钛用量过多会增大白口，并出现大量难熔化合物而降低铁液流动性，还使 A 型石墨减少，D 型石墨增加。采取孕育处理可以削弱这些不良作用。

7）Sn 锡对共晶反应几乎没有影响，也不改变石墨形态，但对共析反应影响极大，共析石墨化指数达到－8.0，能强烈促进基体珠光体化，其作用十倍于铜，是提高铸铁强度、硬度、组织均匀性和耐磨性很有效的元素。加入 0.1%Sn 可使原来只有 80%珠光体的亚共晶铸铁变为 100%珠光体或原来只有 50%珠光体的过共晶铸铁变为 90%珠光体基体。

0.1%Sn 能使亚共晶灰铸铁的抗拉强度提高 7%，硬度提高 HBW30；过共晶灰铸铁抗拉强度提高 25%，硬度提高 HBW40。但加锡的缺点是使冲击韧性下降，因为共晶团边界上富集 $FeSn_2$ 化合物，削弱晶界强度。

用锡合金化的最大特点是即使加入过量也不会形成游离碳化物。

8）Sb 锑对铸铁的主要作用是能强烈稳定珠光体，其珠光体化能力大约是锡的一倍。加入 0.04%～0.06%Sb 或 0.1%～0.12%Sb 可使 ϕ25mm 试棒或 100mm 正方体得到 100%珠光体基体。

锑对铸铁的作用有积极的一面，也有消极的另一面。它的积极作用是增加珠光体，使材料的强度、硬度及耐磨性提高；它的消极方面是产生晶间偏析，在共晶团边界上富集导致形成脆性中间相（如磷共晶、碳化物及 SbS 或 MgS 共晶），使性能下降。因此，锑有一个合理加入量，超过某临界值性能将下降。

1.3.5 灰铸铁的孕育

往待浇注的铁液中加入少量形核剂，促进铁液按稳定系结晶，增加石墨数量，抑制碳化物形成的一种操作称为孕育处理。孕育处理是改善铸铁性能的一种有效、简便而又经济的方法，它不仅是生产高强度灰铸铁所必需的，而且是生产球墨铸铁、蠕墨铸铁、可锻铸铁、合金铸铁、甚至白口铸铁所不可缺少的工序。

孕育目的在于，促进石墨化，降低白口倾向；降低断面敏感性；控制石墨形态，消除过冷石墨；适当增高共晶团数和促进细片状珠光体的形成，从而达到改善铸铁的强度性能及其他性能（如致密性、耐磨性及切削性能等）的目的。

（1）孕育剂

目前各国使用的商业孕育剂和专利孕育剂的品种繁多，归纳起来可分两大类：石墨化孕育剂和稳定化孕育剂。

石墨化孕育剂具有促进石墨化和改善石墨形态的特性，其中硅铁合金应用最早也最普遍，其特点是价格便宜，有一定的石墨化能力，但熔点偏高（约 1320℃），孕育衰退快，故不宜用于重要铸件的孕育处理。硅钙合金也是早期孕育剂，由于钙含量太高，易形成高熔点熔渣，阻碍熔解而影响孕育效果，现被性能更好的孕育剂取代。

其他石墨化孕育剂基本上以硅铁为基础加入 Ba、Mg、Zr、RE、Sr 等活泼元素，使孕育效果明显改善，部分产品化学成分列于表 1-4。

表 1-5 给出了部分石墨化孕育剂的特性及适用范围。

表 1-4 部分石墨化孕育剂的化学成分　　　%（质量分数）

品名	Si	Al	Ca	其他
硅铁	74～79	0.6～1.1	0.5～2.0	
硅钙	60～65	0.9～1.1	28～32	
硅钛钙	50～55	1.0～1.3	5.0～7.0	(9.0～11.0)Ti
硅钡锰	60～65	1.0～1.5	1.5～3.0	(4.0～6.0)Ba，(9.0～12.0)Mn
硅锰锆	60～65	0.75～1.25	0.6～0.9	(0.6～0.9)Ba，(5.0～7.0)Mn，(5.0～7.0)Zr，商品名：SMZ
硅锶	73～78	＜0.5	＜0.1	(0.6～1.0)Sr，商品名：Superseed
硅稀土	36～40	＜0.5	＜0.5	(11～15)RE(其中 9～11Ce)
硅铝镁	74～79	3.0～4.0	0.5～0.8	(0.5～1.0)Mg
碳硅钡	35～40			(5～6)Ba，(35～40)C

注：余为 Fe。

表 1-5 部分石墨化孕育剂的特性及适用范围

孕育剂名称	性能特点	适用范围	备注
硅铁 (SiFe)	孕育速度快，在 1.5min 内达到高峰，8～10min 后衰退到未孕育状态。可减少过冷度和白口倾向，增加共晶团数量，形成 A 型石墨，提高抗拉强度和断面的均匀性，具有良好的孕育效果	适用于 HT200、HT250 的生产，由于抗衰退能力差，若不用瞬时孕育则效果较差	价格便宜，来源最广泛
钡硅铁 (BaSiFe)	比硅铁有更强的增加共晶团和改善断面均匀性的能力，抗衰退能力强，孕育效果可维持 20min 左右	适用于各种牌号的灰铸铁，特别适用于大型厚壁件及浇注时间长的铸件	价格比硅铁高 20%～30%，用量减少 20%
锶硅铁 (SrSiFe)	降低白口能力比硅铁强，和碳硅钙相近，断面的均匀性和抗衰退能力比硅铁好，易熔解，渣量少	适用于薄壁件，特别是不希望有高共晶团数的、对缩松渗漏有要求的零件	价格比硅铁高，但可防止铸件渗漏
碳硅钙 (TG-1)	其石墨化能力与锶硅铁相近，抗衰退能力略低于钡硅铁，但优于硅铁，熔点高，易于获得均匀分布、细小的 A 型石墨	适用于高温熔炼下生产各种灰铸铁	价格略高于硅铁，用量少
稀土钙钡硅铁 (RECaBaSiFe)	高碳当量时仍有较好的孕育效果，抗衰退能力仅次于钡硅铁和碳硅钙，其孕育的强度、硬度比硅铁孕育得高，使可加工性和断面均匀性得到改善	适用于碳当量比较高的薄壁件，特别是适用于耐水压、气压力的薄壁铸件	价格比硅铁高一倍，其用量仅为硅铁的一半

稳定化孕育剂的主要作用是强化基体，提高强度、硬度，用于白口铸铁的孕育处理可提高硬度的同时改善材料的韧性。表 1-6 给出了部分稳定化孕育剂的化学成分。

表 1-6 部分稳定化孕育剂的化学成分　　　%（质量分数）

品名	Cr	Si	Mn	其他
铬硅锰	38～42	17～19	8～11	0.5Ca，0.2Al，0.75Ti
铬硅锰锆	30～50	14～35	5～10	(1～6)Zr
铬硅碳	60	15		5C

孕育剂的加入量与铁液成分、温度及氧化程度、铸件壁厚、冷却速度、孕育剂类型及孕育方法有关，尤其以铁液成分、铸件壁厚及孕育方法的影响为最大。一般地，铸铁要求牌号越高，则需要加入孕育剂的量越大，在用普通孕育剂以及一般方法孕育时，孕育剂的量大致在0.2%～0.7%范围内波动，如果选用强化孕育剂，则用量就可适当降低。

(2) 孕育方法

孕育处理的方法近年来有很大发展，最常用的孕育方法是在出铁槽将一定粒度的孕育剂(粒度大小随浇包大小而定，一般在5～10mm) 加入，这种方法简单易行，但缺点不少，一是孕育剂消耗很大，二是很易发生孕育衰退现象［图1-40 (c)］，衰退的结果导致白口倾向的重新加大以及力学性能的下降［图1-40 (a)、(b)］。为此，近年来发展了许多瞬时孕育(后孕育) 的技术，方法是尽量缩短从孕育到凝固的时间，可极大程度上防止孕育作用的衰退，亦即最大程度地发挥孕育的作用。瞬时孕育方法又可分为以下几种。

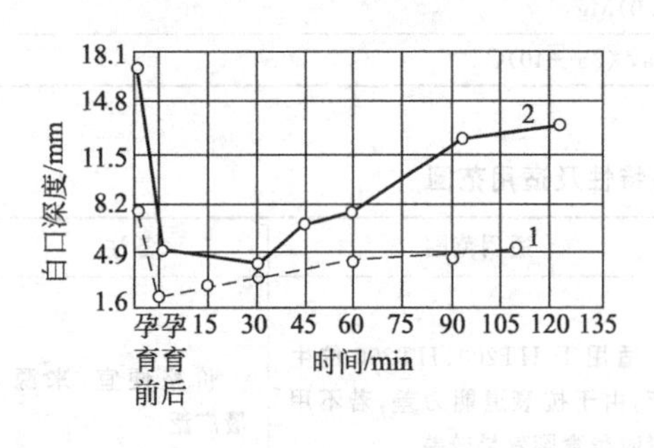

(a) 孕育后保持时间和白口宽度的关系

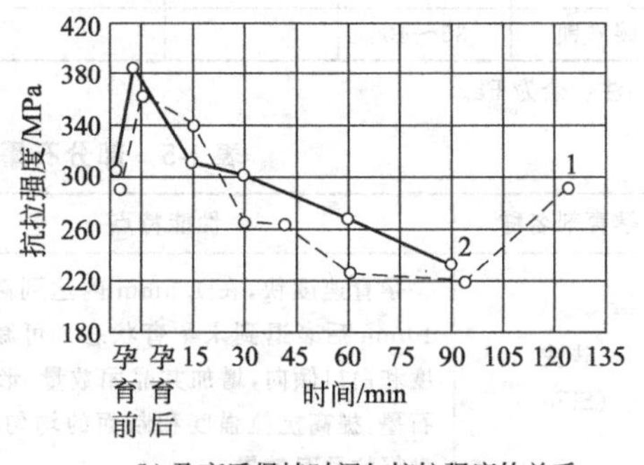

(b) 孕育后保持时间与抗拉强度的关系

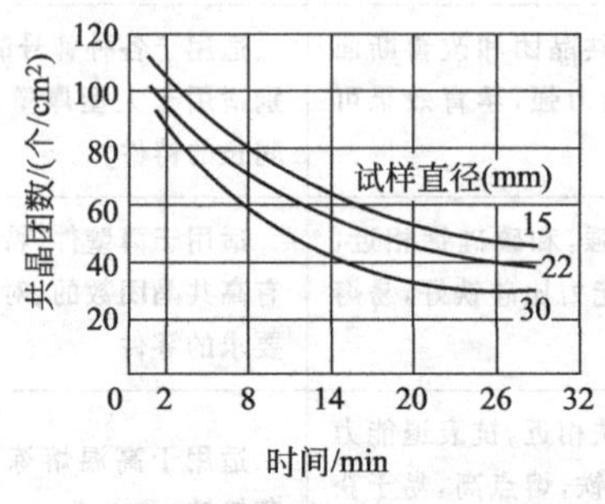

(c) 孕育后保持时间与共晶团数量的关系

图1-40 孕育后铸铁性质随时间的变化

1—C 3.39%，Si 1.98%，CE=4.05%；2—C 3.03%，Si 1.45%，CE=3.51%

孕育剂：Si-Ca，0.25%～0.30%

1) 随流孕育　把20～40目粒状的孕育剂随铁液浇注流加入0.08%～0.2%的孕育剂，即可使铁液得到充分的孕育，这种方法的孕育剂用量很少，对消除碳化物非常有效，并可大幅度增加共晶团或石墨球数。

最简单的随流孕育方法是，用定量漏斗将孕育剂撒入浇口杯内或浇包铁液流股中。大量流水生产的孕育机构安装在浇注机上，配有光电控制系统，孕育剂可自动加入，用量可任意调节，其原理如图1-41所示。

2) 孕育丝孕育　把40～140目孕育剂包覆在壁厚为0.2～0.4mm、直径为1.8～7.0mm的薄钢管内制成的孕育丝，绕成卷状安装到喂丝机构上，由控制装置将孕育丝喂入直浇口中进行孕育，如图1-42所示。该法的优点是所需的孕育量很少，0.02%～0.03%，无粉尘污染，可避免不熔质点带入铸型造成白点（碳化物），便于自动控制。缺点是孕育丝的轧制和输送比较复杂。

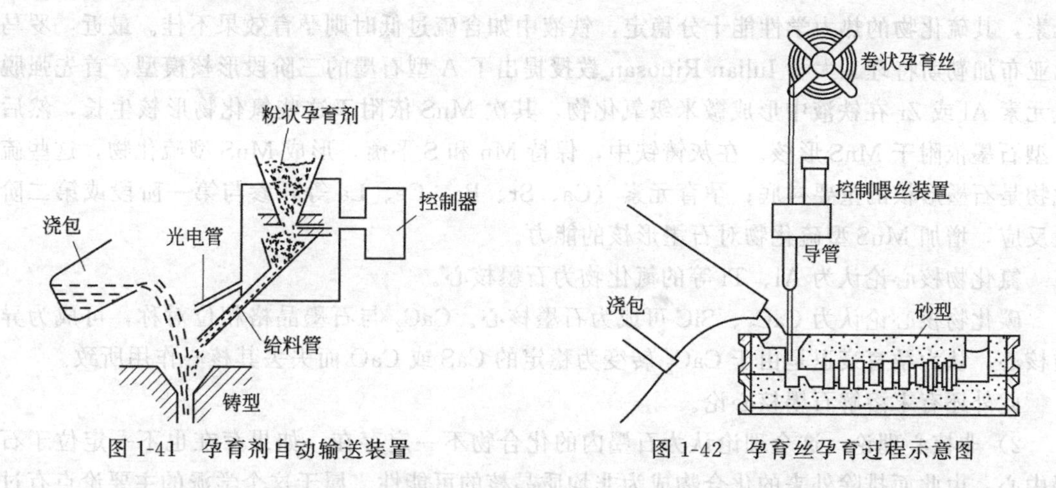

图 1-41 孕育剂自动输送装置　　图 1-42 孕育丝孕育过程示意图

3）孕育块孕育　孕育块可用铸造方法制造，也可将粉状孕育剂用硬脂酸粘结成块，然后插入浇口杯或特设的反应室内，当铁液流过时孕育块逐层熔化带入铸型产生孕育作用。为了保证均匀孕育，合金的溶解速度和浇注系统的设计要仔细控制，按照铸型大小可安装一块或几块孕育块，孕育块的安装方法如图 1-43 所示。孕育块可放在直浇口底部的过滤网上［图 1-43（a）］或插入直浇口底部的反应室［图 1-43（b）］和浇口杯内［图 1-43（c）］。

孕育块的材料选择很重要，欧洲广泛采用德国专利合金 Gemalloy 成分：72%Si，1.19%～1.55%Al，0.08%～0.9%Ca，4.0%～4.5%Mn，余为 Fe。此外，含 10%Ce 硅铁对减少激冷改善组织和性能均匀性也相当有效。

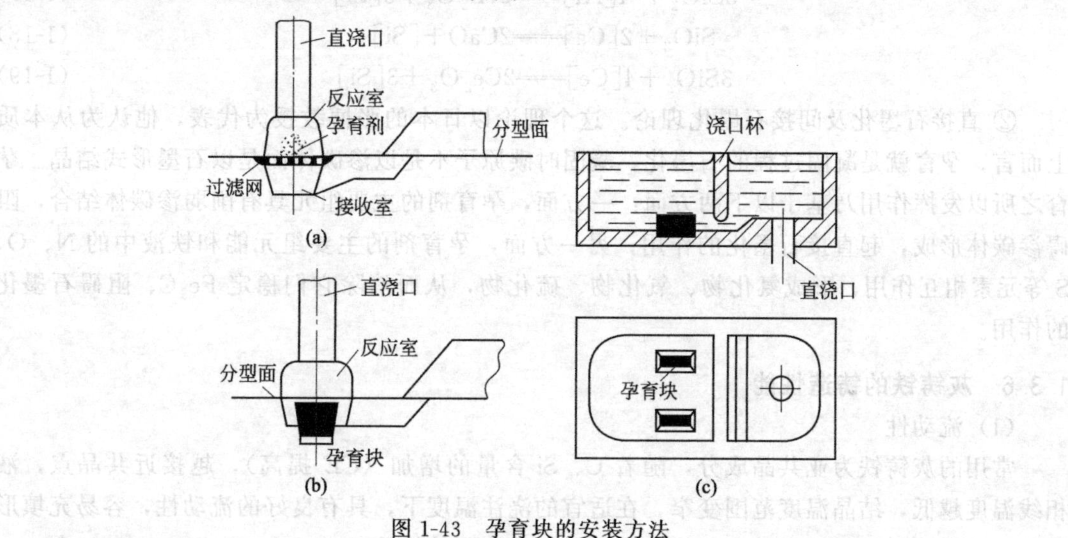

图 1-43 孕育块的安装方法

（3）孕育理论

现今的孕育理论分两大学派，一派是核心理论，另一派是非核心理论。以下简单介绍这两种理论的内容。

1）核心理论　目前有关孕育机理的学说以核心说为主流。氧化物核心说认为添加 Si 脱氧产生的 SiO_2 为石墨析出的核心，其根据是 SiO_2 量增加，A 型石墨析出数量增加。随着保温时间的延长，FeO、MnO 增加，SiO_2 减少，出现孕育衰退现象，即白口组织增加。

硫化物核心论认为 Ca 或 Sr 的硫化物为石墨化的核心。其根据是大多数孕育剂所含有的元素，其硫化物的热力学性能十分稳定，铁液中如含硫过低时则孕育效果不佳。最近，罗马尼亚布加勒斯特理工大学 Iulian Riposan 教授提出了 A 型石墨的三阶段形核模型，首先强脱氧元素 Al 或 Zr 在铁液中形成微米级氧化物，其次 MnS 依附于这些氧化物形核生长，然后 A 型石墨依附于 MnS 形核。在灰铸铁中，保持 Mn 和 S 平衡，形成 MnS 型硫化物，这些硫化物是石墨形核的重要衬底；孕育元素（Ca、Sr、Ba、Ce、La 等）参与第一阶段或第二阶段反应，增加 MnS 型硫化物对石墨形核的能力。

氮化物核心论认为 Al、Ti 等的氮化物为石墨核心。

碳化物核心论认为 CaC_2、SiC 可成为石墨核心。CaC_2 与石墨晶格相位对称，可成为异质核心，认为孕育衰退是由于 CaC_2 转变为稳定的 CaS 或 CaO 而失去其核心作用所致。

此外还有未溶解石墨核心论。

2）非核心理论　这个理论认为石墨内的化合物不一定存在，如果存在也不一定位于石墨中心，由此而排除外来的化合物成为非均质晶核的可能性。属于这个学派的主要论点有过饱和形核理论和直接石墨化及间接石墨化理论。

① 过饱和形核理论。这个理论的依据是硅铁合金可作为孕育剂，认为硅铁合金加入铁液以后即在局部富硅区内变成过饱和溶液，使碳的活度增大，使其原子处于过饱和状态，从而推动石墨析出并长大。不过许多试验证实纯硅铁合金或纯硅都对孕育无效。有效的孕育取决于微量元素的存在，当硅基孕育剂含有一定量的 Ca、Al、Ba 等高氧化性元素将产生更好的孕育效果。其机理是因为它们能把悬浮于铁液中的 SiO_2 还原出硅原子，形成富硅微区，造成碳原子处于过饱和状态，推动石墨析出。微量元素和 SiO_2 的反应如下：

$$3SiO_2 + 4[Al] = 2Al_2O_3 + 3[Si] \tag{1-17}$$

$$SiO_2 + 2[Ca] = 2CaO + [Si] \tag{1-18}$$

$$3SiO_2 + 4[Ce] = 2Ce_2O_3 + 3[Si] \tag{1-19}$$

② 直接石墨化及间接石墨化理论。这个理论以日本的张博教授为代表，他认为从本质上而言，孕育就是凝固过程的石墨化，凝固时碳原子不是以渗碳体而是以石墨形式结晶。孕育之所以发挥作用乃基于以下两方面：一方面，孕育剂的主要组元具有削弱渗碳体结合，阻碍渗碳体形成，起直接石墨化的作用；另一方面，孕育剂的主要组元能和铁液中的 N、O、S 等元素相互作用，形成氮化物、氧化物、硫化物，从而消除它们稳定 Fe_3C、阻碍石墨化的作用。

1.3.6　灰铸铁的铸造性能

（1）流动性

常用的灰铸铁为亚共晶成分，随着 C、Si 含量的增加（*CE* 提高），越接近共晶点，液相线温度越低，结晶温度范围变窄，在适宜的浇注温度下，具有良好的流动性，容易充填形状复杂的薄壁铸件，且不易产生气孔、浇不足、冷隔等缺陷。

Mn 和 S 对共晶度影响不大，主要影响夹杂物形式。形成高熔点 MnS 时，以固体颗粒存在，增加了铁液黏度，降低流动性；如以 FeS 形式存在，则对流动性的影响不大。

P 能使铸铁的共晶度增加，又形成低熔点共晶体，并能降低铸铁液相线温度，因此，P 能有效提高灰铸铁的流动性。

（2）收缩性

灰铸铁的收缩包括液态收缩、凝固收缩、固态收缩，降低浇注温度。提高铸铁的含碳量及其他促进石墨化元素的含量，都能减少液态收缩和凝固收缩。由于灰铸铁凝固后仍有一定的石墨化作用，故使其固态收缩因石墨化膨胀而大大减少。石墨化程度越大，则固态收缩越小。一般固态总线收缩量为0.9%～1.3%，受阻线收缩为0.8%～1.0%。

灰铸铁形成缩孔、缩松的倾向主要和液态、凝固时收缩值的大小有关。因为在灰铸铁凝固过程中有石墨析出，抵消了部分液态和凝固时的收缩。同时由于析出石墨的膨胀，可使铸件内部未凝固的铁液产生“自补缩”作用，以获得无缩孔的健全铸件，但必须提高铸型刚度，以防止型壁移动而使缩孔产生。

对于一般的灰铸铁件，由于碳、硅含量较高，石墨化膨胀大，总的收缩量小，故不需要设冒口；对于碳、硅含量较低的高强度孕育铸铁，由于具有一定的收缩量，因此在某些情况下必须设置冒口以补偿液态和凝固收缩。

(3) 灰铸铁的应力、变形与裂纹

由于石墨化的作用，灰铸铁收缩小，产生应力、发生变形和裂纹的倾向都比较小，只有当受到来自铸型、型芯及其他方面的机械阻碍，铸件冷却过快、应力加大时，才会出现开裂。所以，凡能减少铸造应力的方法（如提高碳当量，促进石墨化以减少收缩及阻力，缩小铸件内的温度差等）都能使变形和开裂的倾向减小。

不管怎样，铸件内部都有应力存在，对一些精度要求较高的铸件，为了防止在使用过程中发生变形和开裂，一般需要进行时效和低温退火加以消除。

1.3.7 灰铸铁的热处理

灰铸铁热处理只能改变基体组织，不能改变石墨的形态和分布，所以灰铸铁热处理不能显著改善其力学性能，主要用来消除铸件内应力、稳定尺寸、改善切削加工性和提高铸件表面耐磨性。

(1) 消除内应力退火

消除内应力的低温退火又称人工时效，即将铸件在室温或低温（200～300℃）装炉，缓慢加热到500～550℃，适当保温（每10mm截面保温2h）后，随炉缓冷至150～200℃出炉空冷。去应力退火加热温度一般不超过560℃，以免共析渗碳体分解、球化，降低铸件强度、硬度和耐磨性。

图1-44为中小型机床铸件的人工热时效规范图。

(2) 消除白口组织的退火或正火

铸件冷却时，表层及截面较薄部位由于冷却速度快，易出现白口组织使硬度升高，难以切削加工。通常将铸件加热至850～950℃，保温1～4h，然后随炉缓冷，使部分渗碳体分解，最终得到铁素体基或铁素体-珠光体基灰铸铁，从而消除白口，降低硬度，改善切削加工性。图1-45为高温石墨化退火工艺图。

正火是将铸件加热至850～950℃、保温1～3h后出炉空冷，获得珠光体或索氏体基体，从而既消除了白口、改善切削加工性能，又提高了铸件的强度、硬度和耐磨性。

(3) 表面淬火

灰铸铁件和钢一样，可以采用表面淬火工艺使铸件表面获得回火马氏体加片状石墨的硬化层，从而提高灰铸铁件（如机床导轨）的表面强度、耐磨性和疲劳强度，延长其使用寿命。为了获得较好的表面淬火效果，对高、中频淬火铸铁，一般希望采用珠光体灰铸铁，最好是细片状石墨的孕育铸铁。

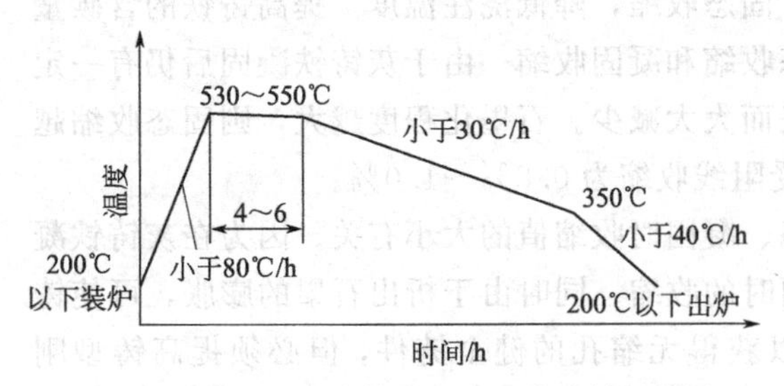

图 1-44　中小型机床铸件的人工热时效规范图

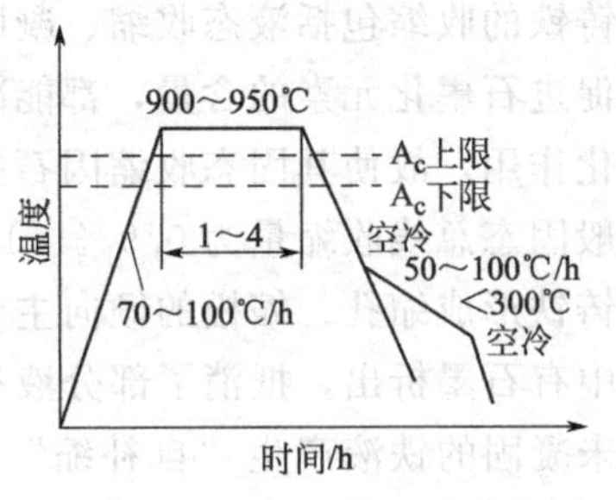

图 1-45　高温石墨化退火工艺图

1.4　球墨铸铁

20 世纪 40 年代 H. Morrogh 和 W. J. Williams 研制成功球墨铸铁，使铸铁进入一个新的发展时期，这引起人们极大的重视，球墨铸铁从此得到迅速发展与推广。现在我国生产的球墨铸铁普遍采用稀土硅铁镁合金作为球化剂，所以也称稀土镁球墨铸铁。

1.4.1　球墨铸铁的组织及性能

(1) 球墨铸铁的组织

球墨铸铁显微组织由金属基体和分布其间的球状石墨组成，石墨体积约占总体积 10%左右。衡量石墨球化状况的标准是球化率、石墨球径和石墨球的圆整度。球化率的定义是：在铸铁微观组织的有代表性的视场中，在单位面积上，球状石墨数目与全部石墨数目的比值(以百分数表示)。石墨球径是在放大 100 倍条件下测量的有代表性的球状石墨的直径。而圆整度则是对石墨球圆整情况的一种定量概念。

金属基体的形式有珠光体、珠光体加铁素体、铁素体三种，经过合金化和热处理，也可获得贝氏体、马氏体、托氏体、索氏体或奥氏体-贝氏体的基体。由于化学成分或熔制工艺方面的问题，基体中也可能出现共晶渗碳体体以及晶间碳化物（包括磷共晶）。由于球状石墨对基体的削弱作用大大减弱，基体强度的利用率可高达 70%～90%。

(2) 球墨铸铁的性能特点及应用

表 1-7 列出了我国国家标准《球墨铸铁件》(GB/T 1348—2009) 中球墨铸铁的主要力学性能指标。从中可以看出，球墨铸铁的力学性能远远高于普通灰铸铁和孕育灰铸铁。基体组织是决定球墨铸铁力学性能的关键因素，下面分别介绍不同基体组织球墨铸铁的力学性能特点。

表 1-7　球墨铸铁的力学性能（单铸试块）(GB/T 1348—2009)

牌号	抗拉强度 R_m(min)/MPa	屈服强度 $R_{p0.2}$(min)/MPa	伸长率 A(min)/%	布氏硬度 HBW	主要基体组织
QT350-22L	350	220	22	≤160	铁素体
QT350-22R	350	220	22	≤160	铁素体
QT350-22	350	220	22	≤160	铁素体
QT400-18L	400	240	18	120～175	铁素体
QT400-18R	400	250	18	120～175	铁素体
QT400-18	400	250	18	120～175	铁素体
QT400-15	400	250	15	120～180	铁素体
QT450-10	450	310	10	160～210	铁素体

续表

牌号	抗拉强度 R_m(min)/MPa	屈服强度 $R_{p0.2}$(min)/MPa	伸长率 A(min)/%	布氏硬度 HBW	主要基体组织
QT500-7	500	320	7	170～230	铁素体＋珠光体
QT550-5	550	350	5	180～250	铁素体＋珠光体
QT600-3	600	370	3	190～270	铁素体＋珠光体
QT700-2	700	420	2	225～305	珠光体
QT800-2	800	480	2	245～335	珠光体或索氏体
QT900-2	900	600	2	280～360	回火马氏体或托氏体＋索氏体

注：1. 字母“L”表示该牌号有低温（－20℃或－40℃）下的冲击韧性要求；字母“R”表示该牌号有室温（23℃）下的冲击韧性要求。

2. 伸长率是从原始标距 $L_0=5d$ 上测得的，d 是试样上原始标距处的直径。

1）珠光体球墨铸铁　珠光体球墨铸铁是以珠光体基体为主，余量为铁素体的球墨铸铁，QT700-2 和 QT800-2 属于这一类型，一般可在铸态或采用正火处理获得。

珠光体球墨铸铁的性能特点为强度和硬度较高，具有一定的韧性，而且具有比 45 号锻钢较优良的屈/强比、低的缺口敏感性和好的耐磨性。表 1-8 及表 1-9 列出了两组比较数据。影响珠光体球墨铸铁强度、疲劳性能及韧性指标的主要因素为：珠光体的数量及层片距、石墨的形状、大小及夹杂物的含量和分布等。

由于珠光体球墨铸铁的上述性能特点，它特别适合于制造承受重载荷及摩擦磨损的零件，典型的应用是中、小功率内燃机曲轴、齿轮等，该种曲轴的耐磨性、减振性及承受过载能力等方面要优于用 45 号正火锻钢制造的曲轴。此外，珠光体球墨铸铁还可广泛应用于制造机床及其他机器上一些经受滑动摩擦的零件，如立式车床的主轴及镗床拉杆等。

表 1-8　珠光体球墨铸铁和 45 号锻钢静拉伸性能

性能	45 号(正火)	珠光体球墨铸铁(正火)
抗拉强度 R_m/MPa	690	818
屈服强度 $R_{p0.2}$/MPa	410	640
伸长率 A/%	25	3
弹性模量 E/MPa	21×10^4	$(17\sim18)\times10^4$
屈强比 $R_{p0.2}/R_m$	0.59	0.785

表 1-9　珠光体球墨铸铁与 45 锻钢试样的弯曲疲劳强度

材料	弯曲疲劳强度 σ_{-1}/MPa							
	光滑试样		带孔试样		带肩试样		带孔、带肩试样	
珠光体球墨铸铁	255	100%	205	80%	175	68%	155	61%
45 号锻钢(正火)	305	100%	225	74%	195	64%	150	51%

2）铁素体球墨铸铁　铁素体球墨铸铁指基体以铁素体为主，其余为珠光体的球墨铸铁，典型牌号为 QT350-22、QT400-18、QT400-15 及 QT450-10 等。其性能特点为塑性和韧性较高，强度较低。这种铸铁用于制造受力较大而又承受震动和冲击的零件，大量用于汽车底盘以及农机部件如后桥外壳等。目前在国内外一些工厂用离心铸造方法大量生产的球墨铸铁

管亦是铁素体的，用于输送自来水及煤气，这种铸铁管能经受比灰铸铁管高得多的管道压力，并能承受地基下沉以及轻微地震所造成的管道变形，而且具有比钢管高得多的耐腐蚀性能，因而具有高度的可靠性及经济性。

影响铁素体球墨铸铁塑性和韧性的主要因素为化学成分（含硅量）、石墨球的大小及形状、残留的自由渗碳体及夹杂物相、铁素体的晶粒度等。

3）混合基体球墨铸铁　QT500-7、QT600-3 为铁素体和珠光体混合基体的球墨铸铁，这种铸铁由于有较好的强度和韧性的配合，多用于汽车、农业机械、冶金设备及柴油机中一些部件，通过铸态控制或热处理手段可调整和改善组织中珠光体和铁素体的相对数量及形态与分布，从而可在一定范围内改善和调整其强度和韧性的配合，以满足各类部件的要求。

1.4.2　球墨铸铁的生产

球墨铸铁的生产过程包含以下几个环节：熔炼合格的铁液，球化处理，孕育处理，炉前检验，浇注铸件，清理及热处理，铸件质量检验。在上述各个环节中，熔炼优质铁液和进行有效的球化-孕育处理是生产的关键。

（1）化学成分的选定

选择适当化学成分是保证铸铁获得良好的组织状态和高性能的基本条件，化学成分的选择既要有利于石墨的球化和获得满意基体，以期获得所要求的性能，又要使铸铁有较好的铸造性能。下面讲述铸铁中各元素对组织和性能的影响以及适宜的含量。

1）碳和硅　由于球状石墨对基体的削弱作用很小，故球墨铸铁中石墨数量多少，对力学性能的影响不显著，当含碳量在 3.2%～3.8%范围内变化时，实际上对球墨铸铁的力学性能无明显影响。确定球墨铸铁的碳硅含量时，主要从保证铸造性能考虑，为此将碳当量选择在共晶成分左右。由于球化元素使相图上共晶点的位置右移，因而使共晶碳当量移至 4.6%～4.7%，具有共晶成分的铁液流动性最好，形成集中缩孔倾向大，铸铁的组织致密度高。当碳当量过低时，铸件易产生缩松和裂纹。碳当量过高时，易产生石墨漂浮现象，其结果是使铸铁中夹杂物数量增多，降低铸铁性能，而且污染工作环境。

用镁和铈处理的铁液有较大的结晶过冷和形成白口的倾向，硅能减小这种倾向。此外，硅还能细化石墨，提高石墨球的圆整度。但硅又降低铸铁的韧性，并使韧性-脆性转变温度升高。因此在选择碳硅含量时，应按照高碳低硅的原则，一般认为 Si＞2.8%时，会使球墨铸铁的韧性降低，故当要求高韧性时，应以此值为限。如铸件是在寒冷地区使用，则含硅量应适当降低。对铁素体球墨铸铁，一般控制碳硅含量为 C3.6%～4.0%，Si2.4%～2.8%；对珠光体球墨铸铁，一般控制碳硅含量为 C3.4%～3.8%，Si2.2%～2.6%。

2）锰　球墨铸铁中锰所起的作用与其在灰铸铁中所起的作用有不同之处。在灰铸铁中，锰除了强化铁素体和稳定珠光体外，还能减小硫的危害作用，而在球墨铸铁中，由于球化元素具有很强的脱硫能力，因而锰已不再能起这种有益的作用。而由于锰有严重的正偏析倾向，往往有可能富集于共晶团晶界处，严重时会促使形成晶间碳化物，因而显著降低球墨铸铁的韧性。有资料介绍，对于铸态铁素体球墨铸铁，通常控制在 Mn0.3%～0.4%，对于热处理状态铁素体球墨铸铁，可控制 Mn＜0.5%，对于珠光体球墨铸铁，可控制在 Mn0.4%～0.8%，其中铸态珠光体球墨铸铁，锰含量虽可适当高些，但通常推荐用铜来稳定珠光体。在球墨铸铁中，锰的偏析程度实际上受石墨球数量及大小的支配，如能把石墨球数量控制得较多，则可适当放宽对锰量的限制。由于我国低锰生铁资源较少，这一技术是很有实际意义的。

3）磷 磷在球墨铸铁中有严重的偏析倾向，易在晶界处形成磷共晶，严重降低球墨铸铁的韧性。磷还增大球墨铸铁的缩松倾向。当要求球墨铸铁有高韧性时，应将含磷量控制在0.04%～0.06%以下，对于寒冷地区使用的铸件，宜采用下限的含磷量。如球墨铸铁中有钼存时，更应注意控制磷的含量，因此时易在晶界处形成脆性的磷钼四元化合物。

4）硫 球墨铸铁中的硫与球化元素有很强的化合能力，生成硫化物或硫氧化物，不仅消耗球化剂，造成球化不稳定，而且还使夹杂物数量增多，导致铸件产生缺陷，此外，还会使球化衰退速度加快，故在球化处理前应对原铁液的含硫量加以控制。国外生产上一般要求原铁液中硫的含量低于0.02%，我国目前由于焦炭含硫量较高等熔炼条件的原因，原铁液含硫量往往达不到这一标准，因此应进一步改善熔炼条件，有条件时可进行炉前脱硫，力求降低含硫量。

（2）球墨铸铁的熔炼要求及炉前处理技术

1）对熔炼的要求 优质的铁液是获得高质量球墨铸铁的关键，可以说目前我国球墨铸铁生产和国外工业先进国家的差距主要表现在铁液熔炼的质量方面，其中既有设备条件又有技术水平的因素。适用于球墨铸铁生产的优质铁液应该是高温，低硫、磷含量和低的杂质含量（如氧及反球化元素含量等）。

由于在球墨铸铁的球化、孕育处理过程中要加入大量的处理剂，这使得铁液温度要降低50～100℃。因此，为了保证浇注温度，铁液必须有较灰铸铁高得多的出铁温度，如至少应在1450～1470℃以上，国外通常要求在1500℃以上。其次，由于处理剂所带入的大量的硅，因此要求原铁液有较低的硅量（小于1.2%～1.4%），这就要求选用专供球墨铸铁生产用的低硅生铁。为了扩大球墨铸铁用生铁的来源，也可选用低硅团块状球化剂。

低含硫量的铁液是对球墨铸铁生产的又一要求，这除了对原材料的含硫量加以限制外，还包含了对冲天炉使用焦炭含硫量的要求。为了获得满意的低硫、高温铁液，采用冲天炉和感应电炉双联熔炼，中间配合有效的脱硫措施是十分有益的。

对熔炼要求的第三方面体现在对原材料的要求上，希望原材料有足够低的硫、磷含量，并含有尽可能少的反球化元素以及来源及成分的稳定。此外，对铁液的氧化程度亦必须严格控制，以控制铁液中氧含量。

2）球化处理

① 球化剂。在工业生产的条件下，为了获得球状石墨铸铁，在铁液中还必需残留有足够的球化元素量，亦即必须加入球化剂。目前工业生产中采用的球化剂具有以下的共同特点：与硫、氧有很大的亲和力，生成稳定的反应生成物，显著减少溶入铁液中的反球化元素含量；在铁液中的溶解度很低；可能与碳有一定的亲和力，但在石墨晶格中有低的溶解度。

根据大量的生产实践和理论研究，到目前为止，认为镁是球化剂中最主要的元素。我国应用最广泛的球化剂是稀土镁硅铁合金：40%～50%Si，3.0%～9.0%Mg，0.35%～8.0%RE，0.5%～5.0%Ca，0.75%～1.9%Al，有些品种还含3.0%～5.0%Ba，余为Fe。低镁低稀土合金适用于高温、低硫铁液的球化处理，高镁高稀土合金适用于低温、高硫的冲天炉铁液的球化处理。球化剂的稀土含量对铁液的白口倾向、石墨球数及材料性能影响很大。试验证明，球化剂含1.5%～3.5%RE能得到最大的石墨球数、最小的白口倾向和最好的综合性能。合金中加入钡可进一步改善石墨的球化条件。

② 球化处理方法。正确的球化处理方法对提高产品组织和性能的稳定性、提高镁的吸收率、降低成本和改善劳动条件等均有重要作用。目前常用的球化处理方法如下。

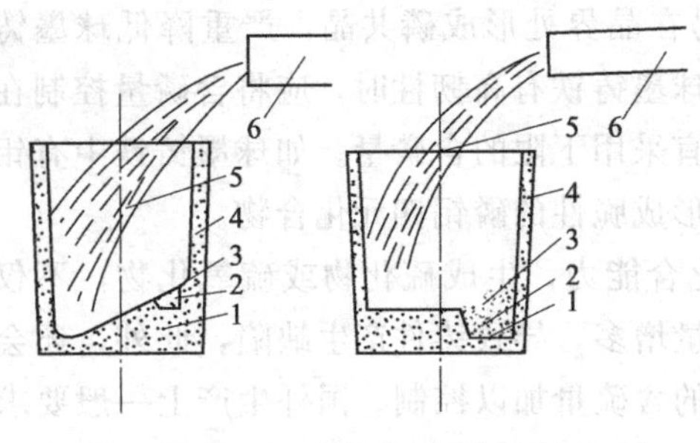

图 1-46 冲入法示意图

1—稀土镁合金；2—铁屑；3—草灰；4—处理包；5—铁液流；6—出铁槽

Ⅰ. 冲入法。图 1-46 是冲入法示意图。此法是将球化剂置于浇包（堤坝式、凹坑式、复包式等）内，并覆盖 1%～2% 钢屑或钢板，国内也有用硅铁或 15～20mm 铸铁板覆盖，覆盖物的作用是延缓球化反应时间，提高镁的吸收率。设计的铁液包的高度与直径比达到（2～3）∶1 是提高镁吸收率的重要保证。冲入法的镁吸收率约 40%～50%，RE 吸收率 20%～40%，球化剂加入量视铁液含硫量及处理温度而定，一般为 1.1%～2.0%。稀土镁合金密度较大，与铁液反应平稳，因此，国内绝大多数工厂皆用此法生产。

Ⅱ. 盖包法。为了克服冲入法处理时 Mg 在空气中大量燃烧，导致闪光和烟雾，使劳动条件恶化的缺点，发展了盖包法球化处理，见图 1-47。

盖包法是利用加盖后包内铁液在一定气体压力和相对缺氧气氛下进行球化处理的一种工艺方法。采用盖包法球化处理，可以减少铁液沸腾，降低铁液热量损失，减少球化处理时的闪光和烟尘，改善劳动条件，减少环境污染，提高镁的吸收率（与冲入法相比，镁的吸收率可从 35% 左右增加到 50% 以上），降低球化成本，基本克服了冲入法存在的缺点；同时保留了冲入法设备简单、容易操作的优点，在铸造行业有推广使用的价值。

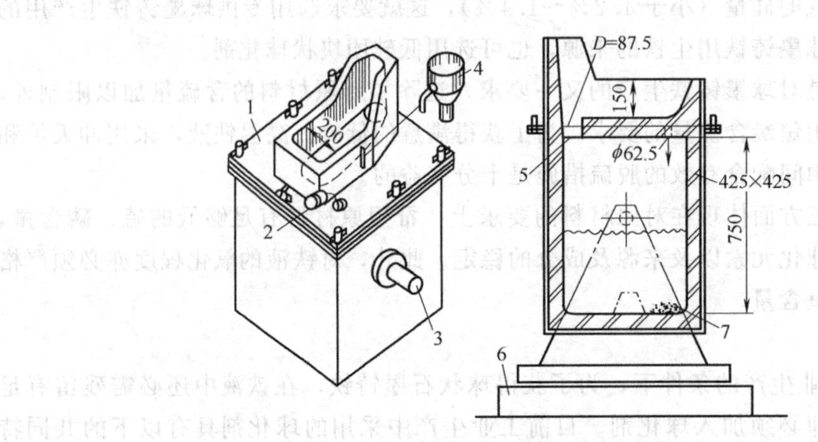

图 1-47 盖包法处理装置

1—中间包；2—合金投入孔和塞；3—倾动机构；4—合金投料斗；5—浇口；6—铁液称重负荷传感器；7—球化剂

Ⅲ. 压力加镁法。这种方法适用于纯镁处理，它用一个密封的球化处理包，见图 1-48。首先装入 1/3 容量的铁液，然后密封包盖，把装有球化剂的钟罩压入铁液内，镁迅即熔化、蒸发、沸腾、形成镁蒸汽压，当镁的蒸汽压上升到和铁液温度相对应的平衡蒸汽压时，沸腾停止。此法镁的吸收率为 50%～80%，处理之后的铁液含 0.15% 以上 Mg，再补加 1～2 倍铁液即稀释到 0.04%～0.08%Mg。

Ⅳ. 转动包法。此法有瑞士 George Fisher 公司于 1967 年发明成功，专用于纯镁处理，又称 GF 包或转动包，目前在欧美、日本采用此法的不少。其球化处理原理如图 1-49 所示，图 1-49（a）是定量接收原铁液，图 1-49（b）是进行球化处理，图 1-49（c）是把处理好的铁液倒出。这种处理方法，镁的加入量为0.14%～0.20%（当硫为0.06%时）。

Ⅴ.型内球化法。型内球化法生产球墨铸铁目前在国外大量生产球墨铸铁的铸造流水线上得到应用（大多数用硅铁镁合金）。它是通过把球化剂及孕育剂放置在浇注系统中特设的一个反应室内，使铁液在流经浇注系统时和反应室内的球化剂作用，而得到球墨铸铁的一种处理方法，见图1-50。

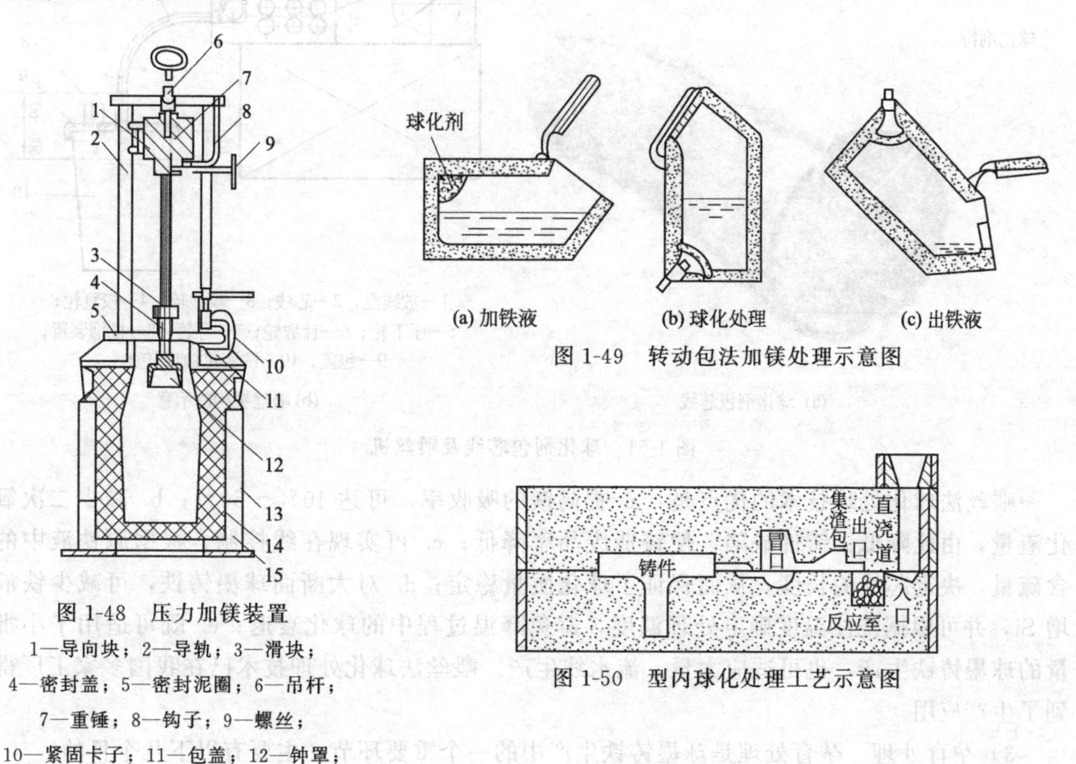

图1-48 压力加镁装置

1—导向块；2—导轨；3—滑块；4—密封盖；5—密封泥圈；6—吊杆；7—重锤；8—钩子；9—螺丝；10—紧固卡子；11—包盖；12—钟罩；13—安全罩；14—浇包；15—浇包座

图1-49 转动包法加镁处理示意图

图1-50 型内球化处理工艺示意图

这种处理方法的优点为球化元素的吸收率高（达80%以上），所得球墨铸铁的性能比普通冲入法的高，特别是在抗拉强度较高的情况下伸长率也较高。此外，还克服了孕育衰退和球化衰退的问题。但是为了保证球化稳定，各种工艺因素（如球化剂成分、铁液温度、成分及原材料等）一定要保持稳定，冲天炉铁液因含硫量较高，故不适宜用此法。此外，在浇注系统中应设置良好的挡渣系统，以防止球化处理过程中产生的杂质进入铸型。

Ⅵ.喂丝球化法。1976年日本开发出喂丝法，即FM法（feeder wire process），又称芯线注入法，即CWI法（core wire injection process）。当时，主要目的是能够有效地向钢液中加入某些难以加入的合金元素（如Ca、Ti等），可以准确地调整钢液成分，实现微合金化。这是一种加入低熔点、低密度、与氧亲和力强、低蒸气压元素的极佳方法，因此，这种方法发展很快，应用广泛。

喂丝球化法工艺需要的装备主要由芯线、喂丝机组成，芯线是用0.2～0.4mm厚钢带将合金粉末或微粒包裹起来，形成包芯线［图1-51（a）］，通常喂丝机将芯线以一定的速度插入金属液中，使冶金反应在包底进行，于是使合金元素的收得率提高、喷溅小、温度损失少。有的合金可直接制成丝状而无须包覆（如铝线）。对芯线的要求是在使用过程中不开裂，包裹的合金密度尽量大，单位长度成分相同，芯线断面形状有圆形、矩形。

喂丝机的驱动一般是用调速电动机来实现的，由几对齿轮带动咬线轮、导向校直轮、计数轮以及显示有关参数（速度、时间、长度、加入量等）的系统构成，导管的作用是改变芯线的运动方向，可保证芯线通畅地注入铁液深处，其构造示意图见图 1-51（b）。

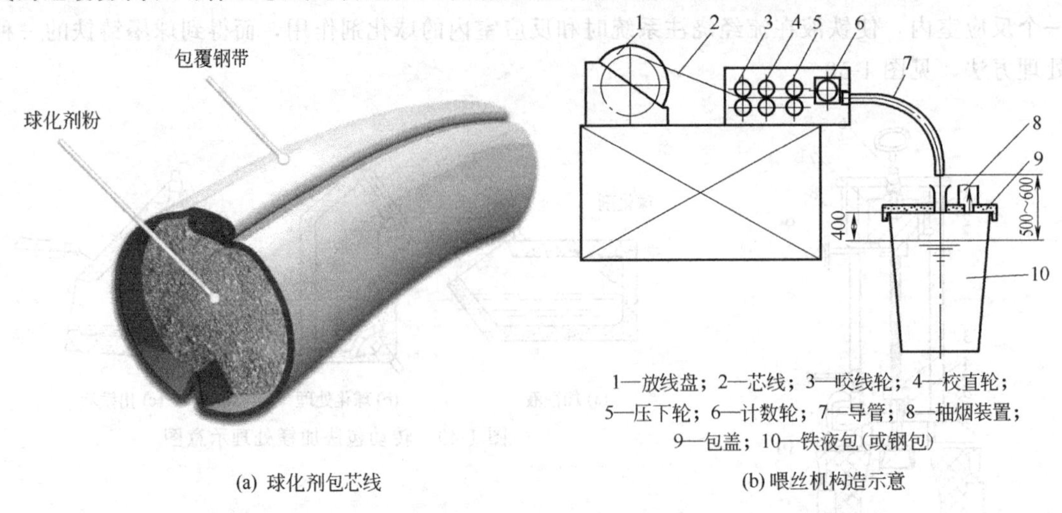

(a) 球化剂包芯线　　(b) 喂丝机构造示意

图 1-51　球化剂包芯线及喂丝机

喂丝法球化处理技术的优点是：a. 提高镁的吸收率，可达 40%～50%；b. 减少二次氧化渣量，由此降低了铸件缺陷，使铸造废品率降低；c. 可实现在线控制，根据原铁液中的含硫量，决定芯线的长度，从而保证了球化质量稳定；d. 对大断面球墨铸铁，可减少铁液增 Si，并可根据浇注温度确定处理温度，避免降温过程中的球化衰退；e. 既可适用于小批量的球墨铸铁生产，也可适应大量、流水线生产。喂丝法球化处理技术已在我国多家工厂得到了生产应用。

3）孕育处理　孕育处理是球墨铸铁生产中的一个重要环节，主要有以下几个目的。

① 消除结晶过冷倾向。球墨铸铁铁液的结晶过冷倾向较灰铸铁大，而且球墨铸铁的结晶过冷倾向不随铁液碳硅含量的高低而变化（图 1-52），因此尽管球墨铸铁的碳硅含量比一般灰铸铁高，但仍有较大的白口倾向。在球墨铸铁组织中常发现在共晶团边界上有片状碳化物析出，而在冷却较快条件下，常常会形成局部或全部白口组织。

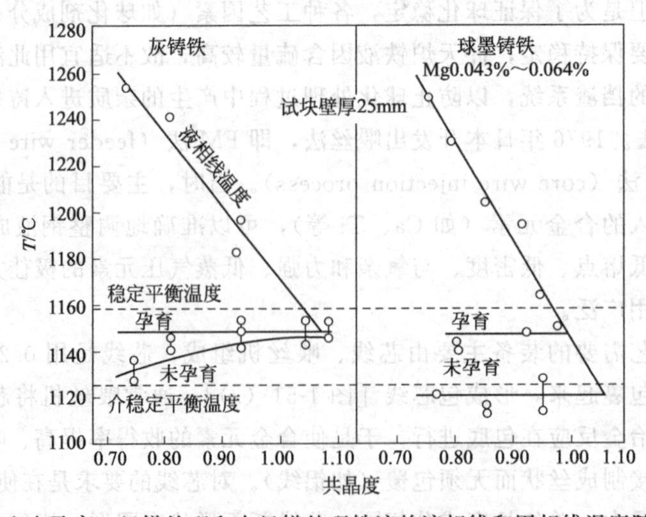

图 1-52　孕育和未孕育、经镁处理和未经镁处理铁液的液相线和固相线温度随共晶度变化图

球墨铸铁与灰铸铁在结晶过冷方面的区别主要是由于铁液中硫、氧含量不同。灰铸铁铁液中含有较多的硫和氧，因此易于形成大量的异质石墨晶核，促进灰口凝固。而球墨铸铁铁液则经过比较彻底的脱硫和脱氧，使铁液的纯净度提高，加上有球化元素的存在，因此石墨的形核较为困难，孕育处理的作用在于往铁液中引入外来的异质晶核，并在铁液中造成较大的硅的浓度起伏，从而促进石墨晶核的形成。球墨铸铁结晶过冷度大的另一方面原因在于镁和铈降低共晶转变温度，从而促使铸铁按照白口方式凝固。由于球墨铸铁铁液的共晶过冷度大，故在球化处理之后，必须进行有效的孕育，否则将导致薄壁和中等壁厚铸件的白口倾向。

② 促进石墨球化。孕育处理能增加石墨核心，细化球状石墨，提高球状石墨生长的相对稳定性，提高石墨球的圆整度。

③ 减小晶间偏析。在球墨铸铁共晶团的生长过程中，一些产生正偏析的元素如锰、磷等，均在结晶前沿富集，并于凝固终了时，在晶间处形成脆性相，造成铸铁的塑性和韧性下降。孕育处理使共晶团细化，从而可减小共晶团间的偏析程度，提高铸铁的塑性和韧性。

到目前为止，虽然有各种专用孕育剂作为商品出售，但生产中仍广泛应用含Si75%的硅铁作孕育剂，其主要原因是其来源广泛。在球墨铸铁生产中，孕育剂的加入量比孕育铸铁多。由于孕育处理对基体组织的形成也会产生较大的影响，故对不同基体组织的球墨铸铁采用不同的孕育剂加入量。此外，孕育剂的加入量还和孕育处理的方法有关。由于球墨铸铁在球化或孕育处理中会带入铁液较多的硅，而过高的硅会降低球墨铸铁的塑性和韧性，因此需对铁液孕育后的终硅量加以控制。

由于孕育效果会极大地影响球墨铸铁力学性能，因此近年来针对球墨铸铁的各种孕育剂及孕育处理方法的研究比灰铸铁进行得更深入。研究和开发工作主要围绕两方面来进行，一方面为长时间能保持孕育效果的所谓“长效孕育剂”的研究，如近年来发展了各种含钡、锶、锆或锰的硅基孕育剂，表1-10列出了这类典型的孕育剂及用途特点；另一方面的研究开发工作是在孕育处理方法上，主要朝着瞬时孕育方面发展，如1.3.5节中讨论的各种瞬时孕育方法。应该说，一种好的实用的孕育方法应该简便易行，能避免孕育衰退和节省孕育剂。

表1-10 球墨铸铁常用孕育剂及用途特点

名称	化学成分/%								特点及用途
	Si	Ca	Al	Ba	Mn	Sr	Bi	Fe	
硅铁	74~79	0.5~1.0	0.8~1.6	—	—	—	—	其余	常规
	74~79	≤0.5	0.8~1.6	—	—	—	—		常规
钡硅铁	60~65	0.8~2.2	1.0~2.0	4~6	8~10	—	—		长效、大件、熔点低
	63~68	0.8~2.2	1.0~2.0	4~6	—				长效、大件
锶硅铁	73~78	≤0.1	≤0.5	—	—	0.6~1.2			薄壁件、高镍耐蚀铸铁①
硅钙	60~65	25~30	—	—	—	—	—		高温铁液
铋	—	—	—	—	—	—	≥99.5	—	与硅铁复合、薄壁件

① 例如含Ni14%、Cu6%、Cr2%、Si15%的耐蚀铸铁。

(3) 铸态球墨铸铁的生产

铸态球墨铸铁是指不经热处理而直接铸出合乎性能要求的铸件。由于不需要热处理，因而带来一系列好处，如节约能源、缩短生产周期、减少废品率、降低生产成本。

1) 铸态珠光体球墨铸铁的生产　QT700-2、QT800-2 等珠光体球墨铸铁，要求基体中珠光体含量大于 80%，即共晶反应完全按稳定系结晶，共析反应按亚稳定系进行。这就要求铁液成分应有中等石墨化能力，基本成分可用 3.6%～3.9%C，2.0%～2.4%Si，0.5%～0.8%Mn，<0.07%P，<0.03%S。为了达到要求的珠光体含量，可采取合金化、使用稳定化孕育剂和铁型覆砂铸造工艺等措施。

合金化元素应选用促进和稳定珠光体形成，但不形成共晶碳化物的元素，如 Cu、Sn 和 Sb 等。Cu 促进和稳定珠光体，强化铁素体，随 Cu 量增加，强度和硬度提高。但是，含 Cu 量在 0.2%以下时，强度增加缓慢，珠光体量不大于 70%。当 Cu 含量为 0.4%～0.6%时，可使 ϕ25mm 试棒珠光体量达 90%。东风汽车公司铸造一厂采用 Cu 合金化生产东风 EQ140 曲轴。

Sn 强烈促进珠光体形成，0.04%Sn 铸态珠光体可达 100%，且可以细化石墨球。但 Sn 增加球墨铸铁的脆性。Sb 是强烈促进珠光体的元素，为 Sn 的 10 倍、Cu 的 100 倍，0.015%Sb 可使铸态球墨铸铁珠光体量由 60%增至 90%，但锑易于偏析，并在晶界富集，加入过多使铸件变脆。通常采用 Cu 与 Sn 或 Cu 与 Sb 复合合金化，代替单一元素合金化。

用复合孕育剂代替合金化是近年发展的一项新技术，例如 SPI 孕育剂（>50%Si，2%～10%RE，2%～10%Al，2%～10%Ca，5%～20%Sb）兼有孕育和微合金化两种功能，结合低稀土镁球化剂和随流孕育技术，加入 0.08%～0.2%SPI 就能完全抑制共晶碳化物，实现基体珠光体化，增加石墨球数，改善石墨圆整度，铸态性能达到 QT700-2 标准。

铁型覆砂铸造是在金属型内腔覆上一薄层型砂而形成铸型的一种铸造工艺，兼有金属型和壳型铸造的特点。使用铁型覆砂生产球墨铸铁，由于冷却速度快，铸件石墨球细小、圆整度好，基体组织中珠光体含量高；另一方面，由于铁型覆砂铸型硬度高，易于实现自补缩，缩孔缩松缺陷减少，组织致密，铸件内在质量好、尺寸及形状精度高。

2) 薄壁铸态铁素体球墨铸铁的生产　薄壁球墨铸铁件通常指壁厚仅几毫米的球墨铸铁件。由于壁薄，共晶凝固时冷却速度极快，因此如何抑制白口组织的出现就成为薄壁球墨铸铁件要解决的首要问题。

在铸铁凝固时，存在石墨共晶与渗碳体共晶两种共晶形式，在平衡状态图中，前者的温度较后者高，为了避免白口的产生，应使石墨共晶凝固程在温度到达渗碳体共晶以前完成，这就需要提高石共晶的凝固速率，而在一定的冷却速度下，球墨铸铁共团的生长速度是一定的，因此，为了提高石墨共晶的凝速率，就必须增加共晶团数量。由此，提出了为了防止白口，对球墨铸铁的某一冷却速度，存在一个对应的临界晶团数，亦即临界石墨球数。只有当石墨球数大于该临数时，才能避免出现白口。日本岩手大学堀江皓教授的研究获得了临界石墨球数与冷却速度的关系，如式（1-20）。

$$N=0.58R^2+19.07R+1.01 \tag{1-20}$$

式中　N——白口临界球数，个/mm^2；

　　　R——冷却速度，℃/s。

由上式可以看出，当铸件越薄（冷却度越大）时，所需的临界石墨球数越多。

增加石墨球数的措施主要有：① C、Si 量在 CE≤5.0%的范围内尽量高，对薄壁铁素体球墨铸铁，终 Si 量应控制在 2.4%～2.8%。② Mn、Cr、V、Ti 等是降低 C 活度的元素，应尽量减少。一般认为薄壁铁素体球墨铸铁中 Mn≤0.3%是关键。③ 控制微量元素的含量，原材料中微量元素 Pb、Sb，不仅降低球墨铸铁的球化率，改变石墨形态，而且降低球墨铸铁的韧性。④ 原铁液 S 量要求满足 3＜RE/S＜6，RE 与 Ca 同时加入，0.02%＜Ca＜0.08%；Mg 的加入量在保证球化必要范围内尽量低。⑤ 强化孕育，在孕育剂中添加 Bi，可增加石墨球数。但 Bi 量的最佳范围窄，加入过量会阻碍石墨球化。采用随流孕育或喂丝孕育工艺，提高孕育效果，增加石墨球数。

1.4.3 球墨铸铁的铸造性能及主要缺陷

球墨铸铁的铸造性能是与球墨铸铁铁液的凝固特点密切相关的。了解其凝固特点，便可从本质上理解球墨铸铁的铸造性能特点，对于正确制定球墨铸铁的铸造工艺及防止缺陷的产生都是十分有益的。

(1) 球墨铸铁的凝固特点

球墨铸铁的凝固特点与灰铸铁有明显的差异，主要表现在以下几个方面。

1) 球墨铸铁有较宽的共晶凝固温度范围　由于球墨铸铁共晶凝固时石墨-奥氏体两相的离异生长特点，使球墨铸铁的共晶团生长到一定程度后（奥氏体在石墨球外围形成完整的外壳），其生长速度即明显减慢，或基本不再生长。此时共晶凝固的进行要借助于温度进一步降低来获得动力，产生新的晶核。因此，共晶转变需要在一个较大的温度区间才能完成。据测定，通常球墨铸铁的共晶凝固温度范围是灰铸铁的一倍以上。

2) 球墨铸铁的糊状凝固特性　由于球墨铸铁的共晶凝固温度范围较灰铸铁宽，从而使得铸件凝固时，在温度梯度相同的情况下，球墨铸铁的液-固两相区宽度比灰铸铁大得多（如图 1-53 所示）这种大范围液-固两相区范围，使球墨铸铁件表现出具有较强的糊状凝固特性。此外，大的共晶凝固温度范围，也使得球墨铸铁的凝固时间比灰铸铁长。

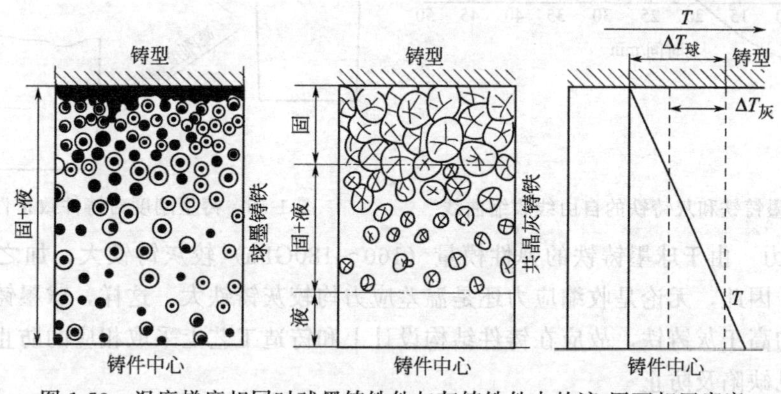

图 1-53　温度梯度相同时球墨铸铁件与灰铸铁件中的液-固两相区宽度

3) 球墨铸铁具有较大的共晶膨胀　由于球墨铸铁的糊状凝固特性以及共晶凝固时间较长，使凝固时球墨铸铁件的外壳长期处于较软的状态，而在共晶凝固过程中，溶解在铁液中的碳以石墨的形式结晶出来时，其体积约比原来增加 2 倍。这种由于石墨化膨胀所产生的膨胀力可高达 $(5.065\sim10.13)\times10^5$Pa（5～10atm，1atm 指 1 个标准大气压，1atm＝101.325kPa），此力通过较软的铸件外壳传递给铸型，将足以使砂型退让，从而导致铸件外形尺寸胀大。值得注意的是：如采用刚度很高的铸型（如金属型或金属型覆砂）。由于铸型抵抗变形的能力增加，因而可使铸件胀大的倾向减小。因此，应该说，对球墨铸铁而言，虽具有较大的共晶膨胀力，但铸件实际胀大量的多少，则直接与铸型刚度有关。

(2) 球墨铸铁的铸造性能

1) 流动性 铁液经球化处理后，由于脱硫、去气和去除了部分金属夹杂物，使铁液净化，对提高流动性是有利的，因此，在化学成分和浇注温度相同时，球墨铸铁的流动性较灰铸铁好。但通常由于铁液经球化、孕育处理后，温度降低较多，从而使实际的浇注温度偏低，再加之铁液中含有一定量的镁，会使铁液的表面张力增加，因此在实际生产中往往感到流动性较灰铸铁差。所以，为改善其充型能力，应适当提高球墨铸铁的浇注温度。

2) 收缩特性 铸件从高温到低温各阶段中的收缩或膨胀可通过其一维方向的尺寸变化或三维方向的体积变化量来描述，前者称为线收缩量，后者称为体收缩量，它们的大小直接影响到铸件的缩孔和缩松倾向以及铸件的尺寸精度。如前所述，球墨铸铁和其他合金不同，其收缩倾向的大小不但与合金本身的特性有关，而且还取决于铸型的刚度。图 1-54 示出了在成分、浇注温度和铸型刚度大致相同条件下灰铸铁和球墨铸铁的自由线收缩曲线，可见其收缩过程基本相同，两者的显著差别在于球墨铸铁收缩前的膨胀要比灰铸铁大得多，因此，总的线收缩值显得较小，但这只是在其膨胀受阻较小时才是如此。在实际铸件中，若铸型刚度增大，将使这部分膨胀量减小，最终可能会和灰铸铁接近。铸型刚度变化在影响到线收缩值和体收缩值大小的同时，也直接影响到铸件的致密程度，当铸型刚度较小时，共晶石墨化膨胀使得铸件外壳胀大，增加了铸件内部的缩孔和缩松的数量，使铸件致密性下降。图 1-55 示出了铸型刚度对铸件致密性影响的示意图。

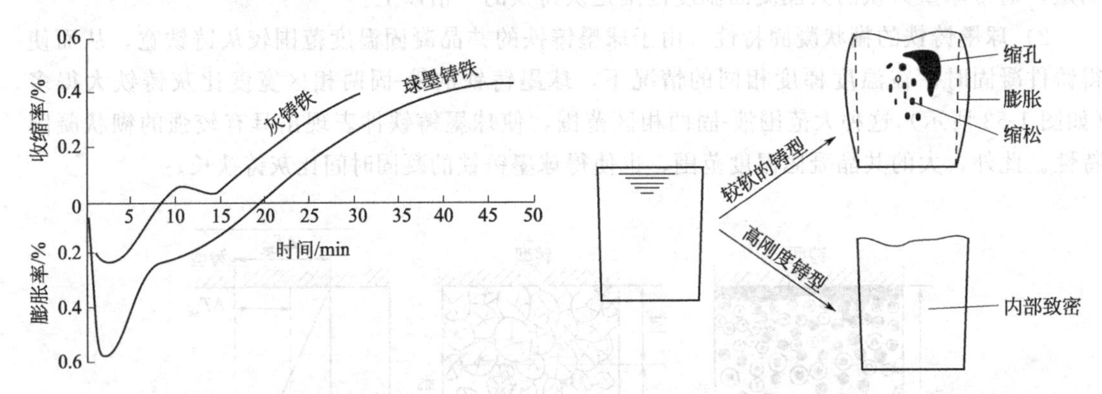

图 1-54 球墨铸铁和灰铸铁的自由线收缩曲线

图 1-55 铸型刚度对铸件致密性的影响

3) 内应力 由于球墨铸铁的弹性模量（160～180GPa）较灰铸铁大，加之其热导率又较灰铸铁低，因此，无论是收缩应力还是温差应力均较灰铸铁大。这样，球墨铸铁件的变形及开裂倾向均高于灰铸铁，故应在铸件结构设计上和铸造工艺上采取相应的防止措施。

(3) 常见缺陷及防止

在球墨铸铁生产中，除会产生一般的铸造缺陷外，还经常会产生一些特有的缺陷。主要有：缩孔与缩松、夹渣、皮下气孔、石墨漂浮及球化衰退等。

1) 球化不良和球化衰退 球化不良是指球化处理未达到球化等级要求。球化衰退指浇注后期的铸件球化元素残留量过低引起球化不合格。二者缺陷特征相同。

① 特征。在宏观特征方面，铸件断口为银灰色组织上分布芝麻状黑色斑点，其数量多、直径大，表明程度严重。全部呈灰色粗晶粒，表明完全不球化。

金相组织集中分布大量厚片状石墨，其数量越多，面积率增加，表明程度越严重。完全不球化者呈片状石墨。

② 球化不良的形成原因及防止措施。原铁液含硫高、严重氧化的炉料中含有过量反球化元素；处理后铁液残留镁和稀土量过低；铁液中溶解氧量偏高是球化不良的重要原因。

选用低硫焦炭、低硫金属炉料，必要时进行脱硫处理、废钢除锈；控制冲天炉鼓风强度和料位；检验控制炉料及球化元素成分，必要时增加球化剂中稀土用量；严格控制球化工艺，防止球化处理失败。

③ 球化衰退的形成原因及防止措施。高硫、低温、氧化严重的铁液经球化处理后形成的硫化物、氧化物夹渣未充分上浮，扒渣不充分，铁液覆盖不好，空气中的氧通过渣层或直接进入铁液使有效的球化元素氧化并使活性氧增加是球化衰退的重要原因。渣中的硫也可重新进入铁液消耗其中的球化元素，铁液在运输、搅拌、倒包过程中，镁聚集上浮逸出被氧化，因此使有效残留球化元素减少造成球化衰退。此外孕育衰退也使石墨球数减少而导致石墨形态恶化，造成球化不良的因素也加快球化衰退。

应尽量降低原铁液含硫、含氧量，适当控制温度。可添加稀渣剂使渣充分上浮并扒渣，扒净渣后加覆盖剂以尽可能隔离空气。加包盖或采用密封式浇注包、采用氮气或氩气保护可有效地防止球化衰退。应加快浇注，尽量减少倒包、运输及停留时间。

采用钇基重稀土镁球化剂，其衰退时间可延长 1.5～2 倍，轻稀土镁球化剂衰退时间也略长于镁球化剂，必要时也可适当增加球化剂添加量。由于衰退引起的石墨形态恶化，补充孕育后可改善。

2）缩孔和缩松

① 特征。缩孔产生于铁液温度下降发生一次收缩阶段。如大气压把表面凝固薄层压陷，则呈现表面凹陷及局部热节凹陷，否则铁液中气体析出至顶部壳中聚集成含气孔的内壁部分光滑的暗缩孔，缩孔内壁粗糙，排满树枝晶，常见于热节处。有时也与外界相通形成明缩孔，则内表面虽也光滑，但已被氧化。

球墨铸铁共晶凝固时间比灰铸铁长，呈糊状凝固，凝固外壳较薄弱，二次膨胀时，在石墨化膨胀力作用下使外壳膨胀，松弛了内部压力。因此在第二次收缩过程中，最后凝固的热节部位内部压力低于大气压，被树枝晶分割的小溶池处成为真空区，完全凝固后成为孔壁粗糙、排满树枝晶的疏松孔，即缩松缺陷。肉眼可见的称为宏观缩松，它产生于热节区残余铁液开始大量凝固的早期，包括了残余铁液的一次收缩和二次收缩，因而尺寸略大而内壁排满枝晶，呈灰暗疏松或蝇脚痕状黑点。显微镜下可见的称为微观缩松，它产生于二次收缩末期，共晶团或其集团间的铁液在负压下得不到补缩凝固收缩而成，常见于厚断面处。

② 形成原因。碳当量低，增加缩孔缩松倾向。磷共晶削弱凝固外壳强度，三元磷共晶减少石墨化膨胀，因此含磷量高，显著增大缩松倾向。钼增加碳化物稳定性，尤其在高磷条件下易形成碳化物-磷共晶复合物，更增加缩松、缩孔倾向。残留镁量过高，增大缩松、缩孔倾向。适量残留稀土量，可减少缩松，过高也增大二者倾向。因此应提高铁液碳当量，降低磷含量，在保证球化条件下尽量降低稀土镁残留量，并合理使用钼。

③ 预防措施。提高铸型刚度，如高压造型、树脂砂型、金属型覆砂可减少缩孔缩松，同时提高铁液碳当量，适当降低浇注温度，采用薄而宽的内浇口，使其在二次膨胀前凝固封闭，利用石墨化膨胀补偿铁液液态收缩和凝固收缩，可以部分消除缩孔缩松。

3）皮下气孔

① 特征。铸件表皮下 2～3mm 处均匀或蜂窝状分布的球形、椭圆状或针孔状内壁光滑孔洞，直径 0.5～3mm，可在热处理和抛丸后暴露或机加工时发现，小件中较多。

② 形成原因。含镁铁液表面张力大，易形成氧化膜，阻碍析出气体、侵入气体的排出，使其滞留于皮下而形成。形膜温度随残留镁量增加而提高，加剧其阻碍作用。薄壁（7～20mm）铸件冷却快、形膜早，易形成此缺陷。气体来源主要是降温过程中析出的镁蒸气，在充型过程中铁液翻滚促其上浮。铁液中的镁与型砂水分反应，镁作为触媒促进碳与型砂水分反应，镁使活性增大的铁与水分反应，水和镁、碳化物反应产生乙炔分解都可能产生氢气。此外潮湿锈蚀炉料、潮湿硅铁和中间合金、冲天炉高湿度鼓风都可带入氢气，微量Al（0.02%～0.03%）可显著增加皮下气孔，中锰球墨铸铁含氮较多，某些砂芯树脂黏结剂含氮较多，上述各原因可促使此缺陷形成。球墨铸铁糊状凝固特点使气体通道较早被堵塞，也促其形成。

③ 预防措施。浇注温度不得低于1300℃。残留镁量高时，还应适当提高浇注温度；在保证球化条件下尽量降低残留镁量，适当使用稀土；采用开放式多浇口浇注系统，使铁液平稳注入型腔，避免在型腔内翻动；控制型砂水分≤4.5%～5.5%，配入煤粉8%～15%，可燃烧成CO，抑制水汽与镁反应形成H_2；铸型表面撒冰晶石粉，高温下与水汽反应形成HF气体保护铁液免受反应；控制铁液含铝量低；严格控制炉料干燥少锈、冲天炉除湿送风；减少铁液中气体；采用少氮或无氮树脂砂等。

4）应力变形和裂纹

① 特征。铸件冷却过程中收缩应力、热应力、相变应力的代数和即铸造应力超过该断面金属抗断裂能力则形成裂纹。在高温下（1150～1000℃）形成热裂，呈暗褐色不平整断口。在600℃以下弹性范围内出现冷裂，呈浅褐色光滑平直断口。在600℃以上铸造应力超过屈服极限时可产生塑性变形，当球墨铸铁成分正常时不易热裂。

② 形成原因。增大白口倾向的因素，如碳硅含量低、碳化物形成元素增加、孕育不足、冷却过快等都可增加铸造应力和冷裂倾向。磷使冷裂倾向增加，P＞0.25%还能引起热裂。铸件壁厚差别大、形状复杂，易产生变形和裂纹。

③ 防止措施。适当提高碳当量、降低含磷量、加强孕育及必要的铸型工艺措施。大型复杂件落砂温度要低于700℃。500～600℃低温退火可消除应力。

5）夹渣

① 特征。分布于铸件浇注位置上表面、型芯的下面及死角处，断口上显现暗黑色无光泽深浅不一的夹杂物，断续分布。金相观察可见条状、块状夹杂物，邻近的石墨可呈片状或球状。磁粉探伤时磁痕呈条状分布，条纹多而粗、堆积密，表明夹渣严重。电子探针分析表明夹渣含Mg、Si、O、S、Ce、Al等，由硅酸镁、氧硫化合物、镁尖晶石等组成。

② 形成原因。形成一次夹渣的重要原因是原铁液含硫量高、氧化严重。生成二次夹渣的主要原因是残留镁量过高，提高了氧化膜形成温度。球化处理时Mg、RE与铁液中O、S反应形成渣，当铁液温度低、稀渣剂效果不佳、渣上浮不充分或扒渣不彻底时残留于铁液中，此为一次渣。铁液在运输、倒包、浇注、充型翻滚时氧化膜破碎并被卷入铸型，在型内上浮吸附硫化物聚集于上表面或死角处，此为二次渣。一般以二次渣为主。

③ 预防措施。降低原铁液硫、氧含量，提高出炉温度。在保证球化的情况下尽量降低残留镁量（中小件不超过0.055%）；加入适量稀土可降低形膜温度；球化处理时加0.15%冰晶石，用以稀渣并生成AlF_3气体和MgF_2膜以减少二次氧化，这种方法主要用于防止大件的夹渣。浇注温度不得低于1300℃，使其高于形膜温度，可防止二次渣形成。浇注系统设计应使充型平稳，易出现夹渣部位设置集渣冒口，安设过滤网可阻止一次渣进入型腔。

6）石墨漂浮

① 特征。冷却过程中的过共晶铁液首先析出石墨球，上浮聚集形成石墨漂浮，它分布于铸件最后凝固部位的上部，如冒口、冒口颈边缘、厚壁处上部、芯子下面。宏观断口呈连续均匀分布、颜色均匀的一层黑色斑，显微镜低倍（20～40倍）下观察明显聚集石墨；100倍下观察，石墨球成串连接，多呈开花状。该区域含碳量高，镁、稀土、含硫量也偏高，硬度、抗拉强度、冲击韧度降低，易剥落。

② 形成原因。碳当量过高，厚壁铸件凝固缓慢为石墨上浮提供了时间条件，加剧了石墨漂浮，稀土使共晶点左移，稀土残留量＞0.06%时，石墨漂浮显著增加。镁使共晶点右移，提高残留镁量，减轻石墨漂浮。高温浇注延长了铁液在型内保持液态的时间，增加石墨漂浮。炉料原始石墨尺寸大、数量多，未熔石墨微粒促进液态下石墨形核析出和石墨漂浮；纯净炉料过冷度大，则不利于形核析出石墨，漂浮较少。

③ 防止措施。将碳当量控制在4.6%～4.7%以下，厚壁铸件由于凝固慢，易于发生石墨漂浮，故碳当量应该控制在更低范围内，在碳当量不变的条件下，适当降低硅含量，有助于防止发生石墨漂浮。控制残留稀土量不可过高；控制浇注温度适当；大断面铸件可适量添加阻止石墨化元素，局部放置冷铁也可防止该部位产生石墨漂浮。

7）碎块状石墨

① 特征。大型厚断面铸件凝固缓慢且共晶转变时间长，由于孕育衰退使石墨核心减少，形成数量少、尺寸大的石墨球；Ce及其他活性元素易于富集在共晶团边界，促使该区域过饱和析出形成蠕虫状石墨，其断面形态为碎块状；共晶转变时铁液中碳原子穿过包围石墨球的奥氏体壳各向均匀扩散，使石墨各向均匀生长，由于奥氏体壳晶界处易吸附低熔点元素使其形成液体通道，碳原子沿通道优先扩散，使石墨球沿通道生长为连接的分枝，因此显微组织为少量大石墨球周围共晶团边界处均匀分布碎块状石墨和铁素体，石墨球也生长连接成分枝石墨，其宏观断面为界限分明的暗灰色斑点，主要产生于大断面铸件热节部位或冒口颈下。

② 形成原因。产生此缺陷的主要原因是冷却缓慢、共晶凝固时间过长而引起的成分偏析和孕育衰退。

③ 预防措施。应选用纯净炉料并根据干扰元素含量严格限制稀土（特别是Ce）的含量，一般应限制有效的轻稀土残留量≤0.006%，重稀土残留量≤0.018%；控制较低的碳当量（特别是Si＜2.5%～2.6%可减少此缺陷），在铁液中添加微量Sb（0.002%～0.007%）可减少或消除碎块状石墨；采用钇基重稀土镁球化剂时加入Sb0.01%或Bi0.01%可减少此缺陷，但对冲击值有不良影响；采用钡硅铁长效孕育剂或瞬时、型内孕育工艺也有一定效果；加快冷却，例如采用带冷却管并通入冷却剂不断导出热量的铸造工艺，是防止此缺陷的有力措施。

8）反白口

① 形貌特征。出现于铸件热节中心。宏观断面为界限清晰的白亮块，与该部位外观轮廓呈相似形；有时界限不清，呈方向性白亮针，常伴随缩松。金相观察为过冷密集细针状渗碳体，常邻接显微缩松。反白口多出现于小件，妨碍内孔加工，降低零件力学性能。热处理后可消除针状渗碳体，形成方向性虫状或链球状石墨，削弱强度。厚大铸件则表现为热节中心珠光体增加或呈网状渗碳体。

② 形成原因。最后凝固的热节中心偏析富集镁、稀土、锰、铬等白口化元素，石墨化元素硅因反偏析而贫乏，增大该区残余铁液过冷度，同时由于孕育不足或孕育衰退不利于石

墨形核；薄壁小件热节比大件冷却速度快，因此在偏析过冷和孕育不足的热节中心形成细针状渗碳体；铁液中含铬或稀土残留量过高易出现此缺陷。

③ 防止措施。在保证球化条件下尽量减少残留镁和稀土量，必要时使用低稀土球化剂；防止炉料内混入铬等强烈白口化元素；强化孕育，如采用瞬时孕育工艺或用钡硅铁长效孕育剂；适当提高小件浇注温度。

1.4.4 球墨铸铁的热处理

热处理对于球墨铸铁具有特殊的重要作用。由于石墨的有利形状，使得它对基体的破坏作用减到了最低限度，因此通过各种改变基体组织的热处理手段，可大幅度地调整和改善球墨铸铁的性能，满足不同服役条件的要求。和钢相比，球墨铸铁的热处理有相同之处，也有不同之处，这些不同之处是由于球墨铸铁的成分及组织特点造成的，是属于铸铁的共性。因此，了解了这些共性不仅对球墨铸铁，而且对其他铸铁的热处理工艺参数的制定都是十分有益的。本节将首先介绍铸铁热处理的特点，再分别阐述球墨铸铁的主要热处理工艺。

(1) 铸铁热处理的特点

从铸铁金相组织特点看，下列各点是铸铁所特有的。

① 铸铁是 Fe-C-Si 三元合金，其共析转变有一较宽的温度范围。在此温度范围内有铁素体、奥氏体和石墨的稳定平衡及铁素体、奥氏体及渗碳体的介稳定平衡。在此范围内的不同温度都对应着铁素体和奥氏体的不同平衡数量。这样，只要控制不同的加热温度和保温时间，冷却后即可获得不同比例的铁素体和珠光体整体组织，因而可较大幅度地调整铸铁的力学性能。

② 铸铁组织的最大特点是有高碳相，它在热处理过程中虽无相变，但却会参与整体组织的变化过程。在加热过程中，奥氏体中碳的平衡浓度要增加，碳原子会从高碳相向奥氏体中扩散并溶入。当冷却时，由于奥氏体中碳的平衡浓度要降低，因此又会伴随碳原子向高碳相沉积或析出。所以，在热处理过程中，高碳相相当于一个碳的集散地，如果控制热处理的温度及保温时间，就可控制奥氏体中碳的浓度，再依照不同的冷却速度，就可获得不同的组织及性能。

③ 铸铁中的杂质含量较钢的高，在一次结晶后共晶团的晶内和晶界处成分往往会有较大差异，通常晶内硅量偏高，而晶界处则锰、磷、硫含量偏高，此外，由于凝固过程的差异，即使同样在共晶团晶界处，也会产生一些成分的差异。这种成分的偏析，使热处理后的组织在微观上会产生一些差异。

(2) 球墨铸铁的热处理工艺

球墨铸铁的热处理主要有退火、正火、淬火与回火、等温淬火等。本节主要介绍前 3 种工艺，等温淬火将在 1.4.5 节讲解。

1) 退火　球墨铸铁退火工艺包括消除内应力退火、高温石墨化退火和低温石墨化退火三种。

① 消除内应力退火。球墨铸铁的弹性模量比灰铸铁高，铸造后产生残余内应力的倾向比灰铸铁高 2～3 倍。因此，球墨铸铁件特别是形状复杂、壁厚不均匀的铸件，即使不进行其他热处理，也应进行消除内应力退火。球墨铸铁消除内应力退火一般是以 50～100℃/h 的速度加热到 550～650℃，铁素体基体球墨铸铁取 600～650℃，珠光体球墨铸铁取 550～600℃。保温时间根据铸件的形状、复杂程度等因素确定（根据铸件壁厚可按每 25mm 保温 1h 来计算），一般为 2～8h，保温结束后随炉缓冷至 200～250℃后出炉空冷。这种方法可消

除铸件应力达90%～95%，可提高铸件的塑性及韧性，但组织并没有发生明显改变。

② 高温石墨化退火。当铸态组织中自由渗碳体含量≥3%，磷共晶含量≥1%，或出现三元及复合磷共晶时均要进行高温石墨化退火。常采用两段退火，高温阶段消除渗碳体、三元或复合磷共晶，低温阶段由奥氏体转变为铁素体，最终获得以铁素体为主要基体组织。高温石墨化温度一般取900～950℃，低于900℃时，渗碳体分解速度会显著降低。高温保温后，低温石墨化可采取2种不同规范，可从高温冷却至720～760℃保温使奥氏体分解为铁素体和石墨如图1-56（a），也可从高温缓慢冷却至600℃后，出炉空冷，使奥氏体在缓慢冷却过程中转变为铁素体和石墨，工艺如图1-56（b）所示。

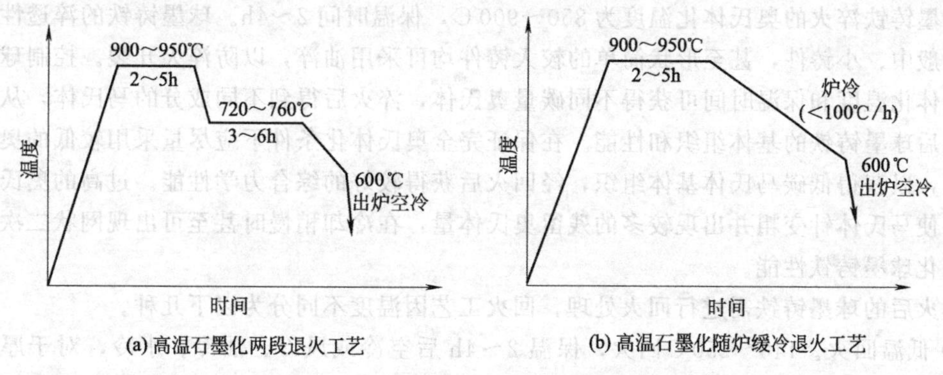

图1-56　球墨铸铁的高温石墨化退火

③ 低温石墨化退火。铸态组织的游离渗碳体<3%，无三元或复合磷共晶，铁素体<85%（QT450-10）或<90%（QT400-18）、或低于图纸规定值时，可进行低温石墨化退火，即将铸件加热到720～760℃，并保温足够长时间，以使珠光体分解，获得铁素体基体。

2）正火

① 完全奥氏体化正火。正火处理的目的在于增加金属基体中珠光体的含量和提高珠光体的分散度。当铸态组织中无游离渗碳体、三元或复合磷共晶时，可采用图1-57（a）所示的正火工艺。当铸态组织中游离渗碳体≥3%，含三元或复合磷共晶时，则应采用高温分解游离渗碳体后，炉冷至较低奥氏体化温度，保温正火的工艺，如图1-57（b）所示。

球墨铸铁正火后要进行回火处理，以改善韧性和消除应力，回火温度一般为500～600℃。

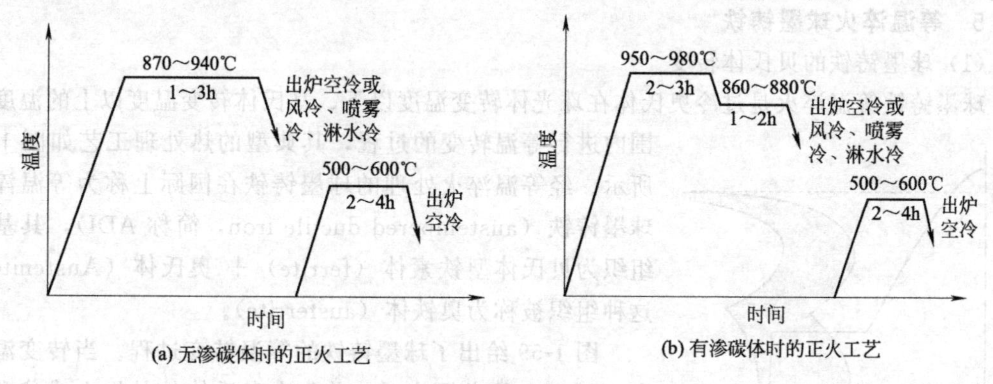

图1-57　球墨铸铁的正火工艺

② 部分奥氏体化正火。部分奥氏体化正火的目的与普通正火相似，即获得珠光体基体组织，但不同的是，此时通过控制分散分布铁素体的数量以改善韧性。为此，采用的奥氏体

化温度，不是在共析转变温度以上，而是在共析转变温度范围内，也就是在上、下临界温度之间，处于奥氏体、铁素体和石墨三相共存区域，仅有部分基体转成奥氏体，而剩下的部分铁素体则以分散形式分布，故称部分奥氏体化正火。转变成奥氏体的部分在随后的冷却过程中转变成珠光体，正火后的组织特征为，铁素体被珠光体分割呈分散状或破碎状，其数量取决于奥氏体化温度和保温时间。温度越靠近共析转变温度上限，则分散分布的铁素体数量越少，强度偏高，韧度偏低。此外，保温时间延长，也会发生同样的情况。

3）淬火与回火 球墨铸铁淬火后可得到马氏体基体，硬度高、但韧性差。淬火后再进行回火，因回火温度不同，所得到的组织和性能也不同。

球墨铸铁淬火的奥氏体化温度为850～900℃，保温时间2～4h。球墨铸铁的淬透性比钢好，一般中、小铸件，甚至形状简单的较大铸件均可采用油淬，以防淬火开裂。控制球墨铸铁奥氏体化温度和保温时间可获得不同碳量奥氏体，淬火后得到不同成分的马氏体，从而控制淬火后球墨铸铁的基体组织和性能。在保证完全奥氏体化条件下应尽量采用较低的奥氏体化温度，以获得低碳马氏体基体组织，经回火后获得较好的综合力学性能。过高的奥氏体化温度将使马氏体针变粗并出现较多的残留奥氏体量，在冷却稍慢时甚至可出现网状二次渗碳体，恶化球墨铸铁性能。

淬火后的球墨铸铁需进行回火处理，回火工艺因温度不同分为以下几种。

① 低温回火。140～250℃回火，保温2～4h后空冷或风冷、油冷、水冷，对于厚大铸件可延长回火时间，获得回火马氏体和残余奥氏体组织，硬度达46～50HRC，具有良好的强度和耐磨性。经低温回火后，可消除淬火应力，减少脆性。回火温度不应超过250℃。在250～300℃回火将出现低温回火脆性。

② 中温回火。350～450℃回火，保温2～4h后空冷或风冷、油冷、水冷，获得回火托氏体和残余奥氏体组织，硬度为42～46 HRC，具有较好的耐磨性，并保持一定韧性。在450～510℃回火或慢冷有可能出现高温回火脆性，而再加热至此温度范围以上保温后快冷可消除回火脆性。

③ 高温回火（淬火后高温回火也称作调质处理）。550～600℃回火，保温2～4h后空冷或风冷、油冷、水冷，获得回火索氏体，硬度为HBW250～330，其综合力学比正火球墨铸铁的还高，适用于受力复杂、截面较大、综合性能要求较高的连杆、曲轴等重要零件。

1.4.5 等温淬火球墨铸铁

（1）球墨铸铁的贝氏体转变

球墨铸铁等温淬火是过冷奥氏体在珠光体转变温度以下、马氏体转变温度以上的温度范围内进行等温转变的过程，其典型的热处理工艺如图1-58所示。经等温淬火处理的球墨铸铁在国际上称为等温淬火球墨铸铁（austempered ductile iron，简称ADI），其基体组织为贝氏体型铁素体（ferrite）＋奥氏体（Austenite），这种组织被称为奥铁体（ausferrite）。

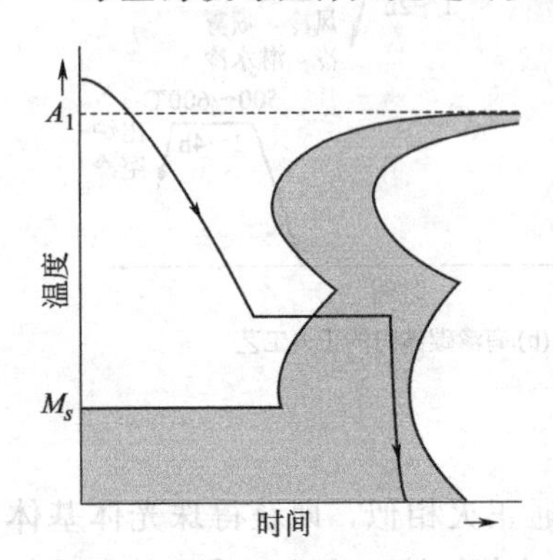

图1-58 等温淬火热处理工艺示意

图1-59给出了球墨铸铁的等温转变过程。当转变温度在330～450℃范围内时，首先在奥氏体的晶界上或贫碳区形成许多碳过饱和铁素体晶核，并向奥氏体晶内沿一定方向成排地长大，形成密集而相互大致平行排列的铁素体片，排出的碳原子迁移到相邻的奥氏体中，使未转变奥氏体含

碳量增加，形成高碳奥氏体（γ_{HC}）。由于铸铁中硅含量较高，抑制了碳化物的析出，随着等温反应的进行，奥氏体中的含碳量逐渐增加，最大可达2%。奥氏体因碳的饱和而变得十分稳定，马氏体转变点降至－100～－89℃。在此温度范围内形成的组织为上贝氏体，呈羽毛状形态，如图1-60（a）所示。

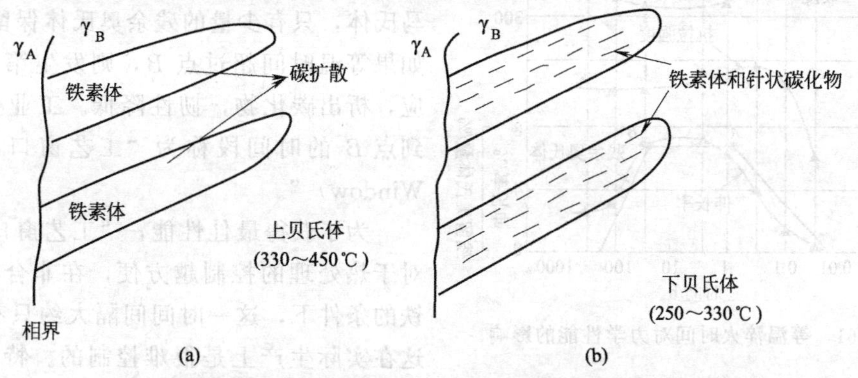

图1-59 上贝氏体和下贝氏体形成过程示意

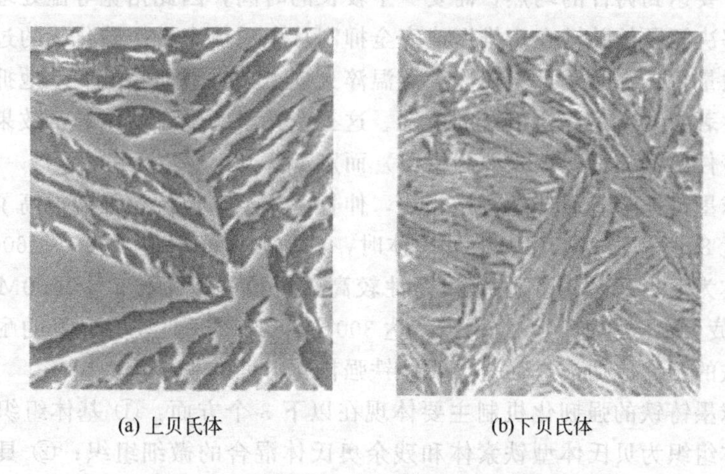

图1-60 等温淬火球墨铸铁的贝氏体形态

当转变温度在250～330℃范围内时，首先在奥氏体晶界或晶内某些畸变较大的地方形成碳过饱和的铁素体晶核，然后晶核在奥氏体中沿一定方向长大成针状。此时由于转变温度更低，碳原子的扩散能力更弱，只有部分碳原子扩散至未转变奥氏体中，部分碳原子则以细小的颗粒状碳化物在铁素体竹叶内沿一定晶面析出，形成针状下贝氏体，如图1-60（b）所示。

从上述贝氏体转变过程可知，球墨铸铁的等温转变分为如下两个阶段：

第一阶段：$\gamma \rightarrow \alpha + \gamma_{HC}$

第二阶段：$\gamma_{HC} \rightarrow \alpha$＋碳化物

第一阶段为过冷奥氏体转变为贝氏体和高碳奥氏体。虽然反应形成的高碳奥氏体冷却到室温后十分稳定，但是，在等温转变温度范围内是不稳定的，长时间保温时则分解为铁素体和碳化物，即第二阶段反应。由于碳化物的析出和残余奥氏体量的减少，大大降低了等温淬火球墨铸铁的韧性。因此，等温转变时间是获得高性能等温淬火球墨铸铁的重要工艺参数。

(2) 等温淬火球墨铸铁的性能

图1-61为等温淬火时间对等温淬火球墨铸铁力学性能的影响，图中点A为第一阶段反

应结束点，点 B 为第二阶段反应的开始点。图示结果可知，为了获得较好的韧性，等温淬火时间必须控制在点 A 到点 B 的范围内，如果等温时间低于点 A，则奥氏体将因固溶碳量不足而变得不稳定，冷却过程中将转变为马氏体，只有少量的残余奥氏体保留到室温；如果等温时间超过点 B，则发生第二阶段反应，析出碳化物，韧性降低。工业上把点 A 到点 B 的时间段称为“工艺窗口（Process Window）”。

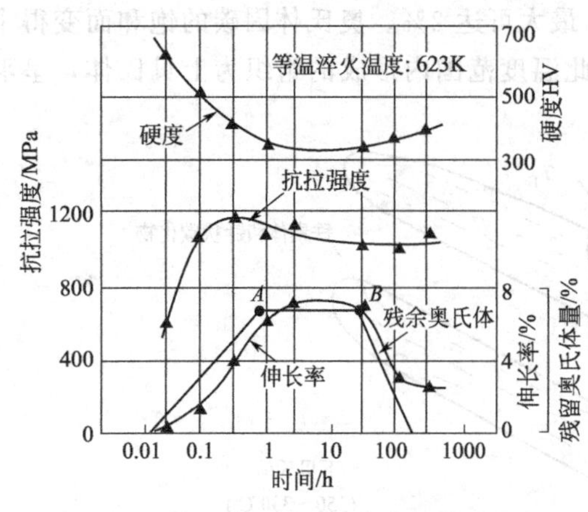

图 1-61　等温淬火时间对力学性能的影响

为了获得最佳性能，“工艺窗口”越长，对于热处理的控制越方便，在非合金球墨铸铁的条件下，这一时间间隔大约只有 10min，这在实际生产上是很难控制的。特别是对于壁较厚的铸件，要达到铸件的均热，需要一个较长的时间，因此拓宽等温处理的时间范围是很重要的，而解决问题的关键在于推迟或完全抑制从奥氏体中析出碳化物的过程。在铸铁化学成分中加入适量钼、镍和铜，不仅能为等温淬火创造条件，而且可有效地抑制析出碳化物的过程，从而显著拓宽“工艺窗口”的范围。这三个元素的配合使用通常效果更好。它们的具体加入量视铸件的具体情况（主要为壁厚）而定。

等温淬火球墨铸铁与普通球墨铸铁相比，伸长率相当，但抗拉强度提高了一倍，弯曲疲劳强度提高了近 80%；当其基体为下贝氏体时，抗拉强度可高达 1300～1600MPa，伸长率 2%～4%；基体为上贝氏体时，强度和韧性较高，抗拉强度为 900～1200MPa，伸长率为 6%～13%；其疲劳极限与锻钢大致相当，达 300～400MPa，且还有良好的耐磨性。因此等温淬火球墨铸铁的开发成功被誉为是球墨铸铁强韧化方面的一个重大突破。

等温淬火球墨铸铁的强韧化机制主要体现在以下 3 个方面：① 基体组织的微细化，即等温淬火后基体组织为贝氏体型铁素体和残余奥氏体混合的微细组织；② 具有高位错密度的针状铁素体能在较高的应力状态下抑制变形；③残余奥氏体具有缓和应力的作用。

1.4.6　厚大断面球墨铸铁件的生产

随着生产技术的快速发展，工业生产设备日趋大型化。重型设备对厚大断面球墨铸铁的需求逐渐增长。如大功率柴油机曲轴、核燃料储运器、重型或超重型机床铸件、大型注塑机模板、大型球磨机传动齿轮等。

厚大断面球墨铸铁（通常壁厚在 100mm 以上）铸件的凝固冷却速度缓慢、共晶转变时间长，易发生球化衰退和孕育衰退，由此而造成的组织特点是，石墨球数减少、球径增大；发生石墨漂浮，导致石墨在铸件内分布不均匀；厚断面中心和热节部位产生碎块状、开花状等畸变石墨。此外，基体组织中易产生铁素体，成分偏析严重，由于成分偏析所产生的碳化物，经长时间的热处理也很难消除；并且，晶粒粗大、缩松及黑斑等缺陷也常出现。由于上述原因，使其力学性能内外相差较大，性能总体水平低，且波动很大。

近年来通过大量研究工作，主要采取严格控制化学成分，加强工艺措施，特别采取了强制冷却等措施，取得了良好的效果。

由于厚大断面铁液具有较好的石墨化能力，因此，在化学成分的选择上，希望有适中的碳当量（4.1%～4.4%）及较低的硅量（2.0%～2.4%），因为硅高易生成异形石墨，恶化力学性能。Mn是强偏析元素，易偏析于晶界形成碳化物，降低材料的韧性，对于厚壁铁素体球墨铸铁，Mn含量一般不超过0.20%。严格控制低的磷（<0.04%）、硫（最好<0.01%）以及其他杂质元素含量。

在球化和孕育处理方面，因铁液中残留RE高时，易导致石墨畸变，因此，厚大断面球墨铸铁用球化剂应采用低RE球化剂，以RE含量2%～3%为宜。钇基重稀土球化剂的球化衰退时间长，与镁相比，其球化衰退时间可延迟1倍，钇基稀土的脱硫能力强，且不出现回硫现象。生产厚壁球墨铸铁件需要采用高效、长效孕育剂和处理工艺。钡硅铁是厚壁球墨铸铁常用的长效孕育剂。虽然锶硅铁和锆硅铁也是长效孕育剂，但这两种孕育剂具有促进厚壁件中碎块石墨形成，浇注厚壁铸件时须慎重使用。孕育处理前应根据化验结果精确计算孕育剂可能带入铸件的微量元素和硅的质量分数。很多实例告诉我们，厚壁铸件组织上出现的碎块石墨往往因孕育剂加入量过多而产生。正确实行瞬时孕育、型内孕育是消减厚壁件中畸形石墨的有效措施。

近期研究表明，添加微量Sb及控制RE量的加入，并强化孕育处理工艺是消除碎块状畸形石墨、获得满意的球状石墨的有力措施。这是因为Sb作为添加剂适量加入时，有强烈的表面吸附特性，富集在石墨界面处，而强化孕育可使石墨细化，因而有利于获得球状石墨。Bi和Sn在防止厚大断面球墨铸铁中生成碎块石墨方面也有相似的作用。例如在含Si≤2.5%的250mm立方体球墨铸铁件中加入0.05%Sn，即能抑制碎块石墨生成。Sn的作用机制是提高石墨外围奥氏体壳的强度，防止石墨结构分裂解体。

在铸型条件上，为提高冷却速度，各种型砂均难以满足大断面球墨铸铁的要求，因此，提高冷却速度的方法是大量使用冷铁、金属型或型内通气及通水的强制冷却方法。

1.4.7 硅固溶强化铁素体球墨铸铁

2012年3月，德国和欧洲的球墨铸铁标准DIN EN 1563—2012在修改时又增加了3个牌号，分别是EN-GJS-450-18、EN-GJS-500-14、EN-GJS-600-10，3个牌号球墨铸铁的推荐化学成分如表1-11。这类球墨铸铁是通过控制硅固溶强化的铁素体基体球墨铸铁，基体组织主要由铁素体组成（称为“硅固溶强化铁素体球墨铸铁”），珠光体含量不超过5%。游离渗碳体含量不超过1%，主要应用于要求高韧性、高屈服强度以及良好切削加工性的场合。

表1-11 硅固溶强化铁素体球墨铸铁推荐化学成分 单位：%

材料牌号	Si(max)	P(max)	Mn(max)
EN-GJS-450-18	3.2	0.05	0.5
EN-GJS-500-14	3.8	0.05	0.5
EN-GJS-600-10	4.3	0.05	0.5

表1-12为硅固溶强化铁素体球墨铸铁和传统铁素体-珠光体球墨铸铁的力学性能对比。从表中数据可知，硅固溶强化球墨铸铁的屈服强度和伸长率均高于传统的球墨铸铁。在静态恒定或接近恒定载荷使用环境下的铸件，应优先选用硅固溶强化球墨铸铁。疲劳极限对比显示，EN-GJS-450-18和EN-GJS-500-14的优势并不明显，而EN-GJS-600-10相对于QT600-3具有较高的疲劳极限和断裂韧性，当铸件在变载循环下使用时，应优先选用EN-GJS-600-

10 进行轻量化设计。

硅固溶强化铁素体球墨铸铁与原先的混合基体球墨铸铁相比有以下优点：有更好的力学性能组合（抗拉强度、屈服极限以及高的伸长率），其弯曲疲劳强度较相同强度牌号的普通球墨铸铁高约 10%，使设计人员可以减小铸件壁厚，从而减轻铸件质量；铸件本体的硬度与抗拉强度分布均匀；切削性能好，刀具寿命长，降低机械加工成本；不用添加合金元素，铸态即可达到性能要求，从而降低成本，减少能源消耗；可以放宽化学成分中珠光体稳定元素和碳化物形成元素的含量，从而可以放心使用大量的废钢，降低生产成本。

表 1-12　硅固溶强化铁素体球墨铸铁的性能

材料参数	传统铁素体-珠光体球墨铸铁			硅固溶强化铁素体球墨铸铁		
	QT450-10	QT500-7	QT600-3	EN-GJS-450-18	EN-GJS-500-14	EN-GJS-600-10
抗拉强度 R_m(min)/MPa	450	500	600	450	500	600
屈服强度 $R_{p0.2}$(min)/MPa	310	320	370	350	400	470
断后伸长率 A(min)/%	10	7	3	18	14	10
无缺口扭转疲劳极限(min)/MPa	210	224	248	210	225	275
V 缺口扭转疲劳极限(min)/MPa	128	134	149	130	140	165
断裂韧度 K_{IC}/MPa·$m^{1/2}$	72	63	38	75	72	65

但是，硅固溶强化铁素体球墨铸铁也具有其缺点，生产 EN-GJS-600-10 的窗口较小，即加 Si 量严格控制在 4.3%以下；铸件表面无法硬化、焊接性能差；冲击韧性也比相同强度牌号的普通球墨铸铁低，且韧脆转变温度较高。

1.5 蠕墨铸铁

蠕墨铸铁由金属基体和蠕虫状石墨组成，其石墨形态按二维光学图像为蠕虫状，按三维图像为相互联结的珊瑚状网络结构，类似片状石墨，故其导热性、减振性和加工性与灰铸铁相近。蠕虫状石墨的边角圆整，类似球状石墨外形，因而它的抗拉强度、刚度和疲劳强度与球墨铸铁相近。蠕墨铸铁的特殊组织结构使它兼有灰铸铁和球墨铸铁的优良性能，已被广泛应用于液压件、缸体缸盖、排气管、钢锭模、大型机床床身等。

1.5.1 蠕墨铸铁的组织及性能

（1）石墨的结构及金相组织特点

蠕虫状石墨是介于片状石墨及球状石墨之间的中间状态类型石墨，它既有在共晶团内部石墨互相连续的片状石墨的组织特征，又有石墨头部较圆、其位向特点和球状石墨相似的特征。在普通光学显微镜下所看到的典型石墨形状特征如图 1-62 所示，其长度与厚度之比 l/d 一般为 2～10，比片状石墨（$l/d>50$）小得多，而比球状石墨（$l/d\approx1$）大。用扫描电子显微镜观察其立体形貌，可见石墨的端部具有螺旋生长的明显特征，类似于球状石墨的表面形貌，但在石墨的枝干部分，则又有层叠状结构，类似于片状石墨。其结构示意图如图 1-63 所示。

蠕墨铸铁的力学性能和物理性能取决于石墨的蠕化状态及基体组织等因素，其中尤以石墨的蠕化状态影响最大。蠕化率是评定石墨是否受到良好蠕化的指标，其定义为：在有代表性的显微视场内，蠕虫状石墨数与全部石墨数的百分比，即

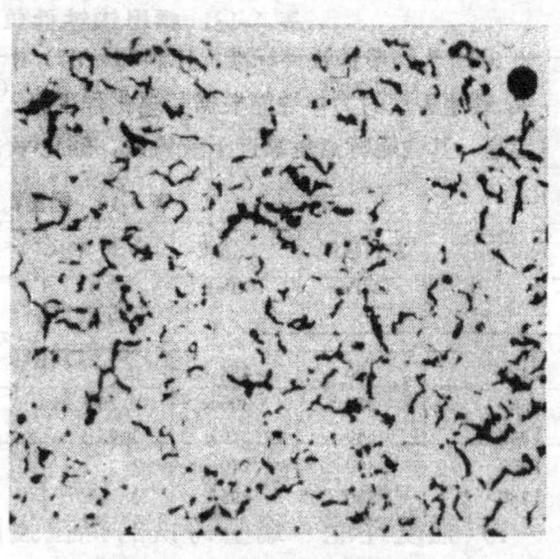

图 1-62 蠕虫状石墨组织

$$蠕化率(VG)=\frac{蠕墨数}{蠕墨数+球墨数}\times 100\% \tag{1-21}$$

但是，蠕化率本身并不能精确地反映石墨的形状。为了正确地评定石墨的形状特征及蠕化程度，通常用形状系数（K）来表示，其定义为

$$K=4\pi A/L^2 \tag{1-22}$$

式中 A——单个石墨晶体的实际面积；

L——单个石墨晶体的周长。

当$K<0.15$时，为片状石墨；$0.15<K<0.8$时，为蠕虫状石墨；$K>0.8$时，为球状石墨。石墨的形状与形状系数值的大致对应见图 1-64。

一般铸态蠕墨铸铁基体组织具有强烈形成铁素体的倾向，这导致其强度和耐磨性有所降低。蠕墨铸铁中铁素体的形成主要由于同一共晶团内蠕虫状石墨高度分枝缩短了碳扩散的途径以及合金元素偏析分布的特点造成的。可通过加入稳定珠光体元素（如Cu、Ni、Sn、Sb）提高铸态组织中珠光体含量，也可通过正火处理获得珠光体基体蠕墨铸铁。

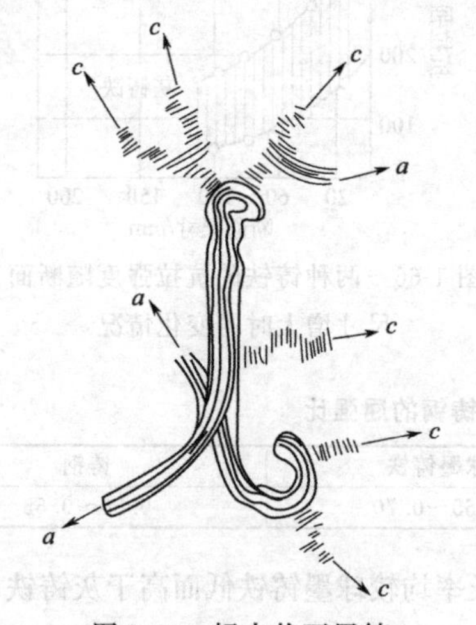

图 1-63 蠕虫状石墨结晶取向示意

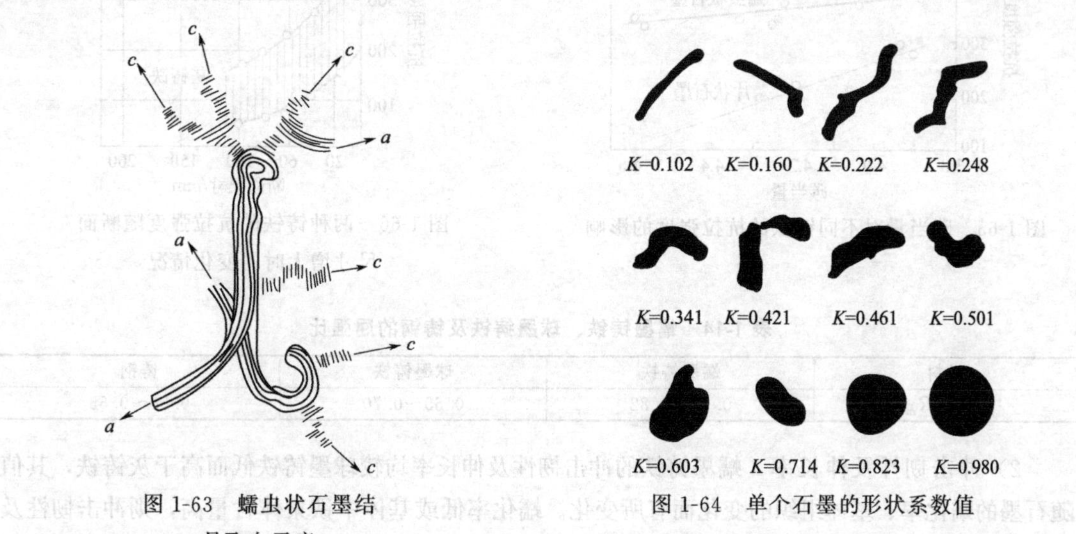

图 1-64 单个石墨的形状系数值

（2）蠕墨铸铁的力学性能

表 1-13 为《蠕墨铸铁件》（GB/T 26655—2011）中规定的蠕墨铸铁牌号。据其抗拉强度性能分为 5 个等级。蠕墨铸铁的力学性能根据其蠕化程度介于相同基体组织的灰铸铁和球墨铸铁之间，蠕化率越高，其性能特点越靠近于灰铸铁，蠕化率越低，则其性能特点越靠近于球墨铸铁。

表 1-13 蠕墨铸铁件单铸试样的力学性能（GB T 26655—2011)

牌号	抗拉强度 R_m(min)/MPa	屈服强度 $R_{p0.2}$(min)/MPa	伸长率 A(min)/%	典型的布氏硬度范围 HBW	主要基体组织
RuT300	300	210	2.0	140～210	铁素体
RuT350	350	245	1.5	160～220	铁素体＋珠光体
RuT400	400	280	1.0	180～240	珠光体＋铁素体
RuT450	450	315	1.0	200～250	珠光体
RuT500	500	350	0.5	220～260	珠光体

注：布氏硬度（指导值）仅供参考。

1）强度性能　蠕墨铸铁的抗拉强度对碳当量变化的敏感性比普通灰铸铁小得多，甚至当其碳当量接近4.3%时，其强度也比低碳当量的高强度灰铸铁高。图1-65是蠕墨铸铁、灰铸铁及球墨铸铁浇注直径为30mm试棒的抗拉强度比较。此外，蠕墨铸铁对断面尺寸的敏感性也较灰铸铁要小。从图1-66可见，当断面厚度增加到200mm时，蠕墨铸铁的抗拉强度约下降20%～30%，而灰铸铁断面增厚到100mm时，强度下降了约50%，其绝对值则更低。

此外，从材料实际使用时要求的强度性能出发，屈服强度 $R_{p0.2}$ 更具重要性，而蠕墨铸铁的 $R_{p0.2}/R_m$ 值在铸造材料中属最高，其比较数据见表1-14。

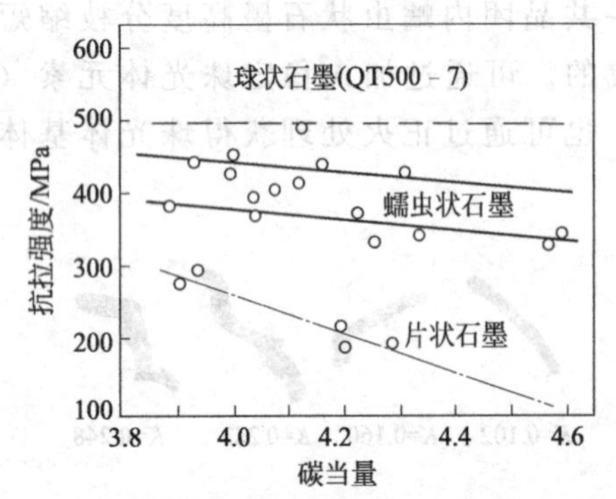

图1-65　碳当量对不同铸铁的抗拉强度的影响

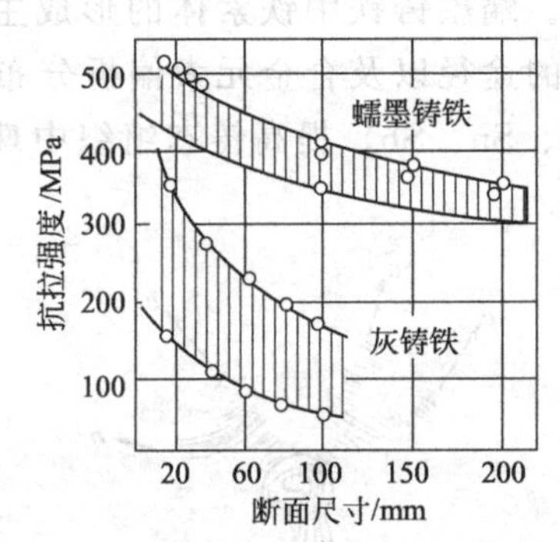

图1-66　两种铸铁的抗拉强度随断面尺寸增大时的变化情况

表 1-14 蠕墨铸铁、球墨铸铁及铸钢的屈强比

材料	蠕墨铸铁	球墨铸铁	铸钢
$R_{p0.2}/R_m$	0.72～0.82	0.65～0.70	0.50～0.55

2）冲击韧性及伸长率　蠕墨铸铁的冲击韧性及伸长率均较球墨铸铁低而高于灰铸铁，其值随石墨的蠕化率、基体组织的变化而有所变化。蠕化率低或基体中铁素体含量高，则冲击韧性及伸长率高。此外，蠕墨铸铁与球墨铸铁相似，当温度降低时，亦有从韧性到脆性的转变点。

3）导热性　在基体组织基本相同的情况下，蠕墨铸铁的导热性主要取决于石墨的形状。当蠕化率较高时，其导热性基本与灰铸铁相当；而当蠕化率降低时，则其导热件又接近于球墨铸铁，见图1-67。

1.5.2 蠕墨铸铁的生产

（1）蠕墨铸铁的化学成分

蠕墨铸铁的化学成分与球墨铸铁的成分要求基本相似，即高碳、低磷、低硫，一定的硅、锰含量，其成分范围一般为：3.5%～3.9%C、2.2%～2.8%Si、0.4%～0.8%Mn、<0.1%P、<0.1%S（最好为0.06%以下），CE=4.3%～4.6%。

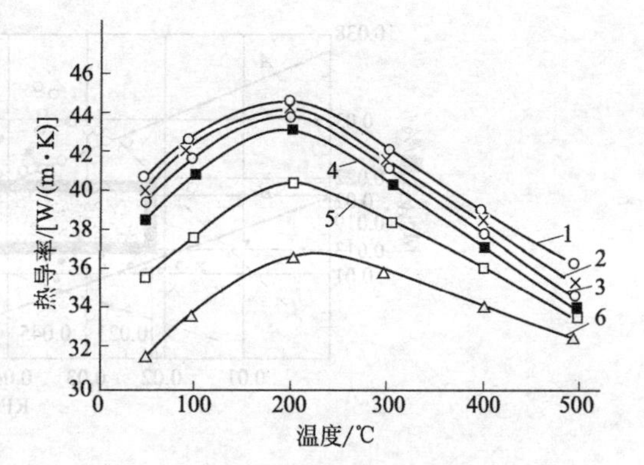

图1-67 不同蠕化率的蠕墨铸铁在不同温度下的热导率

1—片墨和蠕墨混合的铸铁；2—蠕化率为95%的蠕墨铸铁；3—蠕化率为86%的蠕墨铸铁；4—蠕化率为70%的蠕墨铸铁；5—蠕化率为40%的蠕墨铸铁；6—蠕化率为0%，即球墨铸铁

生产珠光体蠕铁在必要时可加入适量稳定珠光体的合金元素，如0.008%～0.01%Sb、0.03%～0.05%B、0.40%～0.60%Mo或0.15%～0.30%Cr等。其中钼、铬除能提高蠕墨铸铁中珠光体的百分率外，还可提高蠕墨铸铁的抗热疲劳性能。

(2) 炉前处理及其控制

1) 蠕化剂及蠕化处理　事实上所有能使石墨球化的元素均可使石墨蠕化，只要能够有效地控制其加入量即可。最早期的蠕墨铸铁实际上就是由于球化元素加入量不足所产生的，这样人们尝试用减少球化剂加入量的方法来生产蠕墨铸铁。

镁是所有元素中球化变质能力最强的元素，但单独用镁作蠕化剂却十分困难，因镁使石墨蠕化的含量范围极窄。根据Sintercast的实验结果，铁液中残留Mg量在0.007%～0.015%范围内石墨形态为蠕虫状石墨（图1-68），工艺允许范围十分狭窄，而且铁液中的Mg量每5min降低0.001%，这增加了Mg蠕化处理的控制难度。

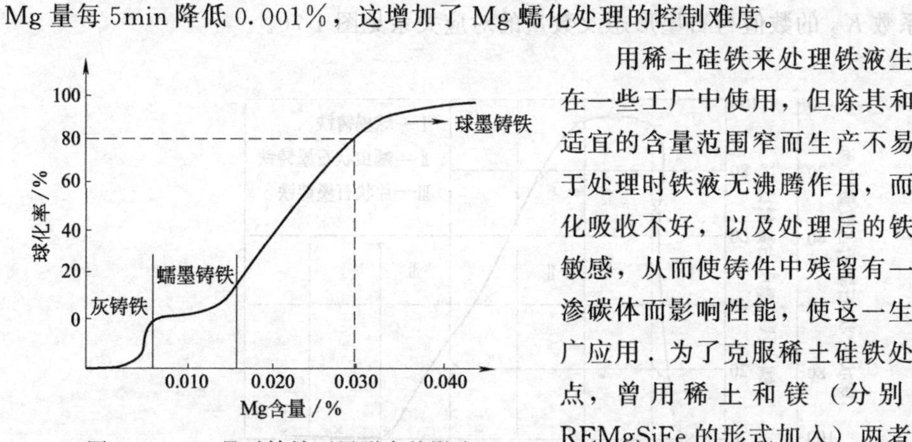

图1-68 Mg量对铸铁石墨形态的影响

用稀土硅铁来处理铁液生产蠕墨铸铁曾在一些工厂中使用，但除其和镁处理同样有适宜的含量范围窄而生产不易控制外，还由于处理时铁液无沸腾作用，而使稀土硅铁熔化吸收不好，以及处理后的铁液对激冷作用敏感，从而使铸件中残留有一定数量的自由渗碳体而影响性能，使这一生产工艺较难推广应用．为了克服稀土硅铁处理时的上述缺点，曾用稀土和镁（分别以RESiFe及REMgSiFe的形式加入）两者联合处理的方法来获得蠕墨铸铁，其中镁作为引爆剂，在对铁液起到搅拌作用的同时，适量地残留在铁液中。稀土和镁的综合作用见图1-69，图中黑框部分是蠕虫状石墨的稳定区。由图中可见，镁和稀土的适宜含量范围仍是较窄的，生产控制仍有一定困难。

为了拓宽使石墨蠕化所适宜的镁或稀土的残留量范围，使这些球化元素即使略有过量也不致出现球状石墨。人们想到了利用反球比元素，即用球化元素加反球化元素制成复合蠕化剂，这样既利用球化元素使石墨球化的作用，又使铁液中有足够的反球化元素，使石墨不能变为球状。这两种作用的叠加，使石墨变成非球非片的蠕虫状。这就是复合蠕化剂配制的基本思想。

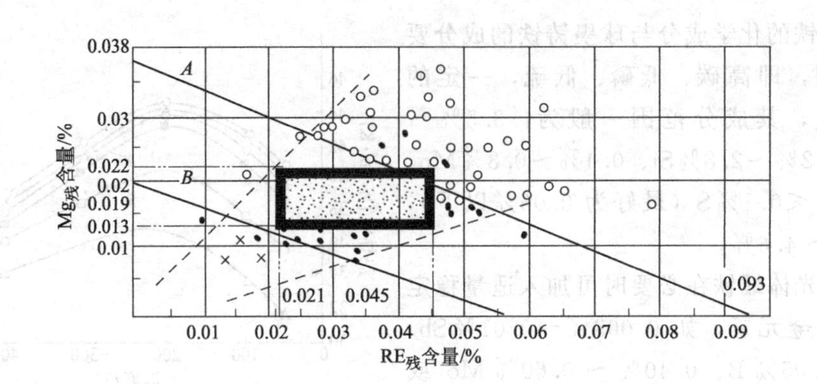

图 1-69 石墨形态与残留 Mg、RE 含量的关系

•—蠕虫状石墨＞50%，余为团球状；o—团球状石墨＞50%，余为蠕虫状；×—片状石墨

为了确定蠕化剂中球化与反球化元素两方面作用的比例对石墨蠕化的影响，提出了复合蠕化系数的概念。复合蠕化系数（K_2）可由下式表示

$$K_2=K_1/\omega_{Mg} \tag{1-23}$$

式中 K_1——反球化元素（包括往铁液中加入的和铁液中原有的微量反球化元素）的当量值，以下式折算

$$K_1=4.4Ti+2.0As+2.3Sn+5.0Sb+290Pb+370Bi+1.6Al \tag{1-24}$$

ω_{Mg}——铁液中残留的镁量；

复合蠕化系数 K_2 的数值与石墨形态及数量的对应关系见图 1-70。

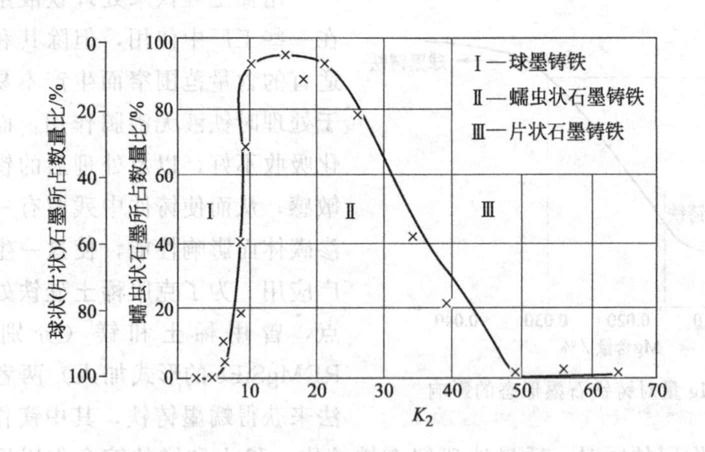

图 1-70 系数 K_2 的数值与石墨形态及数量的关系

采用复合蠕化剂处理铁液的优点是允许有较宽的蠕化元素残留量，便于生产控制；缺点是用此法生产的蠕墨铸铁中含有钛等反球化元素，这种铁的回炉料不能作为生产其他种类铸铁（特别是球墨铸铁）使用，因而给炉料管理带来了麻烦。

钙在铁液中具有良好的脱硫、脱氧作用，蠕化剂中加入少量的钙不仅可扩大球化元素的含量范围，而且可放宽对原铁液中硫的限制。在蠕化剂中添加锌，具有促进蠕化、减少球化的作用。表 1-15 给出几种典型蠕化剂的成分、特点及应用。

表 1-15 几种典型蠕化剂的成分、特点及应用

蠕化剂	化学成分/%	特点	应用
稀土镁钛合金	Mg4～6，Ti3～5，RE1～3，Ca3～5，Al1～2，Si45～50，Fe余量	合金沸腾适中，白口倾向较小。RE有利于改善石墨形态和提高蠕墨铸铁的耐热疲劳性能，延缓蠕化衰退，扩大蠕化范围；但含Ti的回炉料易造成Ti积累	东风汽车集团公司采用该合金在流水线上生产薄壁蠕墨铸铁件
稀土硅铁合金	FeSiRE27，FeSiRE30（RE26～32，Mn＜1，Ca＜5，Si＜45，Fe余量）	蠕化处理反应平稳，铁液无沸腾，RE元素扩散自能力弱，需搅拌。回炉料无钛积累问题，但白口倾向大，合金加入量取决于合金中RE含量及原铁液含硫量	适于冲天炉和电炉熔炼条件，生产中等和厚大铸件
稀土硅铁镁合金	FeSiMg8RE7（RE6～8，Mg7～9，Ca＜4，Si40～50，Fe余量）	有搅拌作用，但合金适宜加入量范围窄，若处理工艺不稳定易引起参与Mg和RE量超过临界值，影响蠕化效果的稳定性	国内有部分厂家应用，也有将该合金与稀土硅铁、稀土钙复合处理，作为引爆剂
稀土硅铁镁合金	FeSiMg4RE12（RE11～13，Mg3.5～4.5，Ca2～3，Si38～45，Fe余量）	有搅拌作用，白口倾向小。但合金适宜加入量范围窄，处理温度应高于1480℃	适用于冲天炉和电炉双联熔炼的铁液
稀土钙硅合金	RECa13-13（RE12～15，Ca12～15，Mg＜2，Si40～50，Fe余量）	克服了稀土硅铁合金白口倾向大的缺点，但蠕化处理时合金表面易生成CaO薄膜，阻碍合金充分反应，剩余合金往往漂浮到铁液表面而卷入渣中，处理时需要加氟石等助熔剂并搅拌	适用于电炉熔炼的高温低硫铁液制取薄、小蠕墨铸铁件
稀土镁锌合金	RE14MgZn3-3（RE13～15，Mg3～4，Zn3～4，Ca＜5，Al1～2，Si 40～44，Fe余量）	浮渣量少，有自沸腾作用，并且石墨球化倾向小，但适宜加入量范围比稀土硅铁合金稍窄，且制备合金时烟雾大，成分难以控制	适用于冲天炉铁液

蠕化处理一般采用冲入法，即将蠕化剂埋入浇包底部凹坑内，用铁液冲熔吸收（和球墨铸铁用冲入法进行球化处理相同）。为获得良好的蠕化效果，应保证铁液温度在1450℃左右，以使蠕化剂充分熔化。由于蠕化效果也存在衰退现象，因而近年来国内外研制了抗衰退能力较强的含钇蠕化剂，并开发了喂丝蠕化处理技术。

2）孕育处理　由于蠕化处理后铁液中镁和稀土的作用，使铁液亦具有结晶过冷和在组织中出现游离渗碳体的倾向，因此孕育处理亦是蠕墨铸铁生产中的一个必要环节，其作用至少有以下三方面，消除结晶过冷倾向，减少自由渗碳体；提供足够的石墨晶核，增加共晶团数，使石墨呈细小均匀分布，提高力学性能；延缓蠕化衰退。

蠕墨铸铁的孕育和球墨铸铁类似，通常采用含Si75%的硅铁，也有用含Ba硅铁及其他孕育剂的，为防止孕育衰退，应尽量做到迟后孕育，必要时亦可采用两次孕育的方法，孕育剂的加入量通常可按铁液质量的0.4%～0.6%计算。

(3) 蠕化处理新技术

蠕墨铸铁是同时具有良好的力学性能、物理性能和铸造性能的材料，但要获得蠕化率非常稳定的蠕墨铸铁件比较困难，其关键是蠕化率的控制范围十分狭窄，大批量生产中难以控制对蠕化率有较大影响的众多工艺参数，尤其是对蠕化率要求高的（蠕化率80%以上）更是十分困难，这就限制了蠕墨铸铁的推广应用。近年来，随着现代测试技术和控制手段的发展，蠕化处理技术向精确定量控制方向发展。

1）欣特卡斯特（Sintercast）技术 瑞典SinterCast铸造公司经过十多年的研究，已经开发了一套基于特殊热分析方法的在线过程控制系统，用于蠕化处理的精确定量控制，其工艺流程如图1-71所示。该工艺被称为“二步法”：第一步，用特制样杯热分析法在线精确分析经第一次蠕化和孕育处理后的铁液凝固特性；第二步，基于该热分析结果，系统判断是否需要进行二次添加蠕化剂和孕育剂以及所需要补加的蠕化剂和孕育剂的加入量，由控制系统发出指令驱动喂丝机构将蠕化剂和孕育剂自动补加到待浇注铁液中。蠕化剂和孕育剂的加入量对蠕墨铸铁的蠕化率影响显著，需要对二者综合控制。Sintercast技术的蠕化处理的原则是保证第一次处理不过量，即“欠处理”，以便用添加镁芯线和孕育剂丝来二次调整开始浇注时的参数，整个在线分析和二次添加过程大约3min（期间可进行扒渣和转运等操作）。浇注结束时，对最后浇注的一个铸件再进行一次热分析，作为下一炉是否需要调整参数的依据。

Sintercast蠕化处理技术已被国内外多家企业采用，用于批量生产内燃机缸体、缸盖和排气管等蠕墨铸铁铸件。

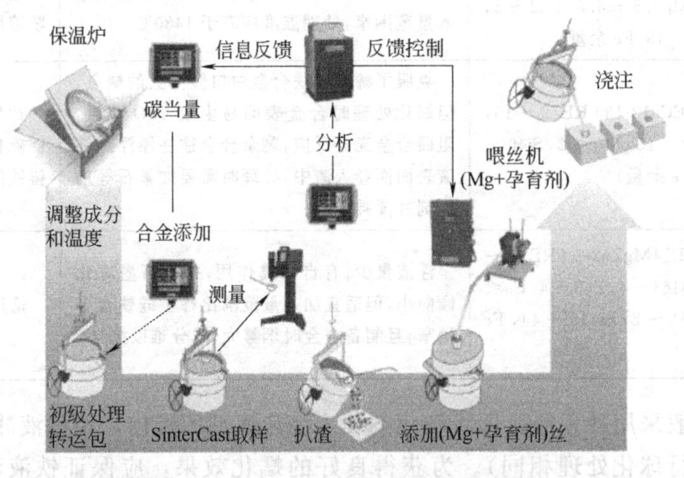

图1-71 Sintercast蠕化处理控制流程

2）OCC技术 德国的OCC公司于2004年推出智能化蠕化处理控制工艺，其系统主要由三个测量部分和一个计算控制部分组成，如图1-72所示。

该系统中共有三个测量点，它们分别如下所示。

测量点1：该测量点由热分析样杯基座、普通碲样杯、测温枪和液晶显示板组成，用于控制熔化炉铁液的碳当量（*CE*）和碳量。

测量点2：该测量点位于喂丝机附近，由独特的热分析样杯基座、特制的AccuVo样杯、测温枪和液晶显示板组成，用于控制喂丝蠕化处理的质量。OCC蠕墨铸铁铁液质量评判方法采用基于热分析曲线的“镁指数（magnesium-index)”和“孕育指数（inoculant-index)”，通过系统判别指数是否满足生产目标的要求。如果铁液满足生产目标的要求，即进行浇注；如果铁液为“欠处理”，所需的补正量由软件系统自动给出；如果铁液为“过处理”，则丢弃。

测量点3：该测量点位于浇注工位，和测量点2相同，由独特的热分析样杯基座、特制的AccuVo样杯、测温枪和液晶显示板组成。此测量点主要用来评估每包铁液中镁的衰退速率，进而预测浇注的铸件的蠕化率，以便确保即使最后浇注的铸件也符合蠕铁标准。在生产

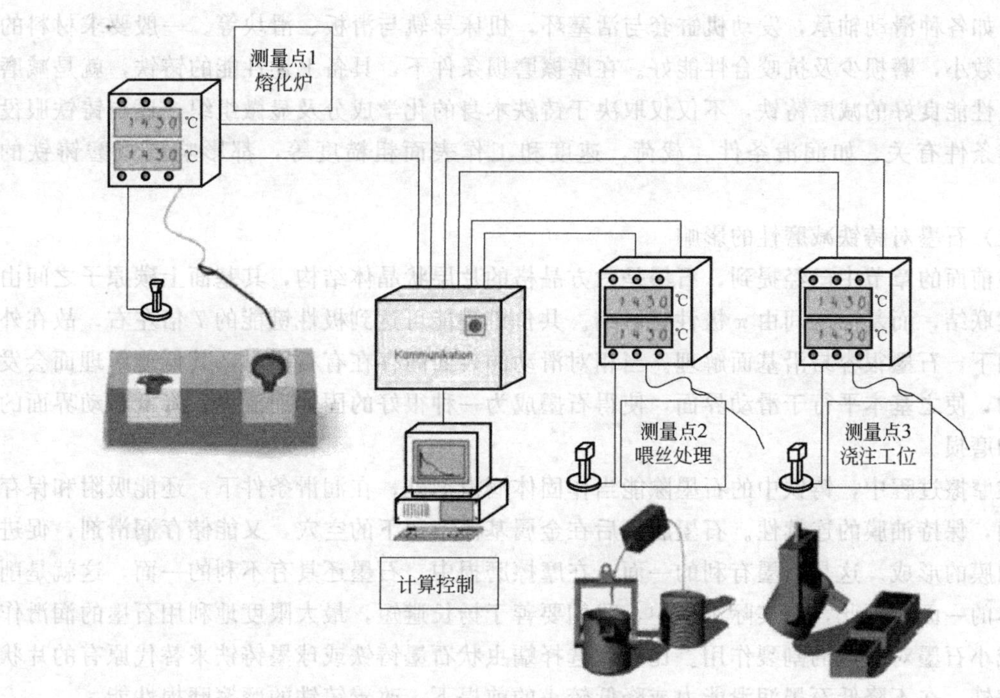

图 1-72 OCC 智能化蠕化控制系统示意图

中此测量点可以省略。

(4) 蠕墨铸铁的铸造性能及常见缺陷

由于蠕墨铸铁铁液的残余镁量及残余稀土量均较球墨铸铁低，故铸造性能优于球墨铸铁。在高蠕化率条件下，其铸造性能与灰铸铁相近。

1) 铸造性能 蠕墨铸铁由于碳当量接近共晶点，又经添加蠕化剂使铁液得以净化，因此具有良好的流动性。蠕墨铸铁的体收缩及线收缩与蠕化率有关。蠕化率越低则越接近于球墨铸铁，反之，接近于灰铸铁。其型壁移动倾向也介于灰铸铁和球墨铸铁之间。因而，要获得无缩孔及缩松的致密铸件比球墨铸铁容易，但比灰铸铁要稍困难些。

2) 常见缺陷 在蠕墨铸铁的生产中，除因蠕化元素残留量控制不严造成蠕化不足或过量蠕化，使蠕化率降低，以及因孕育不足，使铸件的白口倾向严重外，最常见的缺陷即为夹渣，但由于蠕墨铸铁铁液中镁、稀土等元素的残留量较球墨铸铁低，因此其产生夹渣的可能性亦较球墨铸铁低。和球墨铸铁相同，为了防止夹渣缺陷的产生，应严格控制原铁液的合硫量，并保证蠕化-孕育后的铁液温度不低于1350℃，以创造条件使铁液中的夹渣上浮，并在浇注中加强除渣措施。

1.6 特种铸铁

特种铸铁是指具有特殊使用性能的铸铁材料，主要包括减磨铸铁、抗磨铸铁、耐热铸铁和耐腐蚀铸铁。本节从特种铸铁的服役要求入手，讨论铸铁的成分、组织和性能之间的关系。

1.6.1 减磨铸铁

两个接触表面作相对运动时，就会产生摩擦和磨损，许多机器零件就是在这种条件下工作的，如各种滑动轴承，发动机缸套与活塞环，机床导轨与滑板、滑块等。一般要求材料的摩擦系数小，磨损少及抗咬合性能好。在摩擦磨损条件下，具备上述性能的铸铁，就是减磨铸铁。性能良好的减磨铸铁，不仅仅取决于铸铁本身的化学成分及显微组织，还与铸铁服役的工作条件有关，如润滑条件、载荷，速度和工作表面粗糙度等，都影响到减磨铸铁的性能。

(1) 石墨对铸铁减磨性的影响

在前面的章节中已经提到，石墨是六方晶格的片层状晶体结构，其基面上碳原子之间由共价键联结，而基面之间由 π 极性键联结。共价键键能可达到极性键能的 7 倍左右，故在外力作用下，石墨很容易沿基面解理。当相对滑动的表面间存在有石墨时，其低能解理面会发生转动，使之基本平行于滑动界面，使得石墨成为一种很好的固体润滑剂，降低滑动界面的摩擦和磨损。

在摩擦过程中，铸铁中的石墨除能当作固体润滑剂外，在润滑条件下，还能吸附和保存润滑油，保持油膜的连续性。石墨脱落后在金属基体中留下的空穴，又能储存润滑剂，促进润滑油膜的形成。这是石墨有利的一面。在摩擦磨损中，石墨还具有不利的一面，这就是削弱基体的一面。因此，在实际工作中，我们要善于扬长避短，最大限度地利用石墨的润滑作用，减小石墨对基体的割裂作用。比如，选择蠕虫状石墨铸铁或球墨铸铁来替代原有的片状石墨铸铁，在不降低石墨润滑能力或降低较小的前提下，改善铸铁的摩擦磨损性能。

铸铁中石墨的润滑能力，与金属基体有关，与石墨的形状、尺寸和分布有关，还与摩擦面承载大小有关。

金属基体的硬度对石墨在滑动界面成膜有重要影响。一般提高基体硬度，摩擦面亚表层金属塑性变形区减小，不利于石墨的挤出，降低成膜能力。石墨形状的影响，主要表现在两个方面：片状石墨铸铁易于在滑动界面形成较厚的石墨膜，而球状石墨铸铁形成的石墨膜薄，且不充分，所以，球墨铸铁的抗咬合能力比普通灰铸铁差。对球墨铸铁滑动界面正切面的显微形貌观察说明，在轻微磨损阶段，一些石墨球表面往往被其两边的金属基体覆盖，使石墨膜的形成不能连续进行；在严重磨损阶段，亚表面石墨球变形成片状，成为平行于滑动界面的“夹心”组织，导致片状磨屑大量形成。这一阶段石墨球的行为与片状石墨相比，差别不大。在另一方面，因为片状石墨对金属基体产生的割裂作用比球状石墨严重得多，片状石墨尖端往往成为裂纹源，加快了磨屑的形成。球墨铸铁和片状石墨铸铁分别与工程陶瓷配副的摩擦磨损试验说明：在石墨未成膜的条件下，片状石墨铸铁的磨损可以比球墨铸铁大。

考虑石墨在滑动界面的成膜能力，一般摩擦副受到的正载荷较大时，适宜选尺寸较大的石墨。有研究表明：增大球状石墨的尺寸，将使铸铁磨损减小。至于片状石墨的分布情况，以 A 型石墨（4～5 级）为宜，其抗咬合性能要好于其他类型分布的石墨。基于上述的讨论，在摩擦磨损条件下，蠕墨铸铁兼有球墨铸铁和片状石墨铸铁的优点，可获得优良的摩擦学性能。

(2) 基体组织对铸铁减磨性的影响

根据 Archard 黏着磨损模型，提高金属的硬度，可以减少磨损。因而，铸铁基体组织越硬，理论上耐磨性越好。但高硬度的基体组织，又不利于石墨成膜。综合考虑两者的影响，珠光体基体是合适的铸铁基体组织。珠光体数量越多，片间距越小，铸铁的摩擦磨损性能越好。如珠光体的相对含量提高到 90%以上时，磨损量将比铁素体基体小约两个数量级（见表 1-16）。粒状珠光体中的碳化物容易脱落，一般不希望有这种组织。

表 1-16 基体组织对铸铁减磨性的影响

基体组织/%					
基体组织/%	珠光体	100	90	40	0
	铁素体	0	10	60	100
滑动磨损/(g/cm^3)		2.29×10^{-7}	2.99×10^{-7}	2.01×10^{-6}	2.73×10^{-5}
相对磨损比		1.0	1.3	8.8	119.2

在轻微磨损条件下，如果铸铁中基体硬度保持不变（HV310），则贝氏体组织的磨损率最低，回火马氏体次之，珠光体最差；而在严重磨损阶段，上述三种组织的磨损率就没有差别。

此外，铸铁基体中如形成有硬质相，对耐磨性也有较大的影响。在磨损过程中，硬质相在基体中能起支撑和骨架作用，对保持润滑剂、减少磨损有利；硬质相若发生剥落，则作为磨料参与磨损，反而起到有害作用。因此，在减磨铸铁中，要求硬质相与基体结合牢靠，不易剥落。

（3）常用减磨铸铁

1）高磷铸铁　含磷量超过0.3%的灰铸铁称为高磷铸铁。当灰铸铁含0.3%以上的磷时形成相当数量的网状或断续网状磷共晶，它们的显微硬度达到HV 750～800，牢固地镶嵌在金属基体内成为抵抗磨损的硬化相。

典型的高磷铸铁成分为2.9%～3.3%C，1.4%～1.9%Si，0.5%～0.9%Mn，0.4%～0.6%P，<0.12%S。经过孕育处理后得到的石墨为A型，大小4～6级，数量6%～10%，全珠光体基体，磷共晶呈断续网状，力学性能达到HT250牌号，耐磨性比同牌号灰铸铁高1倍左右。

高磷铸铁是最便宜的耐磨铸铁之一，它广泛用于承受润滑磨损的零件，如机床床身、轴承座、研磨盘等。

2）磷铜钛铸铁　在高磷铸铁成分的基础上添加Cu、Ti两个元素就是磷铜钛耐磨铸铁。铜的作用是稳定和细化珠光体，减小断面敏感性，提高硬度、强度。钛的作用是形成TiC、TiN、TiO_2等高熔点化合物，它们既是石墨有效的非均质晶核，有细化共晶团的作用，同时又是坚硬的质点，弥散分布在金属基体中起抗磨损的作用。因此，磷铜钛铸铁有更高的强度和耐磨性。

磷铜钛铸铁的典型成分为：2.9%～3.3%C，1.3%～1.6%Si，0.5%～0.9%Mn，0.4%～0.9%P，0.6%～1.0%Cu，0.09%～0.15%Ti，≤0.12%S。力学性能相当于HT250牌号，耐磨性比普通灰铸铁HT300高2倍以上。

3）钒钛铸铁　在铸铁中加钒可形成VC、V_4C_3、$(Fe\cdot V)_3C$等高硬度碳化物质点，再加上钛形成TiC、TiN、TiO_2硬质点，大大增加基体中的硬化相。上述化合物的显微硬度达到HV960～1840，镶嵌在珠光体内起抗磨作用。在共晶团边界上还分布复合磷共晶体[$\alpha+Fe_3P+(Fe\cdot V)_3C$]，其显微硬度HV502～1206，对提高耐磨性也有重要贡献。

钒钛铸铁的典型成分为：3.3%～3.7%C，1.4%～2.0%Si，0.6%～1.1%Mn，≤0.3%P，≤0.12%S，0.18%～0.35%V，0.05%～0.15%Ti，其耐磨性比普通铸铁高2倍以上。

4）硼铸铁　硼是反石墨化和碳化物形成元素，它在奥氏体内的最大溶解度只有0.018%，因此，在凝固末期便在共晶团边界富集，迫使溶液按亚稳定系结晶，形成Fe_3

(B·C)，Fe_{23} (B·C)$_6$ 等复杂的硼化物，其显微硬度达 HV1000 以上，如含 0.2%P，则形成（α+硼化物+Fe_3P）共晶体，称为特殊斯氏体，显微硬度 HV900～1840，也是理想的抗磨相。

硼铸铁主要用于制造缸套，其典型成分为：3.3%～3.5%C，2.3%～2.5%Si，0.5%～0.7%Mn，0.2%～0.25%P，0.04%～0.06%B，经孕育处理后性能达到 HT250 牌号，耐磨性比高磷铸铁提高约 50%。

1.6.2 抗磨铸铁

抗磨铸铁的工作介质多为硬质磨料，承受干态摩擦和冲击磨损，工件失效的形式包括破裂和磨耗两方面。一种优质抗磨材料应该在保证不破裂的前提下尽量提高耐磨性，因此要求材料有强韧性好的基体和足够数量的硬化相。

材料在巨大的局部载荷作用下不损坏的关键是金属基体，只有强韧性特别好的基体才能够承受恶劣的工作条件，如马氏体、奥氏体、贝氏体都属于抗磨铸铁选择的基体。要避免铁素体、珠光体、石墨等显微组织存在。其次，要有足够数量的硬化相，其硬度和结构有密切关系。从表 1-17 和表 1-18 的数据可知，基体以马氏体、奥氏体、贝氏体为最佳，硬化相以钨、硼、铬、钛、钒的复杂碳化物为最好，由这两类显微组织构成的材料才可能成为理想的抗磨铸铁。

表 1-17 金属基体的显微硬度

基体	显微硬度 HV	基体	显微硬度 HV
铁素体	70～200	奥氏体	300～600
珠光体	300～460	马氏体	520～1000
贝氏体	320～360		

表 1-18 硬化相的显微硬度

硬化相	显微硬度 HV	硬化相	显微硬度 HV
二元磷共晶	420～740	WC	1820～2470
三元磷共晶	720～835	WC_2	3000～3400
M_3C	840～1100	VC、V_4C_3、TiC	900～1840
M_7C_3	1200～1800	α+Fe_3P+(Fe·V)$_3$C 共晶体	502～1206
(Fe·Cr)$_3$C(<10%Cr)	830～1370	α+Fe_3P+Fe_{23}(B·C)$_6$ 斯氏体	900～1840
(Fe·Cr)$_3$C(>13%Cr)	1227～1800		

例如，非合金白口铸铁由显微硬度为 HV200～300 的珠光体和 HV800～1100 的 Fe_3C 组成，总体维氏硬度为 HV550～650，而由显微硬度为 HV700 的马氏体和 HV1475 的复杂碳化物组成的合金白口铸铁的维氏硬度可能达到 HV900 以上。

冷却速度对组织和性能的影响很敏感，快速凝固可显著细化基体和碳化物，能有效提高硬度，如含 3.3%C 白口铸铁砂型铸造的维氏硬度为 HV 450～550，而 3.7%C 白口铸铁用金属型铸造却达到 HV650。由于组织细化，耐磨性有明显提高，如高铬铜白口铸铁叶片用金属型铸造后其耐磨性比砂型铸造提高一倍左右。

抗磨铸铁的合金化一直是改善耐磨性的关键。元素不同，加入量不同，对显微组织和性能的影响也不同。以高铬白口铸铁为例，含 10%Cr 白口铸铁的碳化物为 (Fe·Cr)$_3$C，HV800～

1200，和 Fe_3C 硬度相当，而含13%Cr白口铸铁的碳化物变为 $(Fe\cdot Cr)_7C_3$，HV1300～1800，耐磨性明显提高。$(Fe\cdot Cr)_3C$ 为斜方晶系，含6.67%C和20%Cr；$(Fe\cdot Cr)_7C_3$ 为六方晶系，含9%C和26.6%～70%Cr。碳化物在组织中的数量和C、Cr含量有关。

$$碳化物总量\% = (12.33\times\%C) + (0.55\times\%Cr) - 15.2 \tag{1-25}$$

白口铸铁的耐磨性不仅与基体和碳化物的种类数量有关，而且和碳化物的形态及分布关系也很大。改变白口铸铁碳化物形态并提高其强韧性最有效的方法是变质处理。稀土是有效的变质剂，用稀土变质可使 M_3C 型碳化物由连续网状变为断续网状及孤立状，使莱氏体变为板块状，冲击韧性可提高1倍以上。高钒白口铸铁经稀土处理后碳化物变为球状。这对于提高抗磨铸铁的韧性有积极作用。常用抗磨铸铁有以下几种。

(1) 镍铬白口铸铁

这是工业界最先应用的抗磨材料之一，商业名字叫镍硬铸铁（Ni-Hard），多年来一直用作破碎机和研磨机的耐磨件，主要成分为：2.5%～3.6%C，3.3%～5.0%Ni，1.4%～3.0%Cr。其中镍是主要合金元素，起稳定奥氏体作用，抑制珠光体，促进马氏体（及部分残余奥氏体）形成。加铬可形成稳定的碳化物，并平衡镍的石墨化作用。碳化物和马氏体结合能有效地抵抗低应力及中等应力的冲击磨损。

镍铬白口铸铁的化学成分取决于铸件尺寸和对性能的要求。当耐磨性的要求是主要时取高碳3.2%～3.6%C，如抗反复冲击为主要要求时则用较低含碳量2.7%～3.2%，以便获得较好的韧性。镍加入量取决于冷却速度或壁厚，铸件厚25～30mm取3.4%～4.2%Ni，铸件厚50mm以上取4.5%～5.5%Ni，这样可避免奥氏体转变为珠光体，保证得到马氏体基体。

表1-19列出美国ASTM A532铬系抗磨铸铁的化学成分，第1组有A、B、C三种规格属低铬白口铸铁，其碳化物都是 M_3C 型，通常呈连续网状分布；D型铸铁含7%～11%Cr，5.0～7.0%Ni，碳化物为 M_7C_3 型，呈分散点状分布，故韧性好，有很好的抗冲击断裂能力。镍硬铸铁经正火处理后铸态奥氏体基体转变为马氏体，硬度从HBW550提高到HBW600～800。正火规范视铸件复杂程度而定，简单件取750℃/8h，复杂件取550℃/4h，正火后再经450℃/16h回火可完全消除内应力，获得的强度为 R_m 520～550MPa，如进行200～300℃/4h低温回火，则强度、韧性提高约50%～80%。

(2) 铬钼白口铸铁

表1-19的第Ⅱ组合金为高铬白口铸铁，含11%～23%Cr，0.5%～3.5%Mo。其中15Cr-3Mo为著名的抗磨铸铁，它不仅耐磨性很好而且有相当好的高温抗氧化性，既可作衬板、磨球，又可作高炉料钟、料斗等承受高温冲击磨损的零件。为了提高硬度和耐磨性，消除残余奥氏体，15Cr-3Mo必须进行950℃完全奥氏体化正火以及400℃回火来消除内应力。

这组合金的钼含量比较高，目的是提高淬透性，使铸件在正常凝固条件下基体也能转变为马氏体或奥氏体。加入1%的镍或铜可进一步提高大断面铸件的淬透性。

含钼高铬铸铁的铸态基体一般为奥氏体，其韧性和耐磨性可通过热处理来改善。加热到950～1060℃时过饱和奥氏体不稳定，M_7C_3 从中析出，使奥氏体含碳量减少，淬透性提高。为保证奥氏体转变成马氏体更完全，经不稳定化处理后应油淬或空冷（大件）冷却，然后200℃/(4～8) h回火，以减少内应力提高韧性。经以上处理后铸件的维氏硬度从HV510～520将提高到HV800左右。余下的少量残余奥氏体在工作中产生加工硬化作用。

含钼高铬白口铸铁在制造冶金及矿山机械方面获得广泛应用，可用作轧辊、锤头、泥浆泵、磨球、衬板及大型离心泵体等。

表 1-19 铬系抗磨铸铁的化学成分（美国 ASTM A532）

组	类型	化学成分/%						硬度 HBW
		C	Mn	Si	Ni	Cr	Mo	
Ⅰ	A	3.0～3.6	≤1.3	≤0.8	3.3～5.0	1.4～4.0	≤1.0	550
	B	2.5～3.0	≤1.3	≤0.8	3.3～5.0	1.4～4.0	≤1.0	550
	C	2.9～3.7	≤1.3	≤0.8	2.7～4.0	1.1～1.5	≤1.0	550
	D	2.5～3.6	≤1.3	1.0～2.2	5.0～7.0	7.0～11.0	≤1.0	550
Ⅱ	A	2.4～2.8	0.5～1.5	≤1.0	≤0.5	11.0～14.0	0.5～1.0	550
	B	2.4～2.8	0.5～1.5	≤1.0	≤0.5	14.0～18.0	1.0～3.0	450
	C	2.8～3.6	0.5～1.5	≤1.0	≤0.5	14.0～18.0	2.3～3.5	550
	D	2.0～2.6	0.5～1.5	≤1.0	≤1.5	18.0～23.0	≤1.5	450
	E	2.6～3.2	0.5～1.5	≤1.0	≤1.5	18.0～23.0	1.0～2.0	450
Ⅲ	A	2.3～3.0	0.5～1.5	≤1.0	≤01.5	23.0～28.0	≤1.5	450
	B	2.75	0.7	0.7	—	27.0	0.5	650
	C	2.5～2.9	0.33～0.65	0.6～0.8	—	28.0～33.0	—	350～450

（3）高铬白口铸铁

第Ⅲ组合金含 25%～30%Cr，属高铬白口铸铁，可用作泥浆泵的泵体和叶片等零件，其碳化物为 $(Fe\cdot Cr)_7C_3$ 型，显微硬度 HV1200～1800。

含 23%～28%Cr 白口铸铁的铸态组织为珠光体，经过 980～1040℃淬火后基体转变为马氏体，铸件整体硬度从 HBW400 提高到 HBW600。纯高铬白口铸铁淬透性不高，而实际铸件壁厚都比较大，淬火硬化比较困难，因此使用受到限制。

27Cr-0.5Mo 白口铸铁的铸态组织为奥氏体＋马氏体，经奥氏体化正火后，大部分残余奥氏体转变为马氏体，最终为马氏体＋少量残余奥氏体。

30Cr 没有其他合金元素，但在 2.5%～2.9%C 和非平衡条件下奥氏体有很大的稳定性，室温组织为奥氏体＋$(Fe\cdot Cr)_7C_3$，其中奥氏体受到冲击作用时产生加工硬化，促使表层奥氏体转变为马氏体，使软的基体硬度从 HV130～190 上升到 HV1000 左右，成为一种外硬内软的材料。所以 30Cr 铸铁硬度虽然不高，但用于承受冲击磨损工况，如破碎矿石用的衬板其耐磨性却优于硬度更高的镍-铬铸铁。

（4）其他抗磨铸铁

除了铬系抗磨铸铁以外，国内根据资源情况还发展以锰合金化为主的锰钨白口铸铁、锰钼白口铸铁和中锰球墨铸铁，如表 1-20 所示，其中比较著名的是中锰球墨铸铁。根据 Fe-C-Mn 三元状态图，Mn 超过常量时便形成 M_3C，$M_{23}C_6$ 类型复杂碳化物，使材料硬度、耐磨性提高。锰扩大 γ 相区，增加奥氏体的稳定性和淬透性。含 5%～7%Mn 时铸态为马氏体基体，锰含量 7%～9%时为奥氏体基体。马氏体中锰球墨铸铁的主要成分为 3.3%～4.0%Si，5.0%～7.0%Mn，HRC48～56，组织为针状体（马氏体＋贝氏体）＋少量残余奥氏体＋15%～25%碳化物＋球墨。奥氏体中锰球墨铸铁的主要成分为 4.0%～5.0%Si，7.5%～9.5%Mn，HRC38～47，组织为奥氏体＋少量针状体＋20%碳化物＋球墨。

马氏体中锰球墨铸铁主要用于球磨机的磨球，耐磨性比锻钢提高1.5倍左右。奥氏体中锰球墨铸铁可用作犁片、翻土板等，耐磨性比65Mn钢提高2～3倍。

表1-20 其他抗磨铸铁

名称	成分/%				性能	
	C	Si	Mn	其他	$\alpha_K/(J/cm^2)$	HRC
锰钨白口铸铁	2.7～3.0	1.2～1.5	1.3～1.6	W1.6～1.8		38～45
	3.0～3.3	0.8～1.2	5.5～6.0	W2.5～3.5		55～60
锰钼白口铸铁	2.7～3.0	1.2～1.6	1.0～1.2	Mo0.7～1.2 V0.1～0.15		38～40
	3.5～3.8	1.3～1.5	4.5～5.0	Mo1.5～2.0 Cu0.6～0.8 V0.3～0.35		66～62
中锰球墨铸铁	3.3～3.8	4.0～5.0	8.0～9.5	Mg0.025～0.06 RE0.025～0.05	14.7～29.4	38～47
	3.3～3.8	3.3～4.0	5.0～7.0	Mg0.025～0.06 RE0.025～0.05	7.85～14.7	48～56

1.6.3 耐热铸铁

(1) 铸铁的高温氧化

根据Fe-O状态图，Fe在高温下与氧作用会形成三种不同的产物，即FeO、Fe_3O_4和Fe_2O_3。在低于570℃时，FeO将分解成Fe+Fe_3O_4。因此，在不同的温度范围内就有不同的氧化产物。低于570℃时，氧化产物为紧靠金属基体的Fe_3O_4上覆盖一层很薄的Fe_2O_3；高于570℃时，氧化产物则为紧靠金属基体的FeO，中间为较薄的Fe_3O_4，表面为一层最薄的Fe_2O_3。其中FeO具有立方晶系结构；Fe_3O_4和γ-Fe_2O_3具有六方晶系结构；而α-Fe_2O_3；具有斜六面体晶系结构。

铁在高温下的氧化过程可分为三个步骤：①氧原子在铁表面形成化学吸附，其厚度一般为2nm；②受Fe-O化学反应速度控制的氧化过程，吸附在铁表面约氧与铁迅速反应，生成一层紧密的FeO膜，其厚度为100nm，温度较低时，氧的供给超出化学反应所需的氧，此时的氧化过程就受化学反应速度所控制。随反应过程的持续进行，FeO膜在整个表面可逐渐增厚至500nm。但在高温时（1000℃），铁的氧化速度便要受到氧的供应速度的控制；③受扩散速度控制的氧化过程。FeO不断增厚到一定程度时，会隔绝氧与金属基体的直接接触，从而减缓了铁的进一步氧化，此时铁的氧化就开始受金属铁离子通过FeO膜不断扩散至表面与氧反应，或氧单向通过FeO膜扩散至金属/氧化物界面与铁反应的扩散过程所控制。氧化膜的成长速度完全受离子扩散运动规律所控制，亦受氧化膜的性质和厚度所控制。

影响铸铁氧化的主要因素有氧化膜的性质、合金元素以及基体和石墨特征，以下分别加以论述。

1）氧化膜性质的影响　铁氧化时，当氧化膜达到一定的厚度，氧化速度就会减慢，从而对金属产生作用，因此氧化膜的性质即氧化膜是否完整将影响铸铁是否继续氧化的重要因素。

氧化膜的完整性可用毕林—彼德沃尔斯（Pilling-Bedworth）原理来表述。氧化过程中形成的金属氧化膜是否具有保护性。其必要条件是，氧化时所生成的金属氧化膜体积（V_{MO}）比生成这些氧比膜所消耗的金属体积（V_M）要大，称PB比，用γ表示，即

$$\gamma=\frac{V_{MO}}{V_M}=\frac{\frac{M}{n\rho_1}}{\frac{A}{\rho_2}}=\frac{M\rho_2}{n\rho_1 A} \tag{1-26, 1-27}$$

式中 M——氧化物的相对分子质量；

ρ_1——氧化物的密度；

n——氧化物分子式中金属原子的数量；

A——金属的相对原子质量；

ρ_2——金属的密度。

由上式可见，只有当$\gamma \geq 1$时，金属氧化膜才可能具有保护性。$\gamma < 1$时，所生成的氧化膜疏松、多孔，不可能完全覆盖整个金属表面。

应该指出，$\gamma > 1$只是氧化膜具有保护性的必要条件。因为在氧化膜生长过程中可能出现应力，致使膜脆弱且易破裂，因而降低或完全丧失保护性；特别当$\gamma \gg 1$时（如难熔金属的氧比膜），就更易出现这种情况，如钨的氧化膜PB比为3.4，但保护性很差。表1-21中列出了一些金属氧化膜的PB比。

表1-21 某些金属氧化物的PB比

氧化物	K_2O	Na_2O	Li_2O	CaO	MgO	Al_2O_3	SiO_2	Cr_2O_3	Fe_3O_4	Fe_2O_3	FeO
PB比	0.45	0.55	0.58	0.64	0.81	1.28	1.88	2.07	2.10	2.14	2.15

金属氧化物是由金属离子和氧离子组成的离子晶体。如果该晶体绝对纯，且又没有晶格缺陷，则其离子的迁移是非常困难的。而绝大多数金属高温氧化产物都存在晶格缺陷和杂质，因此，氧化膜内都不同程度地存在着离子扩散，使氧化膜具有一定的导电性能。一般用氧化膜的电导率作为判断氧化膜晶格缺陷的一个指标，电导率越大，晶格缺陷越多，离子扩散运动就越剧烈，氧化也越严重，氧化膜的保护性也就越差。某些金属氧化物的电导率如表1-22所示。由表可见，FeO虽有连续致密的氧化膜，但其电导率高，因而其保护性很低，CaO、MgO等氧化物虽有低的电导率，但其$\gamma < 1$（参见表1-21），也失去了保护性。只有Al_2O_3、SiO_2、Cr_2O_3等氧化物既有连续致密的氧化膜（$\gamma = 1.08 \sim 2.07$），又有低的电导率，因此具有很好的保护性。故在铁中加入铝、硅、铬等元素，具有防止氧化的作用。

表1-22 某些金属氧化物在1000℃时的电导率

氧化物	BeO	Al_2O_3	CaO	SiO_2	MgO	NiO	Cr_2O_3	CoO	Cu_2O	FeO
电导率/$\Omega^{-1} \cdot cm^{-1}$	10^{-9}	10^{-7}	10^{-7}	10^{-6}	10^{-5}	10^{-2}	10^{-1}	10^{+1}	10^{+1}	10^{+2}

2）合金元素的影响　加入合金元素的目的是为了阻碍主金属铁离子的扩散，防止铁的进一步氧化。合金元素的选择应符合下列条件：①合金元素氧化物的PB比大于1，且具有低的电导率；②合金元素对氧的亲和力大于铁，即具有先于主金属氧化或能还原主金属氧化物的条件；③合金元素的氧化物与主金属铁的氧化物互不溶解，即合金元素的氧化物能单独存在。

用这些条件衡量，防止氧化最有效的元素。还是铝、硅、铬等。

铁中加入稀土元素可形成高温稳定性很好的稀土氧化物 CeO、Y_2O_3、$YCrO_3$ 等，改善氧化物的附着性，因而能提高抗氧化性能。

要使合金元素氧化物形成连续的层下氧化膜，必须要加入足够的合金元素量。

3）铸铁组织对铸铁氧化的影响　铸铁中的石墨在高温氧化气氛下会发生燃烧。石墨越粗大、越连续、数量越多，氧化气氛沿石墨侵入金属基体内部就越严重，氧化过程自然就更加迅速。因此，球状石墨比片状石墨好，而蠕虫状石墨的抗氧化气氛侵入的趋势则介于球状石墨和片状石墨之间。球化率越高，铸铁的抗氧化和抗生长性能也越好。

铸铁晶粒细化，石墨变得细小，不利于铸铁内部氧化。因此孕育处理使晶粒细化，有助于提高铸铁的抗氧化性。

综合以上的分析，防止铸铁氧化的主要措施是：加入合金元素铝、硅、铬等，以形成连续致密的能防止离子扩散的层下氧化膜；采用孕育处理，使共晶团及石墨细化；适当降低碳量，以减少石墨数量；采用球墨铸铁等。

（2）铸铁在高温下的生长

铸铁在高温下会发生体积不可逆的膨胀。铸铁的这种生长过程往往随着氧化和组织变化而进行，故铸铁的组织、化学成分、气相成分及工作温度和加热、冷却条件都会影响铸铁的生长量。铸铁的生长量通常用体积和尺寸的增长率来表示。

铸铁在不同的工作温度有不同的生长过程，现分别叙述并讨论主要的预防措施。

1）低于相变（α→γ）温度时的生长　低温生长发生在400～600℃范围内，生长机理是珠光体分解为铁素体和石墨。石墨的析出，是体积膨胀的过程，理论上1%的化合碳转变成石墨，其体积要增大2.4%；而铁素体的形成则使力学性能下降。因此，铸铁的低温生长与珠光体分解密切相关，温度越高，越接近相变温度，铸铁的生长量越大；同样，珠光体稳定性差，珠光体分解量越多，铸铁的生长量也越大。

既然低温生长由珠光体石墨化所造成，故减少或消除石墨化过程就成为防止低温生长的基本原则。其措施有：一是使铸铁在使用温度下全部为铁素体基体，可采用提高硅含量使铸态得到完全铁素体基体，或采用低温石墨化退火处理来获得全部铁素体基体。二是加入增加珠光体稳定性的合金元素或降低硅含量，阻止受热时珠光体的分解，可加入铬、锡等元素。通常加入0.5%～1.5%的铬足以使珠光体在600℃时难以分解。

2）在相变温度范围时的生长　如果铸铁件在相变温度范围上下工作，并不断通过相变温度范围，使铸铁周期性地发生 α⇌γ 相变，将导致相当可观的灾难性生长。其原因大致是：铸铁在加热时α转变为γ，由于石墨不断地溶入γ体内，在原石墨处就会留下微观空洞，随温度的提高，溶入的石墨量越多，留下的微观空洞也越多；而在冷却时γ中又不断地析出石墨，此石墨沿原空洞处析出的可能性又很小，结果再次造成因石墨析出而发生的体积膨胀。当反复通过相变温度范围时，累积的微观空洞和析出石墨的膨胀量就不断增大，于是造成相当大的灾难性生长。

要防止铸铁在相变温度范围时的灾难性生长，就应该从防止 α⇌γ 相变入手，提高铸铁的相变点温度，使零件的工作点温度低于铸铁相变温度，就可以避免相变引起的灾难性生长；另一方面，也可以在允许的条件下，调整工作温度，使铸铁在工作温度范围处于单相组织状态。这样也就消除了珠光体石墨化过程引起的生长，通常加入铝、硅、铬等合金元素以提高相变点温度并使其成为单相组织。

3）高于相变温度时的生长　高于相变温度时，氧化将变得严重，氧化导致的铸铁不可逆体积增大将占主导地位。因此，要防止高于相变温度时的生长，需要采用防止氧化的原则来处理。

为使铸铁具有耐热性，可往铸铁中加入铬、硅或铝进行合金化。为了进一步提高铸铁的抗生长性和强度，还可以采用耐热球墨铸铁。

(3) 常用耐热铸铁

表 1-23 中列出了生产上应用的几种耐热铸铁的成分和性能。RTCr16 是铬合金马氏体白口铸铁，在铸铁的表面形成致密的 Cr_2O_3 氧化膜，防止高温氧化气体侵入铸铁内部。由于铬具有提高碳化物热稳定性的作用，使得铸铁在长时间高温作用下，其组织中的碳化物不发生分解。这种铸铁的硬度为 HBW400～450，在 900℃温度下仍有较高的抗磨性，适宜用作煤粉烧嘴、水泥焙烧炉等在高温下承受磨料磨损的零件。RTSi5 为铁素体灰铸铁，在铸铁的表面形成致密的 SiO_2 氧化膜。这种铸铁具有细小的片状石墨。RTSi5 铸铁的价格较低，但力学性能较差，且由于硅使铁素体的晶格发生歪扭，从而引起脆性。更由于铸铁的热膨胀系数大，故不耐热的冲击。在加热和冷却快的条件下，容易产生开裂。RQTSi5 中硅耐热球墨铸铁在铸态下具有珠光体-铁素体基体，经过两个阶段的石墨化退火后，可得到铁素体基体。这种铸铁的强度较高，不易产生开裂。RQTSi5Al5 是用两种合金元素进行合金化的耐热铸铁，其表面的氧化膜主要由 SiO_2 及 Al_3O_2 成分所组成，其耐热性比 RQTSi5 大为提高。RTSi5、RQTSi5、RQTSi5Al5 这几种铸铁用于制造加热炉零件，如炉箆和炉条等。

表 1-23　耐热铸铁的化学成分及性能

铸铁牌号	化学成分/%(质量分数)							不同温度(℃)时的抗拉强度 R_m/MPa				在空气炉气中的耐热温度/℃
	C	Si	Mn	P	S	Cr	Al	常温	700	800	900	
			≤									
RTCr16	1.6～2.4	1.5～2.2	1.0	0.10	0.05	15.0～18.0		340		144	88	900
RTSi5	2.4～3.2	4.5～5.4	0.8	0.20	0.12	0.5～1.0	—	140	41	27		700
RQTSi5	2.4～3.2	>4.5～5.5	0.7	0.10	0.03	—	—	370	67	30		800
RQTAl5Si5	2.3～2.8	>4.5～5.5	0.5	0.10	0.02	—	>5.0～5.8	200		167	75	1050
RQTAl22	1.6～2.2	1.0～2.0	0.7	0.10	0.03	—	20.0～24.0	300		130	77	1100

RQTAl22 是一种比前几种铸铁在耐热性能上更为优良的耐热铸铁。由于铝具有降低铁液及奥氏体中碳的溶解度的作用，故在高含铝量条件下，铁液中仅能溶解很低的碳量，这是高铝铸铁含碳量低的原因。高铝铸铁的金相组织为石墨和铝合金化铁素体，以及少量的铁碳铝化合物（ε 相）。由于含有很高的铝量，能在铸铁表面形成致密而厚实的氧化铝（Al_2O_3）膜，因而使铸铁在高温下能抵御氧化，高铝耐热铸铁的工作温度高达 1100℃。这种铸铁在常温下的力学性能较低：R_m 110～170MPa，HBW170～200。但随着温度的升高，其性能下降的幅度较灰铸铁小得多。这种铸铁适用于制造加热炉零件，如炉门框、炉条、炉底板等铸件。由于片状石墨高铝铸铁的强度低，不能用于承重负荷的耐热零件，故近年来发展了高铝球墨耐热铸铁，并已被列入耐热铸铁的国家标准中，即 RQTAl22 牌号。

由于高铝铸铁在固态下不发生相变，因此高铝铸铁件无须经过热处理，可直接在铸态下使用。

1.6.4 耐腐蚀铸铁

（1）铸铁的耐蚀性

铸铁组织中，石墨的电极电位高于渗碳体，而渗碳体又高于铁素体。因此当铸铁处于电解液中时，即会形成原电池而发生电化学腐蚀，使电位低的相受到腐蚀。当往铸铁或钢中加入适当的合金元素如铬、硅或镍时，可同时提高其耐化学腐蚀和耐电化学腐蚀的性能。这些合金元素能在铸铁的表面形成一层以 Cr_2O_3 或 SiO_2 为主要成分或富镍的钝化膜，以保护工件，不使腐蚀性介质侵入其内部。这些合金元素又都是电极电位比铁高的金属，当溶入铸铁中时，能够提高铁素体的电极电位，从而减轻相间的电化学腐蚀过程。但为了解形成一定厚度（约100nm以上）的钝化膜，并能显著提高铁素体的电极电位，合金元素需要达到一定的含量。根据电化学中的定律可知，固溶体的电极电位随合金元素含量而提高是呈突变式规律的，即所谓 $n/8$（mol）规律。例如在铁铬合金中，当含铬量与含铁量的原子数比值达到1/8、2/8、3/8、…、$n/8$，即质量百分数达到12.5%、25%、37.5%……时，固溶体的电极电位都有显著的提高，而腐蚀程度也相应有显著的减轻。

（2）用耐蚀铸铁

1）高镍合金铸铁　一种商业名称叫 Ni-Resist 的高镍奥氏体铸铁有极好的耐蚀性，它的成分：13.5%～36%Ni，1.8%～6.0%Cr，有些牌号还含5.5%～7.5%Cu，能承受石油、盐水、某些酸、碱的腐蚀。高镍铸铁有很强的石墨化能力，致使有相当多的铬（如6.0%Cr）也能使碳以石墨形式析出。高镍使奥氏体在室温下十分稳定，不用热处理即可使用。

高镍奥氏体球墨铸铁的化学成分范围：2.2%～3.1%C，1.0%～3.0%Si，0.7%～4.5%Mn，0.08%～0.2%P，18%～36%Ni，1.0%～5.5%Cr，抗拉强度 R_m344～448MPa，伸长率 A6%～30%，硬度 HBW121～273。

高镍奥氏体灰铸铁的化学成分范围：2.4%～3.0%C，1.0%～6.0%Si，0.5%～1.5%Mn，13.5%～36.0%Ni，1.0%～6.0%Cr，0.5%～7.5%Cr，抗拉强度 R_m140～309MPa，硬度 HBW99～212。

从耐蚀性来说，高镍球墨铸铁和高镍灰铸铁的抗蚀能力相同，但球墨铸铁有高得多的强度、韧性。

在高镍的基础上再加5.5%～7.5%Cu 可替代部分镍，成本较低，仍能保持较好的耐蚀性。

含20%～30%Ni 的高镍铸铁特别能承受 NaOH 的腐蚀，有非常好的抗气蚀性，可制作小船螺旋桨、水泵转子，工作效果优于黄铜和430不锈钢。

2）高硅耐蚀铸铁　在化学工业中许多高腐蚀性流体的处理和输送都用高硅铸铁零件，因为含14.2%～14.75%Si 铸铁特别能经受大多数工业酸，包括硫酸、硝酸在任何温度下的侵蚀，还能抵抗磷在室温下的侵蚀。但不能经受碱性溶液、氢氟酸的侵蚀，因为这些介质破坏金属表面 SiO_2 保护膜：

$$SiO_2+4HF = SiF+2H_2O \tag{1-28}$$

$$SiO_2+2NaOH = Na_2SiO_3+H_2O \tag{1-29}$$

高硅铸铁的缺点是强度低，比较脆，硬度高（HBW500），不能加工。

3）高铬耐蚀铸铁　含20%～35%Cr 的铸铁为铁素体基体，比高硅铸铁有更好的力学性能，能承受冲击和加工，在浓硝酸中特别耐蚀，在盐酸和有机酸中也很可靠，但不能受稀硝酸的腐蚀。

典型的耐蚀铸铁成分及使用范围列于表1-24。

表 1-24 几种耐蚀铸铁的化学成分及性能

名称	化学成分/%(质量分数)				性能		用途
	C	Si	Mn	其他	R_m/MPa	硬度	
高硅铸铁	0.5～0.85	14.0～15.0	0.3～0.8	—	59～78	HRC35～46	用于中等静载荷、无温度急变的耐酸件
抗氯铸铁	0.5～0.8	14.0～16.0	0.3～0.8	(3～4)Mo	59～78	HRC43～47	用于抗 HCl 腐蚀件
铝耐蚀铸铁	2.7～3.0	1.5～1.8	0.6～0.8	(4～6)Al	177～432	HRC≤20	用于碱类溶液耐蚀件
Cr28	0.5～1.0	0.5～1.3	0.5～0.8	(26～30)Cr	377～402	HBW220～270	能受 HCl、H_2SO_4、H_2NO_3 及海水的腐蚀
Cr38	1.5～2.2	1.3～1.7	0.5～0.8	(32～36)Cr	294～422	HBW250～320	

思考题

1.1 为什么有 Fe-C 双重状态图的存在？双重状态图的存在对铸件的生产有何实际意义？

1.2 试分析硅对铸铁按 Fe-C（石墨）和 Fe-Fe_3C 系凝固的影响。

1.3 简述 D 型石墨的形成条件及 D 型石墨铸铁的性能特点。

1.4 冷却速度是如何对铸铁组织发生影响的？

1.5 分析讨论片状石墨、球状石墨、蠕虫状石墨的形成条件及生长过程。

1.6 讨论铸铁固态相变的主要内容及其对铸铁最后形成组织的影响。

1.7 常用合金元素以及微量合金元素是如何对铸铁组织发生影响的？

1.8 灰铸铁的金相组织及性能的特点是什么？

1.9 提高灰铸铁性能的主要途径有哪些？

1.10 何谓铸铁的孕育处理？其目的是什么。

1.11 简述瞬时孕育概念、瞬时孕育的优点及常用的瞬时孕育方法。

1.12 简述机床类灰铸铁件人工时效的工艺规范。

1.13 试描述球墨铸铁凝固冷却曲线的特点，并据此分析球墨铸铁的凝固特性。

1.14 球墨铸铁生产时化学成分的选择原则是什么？它和灰铸铁有何不同？

1.15 球墨铸铁组织中为何较易出现少量渗碳体？如何防止？

1.16 试总结在铸态下得到高韧性球墨铸铁及高强度球墨铸铁的基本途径。

1.17 某企业请 A、B 两生产商提供同一球铁件。铸件材质要求为 QT500-7。A 生产商采用铸态球铁生产技术未经热处理即达铸件质量技术要求，B 生产商的铸件铸态延伸率未达到 7%，需进行热处理。但其铸态组织球化良好，无自由碳化物。请为 B 生产商制定合适的铸件热处理工艺并作适当说明。A、B 两生产商提供的铸件由于生产方法不同在组织上还存在一定的差异，请分析组织差异之所在及原因。

1.18 试分析等温淬火温度和等温时间对奥氏体—贝氏体球墨铸铁组织及性能的影响。

1.19 稀土元素（RE）是各种铸铁中常用的添加剂，试论述稀土元素在铸铁中的作用。

1.20 试从共晶凝固方式和石墨长大的机理阐述灰铸铁和球墨铸铁铸件的缩孔与缩松形成倾向。

1.21 控制厚大断面球墨铸铁石墨畸变的工艺措施有哪些？

1.22 试述固溶强化铁素体球墨铸铁的组织和性能特点。

1.23 简述蠕墨铸铁的组织和性能特点。

1.24 蠕墨铸铁生产中应注意控制哪些因素？简述蠕化处理技术的发展趋势。

1.25 减磨铸铁和抗磨铸铁在使用要求方面有什么不同？试讨论分析之。

1.26 抗磨铸铁中，应用最广、发展最快的要属铬系白口铸铁。试在比较几种抗磨铸铁的优缺点基础上，得出你自己的结论。

1.27　分析高铬铸铁中二次碳化物在基体组织中的作用。

1.28　高铬白口铸铁为什么不能利用铸造余热进行淬火。

1.29　试述铸铁的耐蚀性及硅、铬和镍对铸铁耐蚀性的影响。

1.30　试述普通铸铁在高温下的氧化和生长以及防止铸铁氧化和生长的措施。

1.31　常用几种耐热铸铁的组织特征有什么不同？在应用上又有哪些不同？

第2章 铸 钢

在机械制造业中，铸钢的应用颇为广泛。由于钢具有高的强度和良好的韧性，故适于制造承受重载荷及经受冲击和振动的机件。而具有抗磨、耐蚀、耐热等特殊使用性能的专用钢种，则适用于一些特殊的工况条件。铸钢材料的品种从普通碳钢、低合金钢至高合金钢。由于采用铸造方法成形，能够在尺寸、质量和结构复杂程度等方面不受限制，故铸钢件的质量从几十克到数百吨，结构从最简单到极复杂，几乎是无所不有。

铸钢具有可焊性，不仅有利于铸件缺陷的修补，而且能够采用铸焊结构的方法，以满足一些特殊零件的要求。

但与铸铁相比，铸钢的熔炼成本、造型材料成本较高；铸造流动性较差，易形成缩孔、热裂、冷裂及气孔，铸钢件的成品率低。

由于铸钢件存在的缺点，使得它在应用的普遍性和生产量方面比铸铁件少得多。实际上，铸铁和铸钢以及铸造有色合金在应用方面是互为补充的。

2.1 铸造碳钢

2.1.1 铸造碳钢的化学成分及性能

铸造碳钢是用途极广的工程材料。它具有比普通铸铁高的强度、塑性、韧性及良好的焊接性。与铸造合金钢相比，铸造碳钢除加入硅、锰等脱氧剂外不添加合金元素，对原材料的要求不高，成本低，熔铸工艺易于掌握。与锻钢相比，用铸造方法能生产出结构非常复杂的铸钢件，加工余量少，经济效益高。碳钢件的重量可在很大范围内变动，小件有重量仅几克的熔模精铸件，大件如轧钢机机架重达400余吨。碳钢件产量约占全部钢铸件产量的75%～80%。

在GB/T 11352—2009《一般工程用铸造碳钢件》的国家标准中，铸造碳钢按照其力学性能（即强度-塑性）的不同要求而编制牌号，见表2-1。

表2-1 一般工程用铸造碳钢件的力学性能（最小值）

牌号	屈服强度 $R_{eH}(R_{p0.2})$ /MPa	屈服强度 R_m/MPa	延伸率 A_5/%	根据合同选择		
				断面收缩率 Z/%	冲击吸收功 A_{kV}/J	冲击吸收功 A_{kU}/J
ZG200-400	200	400	25	40	30	47
ZG230-450	230	450	22	32	25	35
ZG270-500	270	500	18	25	22	27
ZG310-570	310	570	15	21	15	24
ZG340-640	340	640	10	18	10	16

注：1. 表中所列的各牌号性能，适应于厚度为100mm以下的铸件。当铸件厚度超过100mm时，表中规定的R_{eH}($R_{p0.2}$)屈服强度仅供设计使用。

2. 表中冲击吸收功A_{kU}的试样缺口为2mm。

在铸造碳钢中，常存元素有碳、硅、锰、磷和硫。碳作为主要强化元素，硅和锰也在一定程度上对钢起强化的作用，磷和硫降低钢的性能，是有害元素。铸造碳钢的规格化学成分中本来是不含有合金元素的，但由于在炼钢中，可能由回炉废钢料带入少量的合金元素成分，为了对铸造碳钢性能的控制，要求将合金元素的含量于以控制。对应于上述5个牌号的化学成分要求见表2-2。应指出，对碳、硅和锰三元素只给出上限值而未给出下限值是为了给生产上留有较大的化学成分调整范围。在保证达到规定的力学性能前提下，各生产厂家可根据自己的经验来规定各元素含量上、下限的数值。

表2-2　一般工程用铸造碳钢的化学成分　　单位：%（质量分数）

铸钢牌号	C	Si	Mn	S	P	残余元素					
						Ni	Cr	Cu	Mo	V	残余元素总量
ZG200-400	0.20	0.60	0.80	0.035	0.035	0.40	0.35	0.40	0.20	0.05	1.00
ZG230-450	0.30		0.90								
ZG270-500	0.40										
ZG310-570	0.50										
ZG340-640	0.60										

注：1. 对上限每减少0.01%的碳，允许增加0.04%的锰。ZG200-400的锰量最高至1.00%，其余四个牌号锰最高至1.2%。

2. 除另有规定外，残余元素不作为验收依据。

2.1.2　铸造碳钢的结晶及组织

（1）结晶过程

碳钢的结晶过程分为两个阶段。第一阶段由钢液开始结晶至完全凝固形成奥氏体为止，即一次结晶过程；第二阶段由奥氏体开始再结晶，析出先共析铁素体至共析转变终了为止，即二次结晶过程。实际上，在两次结晶过程之间，还发生奥氏体的粒化过程。铸造碳钢位于Fe-C状态图的阴影线内，如图2-1所示。

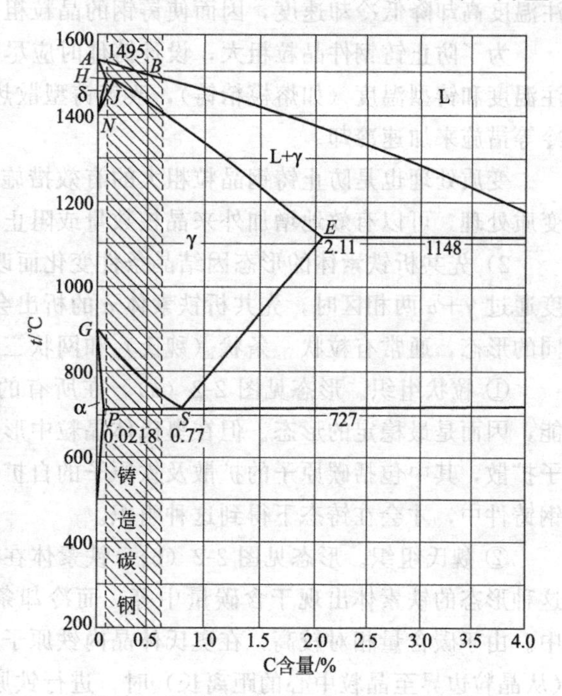

图2-1　铸造碳钢在Fe-C相图上的位置

1）一次结晶　当温度处于液相线（*AB*线）以上时，钢完全为液体状态。温度降至稍低于液相线时，高温铁素体δ析出。温度降到*HJB*线时，发生包晶反应，生成奥氏体。温度继续下降，穿过L+γ区时，从残余液相中继续析出奥氏体。液固反应至*JE*线结束时液相全部转变为奥氏体。至此，一次结晶过程进行完毕。

2）奥氏体的粒化　在一次结晶过程中，奥氏体以树枝状的形态析出，通过奥氏体相区时发生晶体分裂过程，一个奥氏体树枝晶分裂成为若干个粒状奥氏体小晶粒，这就是奥氏体的粒化过程。奥氏体晶粒发生粒化是由于能量作用和应力作用的结果。一方面随着温度降低，晶体的体积能减小而表面能增大，趋向于形成细小的晶粒；另一方面，钢在冷却过程中由于收缩而产生的内应力也促使大晶粒分裂成较小的晶粒。由于奥氏体晶粒发生了粒化过程，因此，人们在碳钢的低温显微组织中看不到树枝晶。

3）二次结晶　当温度继续下降至 *GS* 线与 *PS* 线之间的温度区间时，将从奥氏体中析出先共析铁素体，温度降至 *PS* 线时，余下的奥氏体发生共析转变，生成珠光体。至此，完成二次结晶过程。此时的显微组织为铁素体和珠光体。在温度下降到室温的过程中，钢的显微组织基本上不再发生变化。

应该指出，在一次结晶过程中，不同温度下析出的奥氏体的含碳量不同。在二次结晶过程中，从奥氏体中析出的先共析铁素体也有不同的含碳量。由于存在碳的浓度差而引起碳的扩散。此扩散过程将一直进行至碳浓度均匀为止。如果有足够的时间和温度允许碳原子充分扩散，则钢的组织中将不存在结晶造成的偏析现象。但在铸造条件下这一过程总是远远达不到平衡，因此，结晶偏析会在一定程度上被保留下来。但通过适当的热处理可以使这种偏析得到一定程度的消除，而且即使存在着结晶偏析也不会显著地降低钢的力学性能。

（2）铸态组织

碳钢的铸造过程决定了其铸态组织有以下几个特点。

1）晶粒粗大　钢的晶粒大小常以奥氏体晶粒等级为标准来衡量。奥氏体晶粒大小直接影响到最终形成的组织中的铁素体和珠光体的晶粒度，因而对钢的强度及韧性有重要影响。晶粒细小，则晶粒的比表面积相对增大，根据 Hall-Petch 理论，会使钢的屈服强度提高。此外，晶界表面积增大以后，单位面积分配的晶界脆性相和夹杂物含量相对减小，故不仅钢的强度，而且钢的韧性也提高了。

铸造碳钢的晶粒大小在很大程度上与冷却速度有关。铸件厚大，铸型的导热性能差、浇注温度高却降低冷却速度，因面使铸钢的晶粒粗大。

为了防止铸钢件晶粒粗大，设计铸件时应尽可能不使铸件局部过热．适当降低钢液的浇注温度和铸型温度（如熔模精铸），改善铸型散热条件，如对大型铸钢件采用强制通风和水冷等措施来加速冷却。

变质处理也是防止铸钢晶粒粗大的有效措施。采用 Ti、V、W、Mo 和 RE 等元素进行变质处理，可以有效地增加外来晶核数量或阻止晶粒长大。

2）先共析铁素体的形态因结晶条件变化而改变　铸造碳钢在其二次结晶过程中，当温度通过 $\gamma+\alpha$ 两相区时，先共析铁素体 α 的析出会因钢的含碳量和冷却速度的不同而长成不同的形态，通常有粒状、条状（魏氏）和网状三种。这三种组织的形态及其形成条件如下。

① 粒状组织。形态见图 2-2（a）。在所有的形态中，这种形态的晶体具有最小的表面能，因而是最稳定的形态。但在奥氏体晶粒中形成这种形态的铁素体，需要有较大规模的原子扩散，其中包括碳原子的扩散及铁原子的自扩散。实际上只有在含碳量低而且壁又较厚的钢铸件中，才会在铸态下得到这种组织。

② 魏氏组织。形态见图 2-2（b）。铁素体在奥氏体晶粒内部以一定的方向呈条状析出。这种形态的铁素体出现于含碳量中等，而冷却条件不足以保证铁、碳原子充分扩散的铸件中。由于碳含量相对较高，在奥氏体晶内铁原子不易进行大规模的聚集，当奥氏体晶粒很大（从晶粒边界至晶粒中心的距离长）时，进行铁原子充分扩散的条件更困难，铁素体就以沿着惯析面插入奥氏体晶粒内部的方式出现，这种结晶取向使原子的扩散距离缩短，有利于铁

素体的快速形成，结果铁素体形成针（片）状，即形成了魏氏组织。

铸钢中形成魏氏组织的倾向与钢的含碳量及铸件壁厚有关（如图 2-3）。在亚共析钢中，中等含碳量（0.2%～0.4%）的钢较易生成魏氏组织。这是因为，魏氏组织是铁素体分布于珠光体晶粒内部所构成的组织。为了形成魏氏组织，铁素体和珠光体都应占有相当的比例。含碳量过低时，先共析铁素体量过多而珠光体量过少；反之，含碳量过高时，先共析铁素体过少而珠光体过多。这两种情况都不见形成魏氏组织。

③ 网状组织。形态见图 2-2（c）。铁素体在原奥氏体的晶界处析出。由于奥氏体晶界上晶格缺位多，且组织疏松，故易于铁素体新相的形核和铁原子的聚集，从而为网状组织的形成创造了条件。由于网状组织的形态特征，故称之为仿晶界形貌析出相（GBA——grain boundary allotriomorphs）。

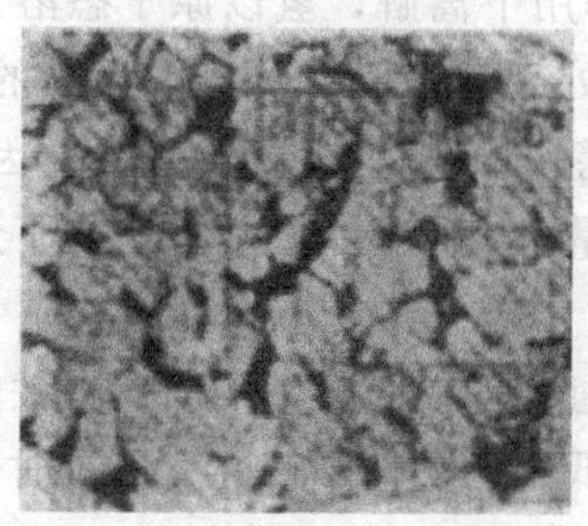

(a) 粒状组织

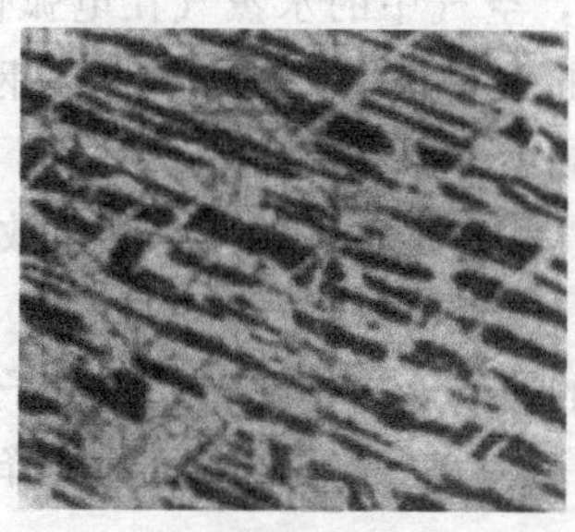

(b) 魏氏组织

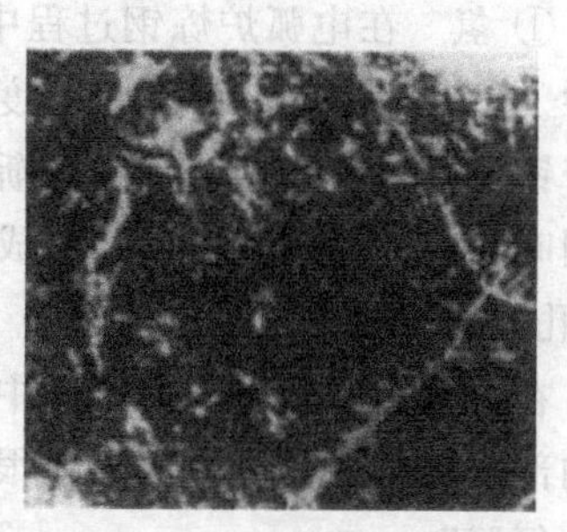

(c) 网状组织

图 2-2 亚共析钢铸态组织中的几种铁素体形态

图 2-3 表示了铸造碳钢的含碳量及冷却速度对铸态组织中铁素体形态的影响。对于钢的力学性能最有利的是粒状组织，具有粒状铁素体和珠光体相互交错分布的组织使钢具有良好的强度和韧性，而魏氏组织和网状组织则使钢具有较低的力学性能，特别是韧性。通过适当的热处理（退火或正火），魏氏组织或网状组织即会转变为粒状组织，从而使钢的性能得到提高。

3) 宏观偏析　宏观偏析是指存在于厚大铸件横断面上的化学成分不均匀，宏观偏析是在凝固过程中，由于溶质元素迁移所致，如图 2-4 所示。这种偏析在厚壁铸件中比较显著。

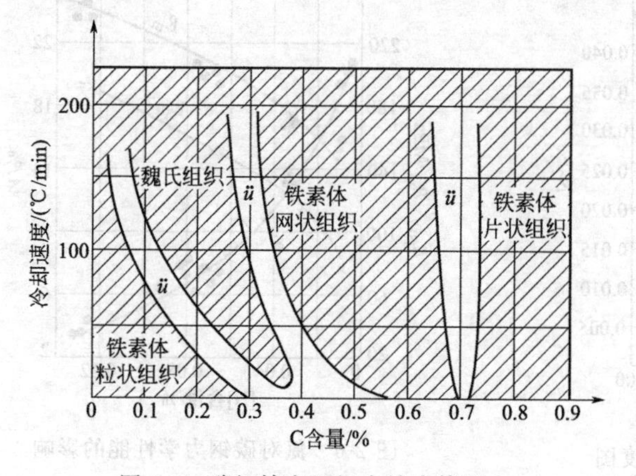

图 2-3 碳钢铸态组织中铁素体形态与含碳量和冷却速度的关系

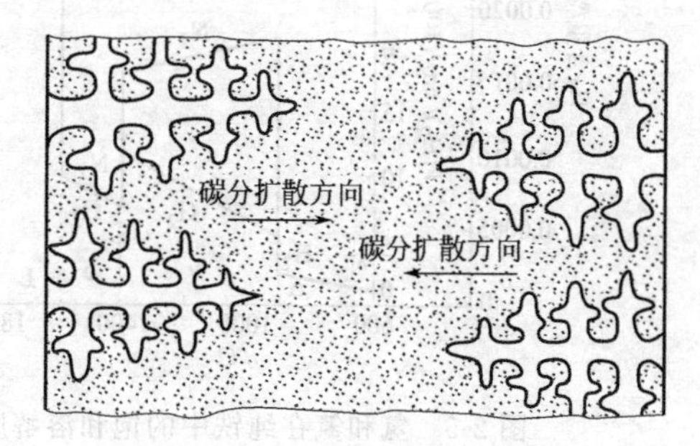

图 2-4 宏观偏析形成示意图

碳钢铸件产生宏观偏析的主要元素是碳和硫。硫在钢中以 FeS 的形态存在。FeS 的熔点为 1190℃，FeS-Fe 共晶体的熔点为 985℃，而 FeS-FeO-Fe 共晶体的熔点为 900℃，故钢在结晶过程中，硫总是聚集在最后凝固区。由于钢的熔点随碳量升高而下降，所以最后凝固区也富聚碳原子，使铸件厚壁中心比表层含更高的碳、硫浓度而影响组织和性能的均匀性。

宏观偏析一旦形成，很难以通过热处理消除。因此应在铸钢的凝固过程中采取措施来防止，用加速铸件凝固或定向凝固方法能有效地防止宏观偏析。采用 Ti、Zr、RE 等元素对钢液进行变质处理也能增加凝固结晶核心、细化树枝晶，在一定程度上减轻宏观偏析的程度。一般薄壁铸钢件的冷却较快，结晶过程的顺序性不明显，不足以形成宏观偏析。

4）碳钢中的气体　钢中气体主要为氢、氮和氧，它们之中危害最大的是氢。其危害程度与它们在钢中存在的形态和含量有关。

① 氢　在电弧炉炼钢过程中，空气中的水蒸气在电弧作用下离解，氢以原子态溶入钢液中。氢在钢中的溶解度与温度的关系如图 2-5 所示。在钢处于液态时，能溶解大量的氢。随着钢液温度降低，溶解度逐渐减小，而在钢凝固过程中，氢的溶解度大幅度降低。因此，凝固时氢因过饱和而析出，形成气孔。这种气孔体积小，数量多，常聚集在铸件表皮下形成“针孔”。

在快速凝固条件下，钢液中的原子氢来不及转变为分子氢，即以极微细的质点在铁的晶格内部析出，在晶格内部形成很高的应力状态，从而显著降低钢的塑性和韧性，严重时会造成“氢脆”。

为了预防氢气的危害，炼钢前要作好原材料准备工作，在炼钢过程中要尽量避免钢液吸气和氧化，并保证一定量的脱碳沸腾时间。若条件许可，还可采用真空处理等除气措施。

② 氮　钢液中氮的主要来源是空气中的氮气在电弧作用下离解为氮离子而溶解的。由于氮与钢中某些元素如硅、铝、锆等元素有较强的化学亲和力，故易于形成氮化物（Si_3N_4、ZrN、AlN 等）。少量氮化物具有细化钢的晶粒，能提高力学性能的作用，但当钢中氮化物数量多时，会使钢的塑性和韧性降低，氮对碳钢力学性能的影响见图 2-6。应特别指出氮化铝（AlN）对钢的性能危害较大。氮化铝是由于炼钢中往钢掖中加入的脱氧剂铝与钢液中的氮化合而生成的。AlN 是很微细的多角形颗粒，分布在晶界上，削弱钢的韧性。如在炼钢中脱氧时

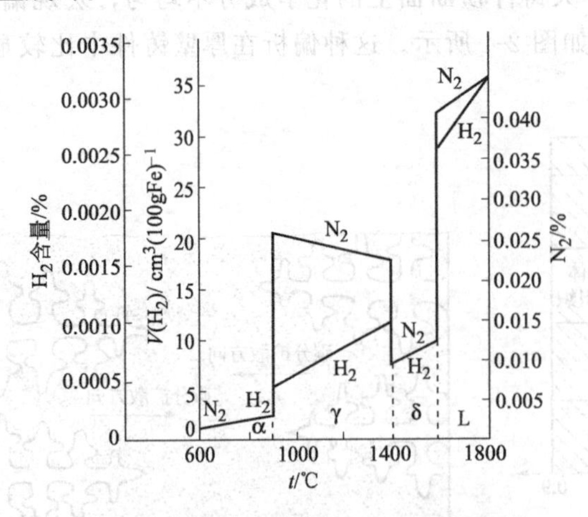

图 2-5　氢和氮在纯铁中的饱和溶解度图
（氢和氮分别在一大气压下）
（α，γ，δ 和 L—分别为具有不同晶格的固溶体铁和液体铁）

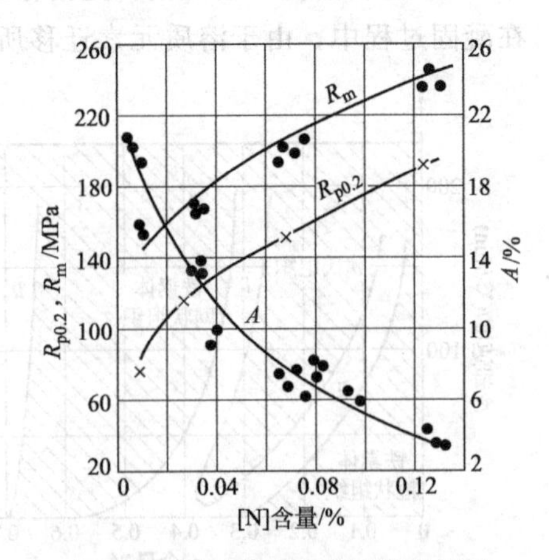

图 2-6　氮对碳钢力学性能的影响

加入过多的铝，则将生成大量的 AlN，使钢脆化，而在外力作用下，易于发生断裂。这种断口呈解理型，表面光滑而发亮，通常称这种断口为“冰糖断口”。为了避免 AlN 的危害，须在炼钢中脱氧时，严格控制加铝量。

③ 氧　氧在钢液中存在的形态与氢、氮不同，它不是以原子形态存在，而是以 FeO 分子形态存在。如果钢液中溶解有较多的 FeO 时，则在钢的凝固过程中产生气孔。这种气孔是由于钢液中的碳与氧化亚铁发生反应生成一氧化碳气体造成的。在钢液中，含碳量与含氧化亚铁量之间存在着一定的平衡关系，而平衡状态则是随温度的变化而变化的，这种平衡关系可用下式表示：

$$[C][O]=m \tag{2-1}$$

式中　[C]——钢液含碳量；

[O]——钢液含氧量，其值系由 FeO 含量折算而成的。

m——温度的函数，当温度一定时，m 是常数。当温度降低时，m 值随之减小。

如果在炼钢的高温下，钢液中存在有较多的 FeO，以至达到平衡或接近平衡时，则当钢液浇入铸型内，在温度降低的条件下，原来钢液中的含碳量和含氧量超过了平衡值，因而就会发生 $FeO+C \rightarrow Fe+CO$ 的反应。反应结果生成一氧化碳气泡，在铸件中造成气孔。

钢中的氧除了能造成气孔以外，还使钢的力学性能降低。由于 FeO 在钢液中的溶解度很大，而在固态的钢中的溶解度极小，所以当钢液中含有较多的 FeO 时，则在钢液的凝固过程中，FeO 便由于过饱和而析出。由于 FeO 的熔点比钢低，所以它经常析出在钢的晶粒边界处，减弱晶粒之间的连结，使钢的力学性能降低，特别是钢的塑性和韧性会受到比较明显的削弱。

5）非金属夹杂物　非金属夹杂物是指钢中的非金属化合物，如硫化物、氧化物、硅酸盐等。这些夹杂物存在于钢的组织中，破坏金属基体的连续性，造成应力集中，而使钢的力学性能降低。因此，非金属夹杂物的存在通常视为组织缺陷。

铸钢中的非金属夹杂物来源于外来的及自生的两方面：外来的，为一次非金属夹杂物，即在炼钢过程中形成的熔渣及在浇注过程中被钢液冲刷下来的型砂等；自生的，为二次非金属夹杂物，即钢液中的金属元素与氧、硫、氮以及 SiO_2 等化合形成的夹杂物。

非金属夹杂物割裂金属的基体，降低力学性能，特别是降低韧性，其作用大小取决于以下两方面的因素：一是夹杂物数量，夹杂物数量越多，削弱力学性能的作用越大；二是夹杂物形态，如长条形和尖角形的夹杂物在钢中，将造成缺口及应力集中，大幅度降低钢的力学性能，尤其是断裂韧性；而球形或圆钝形夹杂物的削弱作用则小得多。

几种常见的夹杂物的形状特征及危害如下。

氧化铝（Al_2O_3）和氮化铝（AlN）夹杂物呈细小尖角状，形成较大的应力集中，易导致裂纹的萌生和扩展，故对钢的断裂韧性最为不利。这些铝的化合物主要来源于炼钢过程用铝脱氧，这就是生产高级铸钢时，规定不得用铝脱氧的原因。

硅酸盐（$FeSiO_3$、$MnSiO_3$、$FeO \cdot Al_2O_3 \cdot SiO_2$ 等）夹杂物的熔点比钢液温度低，在钢液中呈液态存在，又由于它们在钢液中有较大的界面张力，与钢液之间不润湿，因而钢液凝固后形成球形夹杂物，对钢的性能削弱作用最小。

硫化铁（FeS）和硫比锰（MnS）是钢液中固有的化合物，可在炼钢过程中通过脱硫除去。如脱硫过程进行不充分，则钢液中的硫化物残留量较多。硫化铁的熔点比钢液低，故呈液态存在。它与钢液之间的界面张力较小，能相互润湿，因而最后凝固在晶界处呈网状分布，削弱晶粒之间的连结，降低钢的性能。但硫化锰的熔点比钢液温度略高，它在固态钢中呈颗粒状无序分布。故在降低钢的性能方面，比硫化铁的危害要小。

为了尽量减小非金属夹杂物的有害作用，炼钢过程应采取强有力的脱氧、脱硫及净化措施。往钢中加入适量的稀土元素，能产生有效的净化作用。稀土元素与氧和硫有很强的亲和力，能起到很有效的脱氧和脱硫作用。又由于 CeS、Ce_2O_3 等稀土硫化物和氧化物呈球状，故稀土元素能起到改善夹杂物形态的有益作用。采用 RE-Ca 复合变质剂对钢液进行变质处理，也能收到很好的改善夹杂物形态的效果。

2.1.3 铸造碳钢的基本组元对力学性能的影响

影响铸造碳钢力学性能的因素很多，化学成分是决定其性能最基本、最主要的内在因素改变化学成分可有效地改变钢的组织及其性能。

(1) 碳

碳是铸造碳钢的主要元素，对钢的基体组织起决定性作用。少量碳固溶于铁素体，其余碳以渗碳体（Fe_3C）形态存在。铸造碳钢的碳含量小于 0.6%，在亚共析钢范围内，其基体由铁素体和珠光体组成。随着钢中含碳量的增加，组织中的珠光体的比例相应增加，因而抗拉强度、屈服强度和硬度相应提高，塑性和韧性相应降低，如图 2-7 所示。

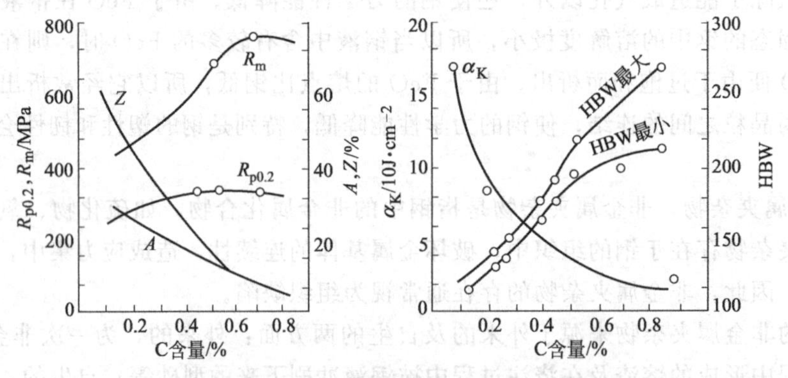

图 2-7 碳对碳钢（退火状态）力学性能的影响

由图 2-7 可知，随着碳量的增加，抗拉强度比屈服强度提高更快。含碳量超过 0.5%后，屈服强度不再提高，塑性和韧性显著降低，硬度大为提高，钢的切削加工性恶化。因此，一般碳钢含碳量不超过 0.5%。对于需要调质的碳钢铸件，含碳量一般不超过 0.45%，否则容易产生淬火裂纹。

(2) 硅

硅在钢中是有益元素，它的主要作用是使钢液脱氧。硅量低于规格的钢，在浇注后易产生气孔和针孔等缺陷。铸造碳钢的硅含量为 0.20%～0.45%，大部分固溶于铁素体，少量以非金属夹杂物形式存在。固溶于铁素体中的硅也有强化基体的作用，虽然硅在铁素体中的溶解度很大（18%），但含量很少，所以对钢的力学性能影响不大，如图 2-8 所示。

(3) 硫

硫是钢中的有害元素。当钢中含锰量低时，硫在钢中主要以 FeS 形态存在。FeS 与 Fe 形成 Fe-FeS 低熔点共晶体（985℃），聚集于晶界上，使钢呈热脆性，显著恶化力学性能。当钢液脱氧不良时，钢中的 FeO 含量高，形成熔点更低（940℃）的 Fe-FeS-FeO 三元共晶体，危害更大。

硫对钢的常温塑性的影响随含碳量增加而加剧，如图 2-9 所示。

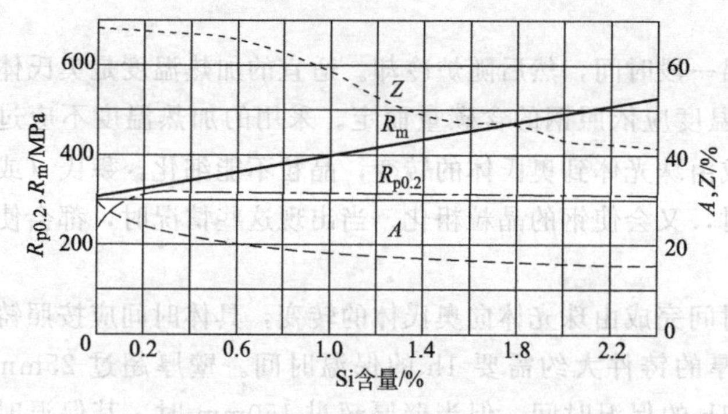

图 2-8 硅对碳钢力学性能的影响

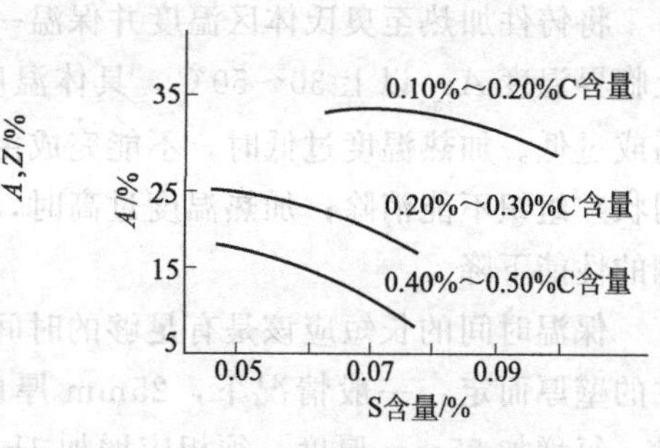

图 2-9 硫对不同含碳量钢的塑性的影响

(4) 锰

在铸造碳钢中、锰的主要作用是脱氧和中和硫的有害作用，防止铸件产生热裂等缺陷。锰与钢中的氧和硫都有较大的亲和力，易形成 MnO 和 MnS：

$$Mn + FeO = MnO + Fe \quad (2\text{-}2)$$

$$Mn + FeS = MnS + Fe \quad (2\text{-}3)$$

MnS 与 FeS 又易结合成复合硫化物 m(MnS)・n(FeS)。MnS、MnO 和 m(MnS)・n(FeS) 均不溶于钢液，而且密度比钢液小，因而易于上浮进入渣中，有脱氧和去硫的作用。MnS 熔点为 1600℃，即使部分留在钢液中，在凝固后仍是以颗粒状分布于晶界和晶内，它的危害作用也较 FeS 小得多。

为了完全中和硫的有害作用，所需的锰量应为含硫量的 4～5 倍；脱氧所需的锰量约 0.5%。所以当钢中含硫 0.05%时，锰的总量约 0.7%。

此外，锰能少量固溶于铁素体中，有固溶强化作用，从而提高钢的屈服强度和抗拉强度，并且基本上不降低钢的塑性和韧性。但在规格含锰量（0.5%～0.8%）范围内，对钢的力学性能影响不大。

(5) 磷

磷是钢中的有害元策。当含磷量小于 0.05%时，磷处于固溶状态。当含磷量超过此极限时即有 Fe_3P 出现。Fe_3P 与 Fe 形成低熔点共晶体，沿晶界析出，降低钢的塑性和韧性，特别在低温下更为显著，表现为脆性大，易引起铸件脆断。

固溶于铁素体中的磷也有强化作用，可提高钢的强度和硬度。但随钢中碳和硅量的增加，磷的溶解度将显著降低。钢中含碳量越高，磷的有害作用越显著，如图 2-10 所示。

此外，由于磷容易发生偏析，其有害作用与铸件冷速有关。冷却快，磷的偏析少，其危害性相对小一些。反之，磷将以 $Fe\text{-}Fe_3P$ 共晶形式析出，危害更大。

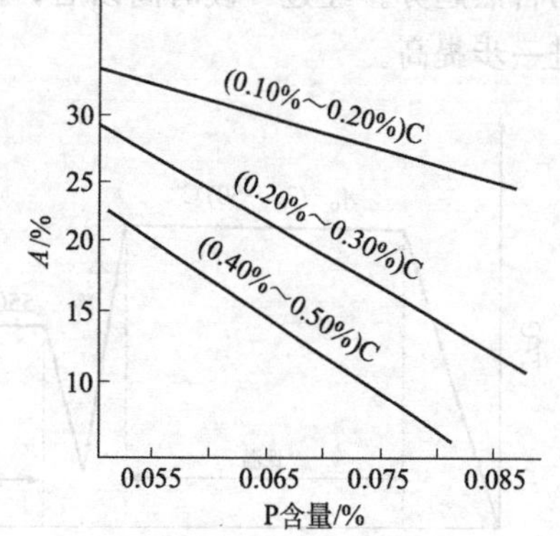

图 2-10 磷对不同含碳量钢的延伸率的影响

2.1.4 铸造碳钢的热处理

碳钢铸件热处理的目的是细化晶粒，消除魏氏（或网状组织）和消除铸造应力。热处理方法有退火、正火或正火加回火。

（1）退火

将铸件加热至奥氏体区温度并保温一段时间，然后随炉冷却。适宜的加热温度是奥氏体上临界温度 A_{c_3} 以上 30～50℃，具体温度应依照钢的含碳量而定。采用的加热温度不应过高或过低。加热温度过低时，不能完成由珠光体到奥氏体的转变，晶粒不能细化，魏氏（或网状）组织不能消除；加热温度过高时，又会使钢的晶粒粗化。当出现这些情况时，都会使钢的性能下降。

保温时间的长短应该是有足够的时间完成由珠光体向奥氏体的转变，具体时间应按照铸件的壁厚而定：一般情况下，25mm 厚的铸件大约需要 1h 的保温时间。壁厚超过 25mm 时，每增加 25mm 厚度，须相应增加 1h 的保温时间，但当壁厚超过 150mm 时，其保温时间可以比按照上述比例计算所得的数值少些。上面所说的铸件厚度系指铸件上最厚部分的厚度。保温时间达到后，铸件随炉冷却，待炉冷至 200～300℃以下时可以出炉，在空气中进一步冷却至常温。这种热处理方式由于铸件是在炉中缓慢地从高温冷却到较低的温度，因而在冷却过程中产生的内应力小，能最大限度地避免铸件发生变形或裂纹等缺陷。退火处理的缺点是占用炉子的时间长，而且由于铸件的冷却速度低，使得晶粒细化的作用不能充分发挥，因此近年来在铸钢生产上，退火处理已基本上为正火处理所取代，而仅用于处理一些结构复杂的高含碳量钢铸件。

（2）正火

正火所采用的加热温度及保温时间与退火相同。不同之处是保温时间达到后将铸件拉出炉外空冷至常温。

正火的作用与退火相同，但由于冷却速度快，钢的晶粒比退火时更细些，而且使得奥氏体能在较低的温度下发生共析转变，因而能得到分散度更大的珠光体（即索氏体）。由于这些原因，正火处理的钢的力学性能，特别是韧性要比退火处理的钢更高一些。正火处理在铸钢生产上得到普遍的应用。

（3）正火加回火

为了进一步提高钢的性能，可采取在正火后加以回火的热处理工艺。回火温度为 550～650℃。在此温度下的保温时间一般为 2～3h，其热处理规范见图 2-11。回火能使钢的性能进一步提高的原因是，通过正火得到的索氏体中的渗碳体片在回火温度下具有转变成颗粒状的自然趋势。经过一段时间以后，原来的片状索氏体变为粒状索氏体，从而使钢的性能得到进一步提高。

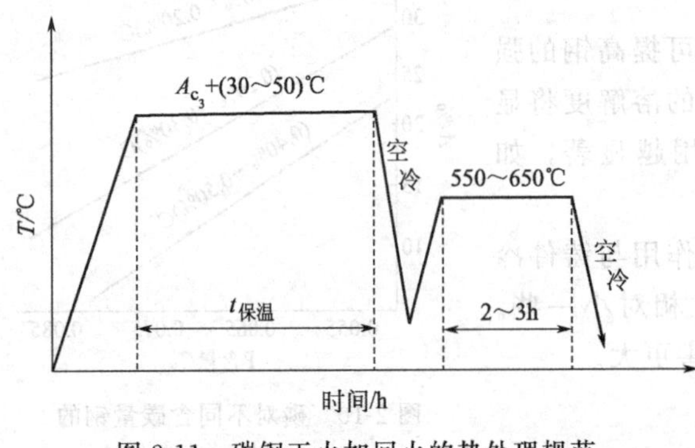

图 2-11 碳钢正火加回火的热处理规范

应该指出，在进行退火、正火或正火加回火热处理时，在加热铸件的过程中应适当控制升温速度。快速升温会使铸件上薄壁部分与厚壁部分之间以及铸件表面层与中心部分之间的温度差增大，从而使铸件中的热应力增大，易导致铸件产生裂纹。特别是当炉温升至 650～800℃时，应缓慢升温或在此温度下停留一段时间，因为在这个温度区间碳钢中发生相变（珠光体向奥氏体转变)，伴随有体积变化，产生相变应力。对于结构复杂的铸钢件，在热处理的加热过程中，适当控制升温速度并在钢的相变温度区间采取相应的保温阶段是很必要的。

碳钢铸件不采用淬火处理的方法。这是由于碳钢的淬透性较差，铸件断面上不易得到均一的组织和性能。

铸造碳钢在不同热处理条件下的力学性能比较如图2-12和图2-13。

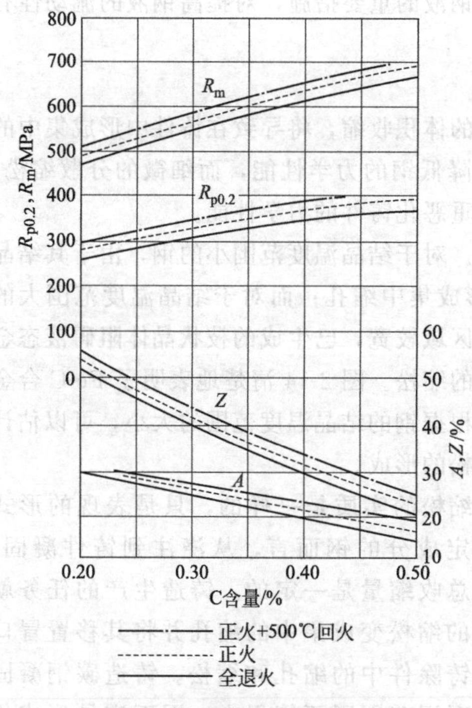

图2-12 铸造碳钢在不同热处理条件下的强度和塑性

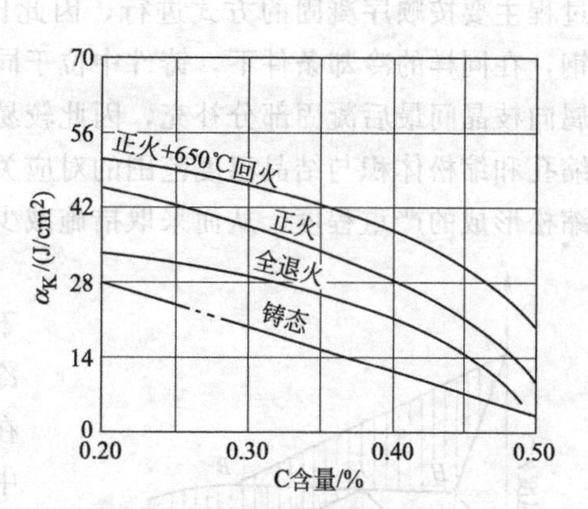

图2-13 铸造碳钢在铸态和不同热处理条件下的冲击韧度

2.1.5 碳钢的铸造性能

与铸铁相比，碳钢的铸造性能较差，流动性较低，钢液易氧化，易形成夹渣，体积收缩和线收缩都比较大，因而形成缩孔、缩松、热裂的倾向都比较大，铸钢件比铸铁件更易产生气孔。此外，钢液的浇注温度高，容易产生粘砂等缺陷，因此对造型材料耐火度的要求高。这些都应该在铸造工艺上加以考虑和解决。

(1) 流动性

在充填铸型的过程中，钢液的流动从浇注入铸型开始，到凝固过程初期，析出一部分固相为止。实际上，只要有约20%的钢液凝成固相时，钢液即完全停止流动了。钢液的流动性主要受过热温度、钢液含碳量以及钢液净化程度的影响。

钢液的过热程度越大，则处于完全液态的时间越长，钢液在铸型中的流动距离越远，表现出流动性越好。对于含碳量为一定值的碳钢来说，其开始凝固温度为一定值。因此，浇注温度越高时，过热程度越大，钢液的流动性越好。不同含碳量的碳钢，其开始凝固的温度不同，高碳钢的开始凝固温度较低，而低碳钢的开始凝固温度较高。因此，在相同的浇注温度下，高碳钢的过热程度比低碳钢的过热程度大，钢液的流动性较好。

在过热温度相同的条件下，不同含碳量的钢液的流动性是不同的。这种差别主要是由于含碳量不同的钢树枝晶的发达程度不同。结晶区间的温度间隔（液相线与固相线之间的温度差）越大，其树枝晶越发达，则钢液的流动性越差。硅和锰使钢液流动性有所提高，因其加入而降低了钢的液相线温度，使之在相同的浇注温度下，相当于提高了过热度。此外，由于硅、锰的脱氧和镇静作用，减少了钢液中的非金属夹杂物，故提高了钢液的流动性。

悬浮在钢液中的气体和夹杂物，使钢液黏稠，降低其流动性。在电弧炉炼钢中通过氧化脱碳的方法，清除钢液中的气体和夹杂物，是净化钢液的重要措施，对提高钢液的流动性有显著效果。

(2) 缩孔和缩松

铸型被钢液充满后，由于钢在液态和凝固期间的体积收缩，将导致在铸件中形成集中的缩孔或分散的缩松。铸件有缩孔存在，自然会严重降低钢的力学性能，而细微的分散缩松，甚至只有在显微镜下观察的枝晶间疏松，同样会严重恶化铸件的力学性能。

铸件中缩孔与缩松的形成与钢的结晶特点有关。对于结晶温度范围小的钢，由于其结晶过程主要按顺序凝固的方式进行，因此比较容易形成集中缩孔；而对于结晶温度范围大的钢，在同样的冷却条件下，铸件中位于同时结晶的区域较宽，已生成的枝状晶体阻碍液态金属向枝晶间最后凝固部分补充，因此较易形成分散的缩松。图 2-14 清楚地表明了 Fe-C 合金缩孔和缩松体积与结晶温度范围的对应关系。所以根据钢的结晶温度范围的大小，可以估计缩松形成的严重程度，从而采取措施减少或消除缩松的形成。

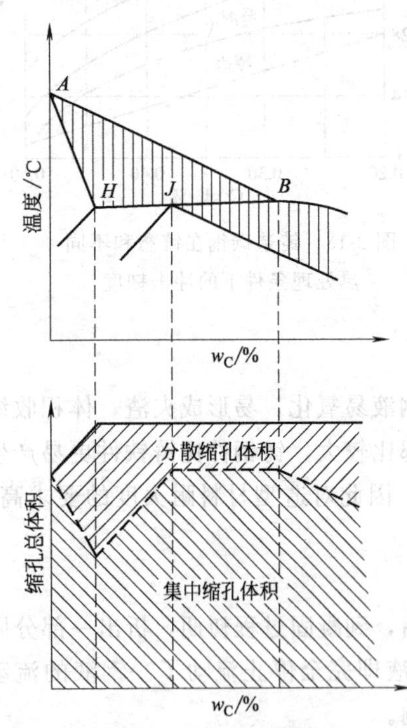

图 2-14 铸造碳钢形成两类缩孔的倾向

缩孔和缩松的实质是一样的，只是表现的形式不同。对一定成分的钢而言，从浇注到铸件凝固、冷却完毕，总收缩量是一定的。铸造生产的任务就在于将分散的缩松变成集中的缩孔并将其移置冒口中，从而消铸除件中的缩孔和缩松。铸造碳钢凝固收缩大，但凝固范围还不算很大，因而容易形成集中缩孔。在碳钢铸件生产中通常是采用冒口、冷铁及补贴的综合方法以保证顺序凝固，使缩孔集中在冒口中，从而得到致密的铸件。

(3) 热裂倾向

热裂是铸钢件常见的缺陷之一。热裂是在钢的固相线附近的温度下形成的，故热裂缝内部金属表面在高温下被空气中的氧所氧化，呈氧化铁的黑褐色。又由于热裂总是沿晶界裂开的，故在外观上总是呈弯弯曲曲的形状，影响钢形成热裂的几项主要因素如下。

1) 含碳量　钢的含碳量对热裂的影响较大，含碳量很低的钢和高碳钢比较容易形成热裂，而含碳量为 0.20%左右时，钢的抗热裂性最强。这可解释为 δ 相和残余液相在包晶反应后，接近全部转变为奥氏体，组织均匀，强度较高，故抗裂性最强。

2) 含硫量　硫促使钢形成热裂。由于硫化物在钢凝固过程终了时才凝固在钢的晶粒边界位置，显著降低钢的高温强度，故促使热裂形成。生产经验表明，硫促使形成热裂的作用是很显著的。

3）含锰量　钢中的锰主要作用是脱氧和消除硫的有害作用，防止热裂的形成。锰的质量分数规定为0.6%～0.8%，就能间接地起到防止热裂的作用。

4）含氧量　钢液中的氧以FeO形式存在，在钢凝固时析出在晶界上，降低钢的高温强度，促使热裂形成。因此在炼钢时，应进行彻底的脱氧。钢中含Si＝0.2%～0.45%时，可起脱氧作用，以消除铁的氧化物的有害影响。

除了上述有关铸钢材料本身的因素以外，还有一些工艺因素，如铸件结构，砂型（芯）的溃散性等也都对热裂的形成有一定的影响。另一方面，浇注温度高，晶粒粗大，使低熔点杂质聚集晶间强度降低，也易产生热裂。

(4) 冷裂倾向

冷裂是铸件冷至弹性状态（约600～700℃）时。铸造应力超过钢的强度极限而产生的裂纹。冷裂外形呈连续直线状或圆滑曲线，常穿过晶粒，内表面光洁，有金属光泽。壁厚不均、形状复杂的大型钢铸件较易产生冷裂。

化学成分对铸造碳钢的冷裂影响很大。高碳钢铸件比低碳钢铸件容易产生冷裂，这是由于随着碳量的增加，钢的热导率减小，因而使铸件在冷却时各部分温度不均，容易产生较大的热应力，而且高碳钢的塑性又比低碳钢差。钢中的锰、铬、镍等元素也使钢的热导率减小，因而促使钢铸件的冷裂倾向增大。磷使钢具有冷脆性，硫使钢的强度和塑性同时降低，都是促使钢冷裂倾向增大的有害元素。

当钢脱氧不良时，氧化夹杂物聚集在晶粒边界上，使钢的冲击韧性和强度下降，促使铸件产生冷裂。钢中其他非金属夹杂物增多时也有类似情况。

当铸件壁厚相差悬殊时，冷却形成的铸造残余应力易造成冷裂。故铸件设计时，壁厚要均匀。铸件开箱过早，冷却过快，使铸件各部分产生较大温差，也易产生冷裂。

为防止钢铸件产生冷裂，除了根据铸件要求合理选择和控制钢的化学成分外，还应从熔铸工艺方面采取措施，减小铸件内的热应力和收缩应力，提高钢的强度和塑性。如合理设计铸件，尽量减小壁厚差；正确安置冒口、冷铁和浇注系统，调节铸件各部分的温度分布；严格掌握开箱和出砂时间以及选择恰当的冷却方式，减小铸件内外的温差，采用具有良好退让性的造型和造芯材料，以减小收缩应力；在熔炼和浇注过程中应充分进行脱氧、除气和排除非金属夹杂物，降低钢中的磷、硫量以及采用能细化钢晶粒的措施等。

2.1.6　铸造碳钢的焊接性能

焊接性是铸钢材料的一项重要的性能指标，它关系到铸件缺陷的修补，以及应用铸一焊结构的可能性。铸造碳钢因属于亚共析钢，故一般是具有较好的焊接性。但不同含碳量的铸造碳钢，其焊接性能相差较大。碳有恶化钢焊接性能的倾向：由于碳提高钢的淬透性，促使热影响区部位的钢发生马氏体相变，因而产生大的淬火应力，易导致开裂。因此含碳量越高，则其焊接性能越差。对于含碳较高的碳钢铸件，在焊接前对焊接热影响区进行适当的预热，有助于避免铸件的开裂。

2.2　铸造低合金钢

铸造碳钢虽然应用很广，但在性能上有许多不足之处，如淬透性差，厚断面铸件不能采用淬火-回火处理进行强化，使用温度范围仅限于－40～400℃，抗磨性及耐腐蚀性较差等，不能满足现代工业对铸钢件的多方面需要。

铸造低合金钢是在铸造碳钢的化学成分基础上加入为量不多的一种或几种合金元素所构成的钢种，其合金元素的总含量一般不超过5%。我国目前应用最广泛的铸造低合金钢种属于锰系和铬系两大系列，即以锰或铬作为主加合金元素，并在此基础上再加入其他种合金元素如硅、钼、钒、镍等，以达到进一步强化和获得一些特殊使用性能（如耐热、抗磨）的目的，从而构成二元、三元以至更多元化的铸造低合金钢。

本节中在介绍合金元素在钢中作用的基础上，着重讲述广泛应用的锰系及铬系钢种，同时介绍一些具有特殊使用性能的以及近年来新发展的铸造低合金钢。

2.2.1 合金元素在钢中的作用

（1）合金元素在钢中存在的形态

合金元素以何种状态存在于钢中直接影响到钢的性能。合金元素在钢种的存在形式有以下几种。

1）非碳化物形成元素　非碳化物形成元素如Si、Mn、Ni、Al、Co等基本上都溶入铁素体而形成合金铁素体，使其强度、硬度升高而韧性降低，如图2-15所示，其中Si、Mn、Ni的固溶强化效果较明显。当铁素体中溶入≤2%Cr或≤5%Ni或≤1%Mn时，铁素体的冲击韧性还有一定的提高，如图2-16所示。

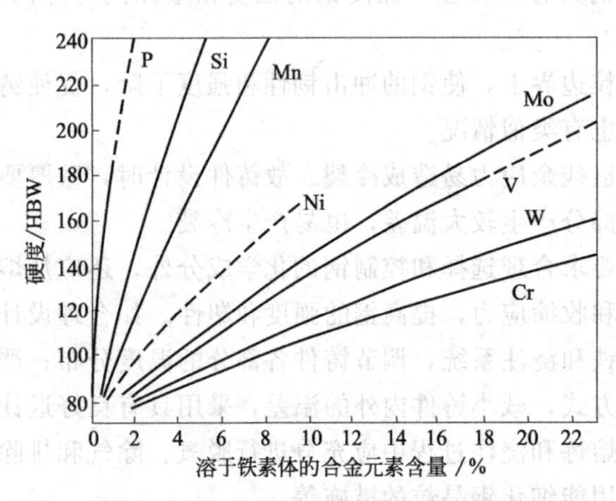

图2-15　合金元素对铁素体硬度的影响

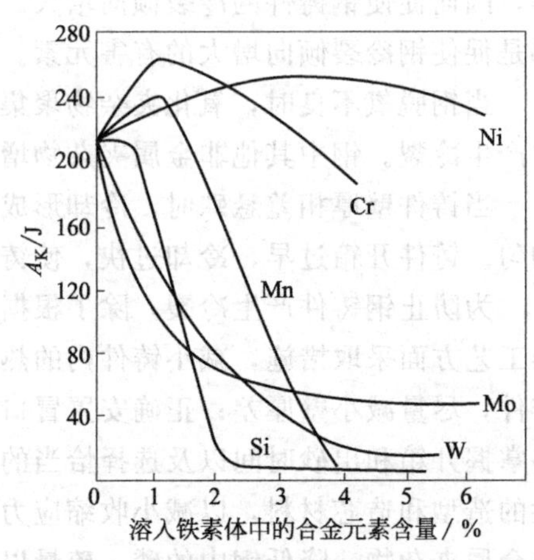

图2-16　合金元素对铁素体冲击韧性的影响

2）碳化物形成元素　这类元素与碳的亲和力比铁强，常用元素主要有Mn、Cr、W、Mo、V、Zr、Nb、Ti等。量少时溶入渗碳体中，形成合金渗碳体 $(Fe\cdot M)_3C$，一般合金渗碳体都比 Fe_3C 稳定，在奥氏体中的溶解和聚集长大比 Fe_3C 难。当钢中合金元素和碳量都较高时，可形成稳定性更高的合金碳化物，常见的有 Mn_3C、Cr_7C_3、$Cr_{23}C_6$、Fe_4W_2C、WC、Mo_2C、VC、TiC等，它们具有比渗碳体更高的熔点和更高的硬度。

3）与碳之外的其他元素的结合　合金元素与非金属元素N、O、S结合，生产夹杂物，钢中常见的有TiN、AlN、SiO_2、Al_2O_3、MnS、Ni_3Al、Ni_3Ti 等。

此外，Pb、Cu、C（石墨）还可以游离态的方式存在于钢中。

（2）对 $Fe\text{-}Fe_3C$ 相图的影响

合金元素的加入，可以改变 $Fe\text{-}Fe_3C$ 相图的相区，主要表现在对γ、α相区及 S 点和 E 点的影响。

1）扩大γ区　合金元素Ni、Mn、Co、C、N、Cu等与Fe作用能扩大γ区，使 A_3 线降低，特别是当钢中加入一定量 Ni、Mn 时，可使相图的 γ 区扩大到室温以下仍能获得正常的奥氏体，如耐磨铸钢 ZGMn13 和含 Ni9％的 ZG1Cr18Ni9 不锈钢均属于奥氏体钢。图 2-17 是 Mn 对 Fe-Fe_3C 相图的影响。

2）扩大 α 区　合金元素 Si、Cr、V、Ti、W、Mo 等能扩大 α 区，使 A_3 线升高，如图 2-18 所示。钢中加入一定量的 Cr、Si 元素，γ 区可能消失，将得到全部铁素体组织，如含 Cr17％～28％的 Cr17、Cr25、Cr28 等不锈钢均属于铁素体钢。

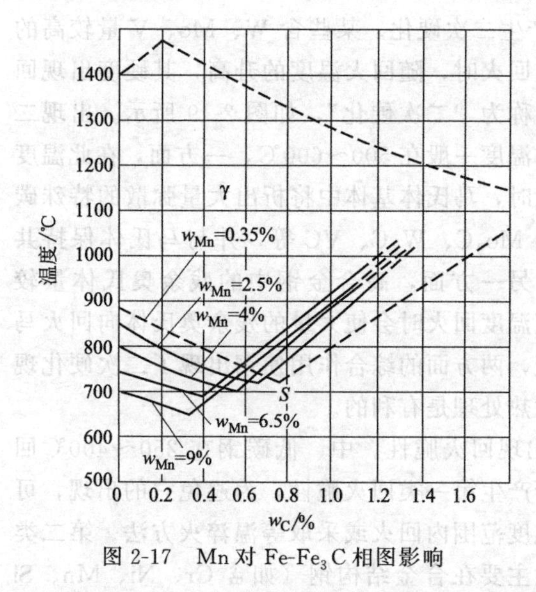

图 2-17　Mn 对 Fe-Fe_3C 相图影响

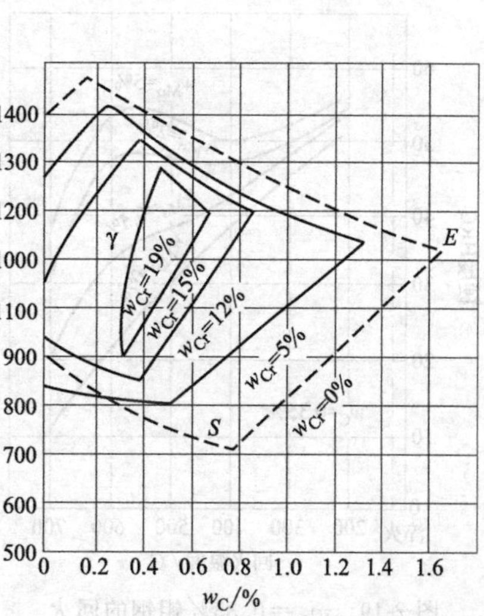

图 2-18　Cr 对 Fe-Fe_3C 相图的影响

3）对 S 点、E 点的影响　所有合金元素均使 S 点和 E 点左移，使共析和共晶成分中的含 C 量减少，如 4Cr13 不锈钢中含 C0.4％，但其组织属于过共析钢组织；又如 W18Cr4V 高速钢中含 C0.7～0.8％，但其铸态中却有莱氏体组织。从图 2-17 及图 2-18 中均可看出 Mn、Cr 元素对 S 点、E 点的位置影响。由于合金元素对相图的影响赋予了合金钢许多特殊性能。

(3) 合金元素对热处理过程的影响

合金钢的热处理过程基本与碳钢的相同，但由于合金元素的作用将影响钢的热处理过程。

1）对奥氏体化及晶粒度的影响　除 Ni、Co 以外，绝大多数合金元素，特别是强碳化物形成元素，如 Cr、Mo、W、V、Ti 等都降低 Fe、C 原子的扩散速度，因而减缓奥氏体化过程；同时，由于形成合金渗碳体和特殊碳化物更难溶入奥氏体中，并且阻碍奥氏体晶界的移动和奥氏体晶粒的长大起到了细化晶粒的作用。因此，合金钢的奥氏体化要选择较高的加热温度和较长的保温时间，以使合金元素充分溶入奥氏体中，提高钢的淬透性。合金元素的加入使得合金钢多为本质细晶粒钢，故经热处理后都有良好的力学性能。

2）对过冷奥氏体转变的影响

① 使 C 曲线右移或变形。除元素 Co 以外，大多数合金元素溶入奥氏体后，均可增加过冷奥氏体的稳定性，使 C 曲线明显右移，故提高了钢的淬透性，有的合金钢甚至空冷也可得到马氏体。由于 C 曲线右移，合金钢多在油中淬火，减少了工件变形开裂的倾向。

② 增加残余奥氏体量。除 Al、Co、Si 外，大多数合金元素（如 Mn、Cr、Ni、Mo 等）溶入奥氏体后，均降低钢的 M_s 点，使淬火钢中的残余奥氏体增多，为消除残余奥氏体增多带来的不利影响而使某些合金钢的热处理工艺复杂化了。

3）对回火转变的影响

① 增强回火抗力提高回火稳定性。合金元素在回火过程中会推迟、减慢马氏体的分解和残余奥氏体的转变，提高铁素体的再结晶温度，阻止碳化物的析出及长大即增强回火抗力。这样，使钢在较高温度（如500～650℃）下，硬度不易降低即提高了回火稳定性，这种保持高硬度的能力称为钢的红硬性或热硬性。合金元素V、Si、Mo、W等在提高钢的红硬性方面的作用较强，如W18Cr4V高速钢的红硬性很高。

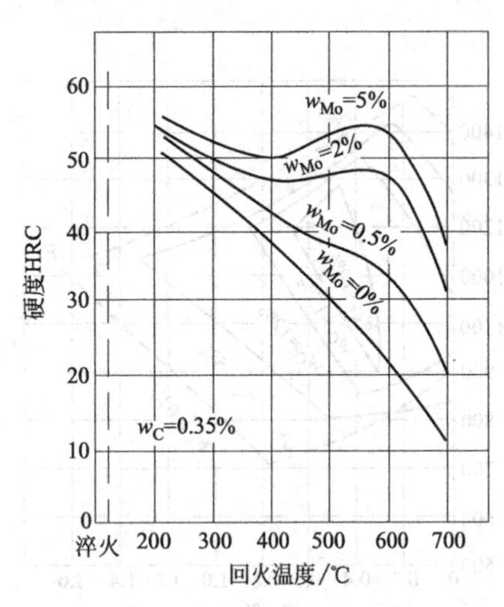

图 2-19 w_C=0.35%钼钢的回火温度与硬度的关系

② 产生二次硬化。某些含W、Mo、V量较高的合金钢在回火时，随回火温度的升高，其硬度出现回升现象，称为“二次硬化”，如图2-19所示。出现二次硬化的温度一般在500～600℃，一方面，在此温度范围回火时，马氏体基体中将析出大量弥散的特殊碳化物，如Mo_2C、W_2C、VC等，并与马氏体保持共格关系。另一方面，高合金钢中的残余奥氏体量较多，在该温度回火时会使大量的残余奥氏体向回火马氏体转变，两方面的综合作用使钢出现了二次硬化现象，这对热处理是有利的。

③ 出现回火脆性。中、低碳钢在250～400℃回火时，会产生第一类回火脆性，为避免它的出现，可不在此温度范围内回火或采取等温淬火方法。第二类回火脆性主要在合金结构钢（如含Cr、Ni、Mn、Si等元素的调质钢）于500～650℃回火时出现，采用快冷（如油冷）可避免，但对大截面工件快冷有一定困难。因此，常在钢中加入Mo=0.5%或W=1%来减小或防止第二类回火脆性的产生。

2.2.2 普通铸造低合金钢

（1）锰系铸造低合金钢

锰在碳钢中的含量为0.5%～0.8%，这是根据脱氧和去硫的要求而定的，锰在这个范围内属常存元素，当锰的含量超出这个含量时便成为合金化元素。锰系低合金钢的含锰量为1.10%～1.80%的范围。锰系铸造低合金钢系列中比较常用的钢号及有关数据见表2-3。

1）单元锰系低合金钢　在锰系低合金钢中，锰是主要强化元素。它大部分固溶于铁素体中，使铁素体强化。过剩的锰形成$(Fe \cdot Mn)_3C$碳化物。

锰能扩大奥氏体相区，使A_4点温度升高、A_3点温度下降；使S点向左下方移动，降低共析温度和共析点的含碳量。因此，在相同的含碳量和冷却速度下，随含锰量增加，珠光体含量不断增加。珠光体晶粒也变细，从而使钢的强度和硬度提高；在锰量不高的情况下，钢的塑性基本上不会降低。由于A_3温度下降，使先共析铁素体在更低温度下析出而细化；同时，抑制了碳比物在过冷奥氏体晶粒上析出，使钢保持较高的塑性。并降低钢的韧—脆性转变温度。

锰在钢中能显著地提高钢的淬透性，锰的这种作用主要是由于它能降低过冷奥氏体的分解速度，使珠光体转变温度下降，因而使临界淬火速度显著减小，淬透性增大（见图2-20），使大截面的铸件也能淬透，这是锰钢的突出优点。此外，锰使M_s点下降，淬火组织的残余奥氏体增多，从而提高钢的塑性，这对形状复杂淬火易变形的铸件具有特殊意义。

表 2-3 常用铸造锰系低合金钢钢号及有关数据

钢号	化学成分/%(质量分数)				热处理	力学性能≥						
	C	Si	Mn	Cr		R_m /MPa	$R_{p0.2}$ /MPa	$R_{p0.2}/R_m$ /%	A /%	Z/%	α_K /(10^5J/m^2)	HBW
ZG25Mn	0.20～0.30	0.30～0.45	1.10～1.30	—	正火 回火	490～540	290～340	65	30～45	45～55	4.9～9.8	155～170
ZG25Mn2	0.20～0.30	0.30～0.45	1.70～1.90	—	正火 回火	590～685	340～440	75	20～30	45～55	7.8～14.7	200～250
ZG35Mn	0.25～0.35	0.30～0.45	1.05～1.35	—	正火 回火	260～292	290～360	60	27～30	40～45	6.85～8.8	160～170
ZG35Mn	0.30～0.40	0.17～0.37	1.20～1.60	—	850～860℃淬火 560～600℃回火	590	340	58	14	30	4.9	
ZG40Mn	0.35～0.45	0.30～0.45	1.20～1.50	—	850～860℃淬火 400～450℃回火	635	290	46	12	30		≥163
ZG40Mn2	0.40～0.50	0.20～0.40	1.60～1.80	—	870～890℃退火 830～850℃油淬 350～450℃回火	635	320	50	12	12		187～255
ZG45Mn	0.40～0.50	0.30～0.45	1.20～1.50	—	840～850℃正火 550～600℃回火	655	330	50	11	20		196～235
ZG20MnSi	0.16～0.22	0.60～0.80	1.00～1.30	—	900～920℃正火 510～600℃回火	510	290	57	14	30	4.9	156
ZG30MnSi	0.25～0.35	0.60～0.80	1.10～1.40	—	870～890℃正火 570～600℃正火 870～880℃淬火 570～600℃正火	590 640	340 390	58 61	14 14	25 30	3.0 4.9	
ZG30MnSiCr	0.28～0.38	0.50～0.70	0.90～1.20	0.50～0.80	880～900℃正火 400～450℃回火	690	340	50	14	30		202
ZG35MnSiCr	0.30～0.40	0.50～0.75	0.90～1.20	0.50～0.80	880～900℃正火 400～450℃回火	690	340	50	14	30	4.0	217

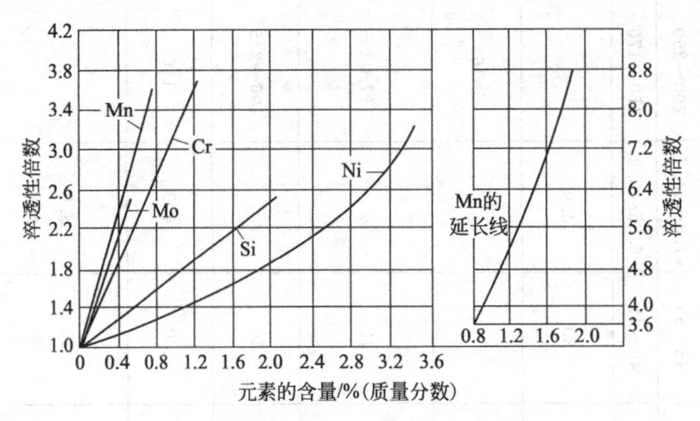

图 2-20 合金元素对钢的淬透性的影响

锰和碳的相对含量，对低锰钢的显微组织和力学性能有很大的影响。锰量一定时，碳量越高，越易获得马氏体或奥氏体组织；而当碳量一定时，随着锰量的增加可依次获得珠光体、马氏体和奥氏体组织。同时锰钢的碳量越高，组织内的碳化物越多。强度提高也越多，但塑性却随之下降，如表 2-3 所示。单元锰钢中碳和锰量的选择，应按铸件力学性能的要求和铸件壁厚大小来考虑。若要求强度高和正常塑性，则锰量较低而碳量较高；若要求强度正常和较高的塑性，则应含较低碳量和较高锰量；壁厚较大时，需增加锰含量以提高淬透性。

单元锰钢的主要缺点有二：其一，过热敏感性大，在热处理过程中，过热不太大时就会出现粗大晶粒。这种粗晶组织使铸件中心部分的力学性能降低，故这种钢只适于铸造壁厚较小（<70mm）的铸件；其二，对回火脆性敏感。为了克服这些缺点，在单元锰钢中加入其他合金元素，发展成多元低合金锰钢。

2）锰硅低合金钢　一般碳钢含硅量为 0.20%～0.45%，当硅量超过这一含量范围时便称为合金元素。将单元锰钢的硅量提高到 0.6%～1.0%，就构成锰硅低合金钢。在锰硅钢中，硅起到以下三个方面的作用。

① 硅小于1%能使锰钢产生显著的强化作用，而塑性几乎不降低。同时，锰和硅的共同作用使钢的淬透性进一步提高，因此，锰硅钢比单元锰钢具有更好的力学性能。

② 在锰钢中加入硅可提高钢的表面强化效果，即在外力挤压作用下，钢的表面层硬度提高，从而提高钢的耐磨性，故锰硅钢常用于铸制齿轮毛坯。

③ 锰硅钢具有比较良好的耐海水腐蚀的能力，故可用作船用零件。

锰硅钢的缺点是易产生回火脆性，在热处理时铸件回火后应速冷。

往锰硅钢中加入适量的合金元素铬，能进一步提高钢的淬透性，使钢得到更高的强度和硬度。锰硅铬钢具有高的耐磨性，常用于铸制重型机械中的大齿轮毛坯等。

3）锰钼低合金钢　低锰钢中加入 0.2%～0.4%Mo 就构成锰钼低合金钢。由于钼比硅有更好的强化效果，锰钼低合金钢可保持高韧性的同时具有更高的强度，R_m471～685MPa，$R_{p0.2}$265～490MPa，A12%～19%，α_K30～50J/cm^2，常用作承受较大冲击载荷的零件。

钼在钢中既可溶入铁素体或奥氏体，也可形成碳化物。当钼含量较低时，钼形成复合渗碳体 $(Fe\cdot Mo)_3C$，当钼的含量较高时，依次形成 $Mo_{23}C_6$、Mo_2C、Mo_6C 等类型的碳化物。钼在钢中同时起固溶强化和沉淀强化的作用，所以能显著地提高钢的强度。

钼使钢的 C 曲线右移，从而显著提高钢的淬透性，其作用大于铬而次于锰。与铬相似，钼也使 C 曲线的珠光体转变部分与贝氏体转变部分发生分离，使钢能在连续冷却中获得贝氏体，故为贝氏体钢的主要元素。

钼作为单一合金元素存在于钢中时，增加钢的回火脆性，但当它与其他导致回火脆性的元素如铬、锰等配合使用时，却能降低或抑制回火脆性。加入0.3%～0.4%Mo就可获得这种效果。

(2) 铬系低合金钢

铬是合金钢中用量最多的一种合金元素。目前，我国使用的合金钢中含铬钢占很大比例。

1）单元低铬合金钢　铬是缩小奥氏体相区的元素。它使 A_4 点降低，A_3 点和 A_1 点升高。随铬量增加，S 点和 E 点向左移，即移向碳量更低的方向，从而在相同的含碳量下获得更多的珠光体。

铬在低合金钢中固溶于铁素体使其强化，并形成含铬渗碳体（$(Fe \cdot Cr)_3C$）。奥氏体化后，铬全部溶入奥氏体，阻碍碳的扩散，因而提高奥氏体的稳定性，C型曲线右移，提高钢的淬透性。

铬能减慢 $\gamma \rightarrow \alpha$ 的转变速度，使碳化物在较低温度下析出，从而使钢的晶粒和碳化物都能到细化，并使碳化物呈球形。因此铬钢具有较高的强度和塑性。

低铬钢的含碳量对力学性能影响很大。含碳量越高，强度和硬度越大，但塑性越差，低铬钢的含碳量范围0.2%～0.7%，属中碳钢，故有较高的强度和塑性。典型的低铬合金钢牌号 ZG40Cr，成分为 0.35%～0.45%C，0.17%～0.37%Si，0.50%～0.80%Mn，0.8%～1.10%Cr，S、P≤0.04%。ZG40Cr经过调质处理后具有良好的力学性能，特别是有较高的硬度，故常用于铸造齿轮毛坯等重要铸件。

单元铬钢的主要缺点是：淬透性不太高，只适用于壁厚小于60～80mm的铸件，具有回火脆性倾向，在400～650℃回火时应快冷。为了克服这些缺点，常加入Mo、V、W等元素，组成多元低铬合金钢。

2）铬钼低合金钢　钼在钢中的主要作用是提高高温强度，改善抗蠕变性能，减轻回火脆性，增加淬透性，适用于大截面或需要深度硬化的铸钢件生产，可长期在400～500℃中温区工作。铬钼低合金钢的成分范围0.15%～0.45%C，0.17%～0.50%Mn，0.4%～1.5%Cr，0.2%～0.65%Mo，经正火回火或淬火回火后。

在铬钼钢的基础上加0.2%～0.3%V就成为中温或高温珠光体耐热钢，钒在钢中形成氮化钒和氧化物可作为非均质晶核而细化晶粒，并分布晶界上阻碍高温界滑移，从而提高抗蠕变能力。著名的铬钼钒钢有ZG20CrMoV、ZG15CrMoV，广泛用于汽轮机中的高、中压汽缸体，喷嘴及蒸汽室等重要铸钢件。

3）铬镍钼低合金钢　典型的铬镍钼钢为ZG30CrNiMo、ZG40CrNiMo，它们含0.6%～1.6%Cr，0.15%～0.30%Mo，1.25%～1.75%Ni。由于镍的加入，抗拉强度和屈服强度得到显著提高，经850～870℃水淬，600～650℃回火后，R_m800～1000MPa，$R_{p0.2}$650～850MPa，A10%～12%。它们具有良好的空气硬化和抗回火脆性的能力，可用于制造大型或复杂形状的铸件。

4）铬锰钼低合金钢　铬和锰都是提高淬透性，并对铁素体有固溶强化作用，两者适当配合可提高力学性能。

铬锰钢的最大缺点是回火脆性敏感，奥氏体晶粒长大快，冷脆温度较高，故需加0.2%～0.3%Mo提高其抗回火脆性。牌号ZG30CrMnMo、ZG60CrMnMo，经正火回火后，

R_m736～835MPa，$R_{p0.2}$392～635MPa，A10%，可用作负荷较大的耐磨热件，如热锻模、冲头、轧辊等机件。

多元低合金的复合强化作用在发展超高强度铸钢方面取得明显的成就，如ZG27CrMnSiNi，成分为0.24%～0.30%C，0.50%～0.80%Si，0.9%～1.20%Mn，0.70%～1.00%Cr，1.40%～1.80%Ni，S、P≤0.04%，经800℃油淬和200～400℃回火后性能达到R_m1500MPa，$R_{p0.2}$1200MPa，A5%，α_K16J/cm^2。

2.2.3 低合金高强度铸钢

近年来，由于炼钢和铸造技术的发展，低合金高强度铸钢开始在生产中应用，出现了屈服强度达到420MPa以上的高强度铸钢和750MPa以上的超高强度铸钢。这些钢同时具有高强度和高韧性，能满足机械设计对材料的高断裂韧性（K_{IC}）值的要求。表2-4列出了美国常用的几种低合金高强度铸钢的化学成分和力学性能。

表2-4 美国常用的几种低合金高强度铸钢的化学成分和力学性能

牌号	化学成分/%(除给出范围者外均为最大值)									力学性能(除给出范围者外均为最低值)				
	C	Mn	P	S	Si	Cr	Mo	Ni	其他	R_m/MPa	$R_{p0.2}$/MPa	A/%	Z/%	其他
70	0.20	0.60～ 1.00	0.04	0.05	0.80	0.40～ 0.80	0.40～ 0.60	0.70～ 1.00	Cu0.15～0.50 V0.03～0.10 W0.10 B0.002～0.006 未加规定的0.60	860	690	15	30	
100	0.33	0.60～ 1.00	0.05	0.06	0.80	0.55～ 0.90	0.20～ 0.40	1.40～ 2.00	Cu0.50 W0.10 未加规定的0.60	860	690	15	35	
HY100	0.22	0.55～ 0.75	0.02	0.015	0.50	1.35～ 1.85	0.30～ 0.40	2.75～ 3.50	Cu0.20 Ti0.02 V0.03	—	690～ 830	18	—	−73℃V型夏比式冲击值40.7J

同时获得高强度和高韧性的途径如下所示。

(1) 低含碳量

碳在提高钢的强度的同时，降低塑性和韧性，因而不适于作为高强韧钢的主要强化元素。在HY系列低合金高强度钢中，采用镍作为主要强化元素，是因为镍在提高钢的强度的同时，能使钢韧化。

(2) 多种合金元素复合强化

采用多种少量（或微量）合金元素对钢进行有效的强化，强烈提高其淬透性，细化钢的晶粒，因而获得高强度。

(3) 多阶段热处理

充分发挥合金元素提高淬透性的作用，细化组织和提高性能。此钢在淬火—回火条件下，具有板条状马氏体组织，这种低碳马氏体具有较高的塑性变形能力。

(4) 钢液净化

钢中的气体和夹杂物降低钢的强度和韧性，特别是韧性降低幅度大。经过用AOD（Argon-Oxygen Decarburization 氩氧脱碳）法炉外精炼，将气体和夹杂物降至很低的程度，从而保持了钢的高强度和高韧性。

高强度和超高强度低合金铸钢有多种，在钢的成分设计、热处理规范和性能特点方面不尽相同，但获得高强度和高韧性的途径则是相同的。

2.2.4 微合金化铸钢

微量合金化铸钢以元素周期表VB族的V、Nb、Ta，IVB族的Ti、Zr，IIA族的Be，IIIA族的B和IIIB族的RE为合金元素。它们在钢中的质量分数一般不超过0.10%（少数情况下，也可能略高于此值），故称之为微量合金化铸钢。

微量合金化铸钢是低合金高强度铸钢的一个新的发展。目前主要是V、Nb系和B系微量合金化铸钢。此外，RE元素作为微量合金加入铸钢，在我国铸造厂采用较为普遍。

（1）钒铌系微合金化铸钢

微量钒在钢中可以细化晶粒，提高钢在加热中的晶粒粗化温度及固定钢中氮和碳等。钒的作用是通过在钢中形成高熔点的 V_4C_3 及VN来实现的。它们在凝固过程中起外来晶核作用细化晶粒；在热处理的加热中，可机械地阻碍奥氏体晶粒的长大，而细化热处理后的显微组织。微量钒可显著改善钢的力学性能，尤其是能提高钢的屈强比，使材料的利用率提高。

铌在钢中的作用与钒类似，它与碳、氧、氮都有极强的结合力，在钢中形成 Nb_4C_3、NbN和Nb（CN）。这些高熔点质点呈弥散状析出，可起沉淀强化作用；在钢液中析出时，可作为外来晶核，细化晶粒。钢中加入0.05%Nb就可使其晶粒细化，并使晶粒粗化温度上升至1050℃。

在钢中加入0.005%～0.05%Nb，就能提高屈服强度和冲击韧性，并降低韧—脆转变温度，消除回火脆性。Nb的这种作用对锰钢尤为显著，因此，微量Nb和Mn的配合常用来改善钢的低温韧性。

Nb可改善钢的焊接性能，含Nb钢的焊接性能甚至超过普碳钢，为铸件的焊补或拼接创造了条件。

钒铌系微合金化铸钢的其主要优点是高强度、韧性好，有很好的综合的力学性能，同时，还具有良好的焊接性能。4种钒铌微量合金化铸钢的化学成分和力学性能见表2-5和表2-6。

表2-5 钒铌系微量合金化铸钢的化学成分 单位：%（质量分数）

钢号	C	Mn	Si	P	S	Al	Cu	Ti	Nb	V	Mo
ZG06MnNb	≤0.07	1.2～1.6	0.17～0.37	≤0.015	≤0.015	—	—	—	0.02～0.04	—	—
06Mn2AlCuTi	≤0.06	1.8～2.0	≤0.20	≤0.02	≤0.03	0.05～0.12	0.30～0.60	0.008～0.04	—	—	—
08MnNbAlCuN	≤0.06	0.90～1.30	≤0.35	≤0.02	≤0.035	0.03～0.12	0.30～0.50	—	0.03～0.09	0.064	—
MnMoNbVTi	≤0.2	≤1.39	≤0.36	≤0.019	≤0.021	—	—	≤0.019	≤0.03	0.064	0.26

钒铌微合金化铸钢的碳、硫的质量分数均较低，以保证其有良好的韧性和焊接性；钢中加入Mn和Mo影响其转变动力学过程，有助于晶粒细化；Mo还能延缓铌的碳化物在奥氏体中的沉淀，导致铁素体中的细微沉淀相增加，使钢强化，并减轻回火脆性。

表 2-6 钒铌系微量合金化铸钢的力学性能

钢号	热处理	R_m /MPa	$R_{p0.2}$ /MPa	A /%	Z /%	KU_2/J
ZG06MnNb	900℃正火+600℃回火	417	262	28.7	69.4	200
06Mn2AlCuTi	—	528	453	31.0	68.6	136
08MnNbAlCuN	900℃水淬+正火	400	≥300	≥21.0	≥60	48
MnMoNbVTi①	铸态	755	555	13.4	32.6	11
	正火	641	372	22.6	51.2	88
	正火+回火	631	452	23.0	54.0	97

① 硬度值：铸态 214HBW，正火 161HBW，正火+回火 185HBW。

(2) 硼系微合金化铸钢

表 2-7 给出了几种含硼微量合金化铸钢的化学成分。

表 2-7 含硼微量合金化铸钢的化学成分 单位：%（质量分数）

钢号	C	Mn	Si	Cr	Mo	V	B
ZG40B	0.37～0.44	0.50～0.80	0.17～0.37	—	—	—	0.001～0.005
ZG40MnB	0.37～0.44	1.00-1.40	0.17～0.37	—	—	—	0.001～0.005
ZG40CrB	0.37～0.44	0.70～1.00	0.17～0.37	0.40～0.60	0.20～0.30	—	0.001～0.005
ZG20MnMoB	0.16～0.22	0.90～1.20	0.17～0.37	—	—	0.05～0.10	0.001～0.005
ZG40MnVB	0.37～0.44	1.10～1.40	0.17～0.37	—	—	—	0.001～0.005
ZG40CrMnMoVB	0.35～0.44	1.10～1.40	0.17～0.37	0.50～0.80	0.20～0.30	0.07～0.12	0.001～0.005

微量 B（0.001%～0.003%）有强烈的改善钢的淬透性能力，这是因为 B 在钢中形成 $M_{23}(B \cdot C)_6$ 型硼化物，它具有立方晶格，与奥氏体形成低能量的共格界面，这种低能量的共格界面代替了原有奥氏体的高能界面，从而阻止了铁素体在晶界上的形核，延长了奥氏体分解转变的孕育期，使 C 曲线右移。但是，一旦先共析铁素体或贝氏体中的铁素体晶核形成，B 对它们的长大不再产生任何影响。另外，当 $M_{23}(B \cdot C)_6$ 硼化物长大，与奥氏体失去共格界面后，界面能急剧上升，便失去上述作用，相反，晶界上粗大的硼化物使钢的脆性加大，即“硼脆”。虽然表 2-7 中的 B 的上限是 0.005%，实际应将 B 的质量分数控制在 0.001%～0.003%的范围内。

B 易与钢中的 N、O 作用而失效，在熔炼钢液时应注意控制钢液中的 N、O 含量，必要时可用 Al、Ti 脱氧后再加 B。在热处理时，要求低的加热温度和高的冷却速度。硼钢铸件应淬透后回火，不能在未淬透的情况下使用。

(3) 稀土铸钢

我国有着丰富的稀土元素资源，利用稀土元素改善钢的性能，是稀土元素的最大用途之一。但是关于它在钢中的作用机理，目前尚不十分清楚。初步认为其作用是：净化钢液、改善钢中夹杂物的形态及分布、改善铸态组织及改善钢的性能等。

1) 净化钢液 稀土元素是强脱氧剂，在炼钢温度下加入 0.15%稀土混合金属，可使钢中含氧量由 0.01%降至 0.003%以下。

稀土元素对氢也有强的结合力，在室温下，氢能被稀土元素吸收，在 300℃左右迅速生成

RE_3H_3 型氢化物，而将钢中氢固定，因而能消除或抑制氢在钢中的危害（如氢脆、白点等）。

净化作用还表现在稀土元素能与钢中的低熔点杂质元素如铅、锑、铋和砷等形成高熔点化合物，以消除这些元素沿晶界分布所造成的脆性。

2）改善夹杂物形态及分布　稀土元素对硫的结合能力仅次于钙，因此它在钢中可起进一步脱硫作用，从而减轻钢中硫的危害。

稀土元素减轻或消除硫在钢中的危害，更主要的是通过改变硫化物形态及分布来实现。钢中的夹杂物通常为硫化物、硅酸盐及氧化铝，一般情况下它们并不是以单独形态存在，而是结合在一起，形成钢中不同形态的复合硫化物。它们有的在晶间以薄膜状或链状分布，严重损害钢的性能。稀土元素的加入，可将钢中的夹杂改变为稀土硫化物、稀土氧化物及稀土硫氧化物。它们的熔点远比原有夹杂的高，在钢液中易聚集成球状而浮出，使钢中夹杂物数量减少。而残留在钢中部分也呈球团状在晶粒内分布，所以危害性减小。

3）改善铸态组织　稀土元素在钢中有一定的细化晶粒作用，尤其是可以消除柱状晶及魏氏组织。在ZG35钢中，加入0.15%稀土合金可消除经常出现的魏氏组织。

2.2.5　特殊低合金钢

（1）抗磨低合金钢

由于低合金钢的力学性能，特别是硬度可以在很大范围内调整，使它兼有良好冲击韧性和耐磨性，耐磨钢加入合金元素的目的是为了提高淬透性、韧性和耐磨性，常用的合金元素为Cr、Mo、Ni、Si等。抗磨低合金钢有珠光体型、马氏体型和奥氏体-贝氏体型，现分述如下。

1）珠光体型抗磨钢　往钢中加入少量铬、钼可得到高温稳定性好的全珠光体基体，采用0.60%～0.85%C可使钢的强度、硬度提高。典型珠光体抗磨钢成分：0.60%～0.85%C，1.50%～2.0%Cr，0.35%Mo，0.80%Mn，0.30%～0.70%Si，≤0.75%Ni，经正火回火处理后硬度达到HBW300～415。

2）马氏体抗磨钢　利用铬、镍、钼、硅、锰多元合金化得到很高的淬透性，通过水（油）淬在较大截面上获得高硬度的马氏体基体。含碳量对马氏体钢的硬度和耐磨性影响很大，如图2-21所示。为了满足不同工况的需要，按含量分为低碳（0.2%～0.3%）和高碳（0.35%～0.60%）两类马氏体钢，前者适用于承受较大冲击和耐磨的零件，如推土机端齿等，后者适用于冲击负载较小但要求抗磨粒磨损的零件，如破碎机衬板等。

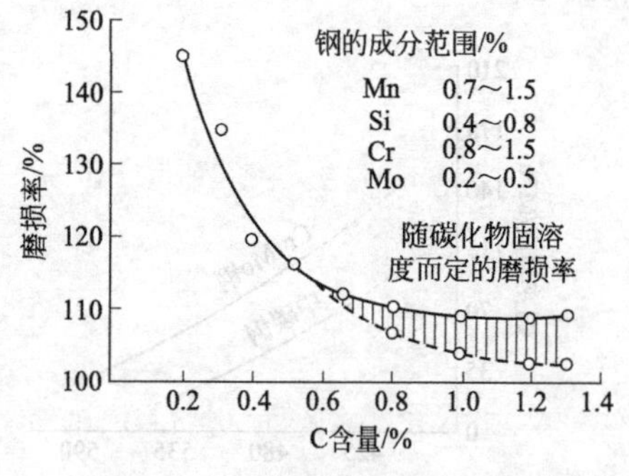

图2-21　含碳量对马氏体抗磨钢耐磨性的影响

低碳马氏体钢成分：0.28%～0.30%C，0.80%Mn，0.60%～1.90%Cr，0.50%～1.50%Si，0.60%～1.90%Ni，0.20%～0.5%Mn，并加0.06%～0.10%V或0.0005%B以细化晶粒，提高强韧性。经水淬后硬度达到HBW350～475。

高碳马氏体钢成分：0.35%～0.60%C，0.60%～2.0%Cr，0.50%Mo，0.60%～1.40%Mn，0.7%Si，≤1.5%Ni，经油淬后得到高硬度马氏体基体。

3）奥氏体-贝氏体抗磨钢　成分为0.6%～0.9%C，2.3%～2.4%Si，0.3%Mo的铸

钢，320～360℃等温火淬火后得到奥氏体基体，力学性能达到 R_m＝1310MPa，A＝15%，它的高抗磨性来源于组织中的贝氏体以及可产生加工硬化作用的奥氏体。

(2) 低合金耐热钢

前面介绍的高强度低合金钢，如 ZG20CrMo、ZG20CrMoV，不仅强度高，而且有好的高温抗蠕变性能。

铬在低合金钢中部分溶入固溶体中提高基体的高温性能，铬碳化物在高温条件下聚集缓慢，阻碍晶界滑移，使钢保持较高的强度、硬度。钼能显著提高钢的再结晶温度（1%Mo 提高再结晶温度 115℃），并促使 Mo_2C 碳化物弥散析出，防止回火脆性，从而提高高温强度。铬和钼联合作用即可显著改善蠕变性能。钒不仅因为形成高熔点化合物 V_4C_3、VN 起非均质晶核作用而细化晶粒、提高强度，它们分布在晶界上阻碍滑移，从而提高抗蠕变能力，如图 2-22 所示。例如 ZG20CrMoV 钢 560℃持久强度 R_m/1000h 达到 90～100MPa。

(3) 低温钢

纯铁的韧-脆性转变温度约为－73℃，但钢中基本元素碳、硅、磷都降低铁素体的韧性，只有锰提高其韧性。因此，碳钢的韧-脆性转变温度约为－40℃。为了降低韧-脆性转变温度，必须适当地降低含碳量和硅量，严格控制含磷量，同时适当地提高含锰量。

另一方面，钢的晶粒度也对钢的低温韧性有重要的影响。细的晶粒度具有大的晶界上的脆性比表面积，能同时提高钢的强度和塑性，并使晶界上的脆性相和夹杂物得以分散，因而能使韧-脆性转变温度下降。为了细钢的晶粒，可适当地加入少量（0.03%～0.04%）铌、钛或钒，以便形成导质晶核，但数量不可过多，否则形成晶界脆性相而使韧性降低。

由于镍和铜具有使铁素体韧化的作用，故低温钢中常含有镍和铜。镍对钢的低温韧性的影响如图 2-23 所示。国外低合金低温钢含 3.0%～4.0%Ni，工作温度－110℃。我国低温钢 ZG06MnNb 含 0.03%～0.04%Nb，使用温度－90℃；ZG06AlNbCuN 含 0.04%～0.15%Al，0.30%～0.40%Cu，0.01%～0.015%N，0.04%～0.08%Nb，工作温度－120℃。

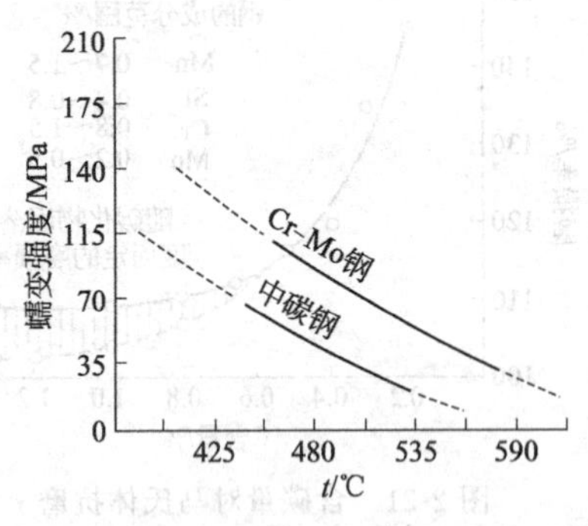

图 2-22 正火回火铬钼钢和中碳钢的蠕变强度（σ_b/100000h）比较

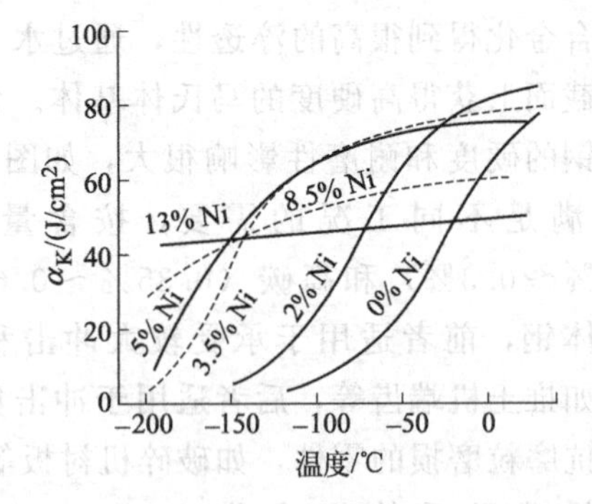

图 2-23 镍对钢低温韧性的影响（图中的百分数指镍在钢中的质量分数）

2.2.6 铸造低合金钢的热处理

在铸造碳钢条件下，热处理是为了细化晶粒、改善铸态组织和消除铸造应力。而对于低合金铸钢件，热处理不仅具有上述的作用，而且还要发挥合金元素提高淬透性的作用。因此，低合金钢的主要热处理方式是淬火＋回火或正火＋回火，低合金钢铸件的热处理工艺特点如下。

（1）预先退火热处理

由于低合金钢中合金元素偏析倾向大，加上钢的导热性能差，在铸件凝固和冷却过程中所产生的内应力比碳钢铸件更大，铸件更容易变形和开裂。因此应先进行消除应力和细化组织的退火处理，以后再进行铸件的粗加工和其后的淬火-回火或正火-回火处理。预先退火的加热温度见表2-8。对于一些大型铸件，由于钢的晶粒内部元素的偏析程度更大，故当必要时还可采取扩散退火。扩散退火的加热温度高（1000℃以上）。保温时间长（10多个小时），不仅多消耗能源，而且还使铸件表面氧化，并可能产生铸件变形，因此只有在特殊需要时才采用这种热处理方式。

表2-8 铸造低合金钢的热处理温度 单位：℃

钢种	预先退火温度	淬火或正火温度	回火温度
低Mn	850～950	870～930	600～680
低Mn-Cr	930～1000	870～930	600～680
Si-Mn	850～1000	850～900	600～680
低Mo	900～1000	870～930	600～700
Cr-Mo	870～1000	870～930	650～750

（2）淬火（正火）温度及保温时间

在低合金钢中，由于多数合金元素有稳定渗碳体的作用，并且合金元素在奥氏体中扩散速度比铁和碳都慢得多，故在低合金铸件加热至奥氏体相区时，渗碳体的溶解及奥氏体内部成分均匀化的过程比碳钢慢得多。为了加速这一过程，在低合金钢铸件淬火或正火时。可采取比碳钢铸件更高一些的加热温度，一般采用在A_{c_3}+(50～100)℃。表2-8中列举了一些铸造低合金钢的加热温度。低合金钢铸件的保温时间与碳钢铸件相同，一般是按照铸件壁厚决定，每25mm增加1h保温时间。

（3）回火后的冷却速度

合金元素锰、铬和单独使用的钼，都会促使钢产生回火脆性。而当钼与锰或铬配合使用时，能抑制钢的回火脆性。但在任何情况下，低合金钢铸件在回火后，均应采取快冷。即使是加钼的锰钢或铬钢，采取快速冷却也能改善其力学性熊，特别是屈服强度和韧性。因此在铸件结构条件允许，不易产生变形和开裂条件下，可采取水冷。

2.2.7 低合金钢的铸造性能

如前所述，低合金钢的组织和相应的碳钢相似，所以在制定铸造工艺时，可在碳钢的基础上，考虑低合金钢的铸造性能特点，稍加修改即可。合金元素对钢铸造性能的影响，主要表现在流动性、收缩及热裂等方面。

（1）流动性

Cr、Mo、V、Ti、Al等合金元素，降低钢液流动性，因为它们在钢液中形成高熔点的氧化物或碳化物，使钢液变黏，尤其是当含量较高时，钢中非金属夹杂物增多，并常在液面形成坚实的氧化膜，这不仅严重降低流动性，还会使铸件出现皱皮和冷隔，因此必须选用适当高的浇注温度和较快的浇注速度。

Mn、Ni、Cu等合金元素，它们在钢液中不形成高熔点的固相化合物质点，并能降低钢的液相线温度，例如，在含C量为0.25%～0.45%的钢中，加入约1.5%的Mn后，其液相线温度由 1520～1427℃降至 1510～1450℃，其固相线温度则由 1510～1430℃降至 1500～1400℃。因此，锰量的增加，在同一浇注温度下，钢液的实际流动性有所提高。硅使液相线降低的倾向更大，故含硅的钢液流动性常能得到进一步的改善。

但在生产中也发现，当用含锰、镍等低合金钢液浇注湿型薄壁铸件时，钢液表面也很易出现较完整坚韧的氧化膜，这层氧化膜直接阻碍钢液的充型与上升，因而造成铸件浇不足和表面皱纹等缺陷。铸件表面皱纹的形成过程，如图 2-24 所示。

在低合金钢中，含碳量对流动性也仍起着重要作用。例如 ZG30MnSi 比 ZG20MnSi 的流动性好。

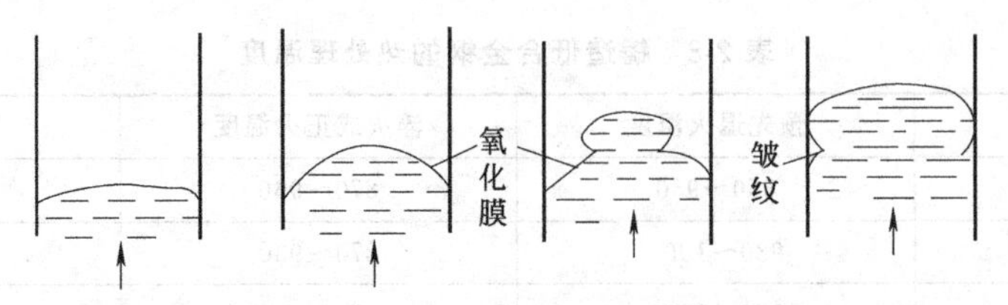

图 2-24　ZG40Mn 铸件表面皱纹的形成

（2）裂纹倾向

低合金钢和碳钢在铸造性能方面的主要差别表现在形成裂纹的倾向上，由于低合金钢中的元素偏析大，导热性又比较低，致使其产生裂纹的倾向更为严重。

一般来说，合金元素会降低钢的导热性，如图 2-25 所示。因此，铸件在凝固和冷却过程中，各部位（特别是形状复杂、壁厚不均匀）的温差较大，产生较大的内应力，容易出现裂纹。随着含碳量的增加，低合金钢的热裂和冷裂倾向均加大。

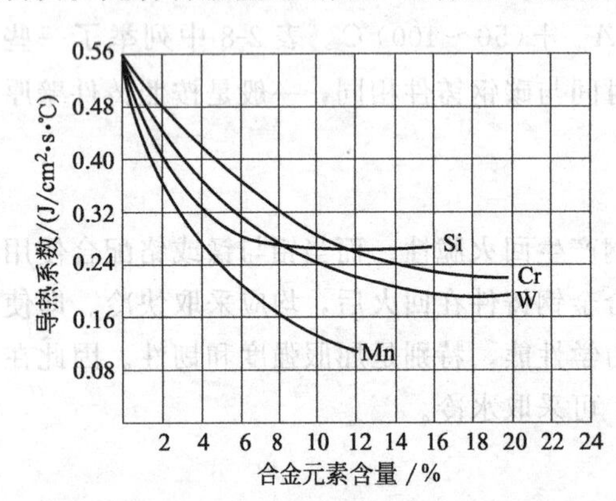

图 2-25　几种合金元素对钢的导热性的影响

其次锰、硅、铬等元素能降低钢的导热性，又在一定程度上增大结晶温度范围，从而降低冷却速度，促使产生粗大的晶粒，晶内偏析也较严重。铸件中合金元素的偏析，加大了钢中相变的不同时性，从而加大了相变应力。相变应力和上述热应力的叠加，使得低合金钢铸件表现出较大的开裂倾向。例如：锰结构钢铸件，由于锰扩大结晶温度间隔，其热裂倾向较大；铬锰硅钢、硅锰钢、铬钢铸件，由于结晶组织粗大，其热裂倾向也比较大。锰钢、硅锰钢、铬钢、铬锰硅钢等铸件，由于导热性低，铸件凝固后冷却不均匀，产生较大的内应力，冷裂倾向严重。含钼、钒、钛等元素的钢，因钼能提高钢的高温性能，钛和钒能细化晶粒，减轻枝晶偏析，故能降低钢铸件的裂纹倾向。

（3）铸造工艺特点

针对铸造低合金钢形成裂纹倾向大的特点，在工艺上应注意以下几点。

1）减小热应力　为了减小由于冷却不均匀所形成的热应力，在工艺设计中更应当注意采用热量分散原则，即多设冒口，分散布置冒口，避免局部热量集中，是铸件各部分冷却比较均匀。

2）加入细化晶粒的合金元素。加入微量的 V、Ti、Nb 等元素，能使晶粒细化，并减轻枝晶偏析；从而减小铸件开裂倾向。

3）推迟打箱时间　特别是采用水爆清砂工艺时，更应适当增加铸件在铸型中的保温时间。据有关资料介绍，10t 以下低合金钢铸件的保温时间比相同含碳量的碳钢铸件应长一倍左右。采用水爆清砂时，500kg 以下的铸件，保温时间也增加 50%～100%，5t 以下铸件，增加 1～2 倍。因此水爆清砂应严格控制入水温度。

低合金钢在水爆中容易开裂的原因，除了前述的铸造应力外，还可能与淬透性高有关，当铸件厚大部分中心的温度高于过冷奥氏体转变临界温度（如 A_{r_1}）时，就有可能在水爆中发生马氏体相变，而引起巨大的相变应力。

4）严格控制浇注温度　勿使浇注温度过高，以减少温差，防止热裂。

5）切割冒口前，铸件应先进行正火和退火。在不低于 100℃ 的温度下切割，然后再进行回火，回火后，在空气中冷却以防回火脆性。

6）采用控制凝固的先进工艺　为了获得更高质量的铸件，应采用定向凝固或电渣熔铸等先进工艺。这些先进工艺已应用于生产喷气涡轮叶片、飞机起落架、炮身等高性能的构件，是提高铸件质量的有效措施。

2.2.8　低合金铸钢的焊接性能

在铸造碳钢中，焊接性能如何主要取决于钢的含碳量，而在铸造低合金钢中，焊接性能不仅取决于含碳量，而且还受合金元素的影响。合金元素在不同程度上提高钢的淬透性，在焊接过程中，促使热影响区内钢发生马氏体转变。故合金钢铸件在焊接过程中，在热影响区内产生较大的相变应力，易导致开裂。故多数合金元素均降低钢的焊接性能。只有铌和钛等少数元素能改善钢的焊接性能。铌和钛的氧化物在电焊的弧光高温下形成液态渣，具有一定的导电性和稳定电弧的作用，因而有利于焊接性能。低合金钢中的主要合金元素对焊接性能的影响可以折合成相应的碳分，而与钢的含碳量作统一考虑，称为碳当量 CE，其值可表示为：

$$CE=w_{\mathrm{C}}+\frac{w_{\mathrm{Mn}}}{8}+\frac{w_{\mathrm{Si}}}{24}+\frac{w_{\mathrm{Ni}}}{40}+\frac{w_{\mathrm{Mo}}}{4}+\frac{w_{\mathrm{V}}}{14} \tag{2-4}$$

CE 值越大，则焊接性能越差。为保证钢的焊接性能，应控制碳当量在 0.44%以下。

2.3　铸造高合金钢

铸造高合金钢含有 10%以上的一种或多种合金元素。加入大量合金元素的主要目的是改变合金的物理及化学特性，即改变材料的耐热性、耐蚀性和耐磨性，但其强度、韧性、塑性比特种铸铁高得多，而且具有特种铸铁所缺乏或没有的加工性和焊接性。因此，对那些既要求高强度、高韧性又要求承受高温、耐蚀或抗磨的机械零件应选用高合金耐热钢、不锈钢或抗磨钢。

2.3.1　铸造高锰钢

高锰钢是铸造耐磨钢中应用最广泛的一种，它由英国人 R. A. Hadfield 于 1882 年发明，故又称 Hadfield 钢。高锰钢含约 13%Mn，铸态组织为奥氏体及碳化物，经水淬处理后碳化物固溶于奥氏体，得单相奥氏体或奥氏体加少量碳化物组织，具有很好的塑性、韧性，裂纹扩展速率很低，工作时如受大冲击负荷或接触应力作用，表层奥氏体产生加工硬化作用，迅速提高硬度而具有很高的耐磨性，成为内软外硬、可承受强冲击负荷而不破裂的耐磨钢，可制作球磨机衬板，破碎机牙板、颚板，挖掘机的斗齿，坦克及拖拉机的履带板等。

（1）高锰钢的成分、组织及性能

表 2-9 为《奥氏体锰钢铸件》GB/T 5680—2010 中含 Mn13%的铸造高锰钢牌号及化学成分。

表 2-9 含 Mn13%奥氏体锰钢铸件的牌号及化学成分（摘自 GB/T 5680—2010）

牌号	化学成分/%(质量分数)								
	C	Si	Mn	P	S	Cr	Mo	Ni	W
ZG110Mn13Mo1	0.75～1.35	0.3～0.9	11～14	≤0.060	≤0.040	—	0.9～1.2	—	—
ZG100Mn13	0.90～1.05	0.3～0.9	11～14	≤0.060	≤0.040	—	—	—	—
ZG120Mn13	1.05～1.35	0.3～0.9	11～14	≤0.060	≤0.040	—	—	—	—
ZG120Mn13Cr2	1.05～1.35	0.3～0.9	11～14	≤0.060	≤0.040	1.5～2.5	—	—	—
ZG120Mn13W1	1.05～1.35	0.3～0.9	11～14	≤0.060	≤0.040	—	—	—	0.9～1.2
ZG120Mn13Ni3	1.05～1.35	0.3～0.9	11～14	≤0.060	≤0.040	—	—	3～4	—

注：允许加入微量 V、Ti、Nb、B 和 RE 等元素。

图 2-26 为 Fe-C-Mn 三元合金相图含 Mn13%的成分截面图，由图可见，Mn13%和 C1.3%的钢在常温下应有 $\alpha+M_3C$ 组织，但在铸造的冷却条件下，相变达不到平衡状态，因而高锰钢的铸态组织主要由奥氏体、碳化物及少量的相变产物珠光体所组成，如图 2-27 所示。

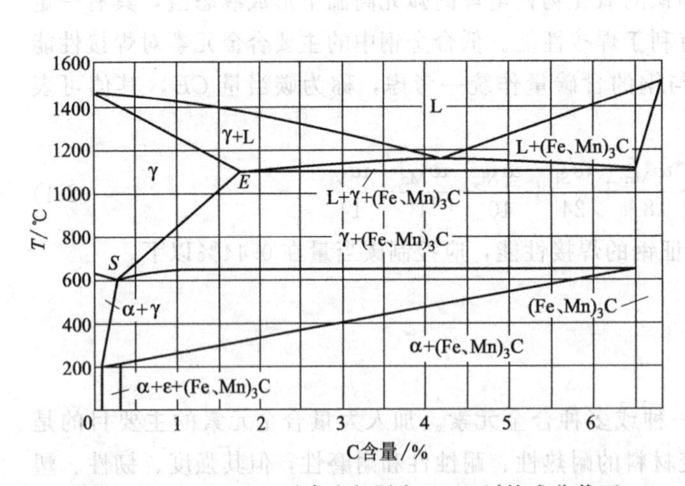

图 2-26 Fe-C-Mn 三元合金相图含 Mn13%的成分截面

图 2-27 高锰钢铸态组织

由于高锰钢铸态组织存在大量碳化物，故性能不高，但经热处理后达到 $R_m>637\sim735$MPa，$R_{p0.2}>396$MPa，$\alpha_k>150\text{J/cm}^2$，HBW＜229，加工硬化后表层硬度上升到 HBW450～550。

高锰钢的焊接性能很差，因为其导热率仅为碳钢的 1/3，焊接过程易产生大应力而开裂，并形成大量氧化锰夹杂，降低力学性能。

高锰钢有强的加工硬化现象，故很难进行切削加工，因此，高锰钢铸件一般都不进行机械加工，铸件的沟、槽、孔应尽量铸出。

(2) 高锰钢的热处理

高锰钢的基本热处理是固溶化处理，又称为水韧处理。因为高锰钢的铸态组织中有大量沿奥氏体晶界析出的网状碳化物，它大大降低钢的韧性。为了消除这些铸态碳化物，将钢加热至奥氏体相区温度（1050～1100℃，视钢中碳化物尺寸而定），并保温一段时间（相当于每25mm壁厚保温1h），使铸态组织中的碳化物都溶解到奥氏体中。由于高锰钢含碳量高，为保证碳化物彻底溶解，选择1050～1100℃固溶，然后在水中进行淬火，其热处理工艺如图2-28。由于快冷而使碳化物来不及析出，从而得到单一的奥氏体组织，如图2-29所示。这种用于高锰钢的通过固溶、水淬而获得高韧性的热处理方法即所谓的水韧处理（water toughening）。

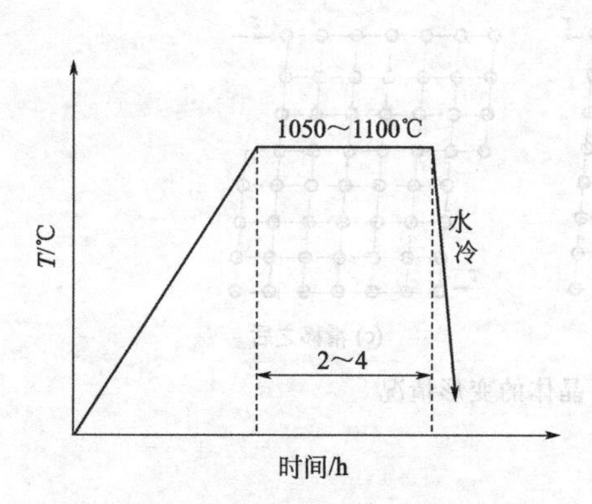

图2-28 高锰钢铸件的热处理工艺

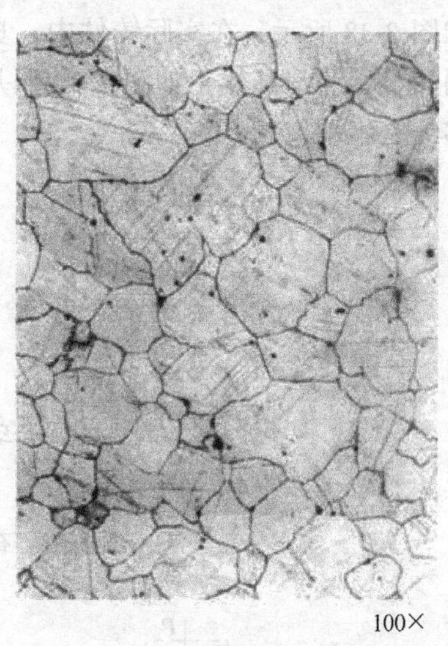

图2-29 高锰钢水韧处理后的组织

高锰钢的导热率低，加热过程中铸件会产生较大的内应力，同时铸态组织中碳化物又降低了钢的韧性，因而加热时开裂的可能性较大，所以应严格控制加热速度。到600℃以上时，钢的韧性提高，加热速度可适当提高。

热处理保温温度应保证碳化物快速溶解，但又不致因温度过高而使奥氏体晶粒粗大，晶粒一旦粗大，则不可能消除，从而影响钢的性能。在淬火过程中，由于碳化物析出倾向很大，所以铸件从出炉到入水的时间越短越好。一般应保证铸件入水温度不低于1000℃，否则，淬火前就可能有碳化物析出。由于此时钢已具有全奥氏体组织，塑性很好，淬火时虽然在铸件中会产生很大的内应力，也不致开裂。

(3) 高锰钢的加工硬化机理

高锰钢经水韧处理后，是单一的奥氏体组织。它的塑、韧性非常好，但是，当其表面受到冲击发生变形后，会产生变形强化，或称加工硬化，使硬度提高。变形程度越高，硬度也越高。受冲击后工件由表及里的硬度变化如图2-30所示。由于硬化层下面仍是奥氏

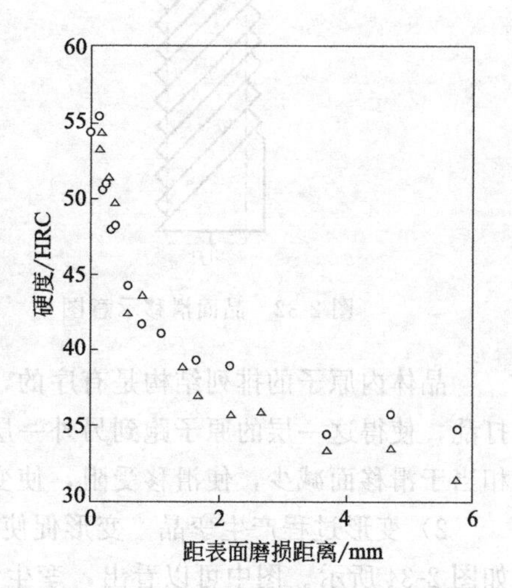

图2-30 破碎机衬板、锤头的加工硬化
○—衬板；△—锤头

体，两者有牢固的结合。这种硬、韧兼备的综合性能，使之具有抵抗冲击磨料磨损的特性。当表面硬化层被逐步磨耗后，在外力冲击下，会使硬化层向内发展，从而可以使之始终保持一个稳定的硬化层。

高锰钢为什么会产生加工硬化从而保持良好的耐磨性。归纳有以下主要原因。

1）变形产生晶格的层错排列　一个晶体的原子密排面上，原子之间的结合力很强，很难使之破坏。但是，密排面与密排之间的结合力较弱，在受到剪切应力的作用下，会产生滑移。有滑移，就有变形，当滑移受阻时，变形也就困难了。图 2-31 为剪切应力作用下晶体的变形情况。如果应力的作用继续下去，这种滑移也会继续下去。由于晶体内的滑移面很多，它们之间有的是相互平行的，在剪切力的作用下产生滑移一样，一个晶体的晶面滑移示意如图 2-32 所示。在实际铸件中，奥氏体高锰钢是由多晶体组成，不同晶粒其滑移的方向不同，显示的滑移线正如图 2-33 照片看出，一个晶粒内的滑移线是平行的，但不同晶粒的滑移线是不平行的。

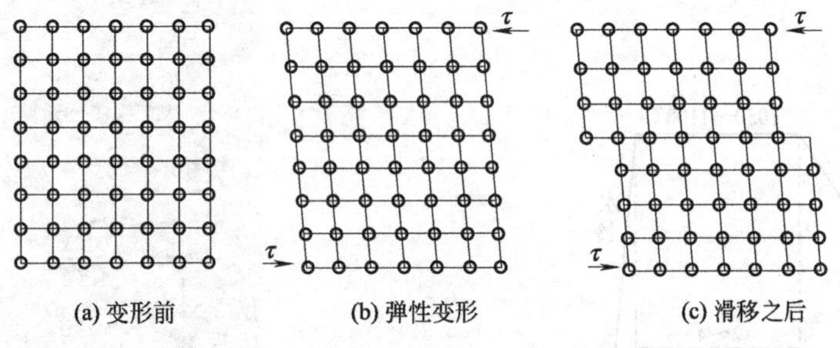

图 2-31　在剪切应力作用下晶体的变形情况

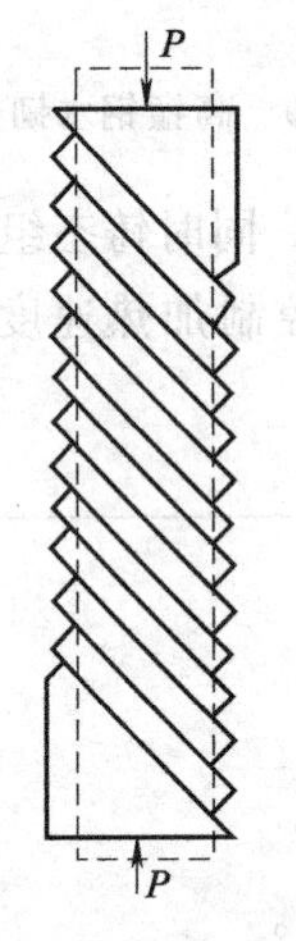

图 2-32　晶面滑移示意图

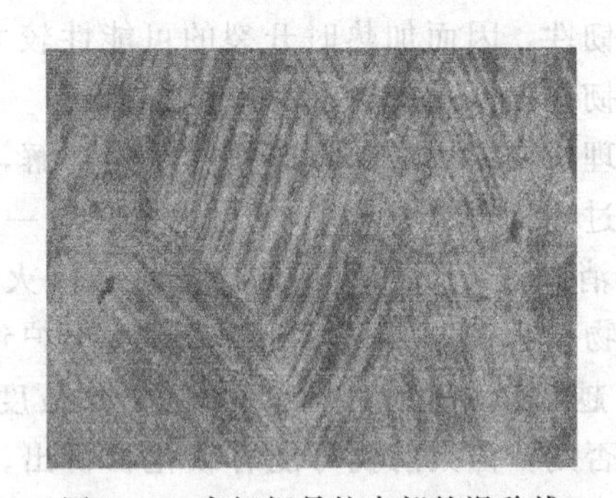

图 2-33　高锰钢晶粒内部的滑移线

晶体内原子的排列结构是有序的，在受到外力产生滑移时，有些区域的原子排列顺序会打乱，使得这一层的原子跑到另外一层上去，这种原子排列的错乱称为层错。层错的产生，相当于滑移面减少，使滑移受阻，使变形困难，这就是加工硬化的原因之一。

2）变形过程产生孪晶　变形促使层错的形成，外力继续加大就会产生孪晶，其示意图如图 2-34 所示。图中可以看出，孪生面两侧的晶体排列是一样的，孪生面处滑移受阻，外力不足以促使滑移的扩展。当孪晶数量很多时，相当于出现了很多碎晶，这些碎晶使位错闭锁，阻碍变形的继续进行，促成了加工硬化。

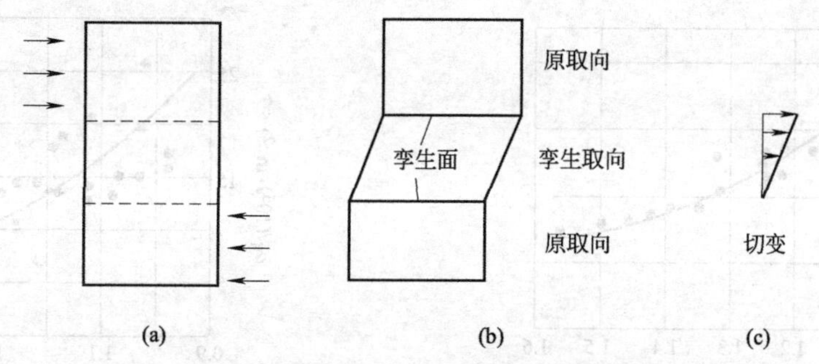

图 2-34 孪生前 (a) 后 (b) 晶体的形变及孪生切变 (c)

3) 变形产生形变马氏体 从奥氏体向马氏体转变时伴随有体积的膨胀，工件受拉时分解出的正应力与剪切应力有利于马氏体的形成，变形过程中产生的层错又容易成为新相的晶胚，从而在滑移面上会出现弥散分布的马氏体晶粒，提高了变形的阻力，促使加工硬化的形成，图 2-35 所示为变形量、硬度与马氏体量的关系。

4) 变形使滑移面上析出碳化物 变形过程中滑移面上吸收外力的冲击功，转变为热能，局域温度升高，促使碳化物析出是高锰钢加工硬化的主要原因。在含碳高的高锰钢中（如 C1.4%，Mn 12.3%，Si 0.65%，S 0.008%，P 0.01%）变形时更容易析出碳化物，而且变形量越大，沿滑移面及晶界处析出的碳化物数量越多，图 2-36 为析出相数量、硬度及冷加工能量的关系。随冷加工能量的增加，析出相的数量、硬度均有增加。图中纵坐标表示的 Fe 含量%为碳化物 $(Fe\cdot Mn)_3C$ 中的含量，此值越高，碳化物数量越多。碳化物的析出封闭了滑移面，使变形受阻，促使了“加工硬化”。

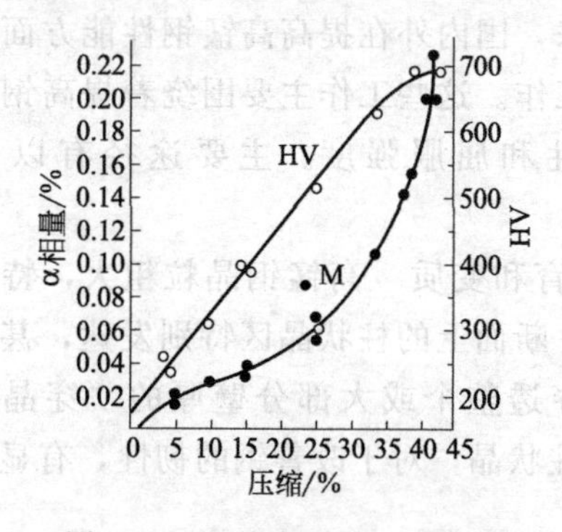

图 2-35 压缩变形量、硬度与马氏体量的关系

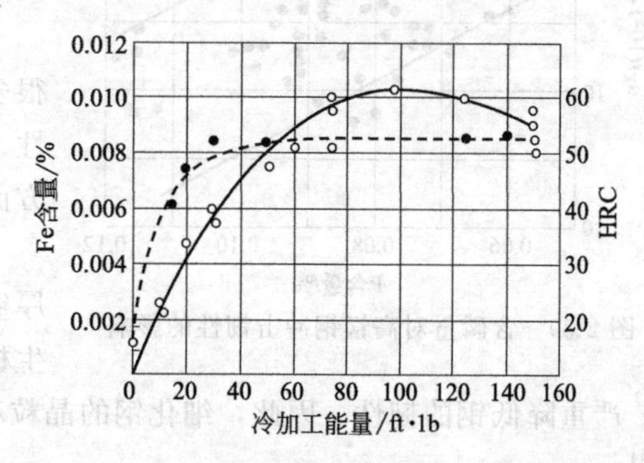

图 2-36 析出相数量、硬度及冷加工能量的关系

——Fe%；······ HRC

注：1ft · lb＝1.36J

(4) 化学成分对高锰钢性能的影响

1) 含碳量和含锰量 钢中含碳量与含锰量之间应有适当的配合。含碳量过低时，则由形变而产生的硬化效果较低；含碳过高时，则在水韧处理状态下仍不能避免碳化物的析出。同时，含碳量高时，还使碳化物长得粗大，以至在固溶处理过程中难以完全固溶到奥氏体中，从而导致钢的性能降低。为了保证高锰钢形成单一的奥氏体组织，需要有足够的含锰量，而过高的含锰量不利于钢的加工硬化性能。一般选择 Mn/C 值为 8～10。铸件愈厚，则其中心部分愈易于析出碳化物，因而应取较高的 Mn/C 值。当含锰量是在规格范围内时，

增加含碳量会使钢的抗磨性能提高，但会降低其韧性，如图 2-37 和图 2-38。

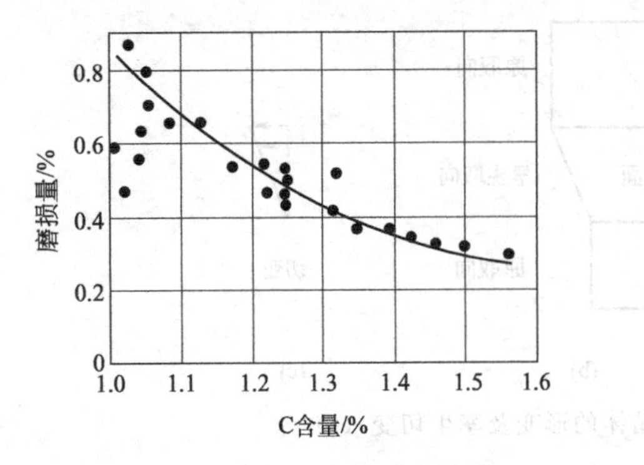

图 2-37　工作 778h 后，高锰钢的磨损量与含碳量的关系

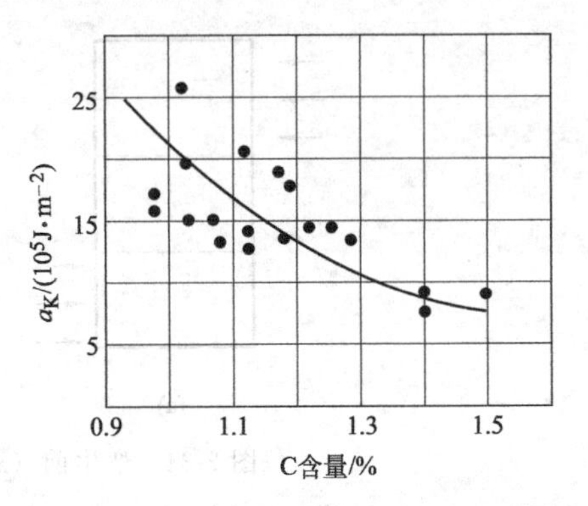

图 2-38　含碳量对高锰钢冲击韧性的影响

2）含硅量　高锰钢中硅的规格含量为 Si0.3%～1.0%。硅降低碳在奥氏体中的溶解度，促使碳化物析出，使钢的抗磨性和冲击韧性均降低。

3）含磷量　熔炼高锰钢时，由于作为原材料的锰铁的含磷量高，因而在一般情况下，钢中含磷量也比其他钢种为高。磷降低钢的韧性，使铸件容易开裂，应尽量降低钢中的含磷量。磷对钢的韧性的影响见图 2-39。

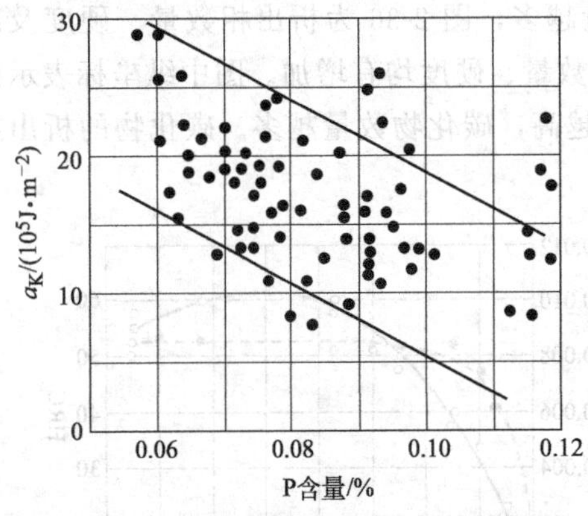

图 2-39　含磷量对高锰钢冲击韧性的影响

4）含硫量　高锰钢中因为含有大量的锰，因而其含硫量经常是比较低（S＜0.03%）的，故硫的有害作用较小。

（5）提高高锰钢性能的途径

近年来，国内外在提高高锰钢性能方面做了很多研究工作。这些工作主要围绕着提高钢的韧性、抗磨性和屈服强度。主要途径有以下几方面。

1）孕育和变质　高锰钢晶粒粗大，特别是厚壁铸件，断面上的柱状晶区特别发达，甚至发生柱状晶穿透整个或大部分壁厚的“穿晶”现象，严重降低钢的韧性。因此，细化钢的晶粒和消除柱状晶，对于改善钢的韧性，有显著的效果。

往钢中加入钛、锆、铌和钒，能形成这些元素的碳化物和氮化物，在高锰钢的结晶过程中，起到异质晶核的作用。为了起到有效的孕育作用，单项元素加入时，Ti 为 0.10%～0.15%或 Zr 为 0.10%～0.20%；复合加入时，Ti 为 0.06%～0.12%，V 为 0.20%～0.35%。为了能有效地在钢液中形成这些元素的氮化物，可在加入合金元素的同时，往钢中吹入一些氮气或加入含氮的合金，如氮化锰等，孕育处理一般采用冲入法。

采用钨粉或锰铁碎屑（粒度 1～2mm）在浇注钢液过程中撒布，以实现悬浮浇注，也能有效地细化晶粒，钢液中均布的结晶核心能细化钢的组织。但为了得到良好的效果，必须保证这些颗粒在钢液中均布，而避免聚集在型内的某些局部。并且应控制钢液温度，以免温度过低不能很好地熔化，或温度过高，将悬浮颗粒整体熔化或溶解，而起不到孕育作用。

用稀土变质（加入的稀土占钢液重的 0.1%～0.2%），能有效地减弱树状晶的生长，缩小柱状晶区的比例，从而显著提高钢的韧性。

2）时效强化　为了进一步提高高锰钢的硬度，可采用析出强化的途径。方法是往钢中加入固溶度随温度下降而降低的元素，如钒、钛和钼。这些元素都属于碳化物形成元素，在钢的热处理过程中，以碳化物形式析出。钒或钼可单项加入或复合加入。当复合加入时，可加入V0.2%～0.3%，Mo0.7%～0.8%，还可加入Ti0.1%～0.2%作为辅助合金元素，进一步增强效果。热处理方法是将钢在1080℃固溶后，水淬，并在350℃温度进行8～12h的人工时效，可在奥氏体中析出高度弥散的，富钼、钒、钛的微细颗粒碳化物，从而显著提高高锰钢的硬度和抗磨性。为了增强时效强化效果，可适当提高钢的含碳量和降低含锰量，从而使奥氏体基体有较高的强度和硬度，这样可使析出相能更充分地产生其强化效果。

3）合金化　高锰钢的屈服强度比抗拉强度低很多，因此不能充分发挥其强度方面的作用。为了提高钢的屈服强度，可对高锰钢进行合金化。合金元素对高锰钢性能的影响如图2-40所示。合金元素的作用如下。

① Cr　加铬高锰钢中铬的常用质量分数为1.5%～2.5%。与普通高锰钢相比，加铬高锰钢的屈服强度及初始硬度较高，但塑性、冲击吸收能量均降低。在强冲击的磨料磨损工况，加铬高锰钢的加工硬化性能较好，耐磨性也有一定的提高。

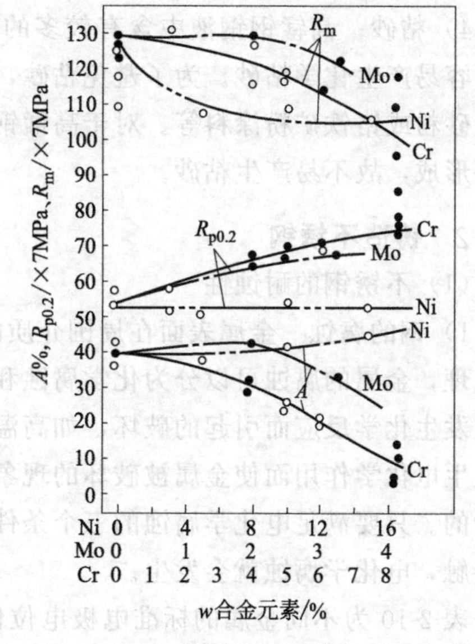

图2-40　铬、钼、镍对高锰钢力学性能的影响

高锰钢主要化学成分：w_C=1.1%～1.21%，w_{Mn}=14.5%～15.5%，w_{Si}=0.4%～0.85%

② Mo　高锰钢中钼含量通常小于2.0%。钼能提高高锰钢的屈服强度（见图2-40），且冲击韧性不降低，甚至有所提高。钼能推迟或抑制碳化物的析出，对厚大断面高锰钢件的水韧处理十分有益，且减少了高锰钢件铸造、焊接、切割及高温使用（>275℃）过程中的开裂倾向。钼还能提高高锰钢的加工硬化性能和耐磨性能。

③ Ni　镍固溶在高锰钢的奥氏体中，明显增加其稳定性。镍能在300～550℃之间抑制碳化物的析出，从而使高锰钢对焊接、切割及使用温度的开裂敏感性减少。镍对高锰钢的屈服强度影响很小，但抗拉强度下降，如图2-40，镍不影响钢的加工硬化性能和耐磨性。

④ V　高锰钢中加入钒时，钒的质量分数一般在0.5%以下。钒细化晶粒，特别是钒、钛联合使用时细化晶粒效果更明显，钒能显著提高高锰钢的屈服强度和初始硬度，但塑性不下降。钒提高高锰钢的加工硬化性能和耐磨性能，尤其是钒、钛联合使用时作用更为明显。

⑤ Ti　高锰钢中加入钛时，钛的质量分数一般为0.05%～0.15%，最大量为0.4%，钛细化晶粒，消除柱状晶，提高高锰钢的力学性能和耐磨性。

⑥ Nb　高锰钢中加入铌时，铌的质量分数一般在0.2%以下。铌细化晶粒，能显著提高高锰钢的强度屈服强度提高近2倍，耐磨性相应提高。

（6）高锰钢的铸造性能

高锰钢由于含锰量高，使其铸造性能特点主要表现在以下几个方面。

1）流动性　由于高锰钢的导热性差，钢液凝固慢，故流动性良好，适于浇注薄壁和结构复杂的铸件。高锰钢的液相线温度较低，仅1370℃左右，故浇注温度一般规定为1420～1470℃。

2）热裂倾向　高锰钢铸件容易发生热裂，这是由于其线收缩大（自由线收缩率约为2.5%～3.0%），且高温强度较低的缘故，铸件在凝固和冷却过程中，常因收缩受到铸型或型芯的阻碍而发生热裂。因此，应注意改善铸型及型芯的退让性，以及采取其他有助于防止热裂的工艺措施。

3）应力　高锰钢由于导热性差，故铸件中的热应力比碳钢件大，特别是在铸态下由于其强度、韧件较低，很容易因叠加其他应力而导致开裂，当用氧-乙炔切割冒口时，由于局部突然受到高温作用而产生很大的应力，在冒口根部易产生裂纹。因此应尽量少用冒口，在可能的条件下采用同时凝固工艺或在局部热节处用冷铁激冷，必须用冒口时，可采用易割冒口。

4）粘砂　高锰钢钢液中含有较多的氧化锰（MnO），因此，当采用石英砂作造型材料时，容易产生化学粘砂。为了避免粘砂，宜采用碱性或中性的耐火材料作铸型，型芯的表面用镁砂粉或铬铁矿粉涂料等。对于高锰钢小件，可采用湿型铸造，由于钢液量少，铸件凝壳很快形成，故不易产生粘砂。

2.3.2 铸造不锈钢

（1）不锈钢的耐蚀性

1）钢的腐蚀　金属表面在周围介质的作用下逐渐被破坏的现象称为金属的腐蚀。按腐蚀机理，金属的腐蚀可以分为化学腐蚀和电化学腐蚀两大类。化学腐蚀是指金属表面与周围介质发生化学反应而引起的破坏，如高温下金属的氧化等。电化学腐蚀是指金属与电解质溶液发生电化学作用而使金属被破坏的现象。实际金属的腐蚀绝大多数是以电化学腐蚀的方式进行的。只要满足电化学腐蚀的三个条件，即有电位差存在、有电解介质、不同电位的金属有接触，电化学腐蚀就会发生。

表2-10为不同金属的标准电极电位值。金属的电极电位愈低，表明该种金属在电解液中愈不稳定；反之，电极电位愈高的金属则愈稳定。从宏观上看，两种不同的金属通过电解介质相接触时，电极电位低的金属会成为阳极而受到腐蚀，且电极电位差越大，腐蚀速度越大。从微观上看，在同一金属内部，不同的组织组成物之间，如晶粒与晶粒、晶粒与晶界、基体与第二相或非金属夹杂物、混合物（如共晶体、共析体）中不同组成相之间等，也存在电极电位差，电位低的组成物被腐蚀。当进行金相分析时，利用化学试剂浸蚀显示金属与合金的组织，就是基于这个原理。总之，一般的钢铁是不耐蚀的，因为，当钢铁暴露于大气、酸、碱、盐等电解介质时，钢铁中的碳化物或其他夹杂物具有较高的电极电位，金属基体由于电极电位较低，成为电化学腐蚀中的阳极而不断地受到腐蚀。

表2-10　不同金属的标准电极电位值

金属	Mg	Al	Mn	Zn	Cr	Fe	Cu	Ni	H	Ag	Au
电位/V	−1.55	−1.30	−1.10	−0.76	−0.51	−0.44	−0.34	−0.23	0.00	+0.80	+1.50

2）不锈钢的耐蚀原理　为了提高金属的耐蚀能力，长期以来，人们进行了许多探索。研究发现，当一定数量的铬加入铁中组成Fe-Cr合金时，该合金在硝酸、浓硫酸等许多电解

介质中有很强的抵抗电化腐蚀的能力，即出现所谓钝态。这种活性金属在电解介质中转变为钝态的现象称为金属的钝化。事实上，除铬以外的许多金属，如镍、硅、钛、铝、铜等与铁形成的合金在一定的条件下也可以发生钝化。但它们大部分都不能像铬那样既有很强的钝化能力同时又能提高钢的力学性能。

金属的钝化是一个复杂的问题，有关的理论也很多，目前还未获得统一认识。较重要的理论有薄膜理论和吸附理论。

薄膜理论认为：含铬钢与周围介质作用时，表面形成一层致密的、主要由 Cr_2O_3 构成的薄膜。这种薄膜在氧化性介质中有良好的稳定性，将钢与腐蚀介质完全隔离开来，使电化学反应不能进行，从而具有耐蚀性。根据薄膜理论，加铬必须满足两个条件：第一，铬必须要有一定的加入量（最低量），以保证形成连续致密的氧化膜；第二，铬在钢中要形成固溶体。如果不是以固溶态，而是以碳化物形式存在时，则对形成膜不起作用。

吸附理论认为，含铬钢与周围介质作用时，表面形成一个吸附层，主要是氧的吸附层。由于氧原子吸附在金属表面上导致金属的电极电位升高，使金属离子不易进入电解介质，从而使耐蚀性提高。该理论的提出是基于图 2-41 所示的实验结果。此理论还指出：当含铬量达到 1/8，2/8，…，n/8 原子百分比时，铁基固溶体的电位呈跳跃式地提高，腐蚀速率也因此而突变地减小。这个变化规律被称为“n/8”规律。

因此，当铁铬合金固溶体中含铬量达到 1/8，即 12.5%原子分数这第一个突变值时，其电极电位由 −0.56V 提高到 +0.20V，这时就可以抵抗大气、水蒸气及稀硝酸等较弱的腐蚀介质的侵蚀。如需抵抗更强的腐蚀介质，如沸腾浓硝酸等，就需增大铬含量达 2/8，即 25%原子浓度或更高。

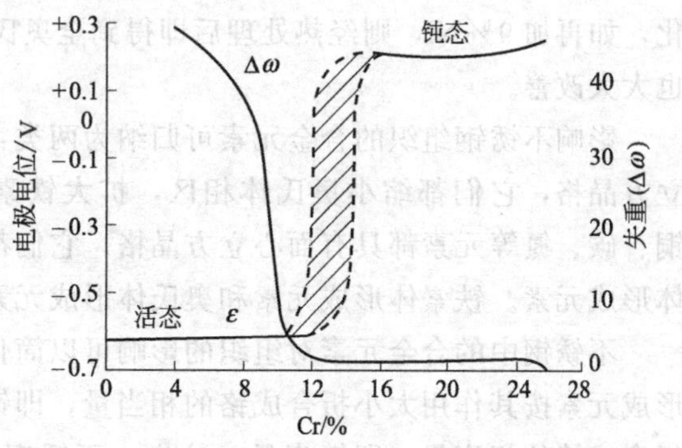

图 2-41 铁铬合金在 $1N$ 的 $FeSO_4$ 溶液中与甘汞电极的比较电位以及在 $3N$ 的 HNO_3 中的腐蚀率

提高钢的耐蚀性除主要采取加入易钝化元素铬形成钝化固溶体外，降低钢的阴极活性也是提高钢的抗蚀性的措施之一。实践中通常采用在合金组织中尽量减少阴极相的面积，最理想的是完全消除阴极相，使合金获得单相组织，则金属的耐蚀性会大大提高。如超低碳钢比高碳钢的耐蚀性好；淬火马氏体的抗蚀性比回火马氏体好；单一奥氏体铬镍钢的抗蚀性非常好等都基于这一原理。

铬不锈钢在硝酸及其他强氧化性介质中具有良好的抗蚀性，但在硫酸以及弱氧化性介质中的抗蚀性较差。这是因为 Cr_2O_3 在弱氧化性介质中不很稳定，Cr_2O_3 膜不能起到有效的保护作用。为了提高钢在硫酸等介质中的抗蚀能力，可加入合金元素镍、钼、铜等。镍加入钢中可提高钢在硫酸、醋酸及中性盐中的抗蚀性。钼加入不锈钢中，可形成含钼的氧化膜，这种膜有很高的稳定性，在很多强腐蚀介质中不易溶解，还可阻止氯离子对钝化膜的破坏。

（2）不锈钢的化学成分、组织和分类

不锈钢的化学成分除铬外，最主要的合金元素是碳和镍，此外，还有锰、硅、铜、氮、钼、钛和铌等。

碳是对不锈钢的组织和性能影响最大的元素之一，它的作用主要表现在以下两个方面。一方面，碳稳定奥氏体，其作用约为镍的 30 倍。因为铬是扩大铁素体相区、缩小奥氏体相区的元素，含铬12%的铁铬合金为无奥氏体相区，低碳含铬14%的不锈钢也是全铁素体组织。随碳含量的增多，获得全铁素体组织所需的含铬量也增多。含C<0.08%时，18%Cr钢为全铁素体组织，加热与冷却时无相变发生，不能淬火强化；含0.08%~0.22%C和18%Cr钢加热时形成奥氏体-铁素体组织，可以部分接受淬火强化，当含C>0.22%时，18%Cr钢加热得到全奥氏体组织，可淬火强化。由此可知，碳对不锈钢的组织影响之大。这种影响反映在力学性能方面，就是不锈钢的强度、硬度随含碳量的增加而提高。

另一方面，由于碳铬亲和力很大，碳可与铬形成一系列复杂的碳化物。在不锈钢中，常见的碳化物为 $(Cr\cdot Fe)_{23}C_6$ 和 $(Cr\cdot Fe)_7C_3$。碳与铬的结合要占用一部分铬。以 $Cr_{23}C_6$ 为例，不锈钢中的碳要与17倍碳量的铬结合。所以，不锈钢的含碳越多，形成 $Cr_{23}C_6$ 所占用的铬也越多，固溶的铬量自然也就减少了，钢的耐蚀性也就随之下降。当固溶的铬量低于11.7%（即1/8原子分数）时，这种钢就不成其为不锈钢了。

所以，从强度和耐蚀性两方面看，碳在不锈钢中的作用是相互矛盾的。认识了这一规律，就可以从不同的使用要求出发，选择不同含碳量的不锈钢。

镍是不锈钢的重要合金元素，它的作用是：①化学性质不活泼，不易氧化，与硫、氯离子不易结合，具有高的化学稳定性。②提高固溶体的电极电位，从而减轻电化学腐蚀。③扩大Fe-C相图的奥氏体相区，如含17%Cr低碳钢原来为全铁素体基体，不能通过热处理强化，如再加9%Ni，则经热处理后即得到全奥氏体基体，不仅强度大幅度提高，而且耐蚀性也大大改善。

影响不锈钢组织的合金元素可归纳为两类：①如铬、钼、钛、铌、硅等元素都具有体心立方晶格，它们都缩小奥氏体相区，扩大铁素体相区，为铁素体形成元素。②如镍、锰、铜、碳、氮等元素都具有面心立方晶格，它们都扩大奥氏体相区，缩小铁素体相区，为奥氏体形成元素。铁素体形成元素和奥氏体形成元素的相对量决定了不锈钢的组织。

不锈钢中的合金元素对组织的影响可以简化为铬当量和镍当量的定量影响，即把铁素体形成元素按其作用大小折合成铬的相当量，即铬当量。而把奥氏体形成元素也按其作用大小折合成镍的相当量，即镍当量。这样，不锈钢的实际组织就可以用一简单的二元状态图表示，如图2-42所示，其中：

$$\text{Cr当量}=(Cr+Mo+1.5Si+0.5Nb)\times 100\% \tag{2-5}$$

$$\text{Ni当量}=(Ni+30C+0.5Mn)\times 100\% \tag{2-6}$$

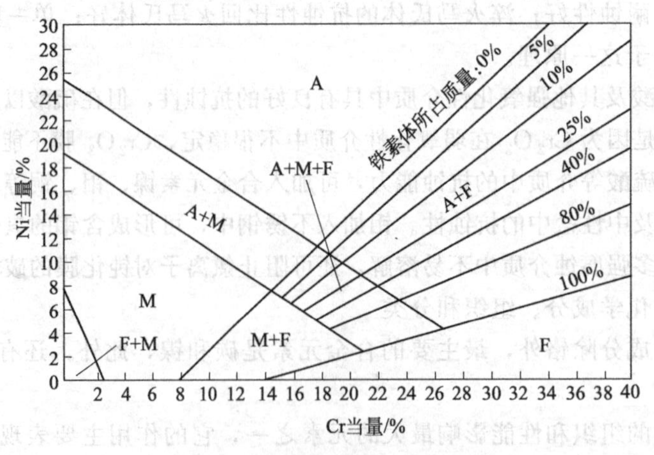

图2-42 不锈钢的组织状态图

按照不锈钢的组织，通常将其分为以下几类。

① 马氏体不锈钢。包括全马氏体组织的马氏体钢、以马氏体组织为主的马氏体-铁素体钢和马氏体-碳化物钢，其共同特点是存在 $\alpha \rightleftharpoons \gamma$ 转变，因而可以大部分或全部进行热处理强化。

② 铁素体不锈钢。铬当量高而镍当量低，即不含镍或含镍很少的高铬不锈钢，其组织为铁素体，不能进行热处理强化。

③ 奥氏体不锈钢。这类钢的镍当量较高，因此常温下其组织也为奥氏体，不能进行热处理强化，这类钢是目前最重要的一类不锈钢。

④ 奥氏体-铁素体不锈钢。这类钢的铬、镍当量介于铁素体不锈钢和奥氏体不锈钢之间，因而具有奥氏体-铁素体双相组织。

⑤ 沉淀硬化马氏体不锈钢。这是近年发展起来的新型马氏体不锈钢，由于其耐蚀件优良、力学性能高而受到重视。这类钢的组织以马氏体为主，可通过沉淀硬化强化。

（3）马氏体不锈钢

与碳钢、低合金钢相比，马氏体不锈钢在大气和较缓和的腐蚀介质中有较好的耐腐蚀性，因而广泛用于制造泵、阀、水电站设备及汽轮机用的铸件。但是，在不锈钢中，这类钢的耐蚀性较低，只适用于大气、河水及弱碱等条件，而且往往不将耐蚀性作为验收指标，只有化学成分来保证。在其他要求耐蚀性条件下作业的铸件，应选用其他种不锈钢。

马氏体不锈钢具有良好的力学性能，强度比奥氏体不锈钢高得多，同时还具有良好的工艺性能和可焊性，因而在工程应用中占有极重要的地位。

1）化学成分　目前，我国已制定了《工程结构用钢中、高强度不锈钢铸件》的国家标准（GB/T 6967—2009），各牌号的化学成分如表 2-11 所示。表中 ZG20Cr13、ZG15Cr13 ZG15Cr13Ni1 和 ZG10Cr13Ni1Mo 的平均铬含量为 13%。在 Cr13 不锈钢中，主要的组元是铬和碳，铬在不锈钢中的根本作用是保证抗蚀性。如前所述，不锈钢中的铬含量必须大于 11.7%，但由于钢中有一定量的碳，碳铬结合要消耗一定量的铬，因而 Cr13 不锈钢的含铬量都稍大于 11.7%，为 12%～14%。铬的含量越多，抗蚀性越好。铬除保证抗蚀性外，它还促进铁素体形成，显著地增加过冷奥氏体的稳定性，使钢的 C 曲线右移，大大提高钢的淬透性，甚至使钢在空气中淬火也能获得马氏体组织。

表 2-11　中、高强度马氏体不锈钢的化学成分（GB/T 6967—2009）

单位：%（质量分数）

铸钢牌号	C	Si ≤	Mn ≤	P ≤	S ≤	Cr	Ni	Mo	残余元素(≤)			
									Cu	V	W	总量
ZG20Cr13	0.16～0.24	0.80	0.80	0.035	0.025	11.5～13.5	—	—	0.50	0.05	0.10	0.50
ZG15Cr13	≤0.15	0.80	0.80	0.035	0.025	11.5～13.5	—	—	0.50	0.05	0.10	0.50
ZG15Cr13Ni1	≤0.15	0.80	0.80	0.035	0.025	11.5～13.5	≤1.00	≤0.50	0.50	0.05	0.10	0.50
ZG10Cr13Ni1Mo	≤0.10	0.80	0.80	0.035	0.025	11.5～13.5	0.8～1.80	0.20～0.50	0.50	0.05	0.10	0.50
ZG06Cr13Ni4Mo	≤0.06	0.80	1.00	0.035	0.025	11.5～13.5	3.5～5.0	0.40～1.00	0.50	0.05	0.10	0.50
ZG06Cr13Ni5Mo	≤0.06	0.80	1.00	0.035	0.025	11.5～13.5	4.5～6.0	0.40～1.00	0.50	0.05	0.10	0.50
ZG06Cr16Ni5Mo	≤0.06	0.80	1.00	0.035	0.025	15.5～17.0	4.5～6.0	0.40～1.00	0.50	0.05	0.10	0.50
ZG04Cr13Ni4Mo	≤0.04	0.80	1.50	0.030	0.010	11.5～13.5	3.5～5.0	0.40～1.00	0.50	0.05	0.10	0.50
ZG04Cr13Ni5Mo	≤0.04	0.80	1.50	0.030	0.010	11.5～13.5	4.5～6.0	0.40～1.00	0.50	0.05	0.10	0.50

表中的 ZG06Cr13Ni4Mo、ZG06Cr13Ni5Mo 和 ZG06Cr16Ni5Mo 是在传统的 ZG15Cr13 和 ZG20Cr13 不锈钢基础上，降低碳的质量分数（$w_C=0.06\%$），添加合金元素 Ni4%～6%，并加入适量的 Mo，使组织为单一的板条状马氏体铸态组织，消除了 δ-铁素体和残余奥氏体，改善钢的力学性能、韧性和焊接性能。

2）显微组织　图 2-43 所示为 Fe-Cr-C 三元系中 12%Cr 的截面图。由图可知，Cr13 钢在平衡状态下得到的组织是铁素体加碳化物。由于铬提高淬透性的作用很强，在铸件冷却条件下，铸态组织为铁素体＋马氏体＋碳化物。

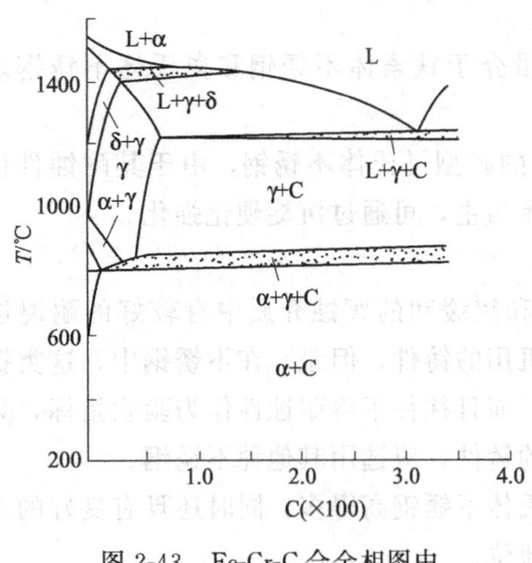

图 2-43　Fe-Cr-C 合金相图中 Cr12%的截面图

高铬钢中的碳化物不同于碳钢中的碳化物，主要是由铬与碳形成的 $Cr_{23}C_6$ 型碳化物，这种碳化物的形成，使其附近的铁素体贫铬，影响钝化膜的稳定性，从而降低钢的耐蚀性。此外，碳化物还会导致钢的脆化，对力学性能有负面的影响，热处理是消除碳化物的有效手段。

对于不锈钢中的铁素体，有必要简单地说明一下。由于以铬为主的铁素体稳定元素含量较高，钢液结晶时就会析出一定量的铁素体，在冷却速率较高的情况下，这种高温铁素体可以保留到室温，一般将其称为 δ-铁素体，以区别于由奥氏体分解而形成的低温 α-铁素体（简称铁素体）。δ-铁素体快冷时可以保留到室温，如果在 500～900℃停留，会发生分解，析出金属间化合物 σ 相，使钢脆化。

3）热处理工艺　马氏体不锈钢通常采用的热处理工艺是调质，即淬火后高温回火。

淬火温度一般都在 950～1050℃，均热保温时间根据铸件壁厚确定，大致是每 25mm 壁厚保温 1h。碳含量为 0.10%～0.45%的 Cr13 型不锈钢，加热到高温时都可得到单相奥氏体。

保温后淬火，淬火冷却介质可视具体情况选用水、油或空气，一般采用油淬者居多。碳含量低而壁较厚的铸件，可用水淬；碳含量高而壁较薄的铸件，可在空气中冷却。碳含量低于 0.10%的 Cr13 钢，高温下是奥氏体加 δ 铁素体双相组织，淬火后是马氏体加 δ-铁素体组织。ZG06Cr13Ni4Mo、ZG06Cr13Ni5Mo 和 ZG06Cr16Ni5Mo 等钢种，铸件经热处理后几乎全部为回火马氏体组织，很少见到 δ-铁素体。

淬火后，一般都予以高温回火。不含镍或镍含量低于 2%的 Cr13 不锈钢，回火温度通常在 650～750℃，镍含量较高的不锈钢，则在 570～670℃。实际生产中，应根据对铸件的具体要求，通过试验求得最适当的回火温度。

对于要求硬度与耐磨性的铸件，也可采用淬火后低温（200～300℃）回火的热处理工艺，回火温度也应按硬度要求通过试验确定。

对于厚大铸件或重要铸件，淬火之前宜先在 950～1000℃退火，使铸件组织初步均匀化，并减轻偏析。

4）力学性能　表 2-12 列出了中、高强度马氏体不锈钢的力学性能。

表 2-12 中、高强度马氏体不锈钢的力学性能（GB/T 6967—2009）

铸钢牌号		屈服强度 $R_{p0.2}$≥ /MPa	抗拉强度 R_m≥ /MPa	伸长率 A_s≥ /%	断面收缩率 Z≥ /%	冲击吸收功 A_{kV}≥ /J	布氏硬度 HBW
ZG15Cr13		345	540	18	40	—	163～229
ZG20Cr13		390	590	16	35	—	170～235
ZG15Cr13Ni1		450	590	16	35	20	170～241
ZG10Cr13Ni1Mo		450	620	16	35	27	170～241
ZG06Cr13Ni4Mo		550	750	15	35	50	221～294
ZG06Cr13Ni5Mo		550	750	15	35	50	221～294
ZG06Cr16Ni5Mo		550	750	15	35	50	221～294
ZG04Cr13Ni4Mo	HT1①	580	780	18	50	80	221～294
	HT2②	830	900	12	35	35	294～350
ZG04Cr13Ni5Mo	HT1①	580	780	18	50	80	221～294
	HT2②	830	900	12	35	35	294～350

① 回火温度应在 600～650℃。

② 回火温度应在 500～550℃。

（4）铁素体不锈钢

铁素体不锈钢是不锈钢中组织变化最简单的一类。

由于不锈钢中含铬高达 12.5%（原子百分比）以上，而铬强烈地扩大铁素体区、缩小奥氏体区。约 14%的铬就可以消除低碳 Fe-Cr-C 三元合金的奥氏体相区，如图 2-44 所示。如果钢中含碳量提高，获得全铁素体组织所需要的含铬量也相应提高。因此，简单的低碳高铬不锈钢通常都是全铁素体组织的。在此基础上，再添加钼、钛等铁素体形成元素就成为铁素体不锈钢。由于这类不锈钢的含铬量较高，使钢具有耐酸能力，故又称为高铬铁素体耐酸不锈钢。

铁素体不锈钢的组织变化最为简单。由于奥氏体相区的消失，所以在高温、低温下均为单一铁素体。仅在高碳钢中才含有较多的碳化物分布于基体而不能溶解于铁素体中。因此，这类钢不能通过热处理强化。通常热处理只是退火以充分消除铸造应力或进行高温固溶，以便使尽可能多的铸态碳化物溶解，通过时效让碳化物均匀析出。

铁素体不锈钢因具有高铬低碳成分而耐蚀性比较好，特别是在氧化性酸中有较好的耐蚀能力，而且其耐蚀性随含铬量提高而提高，如图 2-45 所示。但在非氧化性酸，如稀硫酸中的耐蚀能力很低，这是与铬的氧化膜仅在氧化性介质中稳定有关。而加入钼、铜等进一步合金化的铁素体钢在非氧化性介质中仍有良好的耐蚀性，但仍不及含钼的铬镍奥氏体不锈钢。

由于铁素体的固溶能力很小，铁素体钢对碳的含量其为敏感。含碳量过高，将析出碳化物，其实际组织为铁素体基体加沿晶界析出的粗大碳化物（铸态）或在晶内分布的点状碳化物（固溶时效态）。析出的碳化物与周围铁素体可分别构成阴阳极而出现点状的腐蚀坑，只有在含碳量极低（C<0.03%）的铁素体钢中，才不会发现这种腐蚀坑。

高铬铁素体钢的力学性能很差，特别是冲击韧性，这除了与铁素体为铬高度强化外，还与以下几个因素有关。

① 晶粒粗大。高铬铁素体不锈钢的晶粒极易粗化，铸造缓冷或热处理过热到 900℃以

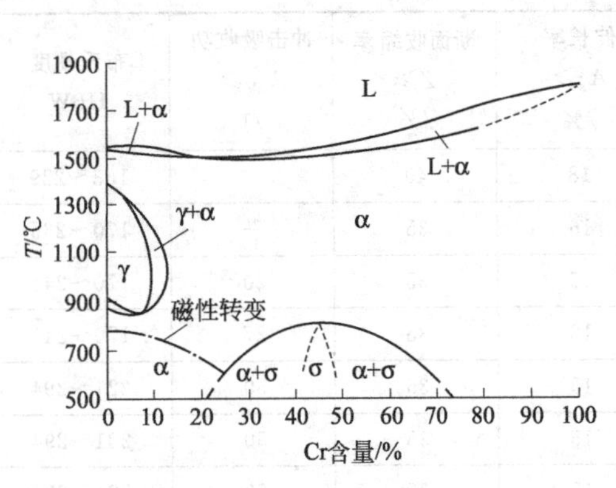

图 2-44 Fe-Cr 状态图

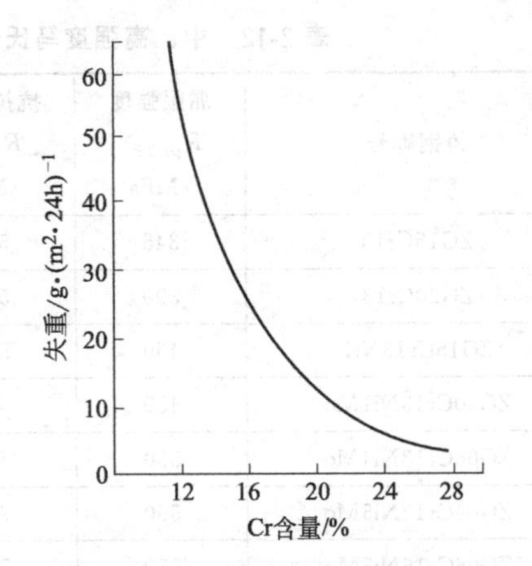

图 2-45 铬对≤0.1%碳钢在沸腾的 65%硝酸中耐蚀性能的影响［(48h)×(3～5) 周期试验］

上，晶粒即显著地长大。而这类钢的粗晶又不能通过热处理细化。因此，必须采取有效措施以防止晶粒的粗化，如向钢中添加少量的钛或氮，可以有效地细化晶粒。

② 韧-脆性转变温度高。随钢中含铬量增加，钢的韧-脆性转变温度显著上升。含铬量达30%的钢甚至在80℃时冲击韧性仍处在很低的水平。所以高铬铁素体钢在常温的冲击韧性都很低。

③ 晶间马氏体层的形成。高铬铁素体钢高温加热后水冷，在晶界易出现很薄的马氏体层，这是由于碳、氮等强稳定奥氏体元素在加热时向晶界扩散，导致晶界奥氏体的形成，随后快冷时则转变成马氏体，晶界马氏体层的形成使钢变得很脆。此外，高铬铁素体不锈钢的性能低还与475℃脆性及σ相的析出有关，读者可参阅有关的专著。

(5) 奥氏体不锈钢

奥氏体不锈钢是最重要的一类不锈钢。这是因为奥氏体不锈钢具有比马氏体不锈钢、铁素体不锈钢都要高的化学稳定性，即具有更优良的耐蚀性。此外，奥氏体不锈钢还具有良好的铸造性能、可焊性和冷加工成型性。但通常奥氏体不锈钢的强度较低，具有晶间腐蚀倾向。奥氏体不锈钢通常都含有一定量的铬和镍，故称为铬镍钢。最具代表性的是含18%铬和8%～9%镍的18-8型不锈钢。

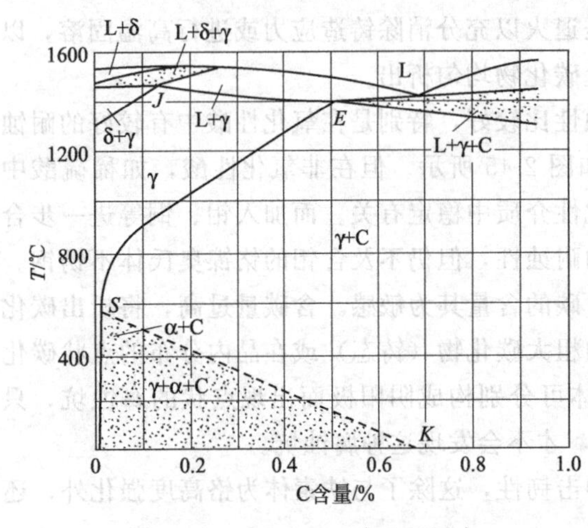

图 2-46 Fe-Cr-Ni-C 合金相图中 $w_{Cr}=18\%$、$w_{Ni}=8\%$的截面图

图 2-46 为 Fe-Cr-Ni-C 四元系的等铬(18%Cr)等镍(8%Ni)的二元截面图。由图可知含18%Cr和8%Ni不锈钢的室温平衡组织为奥氏体、铁素体和碳化物。但在铸造条件下，奥氏体向铁素体的转变来不及进行，因而铸态组织为奥氏体加上碳化物。碳化物的存在不仅严重地影响钢的力学性能，而且严重地降低钢的耐蚀性。因此，要通过热处理来消除铸态碳化物。

奥氏体不锈钢的热处理为固溶化处理。即将钢加热到奥氏体化温度(1050～1100℃)保温，让铸态出现的碳化物充分溶解并使成分均匀化。然后将钢迅速在水、油或空气中冷却，使碳化物来不及析出而获得单一的奥氏体组织。从而使钢具有良好的抗蚀性和高的塑性与韧性以及较低的强度。通常使用的奥氏体钢都是经固溶化处理的。

奥氏体不锈钢耐蚀性优良，但在某些特定的情况下仍可出现所谓的晶间腐蚀现象。如果奥氏体不锈钢在500～800℃温度范围内保温一定时间，在腐蚀介质的作用下，会出现沿奥氏体晶界的严重腐蚀。这种腐蚀的危害性极大，它使钢的晶粒间的结合力减低，降低钢的强度，严重时会使钢粉碎。

对晶间腐蚀的机理，可以作以下解释：经过固溶化处理的奥氏体不锈钢为碳所过饱和，处于介稳定状态的单相奥氏体在室温或较低温度下，由于碳原子扩散困难，碳化物不易形成。当经固溶化处理的奥氏体不锈钢在500～800℃温度范围保温时，由于碳原子扩散相对容易。碳向晶界扩散而形成 $Cr_{23}C_6$。碳化物的铬量很高，碳化物析出的结果导致晶界碳化物周围局部含铬量下降。而钢中的铬原子的扩散速度比碳原子的扩散速度要小得多，所以晶内的铬不可能迅速地向晶界补充，这样就导致沿晶界局部贫铬现象，如图2-47所示。当晶界铬含量低于11.7%时，则在腐蚀介质作用下发生沿晶界腐蚀。

为了避免碳化物重新析出，应该采取两方面措施：一方面要严格控制钢的含碳量，在可能条件下，尽量低一些，特别是对于厚壁铸件，钢的含碳量应按照规格成分的下限控制；另一方面的措施是往钢中加入适量的碳化物形成元素钛或铌，使钢中的碳除了奥氏体能溶解的部分以外，多余的部分形成碳化钛或碳化铌，从而避免碳化铬的形成，让铬全部留在奥氏体内。为此所需要的钛量与钢的含碳量有关，其间的关系可用式（2-7）表示

$$w_{Ti}=5\times(w_C-0.02\%)\sim0.08\% \tag{2-7}$$

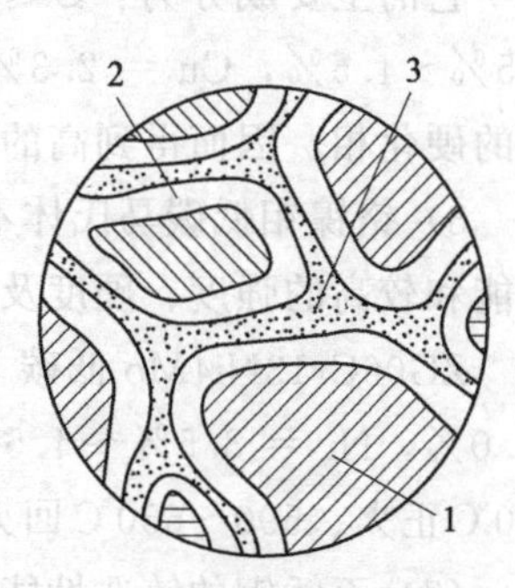

图2-47 发生晶界贫铬层示意

1—含铬奥氏体；2—贫铬层；3—铬的碳化物

但是应该指出，在加入钛（或铌）后，只有经过相应的热处理，才能保证充分形成碳化钛（或碳化铌）。生产上往往发现固溶处理以后的钢中既含有未化合的钛，又有碳化铬形成。为了使加入的钛（或铌）能充分发挥作用，尽量避免形成碳化铬，应将钢在固溶化处理以后，再加热至850～900℃下保温一段时间（加钛时保温4h，加铌时保温2h），然后再进行淬火。这一温度高于碳化铬的固溶温度而低于碳化钛的固溶温度，因此，在这一温度下保温时，只有碳化钛（或碳化铌）能够形成，而碳化铬则不能形成。由于这一温度较高，原子的活动能力强，又有足够的时间进行扩散，因而使得碳能充分地与钛（或铌）结合而生成碳化钛（或碳化铌）。这种充分发挥钛（或铌）的作用以将铬稳定在奥氏体晶粒内部的热处理方式称为稳定化处理。对于含钛（或铌）的奥氏体不锈钢，在固溶化处理后，再进行稳定化处理是有必要的。

ZG1Cr18Ni9Ti钢对硝酸及其他氧化性酸类有良好的耐蚀性，但对硫酸的耐蚀性较差。为了提高钢对硫酸的耐蚀性，可往钢中加入钼和铜，ZG1Cr18Ni12Mo2Ti和ZG1Cr18Ni14Mo3Cu2Ti即是这样的钢种。

在铬镍不锈钢中加入适量的硅，能进一步提高钢对高浓度（98%）硝酸及其他强氧化性酸类的耐蚀性能，如ZG1Cr18Ni20Si2即是这样的钢种。由于硅在不锈钢中提高耐蚀性方面有较强的效果，故可代替一部分铬的作用。如近年来发展的ZG0Cr13Ni7Si4奥氏体-铁素体双相不锈钢，对于高浓度硝酸具有很强的耐蚀性能。

(6) 其他铸造不锈钢

1) 铬锰氮不锈钢　铬锰氮不锈钢是在 ZG1Cr18Ni9 钢的基础上，用质量分数为 13%的锰和 0.2%～0.3%的氮来取代 9%的镍，从而节约了贵重元素镍。为了提高钢在硫酸中的耐蚀性，还可加入质量分数为 1.5%～2.0%的钼和 1.0%～1.5%的铜，其钢号为 ZG1Cr18Mn13Mo2CuN。这种钢在铸态时的金相组织为奥氏体-铁素体-碳化物，有时在铁素体中还出现 σ 相（由铬原子和碳原子构成的金属间化合物），其质硬而脆。钢中出现 σ 相时，力学性能大为降低。

为了消除铸态组织中的碳化物和 σ 相，采取和铬镍不锈钢相似的热处理方法，即实行固溶化处理。将钢加热至 1100℃左右，保温一段时间，进行固溶化，使钢中碳化物和 σ 相都固溶在奥氏体中，然后在水中淬火。

2) 析出硬化型不锈钢　析出硬化型不锈钢（precipitation-hardening stainless steel）是一种新型不锈钢，其特点是强度高，抗拉强度可达 1300～1800MPa，比铬镍不锈钢的强度高 4 倍以上，又称为“超高强度不锈钢”。

它的主要成分为：C≤0.07%，Si≤1.00%，Mn≤1.00%，Cr = 15%～17%，Ni = 3.5%～4.5%，Cu = 2.3%～3.3%。采用淬火和时效热处理，可使钢具有马氏体组织和析出的硬化相，因而得到高的强度。

3) 铬镍钼低碳马氏体不锈钢　这也是一种新型不锈钢，具有良好的耐淡水及海水腐蚀性能和较高的强度、硬度及抗磨性，适用于铸造重型和结构复杂的铸件。

ZG06Cr13Ni4Mo 低碳马氏体不锈钢的主要成分为：C≤0.06%，Cr = 11.5%～14.0%，Ni = 3.5%～4.5%，Mn = 0.4%～1.0%，Si≤1.0%，Mo≤1.0%。经 955～980℃正火、590～650℃回火后，得到低碳马氏体组织。

(7) 不锈钢的铸造性能

1) 铬易在钢液表面产生氧化膜，使钢液流动性降低。但铬又降低钢的熔点和导热性，故铬的质量分数超过 5%以后，流动性有所改善。镍、锰、铜都降低钢的熔点而提高流动性。

2) 不锈钢铸件易产生氧化斑疤、冷隔、表面皱皮和夹杂等缺陷。因此，虽然流动性较好，浇注温度一般仍应不低于 1530℃。浇注系统断面积应比碳钢大 30%。

3) 不锈钢的导热性较低，一次晶粒粗大，易形成柱状晶、显微缩孔，并且偏析严重，孕育处理是细化一次结晶晶粒的有效方法。

4) 不锈钢铸件冷却过程中易产生温度分布不均，形成较大的热应力。加上一次结晶晶粒粗大，易产生裂纹。

5) 不锈钢的体收缩大，易产生缩孔和缩松。不锈钢的铸造收缩率 ZGCr28 为 1.8%，ZG1Cr18Ni9Ti 和 ZGCr18Ni12Mo2 皆为 2.5%。

6) 不锈钢铸件易产生针孔。如铬锰氮钢中含氮较多，更易产生气孔。要求冶炼时除气和脱氧良好。

7) 不锈钢的浇注温度高，易产生粘砂。为了保证铸件表面质量，有时要用耐火度高的涂料（如铬矿粉、镁砂粉、刚玉粉等）。各类不锈钢常用变质处理的方法细化铸态组织。

2.3.3 铸造耐热钢

钢在高温下与氧化性气体（O_2、H_2O、CO_2）接触时，其表面层会被氧化，其过程与钢在氧化性液体介质中受到腐蚀在性质上是相似的。

耐热钢系指在高温下对氧化性气体具有抗氧化性的钢种。在探讨钢的抗氧化性时，应首先对钢被氧化的过程有一个概括的认识。在高温下钢的氧化过程是从表面开始进行的。经过氧化，在钢的表面形成一层由氧化物构成的薄膜。由于钢的主要成分是铁，故钢的氧化基本上是铁被氧化的过程。据用X射线对铁的氧化膜结构进行的分析表明，在高温（570℃以上）条件下，氧化膜由三层构成，内层为FeO，中层为Fe_3O_4，外层为Fe_2O_3。在氧化过程中，氧化膜的内部存在着铁原子与氧原子的双向扩散（图2-48），氧原子以扩散方式通过氧化膜进入钢的内部，而使铁氧化；铁原子则朝相反的方向扩散到氧化膜内。在氧化过程中。铁逐层被氧化成FeO，FeO逐层被氧化成Fe_3O_4，Fe_3O_4又逐层被氧化成Fe_2O_3。其最终结果是各氧化物层不断加厚，而铁层相应减薄，直至最终被全部氧化完了。实际上，由于氧化铁（Fe_2O_3）的比容小于与其相邻的Fe_3O_4，故氧化膜的外层疏松而有裂缝，致使氧化膜的外层会发生剥落（称为“起皮”现象）。碳钢和低合金钢在高温下被氧化的过程即属于此种情况。

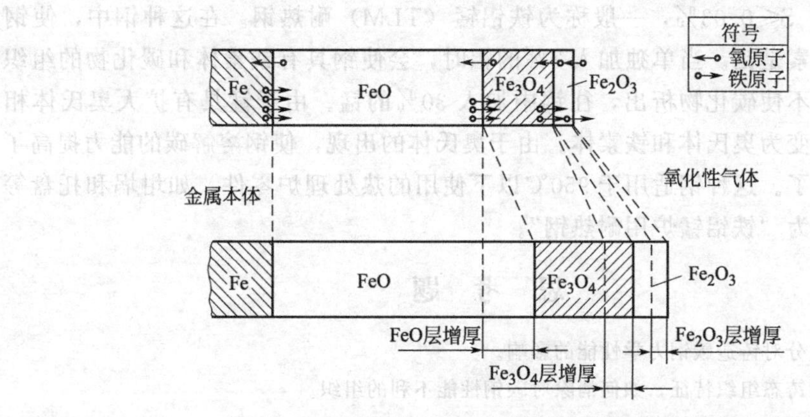

图2-48 氧化膜内部原子的扩散及膜的增厚示意图

提高钢的抗氧化性的根本途径是在钢的表面形成化学稳定性强的、组织致密的氧化膜。从这方面看，耐热钢和不锈钢是相似的。实际上，很多耐热钢本身也就是不锈钢。为了形成抗氧化性的氧化膜，需要往钢中加入大量的合金元素铬、铝或硅，以形成含Cr_2O_3、Al_2O_3或SiO_2的氧化膜。这些元素的氧化物都具有高的热稳定性和化学稳定性，而且它们在比容上都大于铁，因而形成的氧化膜是致密的，能够阻止空气中的氧原子进入钢的内部。应当指出，只有合金元素含量达到一定程度时，才能形成具有一定厚度的致密的氧化膜。而且当含量在一定限度内，合金元素的含量越高，则钢的抗氧化性越强。当然，应根据对钢耐热温度的要求来确定合金元素含量。过高的合金加入量不仅不经济，而且还可能使钢的力学性能和铸造性能恶化。

生产上常用的耐热温度在800℃以上的钢种有铬钢、铬镍钢、铬锰氮钢和铝锰钢等铸造钢种。

1）铬钢　在铬钢系统中，随着钢中含铬量增加，氧化铬膜的稳定性提高，膜的厚度和致密性也增加，钢的抗氧化性也因之提高。在生产上用得较多的是ZGCr28高铬钢。这种钢能耐1000℃的高温，但它的力学性能差，强度低，硬而脆。另一种高铬钢ZGCr25Ti是与ZGCr28相似的钢种，其铬量稍低一些，并加入1%左右的钛，以细化钢的晶粒，因而其强度高一些。这两种钢常用来铸制高温加热炉的炉底板、托座等铸件。

2）铬镍钢　ZG1Cr18Ni9Ti 不锈钢在高温下也具有抗氧化性，但这种钢的高温强度低。为了使钢在高温下有较高的强度，可适当提高钢的含碳量。为了进一步提高钢的抗氧化性，可以往钢中添加 Si2%～3%。但提高含碳量和加入硅都会降低钢的塑性并使钢变脆。为了保证钢的力学性能，可提高钢的含镍量，例如 ZG3Cr18Ni25Si2。这种钢的热处理方法也采取固溶化处理：加热至 1100℃并保温一段时间，然后在水中淬火。热处理后钢具有奥氏体组织，其力学性能指标如下：$R_{p0.2} \geqslant 300$MPa，$R_m \geqslant 560$MPa，$A \geqslant 20\%$，$Z \geqslant 25\%$。这种钢在 1100℃温度下具有良好的抗氧化性，适于铸造在高温下工作的零件，如盐浴炉坩埚、热处理炉的炉条和炉底板等。

3）铬锰氮钢　中国在 20 世纪 70 年代研究开发了铬锰氮系列的不锈钢和耐热钢。其中含硅的钢 ZG1Cr18Mn13Si3N 是作为耐热钢使用的，这种钢在 900℃温度下有良好的抗氧化性，适用于制造热处理炉零件，如炉底板、坩埚等，钢的热处理方法是 1100℃水淬。

4）铝锰钢　中国某些单位在 20 世纪 70 年代研制一种铝锰耐热钢，其化学成分（质量分数）为：C0.5%～0.7%，Al6%～8%，Mn28%～30%，Si1.2%～2.2%，Ti0.3%～0.5%，P≤0.1%，S≤0.03%，一般称为铁铝锰（TLM）耐热钢。在这种钢中，使钢具有抗氧化性的合金元素是铝。当单独加入 7%的铝时，会使钢具有铁素体和碳化物的组织，强度低而且脆。为了不使碳化物析出，往钢中加入 30%的锰。由于锰具有扩大奥氏体相区的作用，使钢的组织变为奥氏体和铁素体。由于奥氏体的出现，使钢溶解碳的能力提高了，碳化物也就不再出现了。这种钢适用于 950℃以下使用的热处理炉零件，如坩埚和托盘等，因此这种钢通常又称为“铁铝锰炉用耐热钢”。

思　考　题

2.1　试述化学成分对铸造碳钢力学性能的影响。

2.2　试述碳钢的铸态组织特征，如何消除对碳钢性能不利的组织。

2.3　试分析铸造碳钢的热裂倾向及影响因素。

2.4　简述铸造碳钢的焊接性能特点。

2.5　试说明细化钢的晶粒能够同时提高钢的屈服强度和韧性的原理。

2.6　试论述铸钢件形成热裂的机理，并说明浇注温度过高和钢中含硫量过多对于形成热裂的影响。

2.7　作为一个低合金系列的主加合金元素需要具备什么条件？试比较锰、铬和镍作为三个低合金钢系列的主加合金元素的优缺点。

2.8　试分析锰系低合金钢在淬火后的回火过程中产生回火脆性的原因。为什么锰的碳化物常在钢的晶较周界处形成？通过哪些途径可以避免回火脆性现象的发生？

2.9　试分析低合金高强度钢在化学成分和热处理方面与一般的低合金钢相比有何特点？

2.10　你对高超钢的加工硬化现象的机理有何见解？如何进一步强化这种性能？

2.11　耐磨白口铁、低合金耐磨钢和高锰钢都是常用耐磨材料，请分析以上三类耐磨材料的组织、性能特点及应用场合。

2.12　铬镍不锈钢作为用途广泛的钢种原因何在？它在性能方面有何优缺点？

2.13　简述奥氏体不锈钢晶间腐蚀产生的原因及防止的方法。

2.14　铬镍不锈钢与铬镍耐热钢在化学成分和性能方面各有何特点？

第3章　铸造有色合金

3.1　铸造铝合金

3.1.1　铸造铝硅合金

3.1.1.1　铝硅合金的牌号、成分及性能

在地壳中铝的蕴藏量约5%，仅次于铁（7%）。由于铝的化学活性很大，通常以铝矾土或氧化铝的形式存在，需要电解才能获得，因而被人类发现和开发远远落后于铁。纯铝的特点是有很好的导电性、密度仅为铁的1/3、塑性好、耐腐蚀、抗氧化，缺点是强度低（R_m≈50MPa）。因此，机械零件不用纯铝，而用铝合金。纯铝经过合金化和适当的热处理后其力学性能、铸造性能、物理性能及化学性能都得到显著改善。

常用的铸造铝合金之一是铝硅（Al-Si）合金。Al-Si合金通常含5%～25%Si，我国牌号为ZL101～ZL118等。除Al、Si外，还加入Cu、Mg、Mn等强化元素，使合金具有更高的强度，更好的流动性、气密性和更好的加工性能。

以铝-硅为基础发展起来的铝硅铜、铝硅镁及铝硅铜镁合金获得广泛应用。我国铸造铝硅合金的牌号、性能如表3-1和表3-2所示。

表3-1　铸造铝硅合金的牌号和化学成分（摘自GB/T 1173—2013）

合金牌号	合金代号	主要合金元素含量/%（质量分数）					
		Si	Cu	Mg	Zn	Mn	Ti
ZAlSi7Mg	ZL101	6.5～7.5		0.25～0.45			
ZAlSi7MgA	ZL101A	6.5～7.5		0.25～0.45			0.08～0.20
ZAlSil2	ZL102	10.0～13.0					
ZAlSi9Mg	ZL104	8.0～10.5		0.17～0.35		0.2～0.5	
ZAlSi5Cu1Mg	ZL105	4.5～5.5	1.0～1.5	0.4～0.6			
ZAlSi5CulMgA	ZL105A	4.5～5.5	1.0～1.5	0.4～0.55			
ZAlSi8CulMg	ZL106	7.5～8.5	1.0～1.5	0.3～0.5		0.3～0.5	0.10～0.25
ZAlSi7Cu4	ZL107	6.5～7.5	3.5～4.5				
ZAlSil2Cu2Mg1	ZL108	11.0～13.0	1.0～2.0	0.4～1.0		0.3～0.9	
ZAlSi12Cu1Mg1Ni1	ZL109	11.0～13.0	0.5～1.5	0.8～1.3	Ni0.8～1.5		
ZAlSi5Cu6Mg	ZL110	4.0～6.0	5.0～8.0	0.2～0.5			
ZAlSi9Cu2Mg	ZL111	8.0～10.0	1.3～1.8	0.4～0.6		0.10～0.35	0.10～0.35
ZAlSi7Mg1A	ZL114A	6.5～7.5		0.45～0.60	Be0.04～0.07		0.10～0.20
ZAlSi5Zn1Mg	ZL115	4.8～6.2		0.4～0.65	1.2～1.8	Sb0.1～0.25	
ZAlSi8MgBe	ZL116	6.5～8.5		0.35～0.55	Be0.15～0.4		0.10～0.30
ZALSi7Cu2Mg	ZL118	6.0～8.0	1.3～1.8	0.2～0.5		0.1～0.3	0.10～0.25

表 3-2 铸造铝硅合金的牌号和力学性能（摘自 GB/T 1173—2013）

合金牌号	合金代号	铸造方法①	合金状态②	力学性能≥		
				抗拉强度 R_m/MPa	伸长率 A/(×100)	布氏硬度 HBW (5/250/30)
ZAlSi7Mg	ZL101	SB、RB、KB	T6	225	1	70
ZAlSi7MgA	ZL101A	SB、RB、KB	T6	275	2	80
ZAlSil2	AL102	SB、RB、KB	F	155	2	50
ZAlSi9Mg	ZL104	SB、RB、KB	T6	225	2	70
ZAlSi5Cu1Mg	ZL105	S、R、K	T6	225	0.5	70
ZAlSi5CulMgA	ZL105A	SB、R、K	T5	275	1	80
ZAlSi8CulMg	ZL106	SB	T6	245	1	80
ZAlSi7Cu4	ZL107	SB	T6	245	2	90
ZAlSil2Cu2Mg1	ZL108	J	T6	255	—	90
ZAlSi12Cu1Mg1Ni1	ZL109	J	T6	245	—	100
ZAlSi5Cu6Mg	ZL110	J	T1	165		90
ZAlSi9Cu2Mg	ZL111	SB	T6	255	1.5	90
ZAlSi7Mg1A	ZL114A	SB	T5	290	2	85
ZAlSi5Zn1Mg	ZL115	S	T5	275	3.5	90
ZAlSi8MgBe	ZL116	S	T5	295	2	85
ZAlSi7Cu2Mg	ZL118	SB、RB	T6	290	1	90

① 铸造方法：S—砂型铸造，J—金属型铸造，R—熔模铸造，K—壳型铸造，B—变质处理。

② 合金状态：F—铸态，T1—自然时效，T4—固熔处理加自然时效，T5—固熔处理加不完全人工时效，T6—固熔处理加完全人工时效。

注：1. 某些牌号合金可以采用多种铸造方法及用不同热处理方法，以得到不同的力学性能（详细可参考标准原文）。

2. 本表中凡牌号后面液注有“A”字的，都属于优质合金，要求杂质元素质量分数总和低于 0.8%。

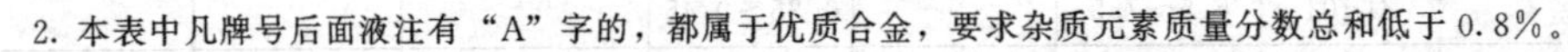

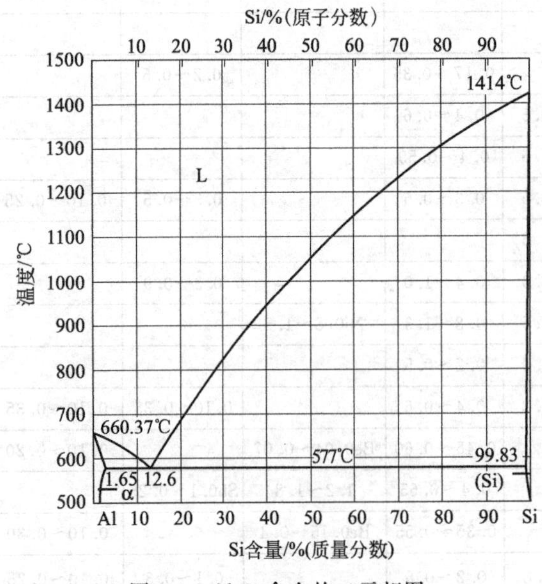

图 3-1 Al-Si 合金的二元相图

3.1.1.2 Si 含量对 Al-Si 合金组织的影响

如图 3-1 所示，铝硅合金具有简单的共晶型相图，其共晶点成分含 12.6% Si，共晶温度为 577℃。共晶反应：L→α(Al)+β(Si)，在室温下形成 α 和 β 两相。α 是 Si 溶入 Al 中的固溶体，由于溶解度很小（室温时仅为 0.05% Si），因而性能和纯铝相似。β 是 Al 溶入 Si 的固溶体，其溶解度也极微小，可忽略不计。故在大多数情况下，也可将 β 相视作纯硅。

在工业上应用的 Al-Si 合金，含 Si 量通常在 5%～25% 范围，其中 Si 量在 11%～13% 的称为共晶 Al-Si 合金；Si 量小于 11% 的称为亚共晶 Al-Si 合金；Si 量大于 13% 的称为过共晶 Al-Si 合金。未变质（未细化）处理的二元共晶合金组织中的硅相呈片状或针状（见图3-2所示），而过共晶Al-Si合金组织中的初生硅则呈多角形块状（图3-3所示）。

因为Si相有高的显微硬度（HV1300），性硬脆，凝固潜热（1651J/g）和比热较大，收缩系数小（为铝的1/3～1/4），因此，极大地影响Al-Si合金的性能。

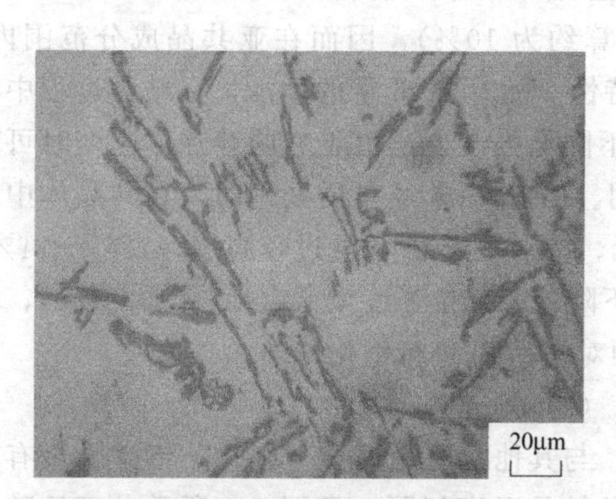

图3-2　未变质处理的二元共晶Al-Si合金组织：针片状Si相与α-Al基体

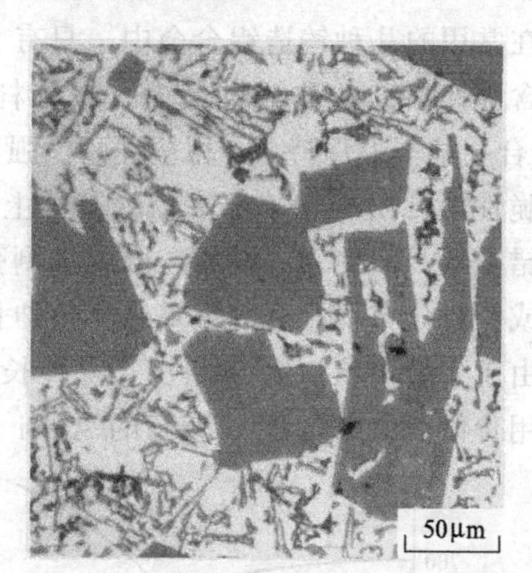

图3-3　未细化的过共晶Al-Si合金的块状初晶Si

3.1.1.3　Si含量对Al-Si合金性能的影响

(1) 物理、化学性能

纯Al的硬度仅有HV 60～100，而Si的显微硬度为HV1000～1300。所以有初晶硅相析出的铝硅合金是理想的耐磨材料。随着含Si量增加，合金磨损量显著减少。

纯铝在20～100℃时，每升高1℃的线膨胀系数$\alpha=23.5\times10^{-6}$/K，而硅的$\alpha=7.6\times10^{-6}$/K，相差几乎三倍多，所以含Si量较高的Al-Si合金，具有较小的线膨胀系数，如图3-4所示。这就是铝硅合金能广泛用于制造活塞而不易出现胀缸或拉缸的重要原因。

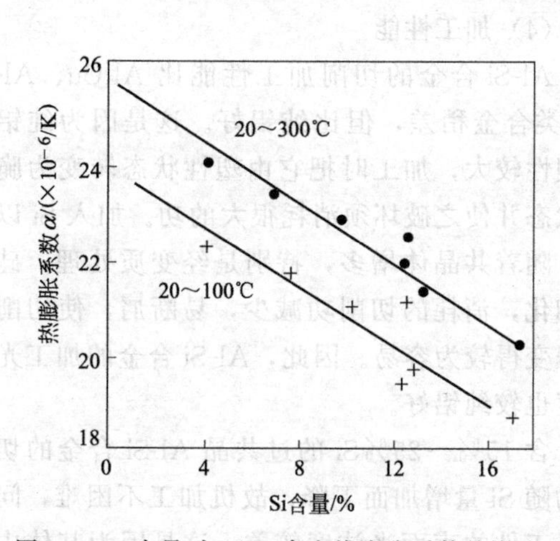

图3-4　Si含量对Al-Si合金线膨胀系数的影响

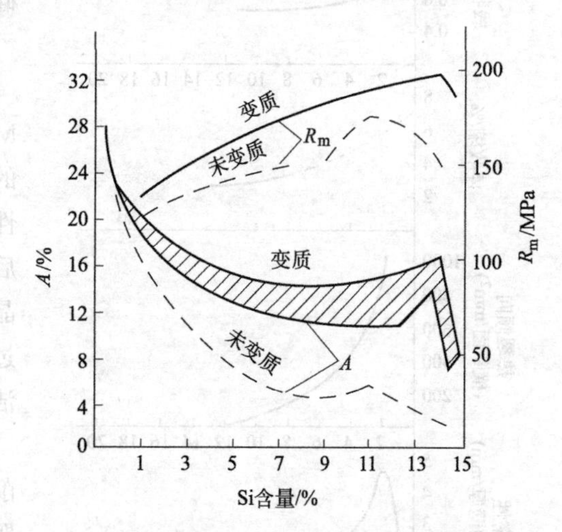

图3-5　Si含量对Al-Si合金力学性能的影响

由于Al-Si合金表面有致密的Al_2O_3保护膜，组织中α基体和Si相的电位差也不大，因此合金具有良好的抗蚀性能，甚至在海水中经相当长时间侵蚀后，仍能保持原来的力学性能。应力腐蚀的倾向也很小。

(2) 力学性能

含 Si 量对 Al-Si 合金砂型铸件力学性能的影响如图 3-5 所示。

由图可知，在亚共晶成分范围，R_m 随 Si 量增加而提高，在共晶点附近达到最大值，同时伸长率下降。究其原因，与 Si 在 Al-Si 合金中的过剩强化现象有关。由 Al-Si 二元相图可知，在常用的几种铸造铝合金中，只有 Al-Si 合金的共晶点最偏向铝的一侧，组织中的共晶体所含脆性相硅的数量也最少（按杠杆定律计算约为 10%），因而在亚共晶成分范围内，铝-硅合金基本上保持 α_{Al} 相塑性高、强度低的特性。随着含 Si 量的增加，在结晶过程中析出的脆性第二相 Si 分布于 α_{Al} 软基体上，不仅不降低强度，还由于它的存在，应变时可阻止位错变形，而使 R_m 增加，形成过剩强化作用。但 Si 相未经变质处理时，在共晶体中呈片状或针状分布，严重割裂基体，使伸长率降低。特别是当 Si 含量过较高（>13%～14%）时，由于大量块状初生 Si 析出，除伸长率急剧下降外，抗拉强度太低（R_m<100MPa），没有实用价值。所以含 Si 量较高的 Al-Si 合金必须对初晶 Si 进行细化处理。

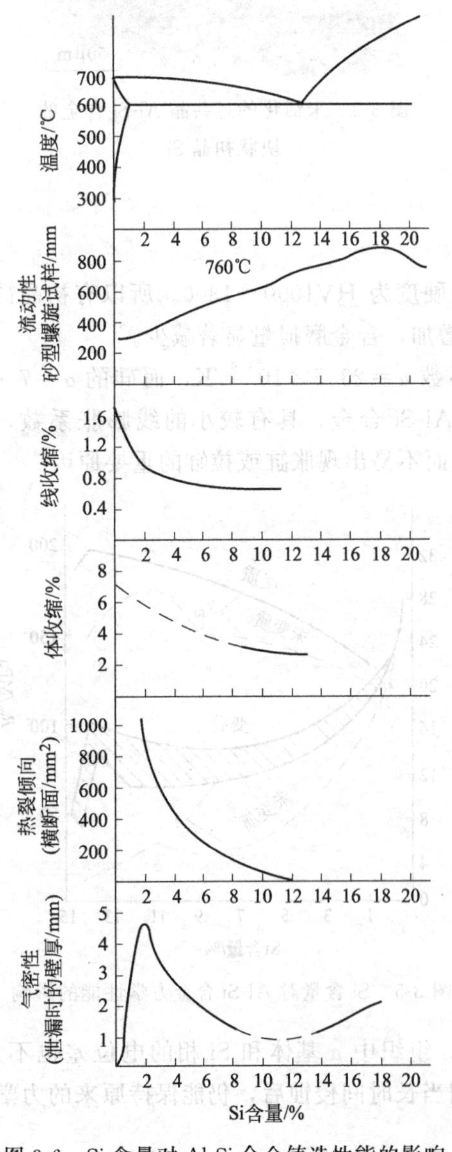

图 3-6 Si 含量对 Al-Si 合金铸造性能的影响

(3) 铸造性能

与其他常用的铝合金相比，铝硅合金有较小的结晶温度间隔，见图 3-6 所示，而且随含硅量增加，合金的结晶温度范围不断缩小，共晶体增多，合金的流动性提高。一般铸造合金流动性最佳点应在共晶成分范围。但由于硅的结晶潜热大，结晶时可释放出大量潜热，所以铝硅合金流动性最佳值位于含 Si18% 左右。此特征与铁碳合金极其相似。在亚共晶成分范围内，随着含硅量的增加，合金线收缩、体收缩及热裂倾向都减小。在所有铸造铝合金中，铝硅合金是最致密的。

(4) 加工性能

Al-Si 合金的切削加工性能比 Al-Cu、Al-Mg 类合金稍差，但比纯铝好。这是因为纯铝的塑性较大，加工时把它由塑性状态转变为脆性状态并使之破坏须消耗很大的功。加入 Si 以后，随着共晶体增多，特别是经变质处理，硅晶细化，消耗的切削功减少，易断屑，使切削过程变得较为容易。因此，Al-Si 合金的加工光洁度也较纯铝好。

含 15%～25%Si 的过共晶 Al-Si 合金的切削功随 Si 量增加而下降，故机加工不困难，问题是工件的表面光洁度较差，这是因为基体中的 α 相塑性大，熔点低，切削加工时易在工件表面与刀尖接触处产生切屑疤，随后与破碎的块状初生 Si 一起剥落，形成刀痕，使光洁度下降，严重磨损刀具。因此，加工性不良的问题是开发高硅铝合金的重要阻碍。近年来的研究结果表明，采用金刚石刀具、应用超声振动切削或用合金化方法可改善加工性能。

工业上常用的 Al-Si 合金为 ZL101、ZL102、ZL104 等牌号的合金。例如 ZL102 合金(含 11%～13%Si)，这种合金属于共晶成分范围，具有最佳的铸造性能、优良的致密性和小的热裂倾向，耐磨和抗蚀性也较好，经变质处理后具有一定的力学性能，可用来制造薄壁、形状复杂、强度要求不高的零件或压铸件。

3.1.1.4 提高铸造 Al-Si 合金性能的途径

铝硅合金的铸造性能良好，耐磨和抗蚀性也较高，但是如前所述，其力学性能并不高(R_m=180～250MPa)，其应用受到很大限制。为了保持铝硅合金的固有优点，又能大幅度提高力学性能，近年来，国内外铸造工作者进行了大量深入的研究，并找到不少行之有效的工艺方法。这些措施主要有：变质处理，合金化，热处理，精炼以及采用特种铸造方法。上述措施和方法，通过不断努力已在生产中广泛应用，并逐步改进，对提高铸件质量发挥了巨大作用。

铸造 Al-Si 合金有几种强化措施及机理。下面仅就合金化方法强化 Al-Si 合金性能的几种机理予以介绍，至于其他措施和方法，将在随后的章节中分别叙述。

(1) 固溶强化

通过合金元素固溶于铝基体中，使晶格发生畸变，从而使塑性变形的抗力增加、合金强度和硬度提高的过程叫做固溶强化。固溶强化的特点在于经固溶强化后合金的强度和硬度得到提高的同时，塑性还能保持在良好的水平。甚至有的合金元素与基体金属形成固溶体后，塑性不但不降低，反而有所提高（如锌在铜中固溶）。

根据金属学原理，溶质原子与溶剂原子的尺寸差越大，溶质原子的溶入量越多，晶格畸变也越大，固溶强化的效果也越好。在各种铸造铝合金中，以 Al-Mg 合金的固溶强化效果最好，这是因为 Mg 原子与 Al 原子半径相差较大（约 13%），而且 Mg 在 Al 中有较大的固溶度（最大固溶度为 14.9%）。因此，当大量的 Mg 溶入 Al 时，固溶体的晶格就产生畸变，使其变形抗力增加。

Cu 在 Al 中也有较好的固溶强化作用。固溶强化还和溶质原子与位错间的相互作用，以及溶质原子的偏聚等因素有关（图 3-7）。例如，由于溶质原子与位错发生交互作用，置换式固溶体中比溶剂原子大的溶质原子，往往扩散到刃型位错线下方受拉应力的部位，见图 3-7（b）所示，而比溶剂原子小的溶质原子则扩散到位错的上方受压应力的部位，见图 3-7（c）所示，在间隙式固溶体中溶质原子则总是扩散到刃型位错下方受拉应力的部位。由于溶质原子常被吸附于位错周围，形成所谓“气团”，减少了位错附近的晶格畸变，降低了位错的能量状态，使位错不易移动，起到所谓“钉扎”作用。为使位错带着“气团”或挣

(a) 聚集前

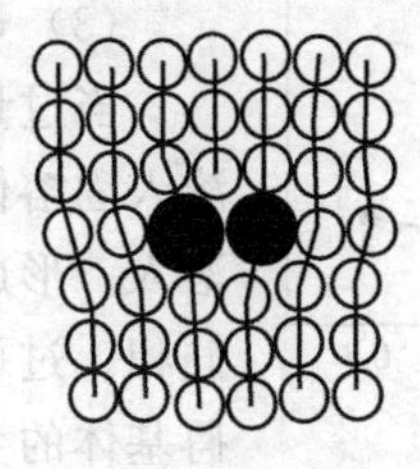
(b) 大尺寸溶质原子聚集在位错下部

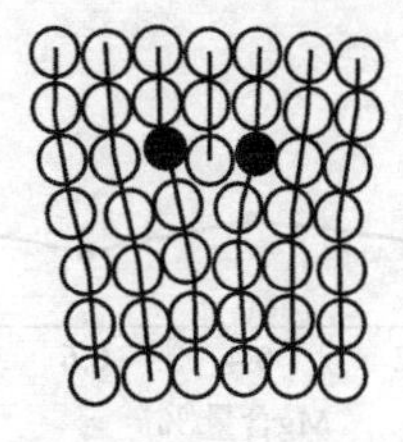
(c) 小尺寸溶质原子聚集在位错上部

图 3-7 固溶原子在位错周围聚集的示意图

脱“气团”而运动，就必须施加更大的外力，即使固溶体强化。此外，合金元素的负电性对固溶体也有一定的强化作用，合金元素与基体金属的价电子差越大，强化效果也越大。

选择固溶强化的合金元素时，要挑那些强化效果好的合金元素。但是更重要的是要选那些在基体金属中固溶度大的元素来作为合金元素，因为固溶强化效果总是随被固溶元素的百分含量的增大而增加。例如 Mg、Cu 是铝合金的主要合金元素，是因为这些元素在基体金属中的固溶度较大的缘故。在进行固溶强化时，往往采用多元少量复合合金化原则，使固溶体的成分复杂化。这样不但提高固溶强化效果，并能减少过量加入一种合金元素时所带来的缺陷。

(2) 时效强化（沉淀强化）

时效处理，又称低温回火。时效强化是指在固溶度随温度降低而减少的合金系中，当合金元素含量超过一定限量后，淬火可获得过饱和固溶体。在较低的温度加热（即时效），过饱和固溶体将发生分解并析出弥散相，引起合金强度、硬度升高而塑性下降的过程。它也被称为沉淀强化。通过时效强化，合金的强度可以提高百分之几十甚至几倍。时效强化的效果，除与合金元素在铝中的固溶度随温度降低而减少的幅度有关外，还与过饱和固溶体分解析出的强化相的特性有关。

时效处理又分为自然时效及人工时效两大类。自然时效是指时效强化在室温下进行的时效，通常需要较长的时间。人工时效又分为不完全人工时效、完全人工时效和过时效 3 种。

① 不完全人工时效　把铝合金铸件加热到较低温度（150～170℃）下，保温 3～5h，以获得较好的抗拉强度、良好的塑性和韧性，但抗蚀性较低的热处理工艺。

② 完全人工时效　把铸件加热到较高温度（175～185℃）下，保温 5～24h，以获得足够的抗拉强度（即最高的硬度）但伸长率较低的热处理工艺。

③ 过时效　把铸件加热到 190～230℃，保温 4～9h，使强度有所下降，硬度有所提高，以获得较好的抗应力、抗腐蚀能力的工艺，也称稳定化回火。

时效强化的机理以 Al-Cu 合金的时效强化最为典型，通过对它进行热处理时效析出 θ（$CuAl_2$）强化相，将在后面详述（见 3.1.5 节）。在 Al-Si 合金中，主要通过添加少量 Mg（0.2%～0.4%），时效析出 Mg_2Si 强化相，见本节下文中的“3.1.1.6 Al-Si 合金的合金化”中对 Al-Si-Mg 合金的详述。图 3-8 表示加 Mg 与不加 Mg 的 Al-20%Si-2Cu-1Ni-0.6RE 合金在 T6 热处理（淬火＋回火）前后的抗拉强度性能的变化。由图可知，在热处理前，加 Mg 与不加 Mg（0%Mg）的合金的力学性能差别并不大，而热处理后含 Mg 合金的抗拉强度提高了 30%～40%，该合金加 0.4%Mg 左右时强度最高。

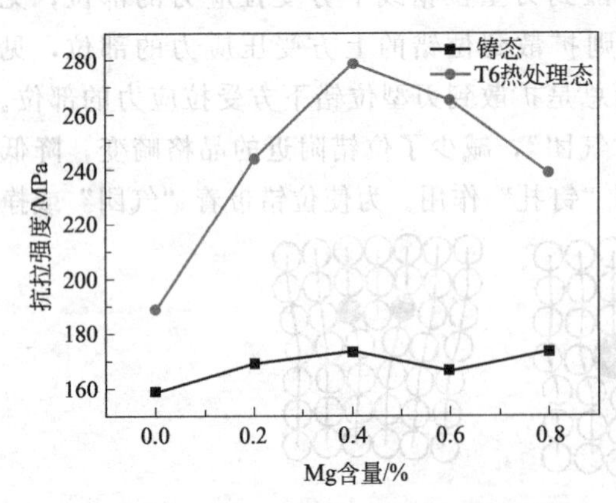

图 3-8　Mg 含量对高硅的铝硅合金热处理前后抗拉强度的影响

(3) 过剩相强化

当过量的合金元素加入基体中时，一部分溶入固溶体，而超过极限溶解度的部分则不能溶入，形成过剩的第二相，例如铝硅合金中的硅相。过剩相强化主要利用较硬的过剩相来阻碍基体的变形，从而使合金强化，与时效强化有相似之处。但铸态形成的过剩相一般均较粗大，也比较脆，故强化效果远低于时效强化，合金的塑性也较差。

采用过剩相强化的效果与过剩相本身的特性，以及形态、数量、大小及分布有关。过剩相的强度、硬度愈高，强化效果愈大。过剩相增多，合金的强度、硬度上升，塑性下降。当过剩相增加较多或形成网状时，由于基体被分割包围，无从发挥其变形能力，晶界区的应力集中也难于松弛，使合金的塑性大大降低，强度也随之下降。粗大针状的过剩相（如铝硅合金中的未变质共晶硅）容易引起变形裂纹，也易于使合金的塑性和强度降低。

铸造 Al-Si 合金中，由于共晶点大大偏向铝侧，共晶反应时析出的过剩相（共晶 Si）数量较少，故对基体的危害作用较小。特别是当 Si 相经变质处理后形成珊瑚状或球粒状，大大缓和了 Si 相对基体的不利影响，因而共晶 Al-Si 合金的过剩相强化效果最好，获得广泛应用，而 Al-Mg、Al-Cu 等合金过剩强化效果相当差而难以应用。

(4) 组织细化

常采用细化铸造铝合金的组织的方法来改善合金的力学性能。铸造合金的组织细化亦常称为变质处理，它有以下几种方式。

① 基体的细化　铝合金的基体主要是 α_{Al} 相，因此基体的细化主要是指铸造铝合金中初生 α_{Al} 相的细化。

当合金在外力作用下变形时，位错运动到晶界附近即行停止，一般不能直接穿越晶界。因为晶界上原子排列较紊乱，聚集着较多的杂质原子，所以变形抗力很大，而且晶界另一边的晶粒具有不同的位向，对进一步滑移也有阻碍作用。晶粒越细，晶界面积越大，每个晶粒周围具有不同取向的晶粒数目也越多，合金对塑性变形的抗力就超高。细晶粒合金不仅强度高，而且塑性、韧性也好。因为晶粒愈细，在一定体积内的晶粒数目也越多，则在同样变形量下，变形将分散在更多的晶粒内进行，且变形也比较均匀（粗晶粒晶界附近的位错塞积比细晶粒严重），不致产生应力过分集中的现象。另外，晶粒越细，晶界的曲折就越多，越不利于裂纹的传播，从而使合金在断裂前能承受较大的塑性变形。

生产中，常加入微量 Ti、Zr、B 等元素对铸造铝合金的基体进行细化。对亚共晶成分的 Al-Si 合金或基体中 α 相较多的合金，细化效果尤其明显。

② 过剩相的细化　对于过剩相的细化，亦称为变质处理，例如 Al-Si 合金加钠处理使共晶 Si 细化，由未变质时的粗大针状或片状变为海藻状或球粒状，提高了合金的力学性能，尤其是塑性。关于变质处理原理及其工艺将在下节中论述。

③ 有害相的细化　在铸造铝合金的熔铸过程中，由于原材料或操作工艺等原因的影响，常带入许多有害杂质。例如，铝硅合金中铁杂质形成的粗大针状 β 相（Al_5FeSi），削弱合金力学性能。可在铝硅合金中加入 Mn 使 β 相变成为团块状的 AlSiMnFe 相，从而改善合金性能。

3.1.1.5 Al-Si 合金的变质

广义地讲，铝硅合金的变质包括初晶 α-Al 固溶体、共晶 Si 以及初晶 Si 三个部分的变质或细化。虽然通过振动、激冷和高压下结晶也能使上述组织细化，但生产上主要采用向 Al-Si 合金熔液中加入细化、变质元素来实现。对初晶 α-Al 固溶体及初晶 Si，通常采用的是细化处理工艺，而对于共晶 Si，通常采用的是变质处理工艺。

一般地，亚共晶 Al-Si 合金的 Si 量处于 5%～6%或更少时，由于硅相较少，影响合金性能的主要是 α 相，细化 α 相是强化合金的主要手段。

对于 Si 量在 6%～10%的亚共晶 Al-Si 合金，影响合金性能的主要因素是 α 相和（α+

Si）共晶体。未变质组织中的针状或片状共晶 Si，严重割裂基体，在硅相的尖端或棱角处引起应力集中，使力学性能和加工性能恶化，因此，Si 量在 6%～10%时的亚共晶 Al-Si 合金，或 12%Si 左右的共晶成分 Al-Si 合金，变质、细化共晶 Si 相是强化合金的主要手段。

对于含 Si 量大于 13%的过共晶 Al-Si 合金，影响合金性能的主要因素是初晶 Si，呈粗大的板块状或尖角状，细化初晶 Si 相是强化合金的主要手段。

下面分别叙述三种相组织的细化或变质方法。

(1) 初生 α 相的细化

通过在纯铝和铝合金熔液中加入少量 Ti、Zr、B 等元素可以起细化作用，使 α-Al 基体的晶粒细化。这种细化处理中加入的是细化剂（细化元素），与共晶体的变质处理中加变质剂的变质机理不同。

Al-Ti 二元状态图如图 3-9 所示。含少量 Ti 的二元合金的特点是：*P* 点成分（包晶温度下的液相溶解度）靠近纯铝一边，包晶温度（668℃）高于纯铝的熔点。因此，只需加入很少量钛即可超过 *P* 点成分，并在铝液中形成大量的 $TiAl_3$ 固相质点，当 α 相还未开始凝固时，这些 $TiAl_3$ 质点就已析出。因 $TiAl_3$ 是成分一定的化合物，故它从铝液中析出时一般也为较细小弥散。$TiAl_3$（四方晶格）与铝（面心立方晶格）的晶格形式相似，两者晶格常数相近：$C_{TiAl_3}=85.7nm$，$2C_{Al}=80.8nm$，相差仅 5.7%，不超过 10%，故 $TiAl_3$ 质点可作为 α（Al）的非自发晶核；另一方面，由于包晶反应：$L+TiAl_3 \rightarrow \alpha$，也使 α 相依附在 $TiAl_3$ 质点上形核。故铝中加入少量钛，可使铝液在较小的过冷度下就出现大量细小的非自发晶核，而这时由于过冷度较小，其结晶生长速度也比较小，因而使铝基体的晶粒细化。

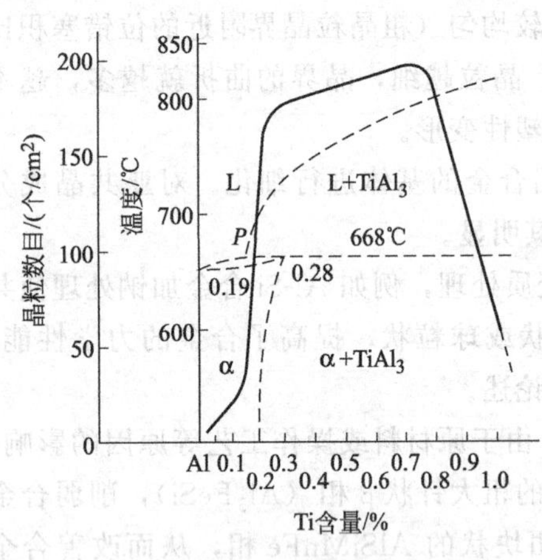

图 3-9 Al-Ti 状态图与铝中添加 Ti 对 α 晶核数量的影响曲线

在图 3-9 中，实线表示加 Ti 量对 α 晶核数量的影响曲线。由图所示可知：当 Ti 量超过 *P* 点时，随着 Ti 量的增加，铝晶粒数量显著增加，晶粒急剧细化。当加 Ti 量过多时却反而会使晶粒数量减少，晶粒变大，这是由于加钛过多将使 $TiAl_3$ 质点加快聚集、长大，并从铝液中沉淀出来（因 $TiAl_3$ 的密度为 $3.37g/cm^3$，比铝液大得多），因而不能起到非自发晶核的作用。工业生产中常用的加 Ti 量为 0.1%～0.15%。

图 3-10 为 ZL101 铝合金加 Ti 前后的金相组织。加 Ti 前图（a），α-Al 相呈粗大的树枝晶。仅加入 0.05%Ti 后［图（b）］，α-Al 相被明显细化，树枝晶变小。若增大含 Ti 量，效果会更好。

与 Al 形成类似 Al-Ti 的状态图的元素还有 Zr、B 等元素，故它们也有相似的变质作用。试验表明，当加入这些变质元素时，只要加入少量即会产生细化基体的作用。当加入量相同时，同时加入几种变质元素如 Al-Ti-B 比单独加入一种元素的细化作用更好。

变质元素对铝合金基体 α-Al 的细化作用强弱次序为：

对 Al-Si-Mg 合金：Ti、W、Zr、B、Mo、Nb；

对 Al-Cu 合金：Ti、B、Nb、Zr；

对 Al-Mg 合金：Zr、B、Ti。

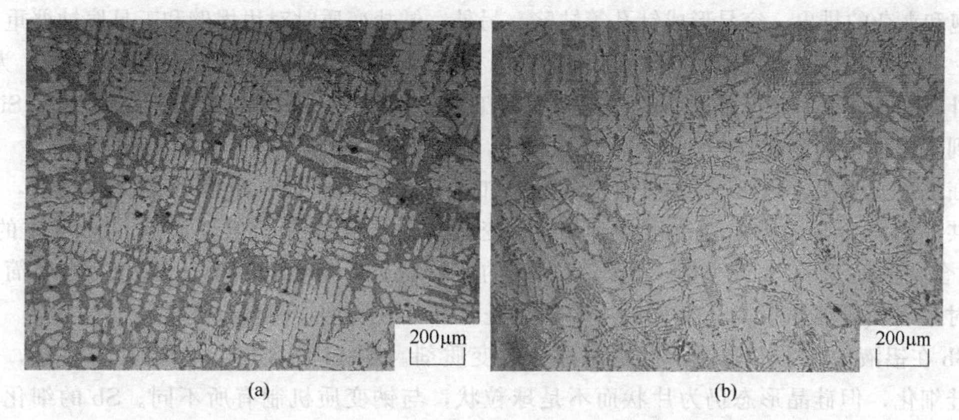

图 3-10 ZL101 铝合金加 0.05％Ti 前（a）、后（b）的金相组织

(2) 共晶体的变质

1) 共晶 Si 的变质方法。对共晶体的变质也就是共晶 Si 的变质。未变质共晶 Al-Si 合金的共晶硅为粗大针状（见图 3-2），深腐蚀后在扫描电镜下观察为板片状组织，如图 3-11 所示。

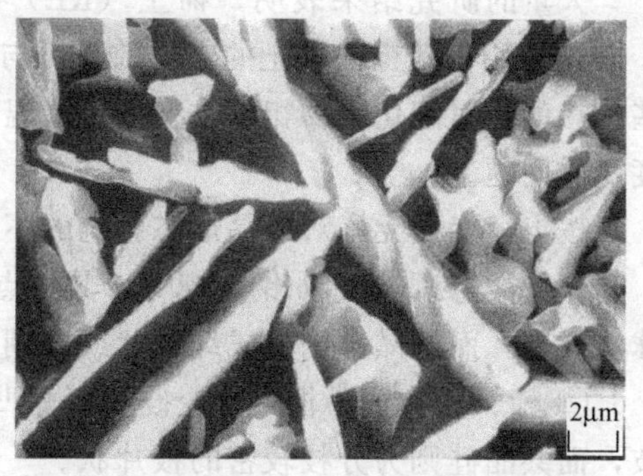

图 3-11 未变质的共晶 Al-Si 合金的板片状共晶硅（水淬组织）

目前生产上使用最多的是钠盐或锶变质处理，锶通常以 Al-10％Sr 中间合金的形式加入。加入很少量的 Na 或 Sr 即有变质效果。经过变质处理后，共晶成分合金变为由初生 α 和（$\alpha+\beta_{Si}$）共晶体组成的亚共晶组织，共晶 Si 细化为球粒状，如图 3-12 所示，在扫描电镜下观察为珊瑚状或纤维状结构，如图 3-13 所示。由于组织的变化，合金的室温力学性能，特别是伸长率得到很大的提高，加工性也明显改善。

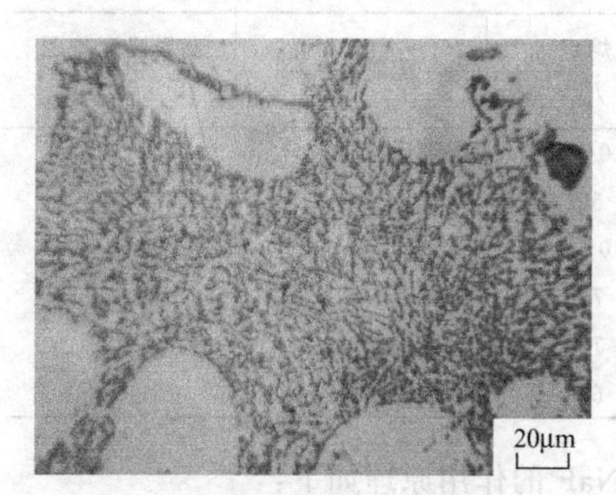

图 3-12 0.05％Sr 变质处理的 Al-Si 合金的球粒状共晶 Si

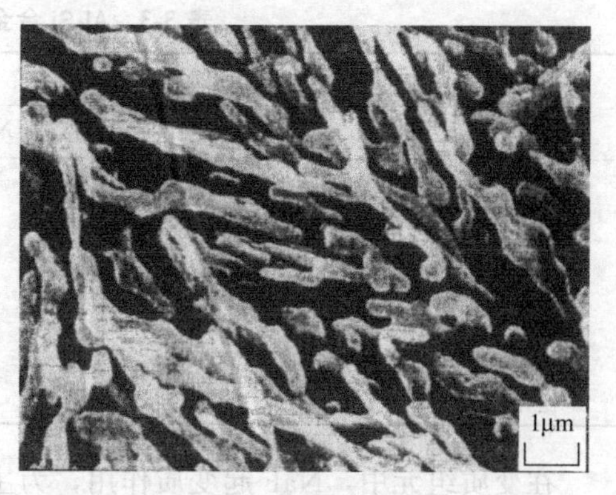

图 3-13 0.07％Sr 变质的共晶 Al-Si 合金的珊瑚状共晶 Si（水淬组织）

目前生产上使用较为广泛的铝硅合金变质剂是四元钠盐。这种变质剂虽能有效细化共晶硅，但在工艺和合金质量上仍存在许多问题，主要表现在：第一，衰退严重，Na 变质有效时间只有 30～60min，超过此时间，变质效果会自行消失，温度愈高，失效愈快，重熔时，须重新变质；第二，钠易与铸型中的水汽发生反应，产生皮下气孔，并且加钠使合金黏度增高，阻

滞气泡和夹杂的排出，容易形成针孔等缺陷。另外，钠盐变质时对坩埚壁和工具腐蚀严重。

上述问题对于大量连续生产、自动化和机械化程度较高的工厂生产均带来不便，为此，国内外都在探求 Al-Si 合金的新变质剂和变质工艺。据报道，下列元素对共晶体（α+Si）均可起到不同程度的变质作用，如 Sr、Sb、RE，Bi、Ba、S、Ca、Te 等。

在上述元素中，以 Sr 的变质效果最好，加入 0.04%～0.08%Sr 不仅细化共晶硅，而且细化共晶团。合金的力学性能可达到加 Na 变质水平。Sr 也是长效变质剂。Sr 变质的 Al-9%Si 合金保温 6～12h 或重熔，仍保持良好的变质状态。与钠盐变质比较，Sr 变质简化操作，对坩埚无侵蚀作用。Sr 变质的主要缺点是容易吸气及增加铸件针孔度。

Sb 在铝液中几乎不烧损，也是一种长效变质剂。Al-Si 合金加 0.2%～0.4%Sb，可使共晶硅细化，但硅晶形态仍为片状而不是球粒状，与钠变质机制有所不同。Sb 的细化作用对冷速十分敏感，在冷速较慢的砂型和厚壁铸件条件下变质，效果不甚理想。另外，锑、钠在合金中容易生成 NaSb 化合物，有抵消各自变质的作用，同时锑在铝合金液中易造成密度偏析，都需在生产中加以注意。

大量的研究结果表明，稀土（RE）在铝硅合金中也有良好的变质作用。在 0.5%～1.0%RE 用量范围内稀土的变质效果可与 Na 相当。稀土还能与铝、硅等元素作用后形成一些耐热的金属间化合物相，改善铸件高温性能。但稀土加入量过少或过多，有变质不足或过度变质问题。

按上述变质元素对硅晶形态影响的不同，我们可以把变质剂分为两类。

① 钠类变质剂，如钠、锶等，其特点是能改变 Si 的生长方向，使初生硅逐渐向团块和球状改变，而共晶硅则生成纤维状或珊瑚状。

② 碲、锑类，不根本改变硅的孪晶凹坑生长方式，初生硅仍呈板片状，只是增加了分枝，而共晶硅则为分枝较密的板片状。

2）钠盐变质工艺　生产上曾经应用较广泛的钠盐变质剂主要由钠和钾的卤素盐类组成，几种变质剂和处理温度见表 3-3。

表 3-3　Al-Si 合金常用的钠盐变质剂成分

变质剂名称	组成比例				熔点/℃	配制方法	变质温度范围/℃
	NaF	NaCl	KCl	Na_3AlF_6			
二元	67	35			810～850	研细后机械混合	750～780
三元(1)	25	62	13		606	熔化	730～750
三元(2)	45	40	15		730～750	机械混合	740～760
泛用(1)	60	25		15	750	机械混合	约 800
泛用(2)	40	45		15	700	机械混合	<750
泛用(3)	30	50	10	10	650	机械混合	730～750

在变质组元中，NaF 起变质作用，为主要成分。NaF 的作用原理如下：

$$3NaF + Al \rightarrow AlF_3 + 3Na \tag{3-1}$$

反应生成的钠起变质作用。由于 NaF 熔点较高（992℃），高于普通铝合金的熔化操作温度（<850℃）。为了降低变质温度，减少由于提高铝液温度所带来的吸气和氧化，在变质剂中加入 NaCl、KCl 等盐类。NaCl 和 KCl 本身变质作用较小，但和 NaF 组成混合盐后可降低熔点，有利于变质反应进行。这种混合盐的变质剂也容易在液面形成一层连续的覆盖层，因此，NaCl 和 KCl 也可称为助熔剂或覆盖剂。

有的变质剂中还加入一定量的冰晶石（Na_3AlF_6），对铝液有除气、去夹杂和变质等多重作用，一般称为“通用变质剂”，在浇注重要的和要求冶金质量较高的铸件时经常采用。

共晶体变质时须掌握以下几个特点。

① 变质温度　钠盐变质温度范围在720～760℃，温度升高，对变质反应进行有利，钠的回收率高、反应快。但温度太高，增加铝液的氧化和吸气，并提高铝液中铁杂质的含量，钠也易于挥发导致过早衰退。所以变质温度选择以稍高于浇注温度为宜。

② 变质剂用量　生产中要考虑到变质剂反应进行不完全的可能性，因而变质剂用量不能太少，否则效果将难以保证。但变质剂用量过多又产生过度变质，即在晶界出现粗大团块状共晶硅。根据生产经验，变质剂用量应占铝液质量的1%～3%。

③ 变质时间　近年来的研究结果表明，铝合金变质均存在不同的孕育潜伏期（根据变质元素不同可达几分钟乃至几十分钟不等），在此期间内，孕育和变质不发挥作用。据分析，潜伏期的形成可能与变质元素在铝液中的化学反应速度有关。生产实践证实，变质时间过短，变质反应不完全；时间过长，增加合金的吸气和氧化倾向，甚至衰退。

钠盐变质剂加入铝液后，一般静置12～15min和搅拌1～2min使其混合，并要求在30～40min内浇完。

3）共晶硅的变质机理

主要是关于钠的变质机制，现有以下几种学说。锶的变质机理假说也大致相同。

① 硅晶吸附变质元素阻碍生长理论　铝硅共晶成分的合金凝固时，由于硅在铝液中扩散速度大，硅晶核易于获得硅原子，成为共晶转变的先导相，并在有限的方向生长与α相共生形成片状组织。

加入微量钠后，钠原子不溶于α固溶体，而呈薄膜状，主要吸附在硅晶核和α晶核的表面。共晶转变时，由于吸附在α晶核表面的钠原子较之硅的晶核表面少得多，大大降低硅原子在合金液中的扩散速度（实验测得，在607℃时，加钠后硅原子的扩散速度仅为加钠前的15%）。使得硅晶界面浓度起伏形成多分枝，并使α晶核得到优先结晶和成长，共晶成分合金出现初晶α相。

② 抑制硅晶核心AlP生成理论　研究发现，通常使用的工业铝硅合金中含有少量的磷，它们易于与铝形成一种高熔点（1600℃）化合物AlP。经测定AlP化合物的晶格结构与硅晶体相似（均为金刚石型点阵），晶格常数也相同（Si为54.2nm，AlP为54.5nm）。因此，AlP可作为硅的非自发晶核，促进硅晶析出，使共晶铝硅合金形成片状（或针状）组织，并偶有初生硅出现。实验还证实，当磷量低于0.00015%时，由于AlP缺乏，硅晶难于析出，合金液有较大过冷倾向，凝固时共晶组织细化，类似钠变质效果。所以，当用纯度很高的单晶硅和纯铝配制铝硅合金时，即使不加任何变质剂也能获得良好的变质组织。

工业用铝硅合金熔液加钠后，可产生下列反应：

$$AlP+3Na \longrightarrow Na_3P+Al \tag{3-2}$$

由于AlP被破坏，硅晶体不易析出，使合金液过冷，获得变质组织。

当添加少量Sr时，也发现生成了Sr_3P_2化合物，中和了P生成AlP作为硅的非自发晶核的作用。

③ 孪晶生长缺陷理论。该理论认为硅晶体为金刚石型的立方晶系，理想情况下它应按〈100〉方向结晶成为八面体形状，如图3-14（a）所示。但在铸造条件下，由于过冷和杂质的作用，在未变质的铝硅合金中，硅晶体都存在不少孪晶缺陷，如图3-14（b）所示，由两

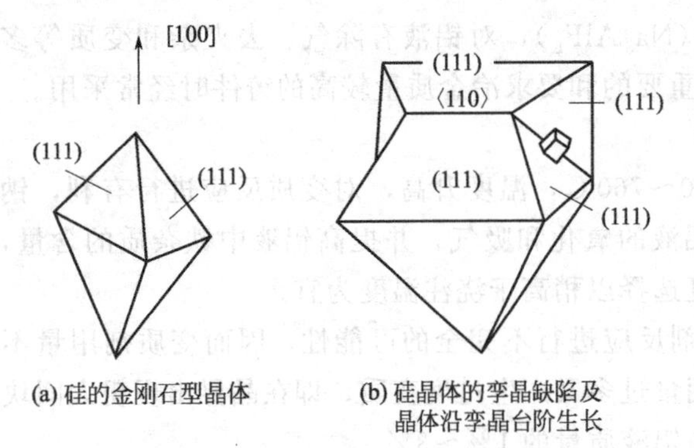

图 3-14 硅晶体的生长方式示意图

个孪晶所组成的凹谷即构成晶体生长台阶，由于硅原子在此台阶上沿〈111〉面堆砌所需要的能量较小，故长得较快，最后沿〈111〉面铺开长成板片状。

加钠或锶变质后，钠一方面被吸附在生长的晶体表面，尤其是在孪晶凹台的生长台阶上，阻碍硅晶体生长；另一方面，钠在硅晶体表面被吸附，随后嵌入硅的晶格内，因钠的原子半径（共价键时为15.4nm）比硅大（共价键时为11.7nm）容易使硅晶体中产生原子错排（即层错），这种原子错排促使孪晶形成。因此，加钠后造成硅晶体中孪晶密度的增加和高次孪晶的产生。由于上述两方面的原因，加钠变质后一方面抑制了硅晶体的板片状生长，另一方面又促使它长成细小分枝的纤维状或珊瑚状形态，由此可以解释扫描电镜观察中变质前后硅晶体的形貌变化。

（3）初生硅的细化

含 Si＞12.6%的过共晶 Al-Si 合金，由于线膨胀系数小，相对密度小，耐磨性、流动性及抗热裂性好且优于亚共晶和共晶 Al-Si 合金，引起人们重视。从 20 世纪 70 年代以来，逐步在国外柴油机活塞、发动机缸体等多种铸件上应用。

对于未变质的过共晶 Al-Si 合金，由于凝固组织中初晶硅粗大，强度低，工业上无法应用，需要对初晶 Si 进行细化处理。初生 Si 的细化采用超声振动结晶法、急冷法、过热熔化低温铸造法、高压铸造法等工艺都可以取得一定效果。但是，通过加入变质元素磷细化初晶硅的方法是最稳定的，工艺也比较简便。

生产上可利用的 P 变质剂主要有两类：一类是赤磷或含赤磷的混合变质剂；另一类是含磷的中间合金。赤磷是使用最早的变质剂，加入合金液质量 0.5%的赤磷，即可使初晶硅细化。但由于赤磷的燃点低（240℃），运送不安全，变质时，磷和铝液相遇，燃烧激烈，产生大量烟雾，污染空气，同时使铝液吸收较多的气体。因此，现在赤磷多与其他化合物混合使用，以改善操作。最常用的含磷中间合金是磷铜（Cu-P）合金（含磷 8%～14%），熔点为 720～800℃。磷铜合金加入铝液后熔解迅速，容易吸收，效果稳定，也易于保管和运输，普遍应用于生产实际中。

P 细化 Al-Si 合金的初生 Si 的机理是：P 在合金中易于与铝形成 AlP 化合物。正如前述，根据晶体结构相似理论和晶格常数对应原理，AlP 可起 Si 相的异质晶核的作用，使晶核数目增加，初生硅细化，如图 3-15 所示。图 3-15 的初晶 Si 颗粒尺寸为 30μm 左右，比图 3-3 未细化时的 100～150μm 小很多。

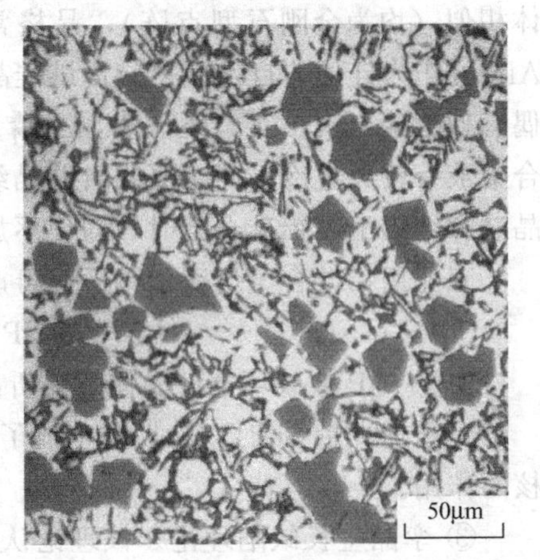

图 3-15 采用 P 变质的 Al-20%Si 合金的显微组织

另据有关资料，加砷和硫也可使初生硅细化，加砷生成 AlAs 化合物，它具有闪锌矿型立方晶格，晶格常数为 56.3nm，与硅相近，熔点高于 1600℃，也可以成为初晶硅的异质晶核而起到细化作用。

3.1.1.6 Al-Si合金的合金化

在一定的温度下，由于Si在铝固溶体中的扩散速度较快（500℃，扩散系数$D=4.5\times10^{-10}cm^2/s$），甚至在淬火条件下也不能抑制Si相自饱和的α固溶体中析出长大，没有固溶强化效果。因此，提高Al-Si合金的力学性能可通过变质处理改善Si的形态和分布来实现。除此之外另一个重要途径是加入Mg、Cu、Mn等其他合金元素组成多元铝硅合金，并配合适当热处理工艺，使这些元素不同程度地固溶入α相中，使固溶体复杂化或形成Mg_2Si、$CuAl_2$、S（Al_2CuMg）、W（$Al_4Mg_5Cu_4Si_4$）等化合物，有效地提高力学性能。工业中应用的多元铝硅合金主要有Al-Si-Mg和Al-Si-Au两类合金。

(1) 镁的作用及Al-Si-Mg合金

在铝硅合金中以添加Mg的强化效果最好。铝硅系合金中应用最多的是Al-Si-Mg合金，尤其是在航空工业中占有重要地位。

将镁加入铝硅合金中，即构成Al-Si-Mg三元合金。三元状态图中的伪二元截面Al-Mg_2Si，如图3-16所示。将三元状态图分成两部分——两个派生的合金系：Al-Al_3Mg_2-Mg_2Si和Al-Mg_2Si-Si。

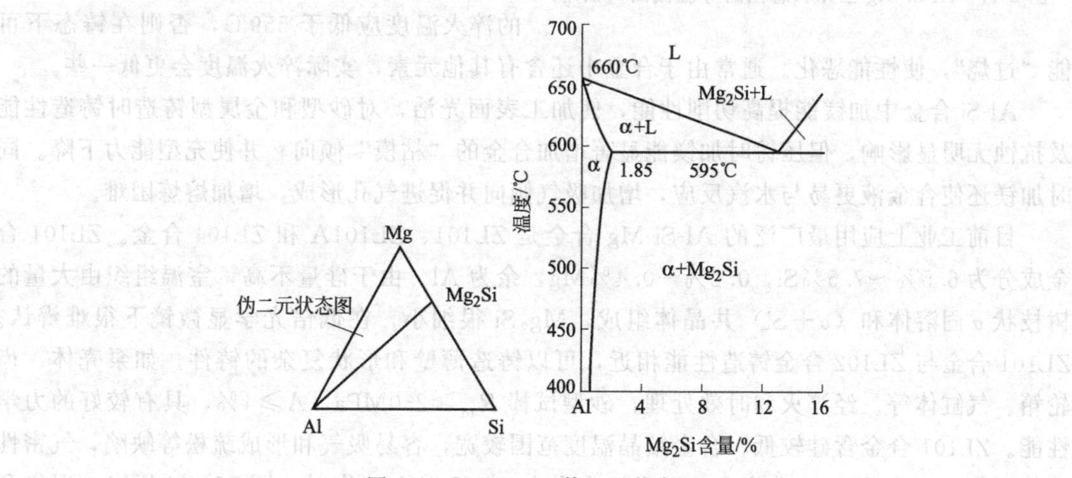

图3-16 Al-Mg_2Si伪二元状态图

① Al-Al_3Mg_2-Mg_2Si系：三元共晶成分为62.25%Al，34%Mg，0.75%Si，在448℃按下式发生三元共晶转变

$$L \rightleftharpoons \alpha + Al_3Mg_2 + Mg_2Si \quad (3\text{-}3)$$

② Al-Mg_2Si-Si系 三元共晶成分为12.7%Si，4.97%Mg，其余为Al，在558℃时按下式发生共晶转变

$$L \rightleftharpoons \alpha + Mg_2Si + Si \quad (3\text{-}4)$$

在含镁的铝硅合金中都含有较高的硅和较低的镁，故属于第二个派生系。

第二个派生系Al-Mg_2Si-Si伪三元相区内，合金组织由初晶α、二元共晶（α+Si）及三元共晶（α+Si+Mg_2Si）组成。Mg_2Si是一种晶格复杂、成分一定的正常价化合物，它在α固溶体中的溶解度随温度上升而急剧增加，从α相中析出长大缓慢。Al-Si-Mg合金淬火时，因冷却速度快，高温下已溶入固溶体的Mg_2Si保持固溶，在时效时以弥散状Mg_2Si沉淀析出，使α固溶体的结晶点阵发生畸变，合金得到强化，抗拉强度和屈服极限提高，伸长率降低，可参考前述图3-8。所以，大多数含镁的铝硅合金铸件都是在热处理状态下使用。

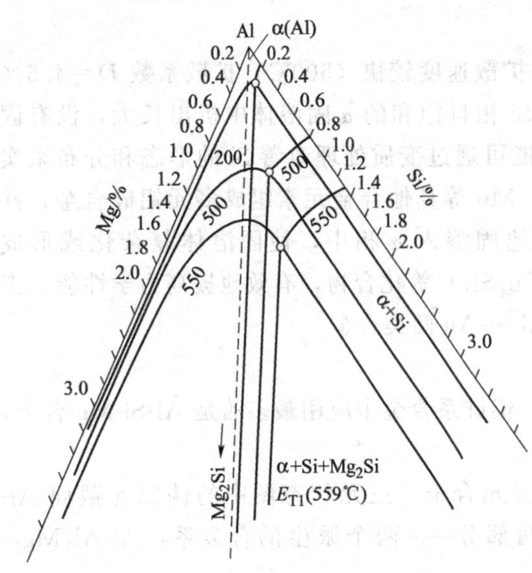

图 3-17 Al-Si-Mg 三元状态图的等温截面（铝角）

Al-Si-Mg 三元状态图的等温截面如图 3-17 所示，在 500～530℃平衡条件下，Mg 在 α 固溶体中的溶解度可达 0.5%～0.6%，但这只有在保温非常长的时间才能达到。在铸造条件下，特别是随着硅量的增加，合金含 0.4%Mg 会残存很多 Mg_2Si 脆性相，不但不起强化作用，反而使合金的塑性大幅度下降。所以在亚共晶 Al-Si-Mg 合金中，含镁量通常控制在 0.2%～0.4%之间。应当指出，在室温下，α 固溶体中镁的固溶度为 0.1%～0.15%，所以加入镁量低于 0.15%，也没有强化效果。

Al-Si-Mg 三元共晶点 E_{T1} 温度为 559℃，如图 3-17 所示，所以理论上该合金的淬火温度应低于 559℃，否则在铸态下可能"过烧"，使性能恶化。通常由于合金中还含有其他元素，实际淬火温度会更低一些。

Al-Si 合金中加镁能提高切削性能，使加工表面光洁，对砂型和金属型铸造时铸造性能及抗蚀无明显影响，但压铸时加镁能显著增加合金的"粘模"倾向，并使充型能力下降。同时加镁还使合金液更易与水汽反应，增加吸气倾向并促进气孔形成，增加熔炼困难。

目前工业上应用最广泛的 Al-Si-Mg 合金是 ZL101、ZL101A 和 ZL104 合金。ZL101 合金成分为 6.5%～7.5%Si，0.2%～0.4%Mg，余为 Al。由于硅量不高，室温组织由大量的树枝状 α 固溶体和（α＋Si）共晶体组成，Mg_2Si 很细小，在低倍光学显微镜下很难辨认。ZL101 合金与 ZL102 合金铸造性能相近，可以铸造薄壁和形状复杂的铸件，如泵壳体、齿轮箱、气缸体等。经淬火和时效处理，砂型试棒 $R_m \geqslant 230MPa$，$A \geqslant 4\%$，具有较好的力学性能。ZL101 合金含硅较低，合金结晶温度范围较宽，容易吸气和形成疏松等缺陷，气密性好但不如 ZL102 和 ZL104 合金。ZL101 合金在 185℃以上工作时，因 Mg_2Si 析出、聚集和长大使力学性能降低，所以热稳定性差，一般工作温度不宜超过 150℃。目前对含 Si 量较低的 ZL101 合金也大多要进行 Sr 变质或 Na 盐变质处理，有的场合还加 Ti 进行 α 相的细化处理。

对于 ZL104 合金，其含硅量高于 ZL101 合金，含 8%～10.5%Si，并含有 0.2%～0.5%Mn。由于锰消除了长针状铁相对基体的割裂有害作用和锰本身对 α 相的固溶强化效果，使 ZL104 合金力学性能高于 ZL101。ZL104 合金铸造性能良好，有很好的充型能力，线收缩率小，无热裂和疏松倾向，可铸造很复杂的零件。它的抗腐蚀性能、切削加工和焊接性能都较好，因而可以用来制造承受较大载荷而且形状又复杂的大型零部件，如气缸体、气缸盖、曲轴箱、增压器壳体。ZL104 合金的含硅较高，一般须进行针对共晶硅的变质处理。

(2) 铜的作用及 Al-Si-Cu 合金

Al-Si-Cu 三元相图如图 3-18 所示。Al-Si-Cu 合金靠近 Al 角，可能出现的相除了 α 固溶体外，尚有 $CuAl_2$ 和 Si 两相出现，α 相分别与 $CuAl_2$ 或 Si 构成二元共晶体，而这三个相又共同构成三元共晶体，共晶温度 524℃，在 Al 角部分无三元化合物存在。

在 Al-Si-Cu 三元系中，铜在 α 相内有相当大的溶解度（在室温时固溶度可达 4%），比

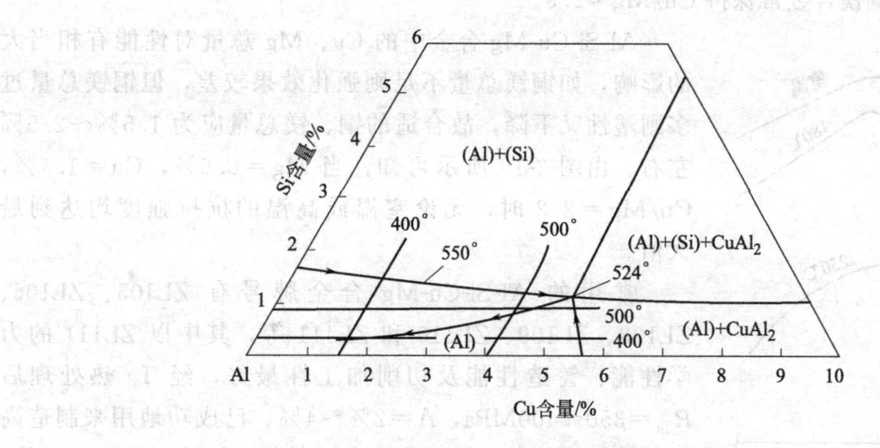

图 3-18　Al-Si-Cu 三元相图等温溶解度

镁在铝硅镁合金中的 α 相中的溶解度大得多。所以当加入量相同时，加铜的强化效果不如镁，但由于铜能较多地溶入 α 相，故加铜的总强化效果比加镁强，而且 Al-Si-Cu 合金的塑性一般也比 Al-Si-Mg 要好些。另外，在 Al-Si-Cu 合金中有耐热第二相析出（如 $CuAl_2$ 等），因此，更适于在较高温度环境下工作（<300℃）。

Al-Si-Cu 合金的牌号有 ZL107，其成分 6.5%～7.5%Si，3.5%～4.5%Cu，余为 Al。这种合金有良好的室温和高温力学性能，经 T_6 处理，砂型试样 R_m＝280～320MPa，$R_{p0.2}$＝210～230MPa，A＝3%～4%。

ZL107 合金的铸造性能良好，结晶温度间隔约 70℃，充型能力与 ZL101 相近，线收缩为 1.0%～1.2%，铸件气密性良好。该种合金的缺点是因含有铜，抗蚀性较 Al-Si-Mg 合金低，密度也较大。

Al-Si-Cu 合金即使不经热处理，也能获得良好的力学性能，且充型能力强，不易粘模。此外，熔炼时较之 Al-Si-Mg 合金氧化吸气倾向小，可全用回炉料或多次重熔，合金性能无显著变化，因此，Al-Si-Cu 合金大量用于压铸工业，是国内外高强度压铸合金发展的方向之一，被广泛用来制造汽车、飞机和民用工业品等的压铸件。

(3) 四元系 Al-Si-Cu-Mg 合金

在 Al-Si-Mg 合金中添加 Cu，其室温抗拉强度和高温持久强度随含 Cu 量增加而显著增加，伸长率下降。将 Mg 加入 Al-Si-Cu 合金中也有类似倾向，只是伸长率下降更为急剧。所以 Al-Si-Cu-Mg 合金的强化作用优于铝硅镁或铝硅铜合金，也是工业中常用的合金材料之一。

Al-Si-Cu-Mg 合金中除出现 α 固溶体、Si、Mg_2Si 三相外，还将出现 W（$Al_xMg_5Si_4Cu_4$）相和 θ（Al_2Cu）相，当 Mg_2Si、$CuAl_2$ 和 W 相数量相同时，以 W 相的强化效果最佳，尤其在 250～300℃ 温度，耐热性也最好。所以 Al-Si-Cu-Mg 合金尤适于在较高温度（200～300℃）条件下使用。Mg_2Si 虽在室温下强化效果超过 $CuAl_2$，但其耐热性较差，故选择合金成分时，如果要求耐热性好，则希望组织中不出现 Mg_2Si 相，而可以出现一些 $CuAl_2$ 相。

Al-Si-Cu-Mg 合金中，铜和镁的作用有一合适的匹配范围。当合金成分中的 Cu/Mg 之比约为 2.1 时，组织中的 Mg_2Si 相即完全消失，成为（α＋Si＋W）三相组织；当 Cu/Mg 大于 2.1 时，组织中除 α＋Si＋W 外，还将出现 $CuAl_2$ 相。考虑到 $CuAl_2$ 的热稳定性比 Mg_2Si

好得多，故铝硅铜镁合金常保持 Cu/Mg≈2.5。

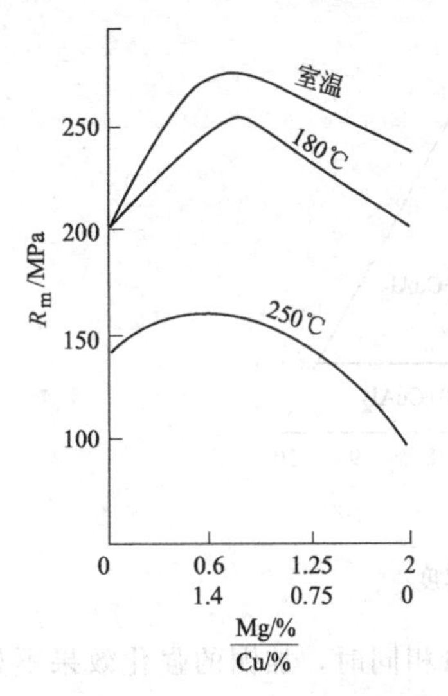

图 3-19 Al-5%Si-2%（Cu+Mg）四元合金中 Cu 量和 Mg 量变化对合金室温、高温抗拉强度的影响

Al-Si-Cu-Mg 合金中的 Cu、Mg 总量对性能有相当大的影响，如铜镁总量不足则强化效果较差，但铜镁总量过多则塑性又下降，故合适的铜、镁总量应为 1.5%～2.5% 左右。由图 3-19 所示可知，当 Mg＝0.6%，Cu＝1.4%，Cu/Mg＝2.2 时，无论室温或高温的抗拉强度均达到最大值。

常用的 Al-Si-Cu-Mg 合金牌号有 ZL105、ZL106、ZL108、ZL109、ZL110 和 ZL111 等，其中以 ZL111 的力学性能、铸造性能及切削加工性最好，经 T_6 热处理后 R_m＝350～400MPa，A＝2%～4%，已成功地用来制造高压气体或液体下长期工作的大型零件，如转子发动机缸体、压铸水泵叶轮等。

Al-Si-Cu-Mg 合金在工业上的最大用途是制造发动机的活塞。发动机对活塞性能的要求是：密度小，热传导性好，热膨胀系数小，有足够的高温强度，耐磨，耐蚀，尺寸稳定和易于制造。铸造铝硅铜镁合金基本上满足上述要求，是理想的活塞材料。

（4）铁和锰在 Al-Si 合金中的作用

Fe 是 Al-Si 合金中的主要杂质，它主要来自炉料、坩埚和熔炼工具。Fe 在铝硅合金中通常形成粗大针状的脆性 T_2 相（Al_5FeSi）化合物（或称 β 相），它穿过 α 晶粒，大大削弱基体，恶化合金的力学性能，尤其是塑性，降低合金的流动性并使充型能力恶化。此外还由于铁相在晶界析出，电位比 α 相高，使合金表面氧化膜失去连续性，发生电化学腐蚀，降低合金的抗蚀性能，因此合金中的 Fe 量应予限制。

合金中加入 Mn 可使组织中粗大的针状 β 相变为尺寸较小的块状 AlSiMnFe 复合化合物，因而大大降低 Fe 对合金性能的有害影响。除锰外，铬、钼、钴、镍等均有类似作用，但以钴、锰效果最好，锰成本较低，生产使用最为普遍。

此外，Mn 对 Al-Si 合金还有一定的固溶强化作用，使合金性能进一步提高，锰加入量一般为 0.5%左右，如 ZL108 合金就含有 0.5%Mn。

Al-Si 合金中，Sn、Pb 也是有害元素，它们主要由炉料带入。它们在 α 中的固溶度很小，极微量就会在 α 晶界上形成低熔点共晶体，使合金在热处理后的伸长率大大下降。Sn 亦降低抗蚀性。故一般将锡、铅分别限制在 0.01%和 0.05%以下。

3.1.2 铸造铝铜合金

3.1.2.1 基本组成及性能

（1）铝铜合金的牌号、成分及性能

铝铜（Al-Cu）合金一般含 4%Cu 以上，牌号有 ZL201～ZL204，该合金的特点是强度高，耐热性好，可用于制造汽车小型气泵的活塞等，缺点是流动性差，易产生热裂，而且抗蚀性较低，应用不及铝硅合金广泛。

我国铸造铝铜合金的牌号、化学成分和力学性能如表 3-4 和表 3-5 所示。

表 3-4 铸造铝铜合金的牌号和化学成分（摘自 GB/T 1173—2013）

合金牌号	合金代号	主要合金元素含量/%(质量分数)					
		Si	Cu	Mg	Mn	Ti	其他
ZAlCu5Mn	ZL201		4.5～5.3		0.6～1.0	0.15～0.35	
ZAlCu5MnA	ZL201A		4.8～5.3		0.6～1.0	0.15～0.35	
ZAlCu10	ZL202		9.0～11.0				
ZAlCu4	ZL203		4.0～5.0				
ZAlCu5MnCdA	ZL204A		4.6～5.3		0.6～0.9	0.15～0.35	Cd0.15～0.25
ZAlCu5MnCdVA	ZL205A		4.6～5.3	V0.05～0.3	0.3～0.5	0.15～0.35	Cd0.15～0.25 Zr0.15～0.25 B0.005～0.6
ZAlRE5Cu3Si2	ZL207	1.6～2.0	3.0～3.4	0.15～0.25	0.9～1.2		Zr0.15～0.2 Ni0.2～0.3 RE4.4～5.0

表 3-5 铸造铝铜合金的牌号和力学性能（摘自 GB/T 1173—2013）

合金牌号	合金代号	铸造方法①	合金状态②	力学性能(不低于)		
				抗拉强度 R_m /MPa	伸长率 A /(×100)	布氏硬度/HBW (5/250/30)
ZAlCu5Mn	ZL201	S、J、R、K	T5	335	4	90
ZAlCu5MnA	ZL201A	S、J、R、K	T5	390	8	100
ZAlCu10	ZL202	S、J	T6	160	—	100
ZAlCu4	ZL203	S、R、K	T5	215	3	70
ZAlCu5MnCdA	ZL204A	S	T5	440	4	100
ZAlCu5MnCdVA	ZL205A	S	T6	470	3	120
ZAlRE5Cu3Si2	ZL207	S	T1	165	—	75

① 铸造方法：S—砂型铸造，J—金属型铸造，R—熔模铸造，K—壳型铸造，B—变质处理。

② 合金状态：F—铸态，T1—自然时效，T4—固熔处理加自然时效，T5—固熔处理加不完全人工时效，T6—固熔处理加完全人工时效。

注：1. 某些牌号合金可以采用多种铸造方法及用不同热处理方法，以得到不同的机制性能（详细可参考标准原文）。

2. 本表中凡牌号后面液注有“A”字的，都属于优质合金，要求杂质元素质量分数总和低于 0.8%。

(2) Al-Cu 二元合金的组织和性能

Al-Cu 合金是工业上应用最早的铸造铝合金，其重要性和应用范围仅次于 Al-Si 合金。

Al-Cu 合金二元相图如图 3-20 所示。由图可知，铜在 α 固溶体中有较大的固溶度，且溶解度随温度下降而显著降低。在共晶温度 548℃时铜的固溶度为 5.65%，在室温时降至 0.10%以下。所以铝铜合金可以通过固溶强化提高室温和高温力学性能。

Cu 在铝铜合金中的强化作用主要是由于经淬火和时效后合金组织中出现大量弥散分布的 θ 相细微质点（Al_2Cu）的过渡相，使 α 固溶体的结晶点阵扭曲（畸变），并封闭了晶粒间的滑移面。试验表明，含铜量超过 6.0%就使合金淬火效果降低。所以含铜量超过 7%，仅在铸态下使用。含 Cu 量对铝铜合金力学性能的影响见图 3-21 所示，可见 Cu 量在 5%～6%时，抗拉强度达到最大值。所以工业应用的铝铜合金含 Cu 量多在 4%～5%。

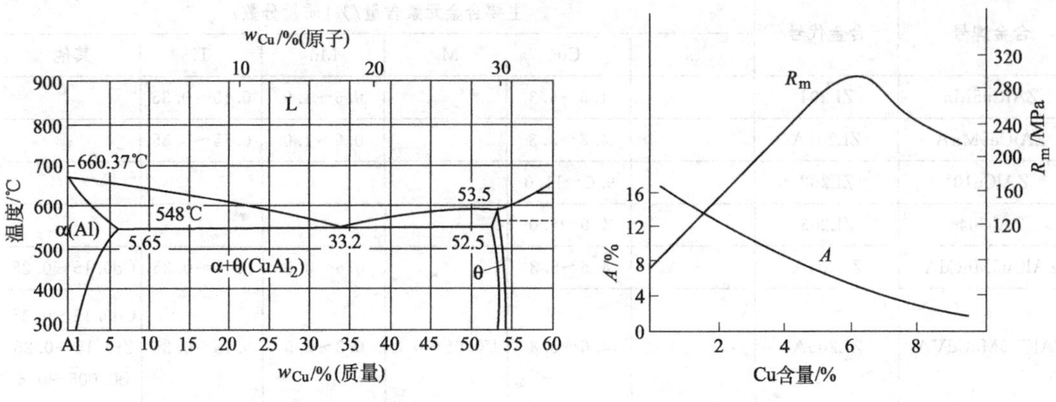

图 3-20　Al-Cu 合金二元相图

图 3-21　含 Cu 量对 Al-Cu 合金力学性能的影响

Al-Cu 合金加 Cu 或其他元素以后形成大量耐热相，使合金有良好的耐热性，这是铝铜合金能在工业中大量使用的重要原因。

Al-Cu 合金的铸造性能较差。由于它的结晶温度间隔较宽，液态下的黏度较大，因此，其充型能力较低，缩松倾向也比铝硅合金大，同时这种合金的凝固收缩较大，而 $\alpha+Al_2Cu$ 共晶在凝固温度下塑性又较差，所以它的热裂倾向也较大。

含铜相与 α 基体间一般都有较显著的电位差，易引起电化学腐蚀，所以铝铜合金的抗蚀性也较差，需经表面阳极化处理。

综上所述，Al-Cu 合金的性能特点是：室温力学性能高，耐热性好，但铸造性能和抗蚀性较差。

常用的 Al-Cu 二元合金有 ZL202（9.0%～11.0%Cu）和 ZL203（4.0%～5.0%Cu），用在高温 250～350℃下工作，受力不大、形状不复杂的铸件，如发动机缸盖等。

3.1.2.2　合金化及多元 Al-Cu 合金

为了改善铝铜合金的铸造性能，并进一步提高室温和高温力学性能，常在铝铜合金中加入 Mn、Ti 等元素加以强化。下面分别介绍 Mn、Ti、RE 等在 Al-Cu 合金中的作用。

（1）Mn

Mn 在 Al-Cu 合金中的作用主要有二个：其一是固溶强化，另一个是形成耐热相。

Mn 是过渡族元素，其 3d 亚层电子没有填满，可参与键合作用，加锰后，部分锰溶入 α 中，显著增加原子间的结合力，阻碍原子的扩散。同时锰是表面活性元素，易富集在 α 晶界，强烈抑制晶界扩散，提高了合金的耐热性。

Mn 在 Al-Cu 合金中还易于形成 T_{Mn} 相。按照 Al-Cu-Mn 三元状态图等温切面（见图 3-22 所示），通常在含 Mn 量 0.6%～1.0%范围，除出现 θ 相（Al_2Cu）、S 相（$MnAl_6$）化合物外，还出现 T_{Mn} 相（$Al_{12}CuMn_2$）化合物。在最后凝固部分会发生 $\alpha+\theta+T_{Mn}$ 的三相共晶。共晶点成分为：32.5%Cu、0.6%Mn、余为 Al。三相共晶温度 547.5℃，仅比二元共晶温度低 0.5℃。T_{Mn} 相结构复杂，在 400℃以下它在 α 中溶解度变化很小，热硬性高，在 α 晶界呈不连续网状分布。按照铸造铝合金耐热原则，可大大提高耐热性。试验表明，加锰后合金在 300℃、100h 的持久强度可提高 2.3 倍。

此外，加 Mn 还可以减少 Cu 在 α 中的溶解量，因而使组织中共晶体数量增多，提高铸造性能。

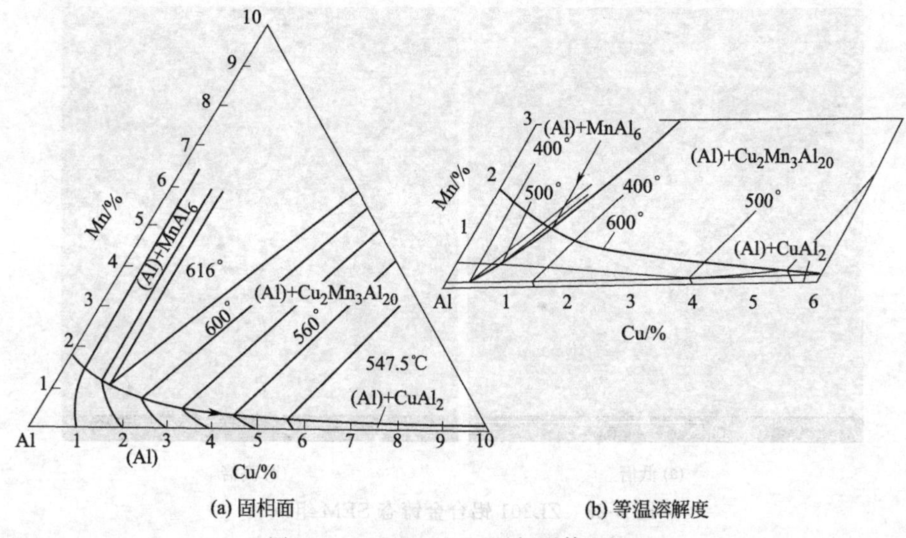

(a) 固相面　　(b) 等温溶解度

图 3-22　Al-Cu-Mn 三元相图等温切面

(2) Ti

在 Al-Cu 合金中添加少量 Ti 可起变质作用，使 α 基体晶粒显著细化，因而提高了合金的室温力学性能。合金基体的细化，还可使其铸态组织中的 $\alpha+\theta+T_{Mn}$ 共晶体细化，使 θ（Al_2Cu）相在热处理时易充分溶解，因而提高了强化效果；同时 α 晶粒的细化可使共晶体中的初生 T_{Mn} 相能更弥散地分布，更好地阻碍基体在高温下的变形。此外，钛也是过渡族元素，能显著阻碍原子扩散。$TiAl_3$ 也有一定的热硬性，故合金中加 Ti 能提高其高温力学性能。

在 Al-Cu 合金中加 Ti 能显著降低其热裂倾向。因为晶粒细化能使合金凝固时形成结晶骨架的时间延缓，缩小了它的有效结晶温度间隔，并且晶粒愈细晶界面积愈大，合金收缩时分散到每个晶界上的变形量也就比较小，故降低了合金的热裂倾向。

典型的 Al-Cu-Mn-Ti 合金为 ZL201，含 4.5%～5.3%Cu，0.6%～1.0%Mn，0.15%～0.35%Ti，砂型铸造 T_5 处理，室温力学性能可达 R_m 300～400MPa，A 4%～10%，α_K 80～100J/cm²。这类合金多用在 300℃以下承受大的动、静载荷的零件。

图 3-23 为 ZL201 铝合金铸态 SEM 组织。该合金在冷却、凝固过程中先析出 α 相，如图 3-23 中较多的灰色晶粒部分；然后冷却到二元共晶温度时，发生共晶凝固：

$$L \longrightarrow \alpha(Al)+\theta(Al_2Cu) \tag{3-5}$$

最后剩余的液相到了三元共晶成分及温度，发生三相共晶凝固：

$$L \longrightarrow \alpha(Al)+\theta(Al_2Cu)+T(Al_{12}CuMn_2) \tag{3-6}$$

直至完全凝固。图 3-23 图（b）中在 α 晶粒之间的组织即是剩余液相的共晶凝固组织，可以看到鱼骨状的共晶相。

(3) RE

目前我国铝铜合金牌号中的 ZL207 等含有 RE（稀土）。此处 RE 的成分主要指 Ce、La、Nd 等。铝和这些稀土元素形成共晶型相图，共晶温度在 635～640℃，比 Al-Si、Al-Cu 系的共晶温度高很多。稀土元素在 α 中固溶度很小，大多与 Al 形成稀土化合物，如 Al_4Ce，其熔点高达 1250℃，因此加入稀土元素的主要作用是提高耐热性。

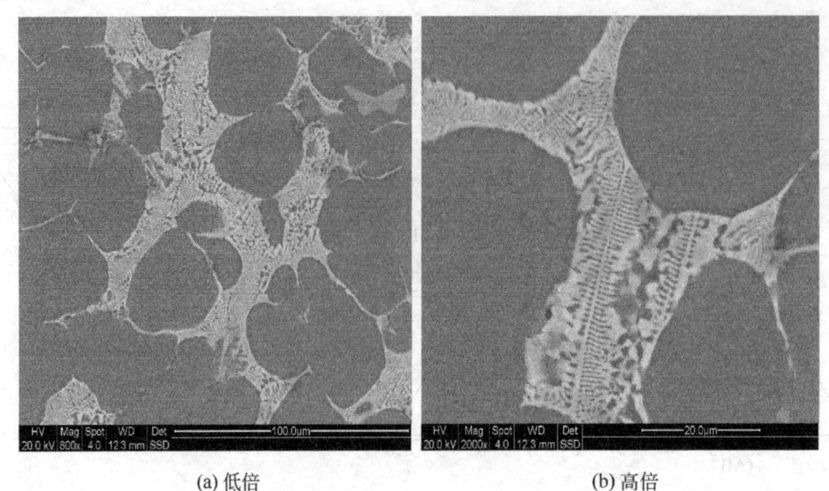

(a) 低倍　　　　(b) 高倍

图 3-23　ZL201 铝合金铸态 SEM 组织

ZL207 合金（ZAlRE5Cu3Si2）的铸态为 α 基体、晶界或枝晶间分布着 Al_4CuCe、Al_8Mn_4Ce、Al_8Cu_4Ce 及少量 Al_4Ce 化合物，还可能有 $Al_{24}Cu_3Ce_3Mn$ 相。此合金高温强度很高，可在 350℃～400℃下工作。此合金结晶范围小（约 30℃），其铸造性能良好：流动性好，无缩松和热裂倾向，气密性良好。抗蚀性优于铝铜合金其他牌号，焊接性良好。

3.1.2.3　Al-Cu 合金的耐热性

多相铸造铝合金的耐热性与其熔点、α 相固溶体的成分、组织结构的稳定性以及第二相质点的热稳定性和分布状态有关，一般有以下原则。

1）选用合金系的固相线温度（共晶或包晶温度）要高。固相线温度的高低标志着合金中原子结合力的大小。生产中使用的多数合金元素和铝有共晶型相图，加入合金元素过多使固相线温度显著降低，甚至出现低熔点共晶。因此，应尽量采用“多元少量合金化”的原则，同时加入多种耐热组元使基体和第二相复杂化，有利于高温组织的稳定性。

2）在合金的工作温度下，α 固溶体的溶解度变化应小，当温度变化时，组织中可不致发生相的溶解和析出，以保证组织的稳定。

3）合金中第二相的成分和结构应复杂，成分区窄小，最好成分一定，这样不仅第二相析出长大缓慢，高温时组织也稳定；同时第二相的热硬性也要好，可阻碍合金高温变形。

第二相最好是以封闭状或骨架状沿晶界分布。这种分布对室温强度来说强化作用不好，但在高温下，它却能阻碍基体的变形和晶界的移动，因此，比单靠弥散质点强化的合金有更高的工作温度。网状分布的过剩相常使合金性能变脆，可以加入变质元素细化基体加以改善。

从以上原则可知，Al-Cu 合金耐热性高的原因如下。

① 有高的共晶温度（548℃）；

② α 固溶体在 350℃以下溶解度变化较小；

③ Cu 原子在 α 中的扩散速度小；

④ 第二相 $\theta(Al_2Cu)$、$T_{Mn}(Al_{12}CuMn_2)$ 等成分复杂，热硬性高。

由此看出，Cu 不但能提高 α 基体的稳定性，更重要的是高温稳定相 θ、S（$MnAl_6$）、T_{Mn} 等多元化合物中都含有 Cu，所以铝铜合金具有较好的高温工作性能，有作为耐热铸造铝合金的基础。

Al-Si 合金的共晶温度虽高（577℃），硅晶体的热硬性也好，但由于硅原子在 α 相中的扩散速度较快，在高温工作条件下是一种不稳定相，硅晶体又不是成分和结构复杂的化合物，所以铝硅合金耐热性不好，只能在 250℃以下工作。

3.1.3 铸造铝镁合金

3.1.3.1 基本组成及性能

（1）铝镁（Al-Mg）合金的牌号、成分及性能

铸造 Al-Mg 合金含 5%～11%Mg，牌号为 ZL301～ZL305，其特点是密度小，比强度（R_m/ρ）高，在大气和海水中有良好的抗蚀性，在航空及造船工业上得到广泛应用。该合金的缺点是在熔化及浇注过程中易氧化及吸收气体，铸造比较困难。

我国铸造铝镁合金的牌号、化学成分和力学性能如表 3-6 和表 3-7 所示。

表 3-6 铸造铝镁合金的牌号和化学成分（摘自 GB/T 1173—2013）

合金牌号	合金代号	主要合金元素质量分数/%					
		Si	Cu	Mg	Zn	Mn	Ti
ZAlMg10	ZL301			9.5～11.0			
ZAlMg5Si1	ZL303	0.8～1.3		4.5～5.5		0.1～0.4	
ZAlMg8Zn1	ZL305			7.5～9.0	1.0～1.5	Be0.03～0.1	0.1～0.2

表 3-7 铸造铝镁合金的牌号和力学性能（摘自 GB/T 1173—2013）

合金牌号	合金代号	铸造方法①	合金状态②	力学性能(不低于)		
				抗拉强度 R_m /MPa	伸长率 A /(×100)	布氏硬度 HBW (5/250/30)
ZAlMg10	ZL301	S、J、R	T4	280	10	60
ZAlMg5Si1	ZL303	S、J、R、K	F	145	1	55
ZAlMg8Zn1	ZL305	S	T4	290	8	90

① 铸造方法：S—砂型铸造，J—金属型铸造，R—熔模铸造，K—壳型铸造，B—变质处理。

② 合金状态：F—铸态，T1—自然时效，T4—固熔处理加自然时效，T5—固熔处理加不完全人工时效，T6—固熔处理加完全人工时效。

注：1. 某些牌号合金可以采用多种铸造方法及用不同热处理方法，以得到不同的机制性能（详细可参考标准原文）。

2. 本表中凡牌号后面液注有“A”字的，都属于优质合金，要求杂质元素质量分数总和低于 0.8%。

（2）Mg 对 Al-Mg 组织和性能的影响

因为 Mg 在铝合金中的固溶强化效果最好，所以 Al-Mg 合金的比强度极高，广泛应用于航空工业。图 3-24 为 Al-Mg 二元相图，由图可知铝镁合金是简单的共晶型合金。镁量<35%时，只出现 α 和 β（Mg_5Al_8）两相。镁在铝中有很大的固溶度，在共晶温度（451℃）时，最大固溶度可达 14.9%。由于镁的原子半径比铝大 13%，镁大量溶入 α 后，晶格产生畸变，力学性能得到较大提高。

通常在金属型铸造条件下，由于冷速较快，共晶点偏向右侧，镁量大于 12%时脆性 β 相不能完全溶入 α 固溶体，少量 β 相分布在晶界上，使力学性能下降，因此，实用的铝镁合金含镁量不超过 11.5%。

Al-Mg 合金铸件表面有一层高抗蚀性的尖晶石型薄膜（$Al_2O_3 \cdot MgO$），故在海水等介质中有很高的抗蚀性。当组织中出现 β 相时，由于 β 相的电极电位（−1.24V）与 α 相

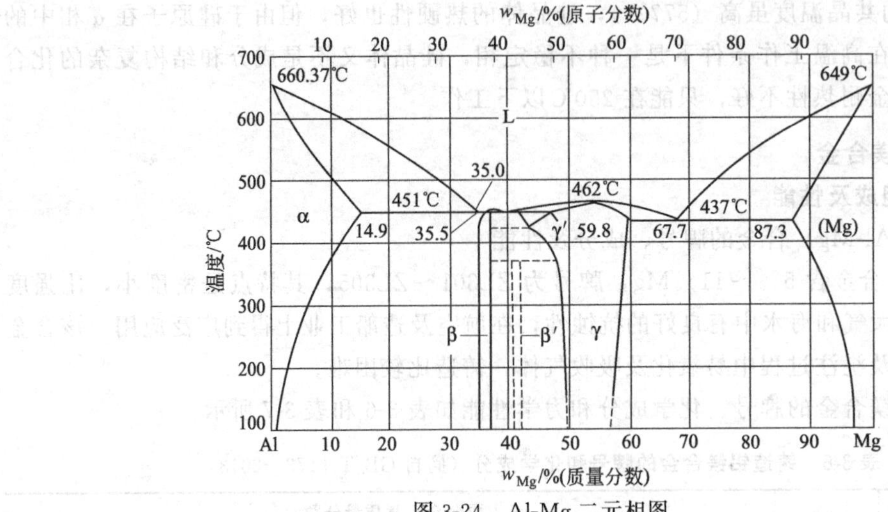

图 3-24 Al-Mg 二元相图

(−0.8V) 相差较大，使合金的抗蚀性降低。故希望铝镁合金为单相组织，因此不适于在高温条件下工作。

由于 Al-Mg 合金的结晶范围很大，因此合金的铸造性能很差，在铸造条件下，合金处于非平衡状态，含 4%～6%Mg 时，结晶温度范围最大，所以形成热裂和缩松的倾向很大。当 Mg 量增加时，由于非平衡相图上的结晶温度范围不断变小，铸态组织中的共晶体量不断增加，所以铸造性能得到改善，当镁量达 9%～10%时，不仅流动性好，热裂倾向减少，而且疏松也可大为减轻。

典型的 Al-Mg 合金为 ZL301，含 9.3%～11.5%Mg。这种合金有很高的综合性能，比强度（R_m/ρ）和冲击韧性都比铝硅、铝铜等合金高得多。合金在室温为单相组织，有很高的塑性。其抗蚀及切削加工性也良好，表面抛光后能长期保持原有光泽，所以大量用在大气和海水介质条件下承受大冲击载荷的大、中、小型零件，如雷达底座、发动机机匣、螺旋桨、起落架和船用舷窗等零件。

ZL301 铝合金的主要缺点是在室温长期使用时有自然时效现象，容易沿晶界析出 β 相并不断长大，使力学性能恶化，当温度超过 100℃时，这一过程更为明显。

3.1.3.2 Al-Mg 合金的合金化

为改善铝镁合金的铸造性能和组织稳定性，常加入 Si、Zn 等构成多元合金。

(1) Si 的作用

Si 在含镁较高的 ZL301 合金中是有害元素，因为，合金中有少量硅时可形成粗大骨骼状脆性 Mg_2Si 相，它不溶入 α 固溶体，并使力学性能下降。

另一方面，当 Al-Mg 合金加入约 1%Si 时，由于出现相当数量的（α+Mg_2Si+Si）共晶体，将使合金的铸造性能得到显著改善；同时，Mg_2Si 在 α 中的溶解度随温度变化较小，它在高温时比较稳定，而且 Mg_2Si 还有一定的热硬性，故含 Si 的铝镁合金广泛应用在较高工作温度（≤250℃）情况下。同时在压铸生产过程中，Mg_2Si 能以细小质点弥散分布，可提高合金性能，因此，Al-Mg-Si 合金也是重要的压铸合金之一。

典型的 Al-Mg-Si 合金为 ZL303，含 5%Mg，0.8%～1.3%Si，用于制造中等载荷的船舶、航空及内燃机零件。图 3-25 为 ZL303 铝合金的金属型铸件的铸态金相组织。大部分组织为 α-Al 枝晶，很少量的剩余液相呈非平衡共晶凝固组织。

(2) Zn的作用

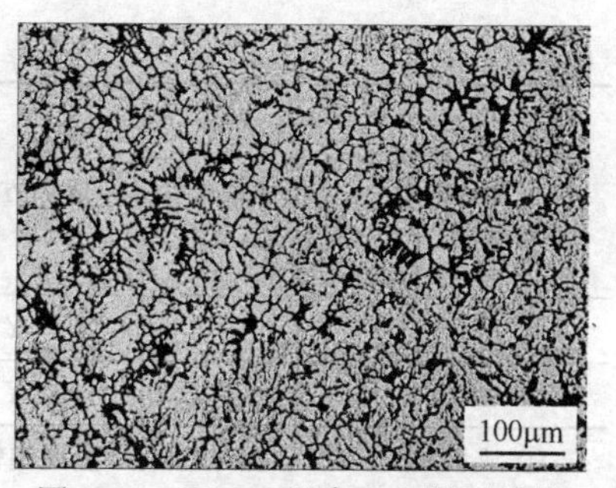

图 3-25 ZL303 铝合金金属型铸件的铸态金相组织

向Al-Mg合金中加入锌（>1%）可以改善力学性能和热稳定性。Zn固溶于α和β相中，形成［Mg_{32}（Al·Zn）］化合物，从而降低镁原子的扩散能力，阻碍β相的析出，提高了β相的热稳定性。此外，锌还能使β相呈不连续分布，从而提高合金的抗应力腐蚀能力。我国研究的ZL305合金即为Al-Mg-Zn合金，其成分为7.5%～9.0%Mg，1.0%～1.5%Zn，0.03%～0.1%Be，0.1%～1.2%Ti，经过3年自然时效后进行试验表明晶界未见β相析出物，屈服强度和抗拉强度稍有提高，比ZL301有更好的稳定性。但合金的人工时效温度超过150℃时，有大量强化相析出，塑性大幅度下降，应力腐蚀加剧，所以也不宜在100℃以上工作。

国内外近年来报道，在Al-Mg合金中加入0.1%～0.3%Te能提高α相的稳定性，加Be能防止铝镁合金熔炼的氧化、吸气，提高冶金质量，并大幅度提高力学性能。

3.1.4 铸造铝锌合金

3.1.4.1 基本组成及性能

(1) 铝锌（Al-Zn）合金的牌号、成分及性能

铸造Al-Zn合金中锌含量一般为5%～13%，虽然锌在铝中的最大溶解度可达84%（382℃时）。相应的牌号为ZL401～ZL402，最大特点是不需要热处理就能获得高强度，具有铸态淬火作用，常作为压铸件。由于铸造铝锌合金的牌号很少（如表3-8所示），再加上近年来一些变形铝合金采用铸造的方法进行零部件的生产，所以此处列出了两个常见的变形铝锌合金牌号，见表3-8，可将其与铸造铝锌合金进行比较。

我国铸造铝锌合金和常用的两个变形铝锌合金的牌号、化学成分和力学性能如表3-8和表3-9所示。

表 3-8 铝锌合金的牌号和化学成分（摘自GB/T 1173—2013，GB/T 3190—2008）

合金牌号	合金代号	主要合金元素含量/%(质量分数)					
		Si	Cu	Mg	Zn	Mn	Ti
ZAlZn11Si7	ZL401	6.0～8.0		0.1～0.3	9.0～13.0		
ZAlZn6Mg	ZL402			0.5～0.65	5.0～6.5	Cr0.4～0.6	0.15～0.25
7050		<0.12	2..0～2.6	1.9～2.6	5.7～6.7	<0.1	Zr0.08～0.15
7075		<0.4	1.2～2.0	2.1～2.9	5.1～6.1	Mn0.3 Cr0.18～0.28	0.2

表 3-9 铝锌合金的牌号和力学性能（摘自GB/T 1173—2013，GB/T 3190—2008）

合金牌号	合金代号	成形方法①	合金状态②	力学性能(≥)		
				抗拉强度 R_m /MPa	伸长率 A /(×100)	布氏硬度 HBW (5/250/30)
ZAlZn11Si7	ZL401	S、R、K	T1	195	2	80
ZAlZn6Mg	ZL402	S	T1	215	4	65

续表

合金牌号	合金代号	成形方法①	合金状态②	力学性能≥		
				抗拉强度 R_m /MPa	伸长率 A /(×100)	布氏硬度 HBW (5/250/30)
7050		Y	T6	572	11	150
7075		Y	T6	600	12	150

① 成形方法：S—砂型铸造，J—金属型铸造，R—熔模铸造，K—壳型铸造，B—变质处理，Y—塑形压延。

② 合金状态：F—铸态，T1—自然时效，T4—固熔处理加自然时效，T5—固熔处理加不完全人工时效，T6—固熔处理加完全人工时效。

注：1. 某些牌号合金可以采用多种铸造方法及用不同热处理方法，以得到不同的机制性能（详细可参考标准原文）。

2. 本表中凡牌号后面液注有“A”字的、都属于优质合金，要求杂质元素质量分数总和低于 0.8%。

（2）Al-Zn 合金的组织和性能

Al-Zn 合金的二元相图如图 3-26 所示。Zn 在铝中有很大的固溶度，在共晶温度（382℃）时固溶度可达 84%，而在室温时仅为 2%左右。因此，在铸造冷却条件下，铝锌合金能“自动淬火”，并在室温下自然时效，大幅度提高力学性能。这对减少热处理工艺、降低成本、缩短生产周期和避免铸件淬火变形及开裂等方面，均有较大优越性，对压铸生产尤为适宜。

然而，Al-Zn 合金的抗蚀性和铸造性能很差，在较高温度下，锌以纯金属质点形式从固溶体中析出，高温显微硬度低于 α 固溶体，热强度极低，所以铝锌合金不适宜在较高工作温度条件下使用。

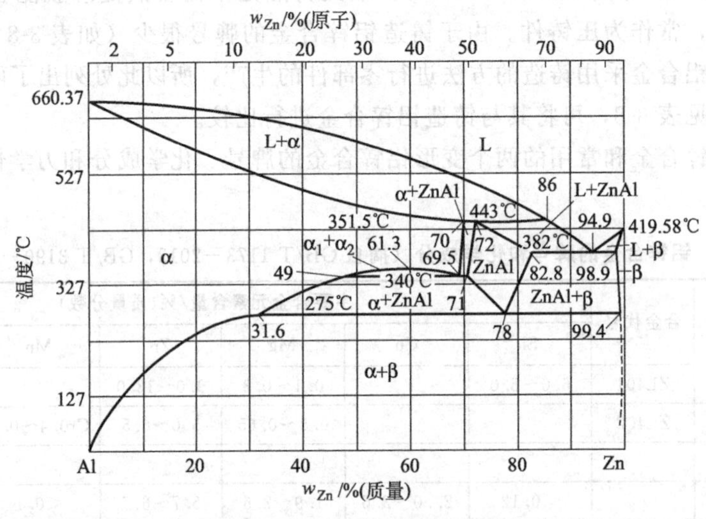

图 3-26 Al-Zn 合金的二元相图

3.1.4.2 Al-Zn-Si 及 Al-Zn-Mg 合金

为了提高 Al-Zn 合金的铸造性能和耐蚀性，可加入硅，组成 Al-Zn-Si 合金。

硅在液态锌中的溶解度极小，在固态时也不固溶，因而在这种合金中，有较多的（α+Si）共晶体形成，大大改善合金的铸造性能。

常用的 Al-Zn-Si 合金牌号为 ZL401，含 9%～13%Zn，6%～8%Si，0.1%～0.3%Mg。由于硅量较高，需进行变质处理。在铸态条件下，由于 ZL401 合金可“自动淬火”而有较高的力学性能，经自然时效 30 天，砂型试样 R_m 可达 280MPa，A 为 3%。

铝锌合金加入适量镁，强化效果也十分显著。这是近年来广泛研究和极有前途的高强度铸造铝合金。

用镁对Al-Zn合金进行合金化，如锌、镁用量适当，将形成T［$Mg_{32}(Zn \cdot Al)_4$］、η（$MgZn_2$）和β（Mg_2Al_3）等化合物。它们都是合金的强化相，经淬火处理，可全部溶入α相，起到强化作用。此种合金有很宽的α固溶体单相区，锌和镁在α中的溶解度都很大，且随温度下降有显著浓度变化，热处理强化的潜力也极大。

典型的Al-Zn-Mg合金为ZL402，主要成分为5%～7%Zn，0.3%～0.8%Mg，0.3%～0.8%Cr，0.1%～0.4%Ti。室温由α和MgZn两相组成，铸态试样经21天自然时效，R_m可达（240～250）MPa，$R_{p0.2}$=200MPa，A为4%～5%，其抗冲击、抗蚀和抗应力腐蚀性能均较好，切削加工件能也较好，可以获得光洁度很高的零件。

由于锌的熔点低（419.5℃），熔化温度及浇注温度均比常用铝合金低得多，合金流动性好，易于铸造，同时铸件的表面质量及尺寸精度也都较高。此外锌的价格比铝便宜，所以近十多年来，以锌为主并以铝为次的一种锌基合金Zn-Al（3%～27%）得到开发和应用，成为一种有发展前景的新型高强度和高耐热性的金属材料。关于Zn基合金的组织及性能将在以后的章节中介绍。

3.1.4.3　Al-Zn-Cu-Mg合金

Al-Zn-Cu-Mg合金即为著名的7×××系铝合金，主要用作变形铝合金。然而，近年来常采用铸造方法进行一些变形铝锌合金牌号的铝合金零部件的生产，而且变形铝合金的铸锭也是需要通过熔铸法生产，所以此处有必要介绍这种目前是最高强度的铝合金。

以7050铝合金为例，其铸态组织主要为α基体，在晶界有少量的$MgZn_2$相和少量T（$Al_2Mg_3Zn_3$）相等化合物，如图3-27所示。7×××系铝合金的超高强度主要依靠后续的固溶和时效热处理获得。7×××系铝合金时效时常见的析出序列为SSSS—GP区—η′—η($MgZn_2$)。η′为亚稳相，呈板条状，并且与铝基体呈半共格。通常认为η′相具有和平衡相η-$MgZn_2$相同的成分。7×××系合金的高强度以及其显著的硬化响应主要归功于η′相，其力学性能如表3-9所示。

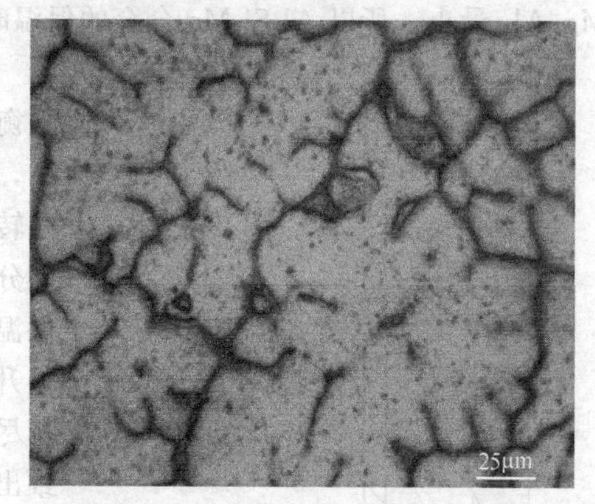

图3-27　7050铝合金的铸态金相组织

总之，7×××系铝合金是可热处理合金，属于超硬铝合金和高强度铝合金，并有良好的耐磨性和焊接性，主要应用于航空航天领域，但在汽车、工具模具等领域也具有巨大的应用潜力。

3.1.5　铸造铝合金的热处理

在上述所有铝合金中，除了力学性能较低的二元铝硅合金ZL102及不便于进行热处理的ZL302以外，多数铸造铝合金都需要通过热处理以进一步提高其性能。

3.1.5.1　铸造铝合金的热处理强化原理

铸造铝合金的热处理工艺包括淬火或淬火加人工时效等。铸造铝合金的热处理强化原理和铁碳合金有所不同，铁碳合金的强化是以基体组织的共析转变和同素异形转变为基础而获得的，而铸造铝合金的热处理则以合金元素或金属间化合物在α-Al固溶体中溶解度的变化为基础来实现。

(1) 淬火

淬火工艺是将工件加热到足够高的温度，并保温足够长的时间，使强化相充分溶入固溶体，随后快速冷却（淬入水中或油中）的过程。当高温固溶体冷却到室温时强化相呈过饱和状态，晶格发生畸变，增加塑性变形抗力，达到固溶强化的目的。

根据 Al 和其他元素组成的二元相图可知，合金元素 Si、Cu、Mg、Zn 等以及金属间化合物（如 Mg_2Si 等）在 α 固溶体内都有较大的溶解度，且随温度降低，溶解度减少而析出第二相，因而理论上都可以进行淬火（固溶化）处理。淬火效果除与溶质的溶解度和基体特性有关外，也与淬火工艺有关。

溶解度的变化愈大，溶质原子与溶剂（基体）原子的尺寸差越大，强化效果愈好。在各种铸造铝合金中，铝镁合金的固溶强化效果最好，因为镁原子与铝原子半径相差较大（约13%），而且镁在铝中有很大的固溶度（最大为 14.9%），因此，当镁溶入时固溶体晶格产生大的畸变，使变形抗力大为增加。

固溶化处理的保温温度取决于合金的成分和相图。温度愈高，愈接近共晶温度或固相线温度，淬火效果愈好，但为防止“过烧”（晶界上低熔点共晶体熔化或固溶体的晶粒粗大），一般应比上述温度低 10～15℃。

固溶化处理的保温时间，与强化相溶入 α 固溶体中所需时间有关，若铸件中强化相粗大，则保温时间也要长一些。如砂型、厚壁铸件保温时间比金属型、薄壁铸件相应要长。强化相的扩散速度大，则保温时间也可以缩短，如 Mg_2Si 的扩散速度最大，Al_2Cu 次之，Mg_2Al_3 最小，所以 Al-Si-Mg 合金的保温时间可比 Al-Cu、Al-Mg 合金少些。

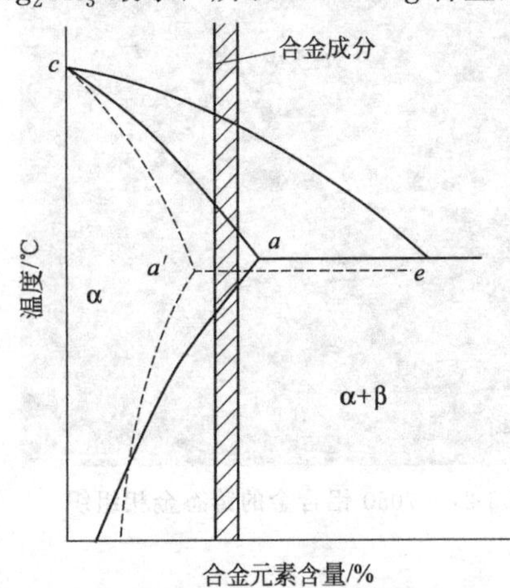

图 3-28 非平衡冷却时，相图中相界的变化

c—*a* 平衡冷却时的固相线；*c*—*a*′非平衡冷却（冷速较高）时的固相线

当铸件凝固过程中冷却速度较大时，合金处于非平衡状态结晶，如图 3-28 所示，将出现非平衡的共晶体，因此选择淬火温度时，如果仅仅根据固相线和共晶转变温度线来确定，往往会出现“过烧”，而应采取分级加热，即先在低于共晶温度 5～10℃ 的温度下保温，使组成共晶体的第二相溶入 α 固溶体中，然后再升温到接近固相线的温度短期保温，使剩余的第二相尽可能地溶入 α 中，这样能获得高的力学性能而不致出现“过烧”。

(2) 时效

当铝合金通过高温下淬火形成过饱和固溶体后，再在一定温度下保温（或室温长时间放置），而使其强度、硬度升高的过程称为时效。它通常是铝合金热处理的最后一道工序。

1) 时效过程中合金组织的变化　下面以 Al-4% Cu 合金的时效过程为例，来分析合金时效时内部组织的变化过程及其对性能的影响。其他类型合金，如 Al-Si、Al-Zn 等，与此类似，可参考其他资料。

图 3-29 所示为 Al-4%Cu 合金在 130℃ 和 190℃ 时效时的硬度变化曲线，纵坐标表示铝晶体的硬度变化。从中可以看到：合金的硬度先是随时间的增加而升高，达到最大值后又逐渐下降。研究表明，铝铜合金的时效可分为 4 个阶段。

① 形成溶质原子富集区（即GP区或GPⅠ区）。在合金高温淬火形成的过饱和固溶体中，不仅溶质原子是饱和的，同时在高温下，由于原子热运动增加而增多的空位亦被保留下来，固溶体的空位也是过饱和的。由于大量空位的存在，使铜原子较易扩散（扩散速度提高约10^{10}倍），故在时效初期（甚至在淬火后）铜原子将很快在铝基体的{100}晶面上偏聚，形成Cu原子富集区，即GP区，如图3-30（a）所示。GP区晶体结构仍与铝基体相同，基体晶格的连续性并未被破坏，它与基体保持完全共格联系，但铜原子半径比铝原子约小11%，故使晶格产生一定的弹性收缩，使共格界面附近的晶格产生畸变，如图3-30（b）所示。GP区的晶界能很低，形核功很小，故它形成的数目很多，面尺寸较小，均匀地弥散分布于铝基体中。GP区呈圆片状，直径约500～1000nm，厚度约几个原子。时效温度较高时，GP区数目减少，至200℃时即不再生成GP区而析出其他过渡相。

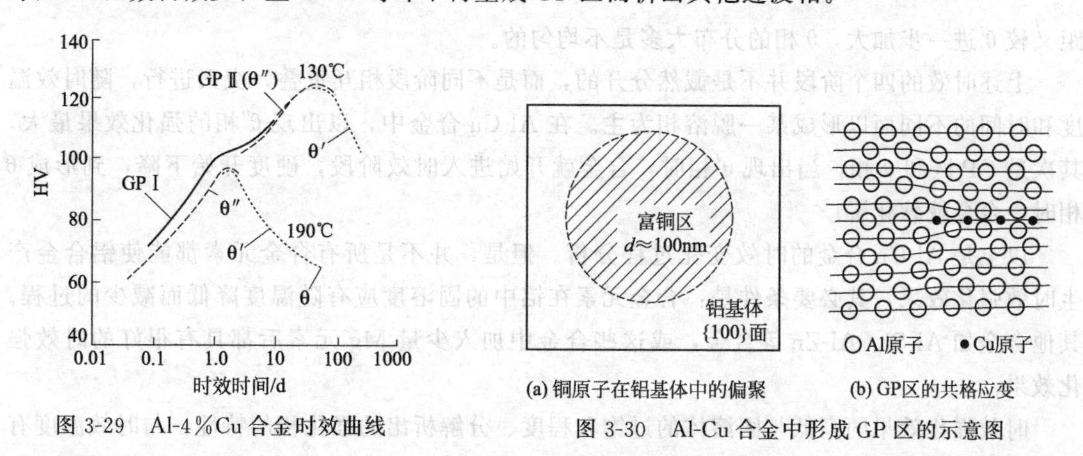

图3-29　Al-4%Cu合金时效曲线

图3-30　Al-Cu合金中形成GP区的示意图

② GP区有序化（即GPⅡ区或θ″）。增加时效时间或升高时效温度，即可形成GPⅡ区，GPⅡ区中Cu、Al原子按一定次序排列，形成有序化的正方晶体结构，它是铝铜合金时效过程中的第一个真正脱溶出来的中间过渡相，也常用θ″表示。θ″的尺寸较GP区大，呈圆片状，直径约1500～15000nm，厚约80～1000nm，也较均匀地弥散分布于基体中。θ″的析出既可以从基体中形核并借GP区的溶解而生长，也可由GP区转化而成，与基体仍保持完全共格，其{100}面平行于基体晶格的（100）面。它在a、b两轴方向的晶格常数与铝基体相等（约为40.4nm），但在c轴方向上却并不相同，θ″相在c轴方向上的晶格常数$c_{\theta''}=76.8$nm，两倍$c_{Al}=2\times40.4=80.8$nm，约有3.5%的错配度，故产生相当大的共格应变（见图3-26）。与GP区相比，Al-4%Cu合金θ″弹性应变区显著增大。

③ 形成过渡相θ′。再进一步时效，脱溶过程亦将进一步发展，而达到形成θ′相的阶段。θ′的成分与稳定相θ（$CuAl_2$）近似，它大多沿基面的{100}面析出，具有正方晶格（如图3-31），晶格常数$a=b=40.4$nm，$c=58.0$nm。由于在c轴方向与基体的错配度过大（约30%），使完全共格的界面遭到破坏，而与基体形成局部共格（θ与基体界面上存在着位错环），因此，θ′周围基体的弹性应变已显著减轻。θ′的大小、间距决定于时效时间和温度，其直径约1000～60000nm，厚度1000～1500nm。θ′的大小、间距均较θ″大。相对于GP区和θ″来说，θ′的分布大多是不均匀的，它易于沿位错线或亚晶界形核并生长。

④ 形成稳定相θ。时效后期合金中析出稳定相θ($CuAl_2$)，θ也具有正方晶格（见图3-27），但晶格常数（$a=b=60.7$nm，$c=48.7$nm）与铝基体相差很大，它与基体间完全失去了共格联系，有明显的界面与基体分开，弹性应变区亦完全消失。θ相质点的尺寸、间

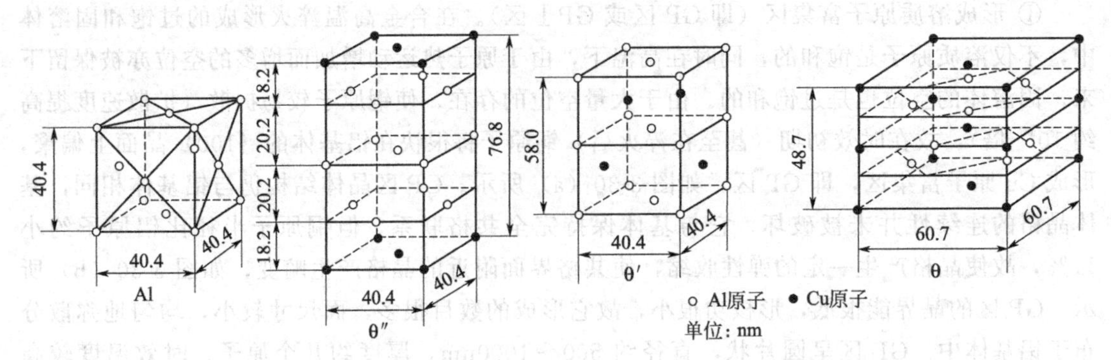

图 3-31 Al-Cu 合金中稳定相 θ，过渡相 θ′、θ″与铝基体的晶格结构

距又较 θ′进一步加大，θ 相的分布大多是不均匀的。

上述时效的四个阶段并不是截然分开的，而是不同阶段相互重叠，交叉进行，随时效温度和时间的不同而以形成某一脱溶相为主。在 Al-Cu 合金中，以出现 θ″相的强化效果最大，其次是 GP 区和 θ′相，当出现 θ′相时，合金就开始进入时效阶段，硬度开始下降，到形成 θ 相时，合金就软化了。

以上是 Al-Cu 合金的时效变化过程分析。但是，并不是所有合金元素都能使铝合金产生时效强化效果，其必要条件是：合金元素在铝中的固溶度应有随温度降低而减少的过程。其他合金如 Al-Si、Al-Zn 等合金，或这些合金中加入少量 Mg 元素后都具有很好的时效强化效果。

时效强化效果的高低与固溶体的过饱和程度、分解析出的强化相的特性，与时效温度有较大关系。它大致经历下列几个阶段。

a. 过饱和固溶体点阵内原子重新组合，生成溶质原子富集区，称 GPⅠ区。这一区为形成第二相质点的准备时期（厚度 50～100nm，直径 400～600nm；是和母相无区别的二维组织）。

b. GPⅠ区消失，第二相原子按一定规律偏聚，形成 GPⅡ区，原子厚度 100～400nm，直径 100～400nm。在 100～150℃温度时，这种区域极易形成。这是生成和固溶体基本呈共格关系的介稳定相的准备阶段。在这个阶段，合金抗拉强度最高。

c. 形成介稳定第二相，它和固溶体并无明显的分界面，而是部分共格，如铝铜系的 θ′相，一般在大于 150℃时形成。

d. 形成稳定第二相，它和固溶体有明显分界，在固溶体分解时所形成的相质点的成分和结构复杂，这些质点的形成过程较长，尤其是当参与形成复杂相的组元扩散系数很小时（如 Cr、Mn、Zr），则过程更长。

e. 第二相质点的聚集，使固溶体结晶点阵的畸变迅速恢复为平衡状态，晶格的内应力显著下降，因此合金的强度也下降，而塑性提高。这一过程是在较高温度下进行的，此时合金组织趋向稳定状态。

当时效温度提高时，上述几个阶段几乎同时进行。时效温度愈低，则第一阶段的过程进行得愈强烈，反之，则第二相形成和聚集进行得愈充分，使合金性能相应发生变化。另外，时效的保温时间对合金的性能也有很大影响。

许多热处理强化的合金，在时效过程中都有下述几个阶段，如：

Al-Si-Mg：　GPⅠ→GPⅡ→β'→$\beta(Mg_2Si)$

Al-Cu：　GPⅠ→GPⅡ→θ'→$\theta(CuAl_2)$

Al-Cu-Mg：　GPⅠ→GPⅡ→S'→$S(Al_2CuMg)$

Al-Zn-Mg：　GPⅠ→GPⅡ→M'→$M(MgZn_2)$

→T'→$T\ [Mg_{32}(Zn \cdot Al)_{49}]$

Si 在 Al-Si 二元合金 α 固溶体中的溶解度虽然随温度的改变而变化，但热处理强化效果不大。原因有二：一是硅、铝不形成任何化合物，硅从 α 固溶体中析出时不经过 GP 区，而直接生成硅质点；二是硅在铝中的扩散速度大，硅晶体易于聚集长大，形成粗大针状硅晶体，恶化力学性能。

2）时效强化机理

时效强化的合金强度，取决于时效过程中形成的各种脱溶相及其应变区对位错运动阻碍的状况。

① 位错运动受应变区所阻碍。当 GP 区域脱溶相与基体共格，但有一定错配度时，引起周围基体晶格的畸变，产生内应力场，形成弹性应变区。位错线通过此应变区时将受到阻碍，见图 3-32 所示，因为位错线切入应变区时将引起晶格畸变加剧，应变区的能量升高，要穿过它就必须施加更大的外力，应变区的这种阻碍位错通过的作用，亦称内应变硬化。铝铜合金中 θ'' 比 GP 区有更强的内应力场，其弹性应变区也更大，故 θ'' 比 GP 区有更高的强化效果。当出现 θ' 时，因其弹性应变区减弱，故强化作用下降。θ 相因与基体间的共格应变完全消失，已完全没有内应变硬化作用。

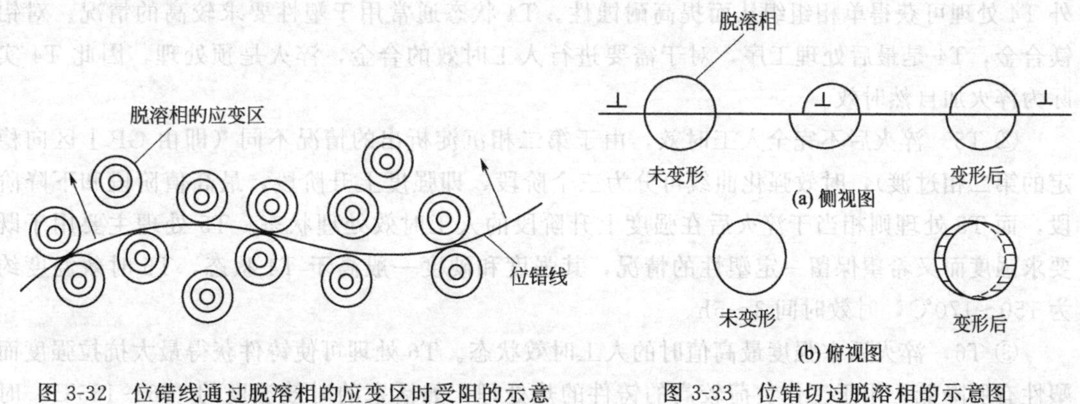

图 3-32　位错线通过脱溶相的应变区时受阻的示意　　图 3-33　位错切过脱溶相的示意图

② 位错相受脱溶相阻碍可分为两种情况：

a. 脱溶相不硬，不和基体一起变形时，位错可能切过脱溶相，见图 3-33 所示，由于使脱溶相粒子产生滑移，增加了相界面，提高了能量，故脱溶相对位错的通过也表现相当大的阻力。

b. 脱溶相很硬，且尺寸、间距均较大时，运动的位错线就可能以绕过脱溶相的形式通过它们，并在这些脱溶相周围留下一位错环，见图 3-34 所示。

位错绕过脱溶相所受的阻力和脱溶相间距的大小有关，脱溶相分布越弥散，间距越小，位错绕脱溶相所需的力就愈大。即位错运动所受阻力也越大，反之阻力越小。在铝铜合金时效后期，析出稳定的脱溶相 $\theta(CuAl_2)$，共格联系已被破坏，应变区消失，故这时主要靠脱溶相本身对位错运动的阻碍来达到强化。由于θ相的尺寸、间距较大，且分布不均匀，使位错绕过它们时的阻力减少，故合金的强度、硬度也就下降。

Al-Cu 合金的时效强化过程，也大体适用于其他一些铝合金，但时效过程不一定经历上述四阶段，GP 区和脱溶相的形态、结构及强化效果也不一定相同。

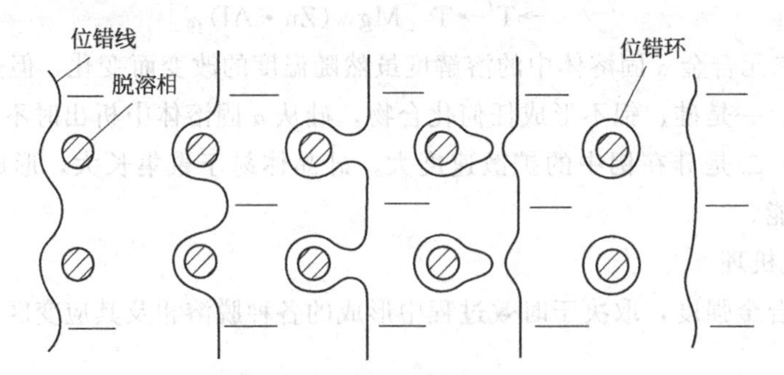

图 3-34　位错线绕过脱溶相运动的示意

3.1.5.2　铸造铝合金的热处理工艺

最常用的铸造铝合金的热处理工艺有淬火（T4）、淬火加不完全时效（T5）和淬火加完全时效（T6）。另外还有人工时效（T1）、退火（T2）、淬火稳定化回火（T7）和淬火软化回火（T2）。下面分别介绍常用工艺的原理及用途。

① T4　经加热保温，使可溶相充分溶解，然后放入冷却介质急冷后得到饱和固溶体的处理过程，或称固溶化处理。由于极少脆性第二相析出，故除强度较好外，塑性也较高，此外 T4 处理可获得单相组织从而提高耐蚀性。T4 状态通常用于塑性要求较高的情况。对铝镁合金，T4 是最后处理工序，对于需要进行人工时效的合金，淬火是预处理，因此 T4 实际为淬火加自然时效。

② T5　淬火后不完全人工时效，由于第二相沉淀析出的情况不同（即由 GPⅠ区向稳定的第二相过渡），时效强化曲线可分为三个阶段，即强度上升阶段，最高值阶段和下降阶段，而 T5 处理则相当于淬火后在强度上升阶段的人工时效处理状态。T5 处理主要用于既要求强度而又希望保留一定塑性的情况，其强度和硬度一般高于 T4 状态，T5 时效温度约为 150～170℃，时效时间 3～5h。

③ T6　淬火后在强度最高值时的人工时效状态。T6 处理可使铸件获得最大抗拉强度而塑性有所降低，用于工作负荷较高的铸件的热处理，如活塞的时效温度约 176～185℃，时效时间＞5h。

④ T7　淬火后在强度降低阶段进行的人工时效处理，相当于过时效状态或称稳定化回火。T7 处理用于处理高温条件下工作的零件，既获得足够的抗拉强度又有稳定的组织和零件尺寸。一般在接近工作温度下回火，回火温度约 190～230℃，保温时间 4～9h。

⑤ T8　淬火后在更高的温度回火，使固溶体充分分解，析出相聚集球化，获得高塑性，但抗拉强度降低。该处理主要用于要求高塑性的铸件，生产中较少采用，回火温度约为 230～330℃，保温时间 3～6h。

为了节省能源，并进一步改善热处理工艺，近年来，国内外发展了铸态淬火，等温淬火和循环处理（冷处理）等工艺。

表 3-10 为铸造铝合金热处理工艺。

表 3-10　铸造铝合金热处理工艺

合金	热处理状态	淬火			时效	
		加热温度/℃	保温时间/h	水中冷却/℃	加热温度/℃	保温时间/h
ZL101	T1	—	—	—	230±5	7～9
	T4	535±5	2～6	60～100	—	—
	T5	535±5	2～6	60～100	155±5	2～7
	T6	535±5	2～6	60～100	225±5	7～9
	T7	535±5	2～6	60～100	250±5	2～4
ZL102	T2	—	—	—	290±10	2～4
ZL103	T1	—	—	—	180±5	3～5
	T2	—	—	—	290±10	2～4
	T5	515±5	3～6	60～100	175±5	3～5
	T6	515±5	3～6	60～100	230±5	3～5
	T7	510±5	5～6	60～100	330±5	3
ZL104	T1	—	—	—	175±5	5～15
	T6	535±5	2～6	60～100	175±5	10～15
ZL105	T1	—	—	—	180±5	5～10
	T5	525±5	3～5	100	160±5	3～5
	T6	525±5	3～5	60～100	180±5	5～10
	T7	525±5	3～5	60～100	240±10	3～5
ZL107	T6	515±5	10	60～100	155±5	10
ZL108	T1	—	—	—	200±10	10～14
	T6	515±5	3～8	60～80	205±5	6～10
ZL109	T6	500±5	5	80	185±5	16
ZL110	T1	—	—	—	210±10	10～16
ZL111	T6	515±5 525±5	4 8	大于 60	175±5	6
ZL201	T4	535±5 545±5	7～9 7～9	60～100	—	—
	T6	535±5 545±5	7～9 7～9	60～100	175±5	3～5
ZL202	T2	—	—	—	290±10	3
	T6	510±5	12	80～100	155±5(S) 175±5(J)	10～14 7～14
	T7	510±5	3～5	80～100	200～250	3
ZL203	T2	515±5	10～15	60～100	—	—
	T5	515±5	10～15	60～100	150±5	2～4
ZL301	T4	435±5	8～20	80～100 或 60 油	—	—
ZL302	T1	—	—	—	170±5	4～6
ZL401	T2	—	—	—	290±5	3
ZL402	T1	—	—	—	180±5 或室温	10 21 天

3.2　铸造铜合金

3.2.1　铸造铜合金的分类

（1）特性简介

铸造铜合金是广泛应用的结构材料之一，具有较好的力学性能，强度高（R_m600～

900MPa)，韧性好（A20%～25%），并有良好的导电、导热性。铜的电极电位很高（+0.34V），因而有优异的耐蚀性，在大气、海水、氢氟酸、盐酸、磷酸等介质中有很高的化学稳定性。所以铸造铜合金可以制造承受高应力、耐腐蚀、耐磨损的重要零件，如轴承、密封环、阀门、螺旋桨等。

但是，铸造铜合金的熔铸比较困难，其原因是吸气性大，易形成气孔。吸氢造成氢脆，吸氧导致其他合金元素，如 Al、Si、Sn 的氧化，形成难于排除的夹杂物。此外，铜合金的体收缩大，线收缩大，制造复杂件易产生热裂和偏析，这些不利因素需要在熔炼、工艺设计和铸造方法上予以重视。

(2) 铸造铜合金的分类

铸造铜合金按其主要组成和性能分两大类：青铜和黄铜。

青铜主要是 Cu-Sn 合金，后来发展出一些代锡的铜合金，其组织和性能仍与锡青铜类似，称为无锡青铜，如铝青铜、铅青铜等。

以锌为主加元素的铜合金称为黄铜。通常，Cu-Zn 二元合金称为普通黄铜。以铜、锌为主要组元，再加入其他元素构成的合金，称为特殊黄铜，如硅黄铜、锰黄铜、铝黄铜等。

我国铸造铜合金标准的牌号（GB/T 1176—2013）及化学成分列于表 3-11，力学性能见表 3-12。

3.2.2 铸造锡青铜

青铜器的使用远在我国商代就已很广泛，并创造出人类文明的青铜器时代。锡青铜是最古老的一种铸造合金，其主要特点是具有优良的耐磨性能，通常作为耐磨材料使用而有“耐磨铜合金”之称；其次它在蒸汽、海水及碱溶液中具有很高的耐蚀性。锡青铜还有足够的抗拉强度和一定的塑性，可以制造在一般条件下工作的各种耐磨、耐蚀的机器零件。锡青铜的结晶温度范围大，具有糊状凝固特征，因而容易产生疏松、偏析、致密性差等缺陷。另外，由于锡的价格昂贵，所以通常锡青铜的成本较高。

(1) Cu-Sn 二元合金的成分及组织

Cu-Sn 二元相图如图 3-35 所示，其相图在有色合金中是比较复杂的，但日常生产所采用的铜锡合金仅仅是含锡量小于 20%的那部分相图，它包括一个包晶转变相和三个共析转变，在平衡状态下室温组织由 α 固溶体和（α+ε）共析体所组成。

锡原子半径为 0.172nm，比铜原子半径（0.145nm）大，所以锡原子在铜中的扩散速度很慢，另外，锡青铜的结晶温度范围很大（平衡状态为 160～170℃，不平衡状态高达 200℃以上），所以在铸造生产条件下，δ→α+ε 共析转变十分困难。故锡在 α 中的溶解度不按状态图中的实线变化，而是按垂直虚线变化，使铸态组织与平衡态组织发生较大差异，主要表现为以下几点。

① 单相 α 区域显著缩小，在包晶转变温度（799℃），锡在 α 相中的饱和溶解度不是 13.5%，而是 5.7%。如含 10%Sn 的锡青铜按平衡状态图应为 α 单相组织，然而在铸造条件下却出现了较多的（α+δ）共析体，形成 α+（α+δ）多相组织。实际上含 5%～7%Sn 的铸造铜锡合金，铸态组织就有（α+δ）共析体出现。

② 锡在 α 枝晶中形成严重的晶内偏析，即枝晶中心轴区内含锡量少，而枝晶边界区则富锡，金相组织中两区呈现明暗不同色彩，如图 3-36 所示。图中的白色基体是树枝晶 α 固溶体，枝晶间灰黑色为富锡的 α 固溶体，呈严重的心型偏析，在灰黑色枝晶间的白色岛块状为（α+δ）共析体。

表 3-11 铸造铜合金牌号及化学成分（GB/T 1176—2013）

合金牌号	合金名称	主要化学成分 w/%(质量分数)									
		锡	锌	铅	磷	镍	铝	铁	锰	硅	铜
ZCuSn3Zn8Pb6Ni1	3-8-6-1 锡青铜	2.0～4.0	6.0～9.0	4.0～7.0	—	0.5～1.5	—	—	—	—	其余
ZCuSn3Zn11Pb4	3-11-4 锡青铜	2.0～4.0	9.0～13.0	3.0～6.0	—	—	—	—	—	—	其余
ZCuSn5Pb5Zn5	5-5-5 锡青铜	4.0～6.0	4.0～6.0	4.0～6.0	—	—	—	—	—	—	其余
ZCuSn10P1	10-1 锡青铜	9.0～11.5	—	—	0.5～1.0	—	—	—	—	—	其余
ZCuSn10Pb5	10-5 锡青铜	9.0～11.0	—	4.0～6.0	—	—	—	—	—	—	其余
ZCuSn10Zn2	10-2 锡青铜	9.0～11.0	1.0～3.0	—	—	—	—	—	—	—	其余
ZCuPb10Sn10	10-10 铅青铜	9.0～11.0	—	8.0～11.0	—	—	—	—	—	—	其余
ZCuPb15Sn8	15-8 铅青铜	7.0～9.0	—	13.0～17.0	—	—	—	—	—	—	其余
ZCuPb17Sn4Zn4	17-4-4 铅青铜	3.5～5.0	2.0～6.0	14.0～20.0	—	—	—	—	—	—	其余
ZCuPb20Sn5	20-5 铅青铜	4.0～6.0	—	18.0～23.0	—	—	—	—	—	—	其余
ZCuPb30	30 铅青铜	—	—	27.0～33.0	—	—	—	—	—	—	其余
ZCuAl8Mn13Fe3	8-13-3 铝青铜	—	—	—	—	—	7.0～9.0	2.0～4.0	12.0～14.5	—	其余
ZCuAl8Mn13Fe3Ni2	8-13-3-2 铝青铜	—	—	—	—	1.8～2.5	7.0～8.5	2.5～4.0	11.5～14.0	—	其余
ZCuAl9Mn2	9-2 铝青铜	—	—	—	—	—	8.0～10.0	—	1.5～2.5	—	其余
ZCuAl9Fe4Ni4Mn2	9-4-4-2 铝青铜	—	—	—	—	4.0～5.0	8.5～10.0	4.0～5.0	0.8～2.5	—	其余
ZCuAl10Fe3	10-3 铝青铜	—	—	—	—	—	8.5～11.0	2.0～4.0	—	—	其余
ZCuAl10Fe3Mn2	10-3-2 铝青铜	—	—	—	—	—	9.0～11.0	2.0～4.0	1.0～2.0	—	其余
ZCuZn38	38 黄铜	—	其余	—	—	—	—	—	—	—	60.0～63.0
ZCuZn25Al6Fe3Mn3	25-6-3-3 铝黄铜	—	其余	—	—	—	4.5～7.0	2.0～4.0	1.5～4.0	—	60.0～66.0
ZCuZn26Al4Fe3Mn3	26-4-3-3 铝黄铜	—	其余	—	—	—	2.5～5.0	1.5～4.0	1.5～4.0	—	60.0～66.0
ZCuZn31Al2	31-2 铝黄铜	—	其余	—	—	—	2.0～3.0		—	—	66.0～68.0
ZCuZn35Al2Mn2Fe1	35-2-2-1 铝黄铜	—	其余	—	—	—	0.5～2.5	0.5～2.0	0.1～3.0	—	57.0～65.0
ZCuZn38Mn2Pb2	38-2-2 锰黄铜	—	其余	1.5～2.5	—	—	—	—	1.5～2.5	—	57.0～60.0
ZCuZn40Mn2	40-2 锰黄铜	—	其余	—	—	—	—	—	1.0～2.0	—	57.0～60.0
ZCuZn40Mn3Fe1	40-3-1 锰黄铜	—	其余	—	—	—	—	0.5～1.5	3.0～4.0	—	53.0～58.0
ZCuZn33Pb2	33-2 铅黄铜	—	其余	1.0～3.0	—	—	—	—	—	—	63.0～67.0
ZCuZn40Pb2	40-2 铅黄铜	—	其余	0.5～2.5	—	—	0.2～0.8	—	—	—	58.0～63.0
ZCuZn16Si4	16-4 硅黄铜	—	其余	—	—	—	—	—	—	2.5～4.5	79.0～81.0

表 3-12 铸造铜合金力学性能（GB/T 1176—2013）

合金牌号	铸造方法	力学性能≥			
		抗拉强度 R_m /MPa	屈服强度 $R_{p0.2}$ /MPa	抗拉强度 A /%	布氏硬度 HBW
ZCuSn3Zn8Pb6Ni1	S	175	—	8	590
	J	215	—	10	685
ZCuSn3Zn11Pb4	S	175	—	8	590
	J	215	—	10	590
ZCuSn5Pb5Zn5	S、J	200	90	13	590[①]
	Li、La	250	100	13	635[①]
ZCuSn10P1	S	220	130	3	785[①]
	Li	330	170[①]	4	885[①]
ZCuSn10Pb5	S	195	—	10	685
	J	245	—	10	685
ZCuSn10Zn2	S	240	120	12	685[①]
	Li、La	270	140[①]	7	785[①]
ZCuPb10Sn10	S	180	80	7	635[①]
	J	220	140	5	685[①]
ZCuPb15Sn8	S	170	80	5	590[①]
	J	200	100	6	635[①]
ZCuPb17Sn4Zn4	S	150	—	5	540
	J	175	—	7	590
ZCuPb20Sn5	S	150	60	5	440[①]
	La	180	80[①]	7	540[①]
ZCuPb30	J	—	—	—	245
ZCuAl8Mn13Fe3	S	600	270[①]	15	1570
	J	650	280[①]	10	1665
ZCuAl8Mn13Fe3Ni2	S	645	280	20	1570
	J	670	310[①]	18	1665
ZCuAl9Mn2	S	390	—	20	835
	J	440	—	20	930
ZCuAl9Fe4Ni4Mn2	S	630	250	16	1570
ZCuAl10Fe3	S	490	180	13	980[①]
	Li、La	540	200	15	1080[①]
ZCuAl10Fe3Mn2	J	540	—	20	1175
ZCuZn38	J	295	—	30	685
ZCuZn25Al6Fe3Mn3	S	725	380	10	1570[①]
ZCuZn26Al4Fe3Mn3	S	600	300	18	1175[①]
ZCuZn31Al2	J	390	—	15	885
ZCuZn35Al2Mn2Fe2	J	475	200	18	1080[①]
ZCuZn38Mn2Pb2	J	345	—	18	785
ZCuZn40Mn2	S	345	—	20	785
ZCuZn40Mn3Fe1	J	490		15	1080
ZCuZn33Pb2	S	180	70[①]	12	490[①]
ZCuZn40Pb2	J	280	120[①]	20	885[①]
ZCuZn16Si4	J	390	—	20	980

① 为参考值。

注：1. 布氏硬度试验力的单位为牛顿。

2. 铸造方法代号：S—砂型铸造；J—金属型铸造；La—连续铸造；Li—离心铸造。

锡青铜组织中除金属基体外，还存在金属间化合物为基的固溶体：β相是以电子化合物 Cu_5Sn 为基的固溶体，体心立方晶体，高温时存在，降温过程中被分解；δ相是以电子化合物 $Cu_{31}Sn_8$ 为基的固溶体，复杂立方晶体，常温下存在，硬而脆；γ相是以CuSn为基的固溶体，性能和β相相近。

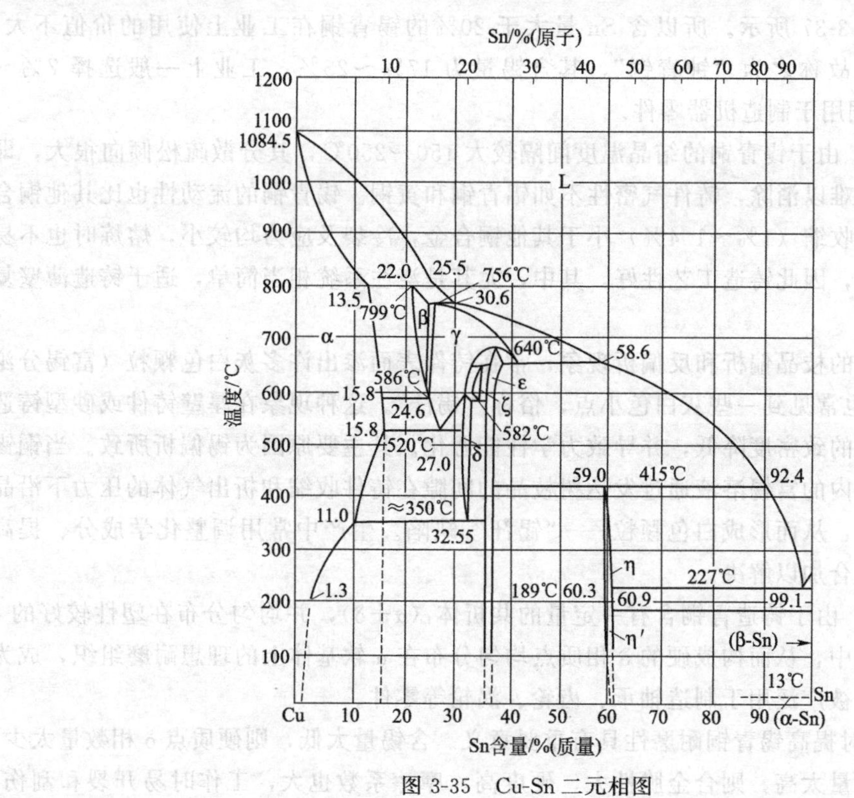

图3-35　Cu-Sn二元相图

（2）Cu-Sn二元合金的性能

1）力学性能特点　锡青铜的强度较低，R_m 约为150～300MPa，比其他铜合金要低，与普通灰铸铁相当；伸长率较好，A 约为5%～12%（与铸造碳钢相当）。因此，锡青铜不用于结构强度要求很高的场合。

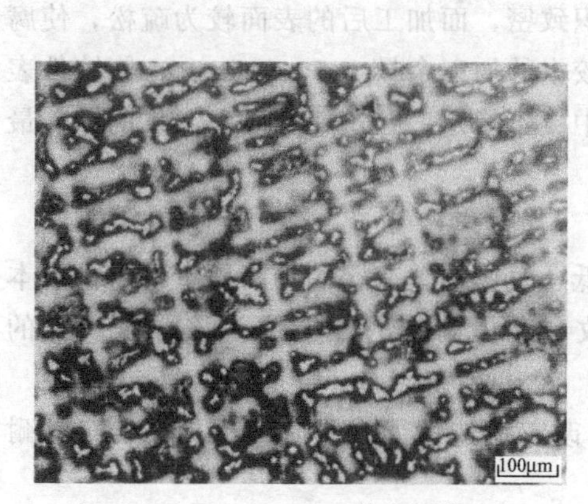

图3-36　ZCuSn10Zn2铸态显微组织

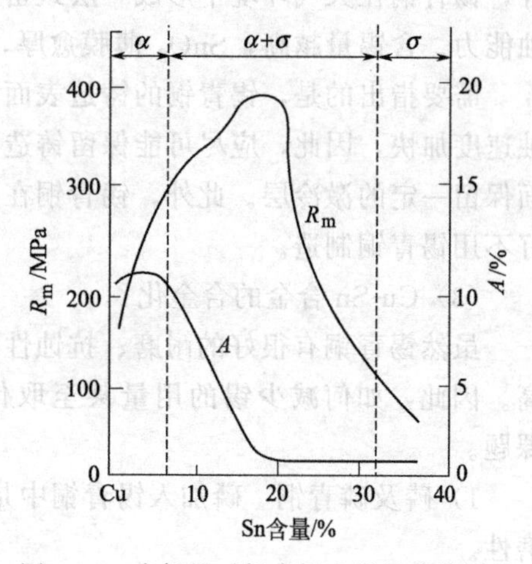

图3-37　含锡量对锡青铜力学性能的影响

锡青铜组织中（α+δ）共析体硬脆相的数量对其力学性能有决定性的影响。Cu-Sn 合金的含 Sn 量小于 5%～7%时，由于锡的固溶强化作用，使抗拉强度和伸长率都有所增加；当含 Sn 量超过 5%～7%时，便出现硬脆（α+δ）共析体，伸长率急剧下降，强度继续升高；当含锡量达到 20%左右时，由于（α+δ）共析体数量太多，合金的伸长率已降得很低，R_m 也迅速下降，如图 3-37 所示。所以含 Sn 量大于 20%的锡青铜在工业上使用的价值不大，以前仅用来铸钟，故称之为“钟青铜”，其含锡量为 17%～25%。工业上一般选择 7%～10%Sn 的工业青铜用于制造机器零件。

2）铸造性能　由于锡青铜的结晶温度间隔较大 150～250℃，其分散疏松倾向很大，即使加冒口和冷铁也难以消除，铸件气密性不如铝青铜和黄铜。锡青铜的流动性也比其他铜合金低。但锡青铜线收缩（1%～1.4%）小于其他铜合金，冷裂及应力均较小，熔炼时也不易氧化和形成夹杂物，因此铸造工艺性好，其中，尤其是浇注系统相当简单，适于铸造薄壁复杂零件。

锡青铜有很强的枝晶偏析和反偏析现象，常在铸件表面渗出许多灰白色颗粒（富锡分泌物），在加工表面也常见到一些灰白色小点，俗称“锡汗”。这种现象在厚壁铸件或砂型铸造时特别严重，铸件的致密度降低，并导致力学性能恶化。其主要原因为锡偏析所致。当铜锡合金凝固时，铸件内的富锡溶液通过发达树枝晶的间隙在铸件收缩和析出气体的压力下沿晶间缩孔向表层挤出，从而形成白色颗粒——“锡汗”缺陷。生产中常用调整化学成分、提高冷却速度等方法综合加以解决。

3）耐磨性能　由于铸造青铜含有一定量的共析体（α+δ），并均匀分布在塑性较好的 α 固溶体树枝晶间隙中，从而构成硬的 δ 相质点均匀分布在 α 软基体上的理想耐磨组织，成为极好的耐磨材料，被广泛用于制造轴承、齿轮、涡轮等零件。

含 Sn 量适当对提高锡青铜耐磨性具有重要意义。含锡量太低，则硬质点 δ 相数量太少，合金不耐磨；含锡量太高，则合金脆性大，硬度高，摩擦系数也大，工作时易开裂和刮伤，所以耐磨锡青铜的含 Sn 量一般控制在 7%～10%。最好的耐磨组织是细小的等轴晶之间大量存在并具有均匀分布的显微缩松组织，有利于润滑油的储存和分布。

4）耐腐蚀性能　在大气、蒸汽、海水及碱性水溶液中，锡青铜都具有良好的耐腐蚀性能，主要原因是锡青铜组织中的 α 相和 δ 相具有极相近的电极电位，微电池作用微弱。此外，锡青铜在大气环境中形成一层致密的 SnO_2 薄膜，覆盖在表面提高了锡青铜的耐化学腐蚀能力。含锡量越高，SnO_2 薄膜愈厚，越致密，耐蚀性也愈好。

需要指出的是，锡青铜的铸造表面的激冷层组织致密，而加工后的表面较为疏松，使腐蚀速度加快，因此，应尽可能保留铸造表面或采用较小的加工余量 1.5～2.5mm，使铸件表面保留一定的激冷层。此外，锡青铜在盐酸和氨水中极不稳定，在这些介质中工作的零件最好不用锡青铜制造。

(3) Cu-Sn 合金的合金化

虽然锡青铜有很好的耐磨、抗蚀性，但其强度低、气密性差，锡的价格昂贵、铸件成本高。因此，如何减少锡的用量甚至取代锡，以及改善和提高它的性能成为该合金研究的课题。

1）磷及磷青铜　磷加入锡青铜中是为了脱氧，改善铸造性能，同时又可提高合金的耐磨性。

在锡青铜中，磷的固溶度很小（约为 0.1%），含磷量大于 0.2%时，组织中即出现 α+

$\delta + Cu_3P$ 共晶体，如图 3-38 所示。共晶点的成分为：14.8%Sn，4.5%P。熔点 628℃，其中 δ 相为 520℃，由 γ 相共析转变而成。Cu_3P 有很高的硬度，故加磷能提高锡青铜的耐磨性。

P 与铜合金中的氧亲和力极强，反应形成的 P_2O_5 气体易上浮析出，所以 P 是铜合金熔炼时经常采用的优良脱氧剂。加磷能显著降低铜液的表面张力，并在组织中形成高流动性的磷化物共晶体，故加磷后充型能力有很大提高，浇注温度可以适当降低，避免粘砂和"上涨"现象。所谓"上涨"现象是合金中含有大量的氢或氧气体，在凝固结晶时随温度的降低而析出，引起浇冒口上表面上升的现象。

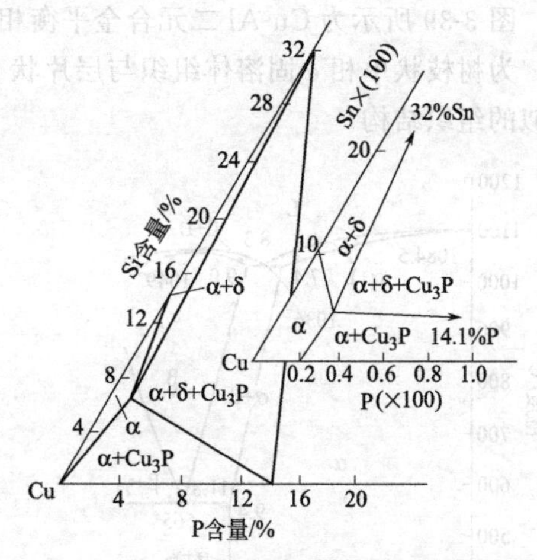

图 3-38 Cu-Sn-P 三元相图（常温等温截面）

对磷的加入量和加入方法须严格加以控制。如果加磷过量，也会显著增加铸件的气孔，原因是：①磷的化学活性很强，易与水汽反应；②磷铜表面膜（$Cu_2O \cdot P_2O_5$）保护作用差；③磷除去铜液中的氧以后反而提高铜液的吸氢能力。磷青铜产生气孔主要表现为"上涨"现象。

典型的铸造磷青铜是 ZCuSn10P1（9%～11%Sn，0.5%～1%P），组织中的（$\alpha + \delta + Cu_3P$）共晶体较多，强度、耐磨性都很高。可用来制造承受重载荷（>1500MPa）、高速度（3m/s）和较高工作温度下强烈摩擦的零件，如连杆的衬套、齿轮、蜗轮等零件。

2）锌及锌青铜 Zn 可减少青铜的结晶温度间隔，提高充型能力，降低锡青铜的缩松倾向，锌的蒸汽压较大（沸点 911℃），可利用它的汽化作用除去铜合金中的气体，降低气孔形成倾向。当锌的加入量不高时，锌还能全部溶入 α 固溶体，提高锡青铜的力学性能。锡青铜中加入锌对组织的影响与锡相似。但锌的作用比锡要小，约为锡的 1/2，因此在某些情况下，为改善铸造性能和降低成本，可用锌取代部分锡，仍可获得所需要的组织和力学性能。但加锌也会降低锡青铜的硬度、耐磨性和抗蚀性。一般锌用量为 2%～10%。

常用的 Cu-Sn-Zn 合金（锡锌青铜）为 ZCuSn10Zn2（9%～11%Sn，1%～3%Zn），可用来制造承受中等载荷和转速下工作的衬套、齿轮、蜗轮等耐磨零件。

3）锡锌铅青铜（Cu-Sn-Zn-Pb 合金）铅的硬度低，润滑性好，在锡青铜中不固溶，也不形成任何化合物，以独立的颗粒分布在基体上，降低锡青铜的摩擦系数，提高合金的耐磨性，并改善合金的切削加工性。铅的熔点低（327℃），在凝固的最后阶段以富铅溶液填补枝晶间的孔隙，使枝晶间显微缩孔体积大大减少，因而也提高合金的致密度及耐压强度。

通常将 Pb 与 Zn 同时加入，制成多元锡青铜，如 5-5-5 锡青铜（ZCuSn5PbZn5），3-8-6-1 锡青铜 ZCuSn3Zn8Pb6Ni1 等，除用于制造中等载荷和圆周速度为 2.5m/s 的轴承、轴套，以及螺母和垫圈等耐磨零件外，主要用于腐蚀条件下使用的阀体、泵体等零件。

3.2.3 铸造铝青铜

由于锡的价格昂贵，锡青铜成本较高，多年来铸造工作者一直致力于少锡和无锡青铜的研究，取得了显著效果，研制出不少性能优于锡青铜，而且成本又低廉的新型无锡青铜。下面仅介绍工业上使用较多的铸造铝青铜。

（1）Cu-Al 合金的组织与性能

图 3-39 所示为 Cu-Al 二元合金平衡相图中 Cu 的一侧。如图所示，当含铝量小于 9.4% 时，为树枝状单相 α 固溶体组织与层片状（$\alpha+\gamma_2$）共析体的多相组织，与 Cu-Sn 合金具有类似的组织结构。

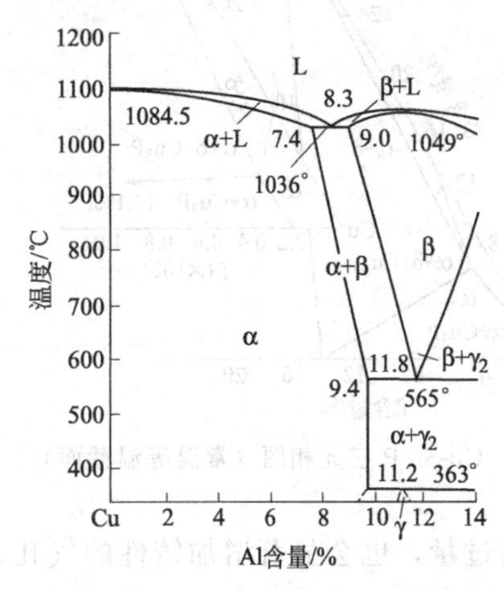

图 3-39 Cu-Al 二元合金平衡相图

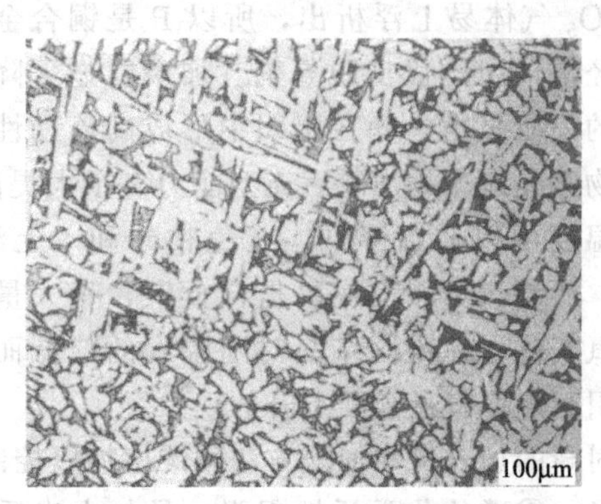

图 3-40 铝青铜（ZCuAl10Fe3）的半连续铸造铸态组织

$\gamma_2(Cu_{22}Al_9)$ 及 $\beta(Cu_2Al)$ 均为电子化合物，性硬脆，因此，铸造铝青铜能取代锡青铜成为优良的廉价耐磨材料，在工业中获得广泛的应用。但是铝青铜的干摩擦系数很大（比湿摩擦系数大 30～40 倍），所以铝青铜不适于在干摩擦和润滑不良的工作条件下使用。

图 3-40 为铝青铜（ZCuAl10Fe3）的半连续铸造铸态组织，其白色长卵形及块状为 α 相。灰色部分为未分解的（$\alpha+\gamma_2$）共析体，铁相因颗粒较小并有部分因快冷未来得及析出而不能分辨。

由于 Al 在 α 中的固溶度比 Sn 在 α 中的固溶度大，因此，能显著提高青铜的强度和塑性。含铝小于 11% 的铝青铜，R_m 可达 400～500MPa，最高可达 750MPa，伸长率 $A>$ 20%，高于普通二元锡青铜一倍以上。

铝青铜比锡青铜更耐酸、碱溶液的腐蚀，特别突出的是它有很高的腐蚀疲劳强度，在海水等液流反复冲击下不易腐蚀开裂，近年来成为制造大吨位船舶螺旋桨的优良材料。铝青铜还可以代替不锈钢制造耐蚀机器零件，这是由于铝青铜表面易形成一层致密且稳定的 Al_2O_3 惰性保护膜，这种膜不仅在氧化条件，而且在还原条件下都有一定的耐蚀能力，较之仅在氧化条件下稳定的不锈钢保护膜性能更加优良。

但是铝青铜的耐腐蚀能力与铝含量关系很大。当含铝量较低，位于 α 单相区时，随着含铝量增加，Al_2O_3 保护膜逐渐加厚，腐蚀量减少，耐磨性提高。但是当含铝量继续增加，组织中出现 γ_2 相时，耐腐蚀性能降低。这是由于 γ_2 相具有低的电极电位，在海水中成为原电池的负极，首先被腐蚀掉，在铝青铜铸件表面形成许多小空洞（呈紫铜色），常称为“脱铝”现象，这时腐蚀介质沿着空洞迅速向内渗入基体。因此，含铝量超过 11%～13% 以后，在促进电化学腐蚀及氧化膜增厚这两种相反的作用下，继续增加铝量，腐蚀量变化不大。

铝青铜是工业中最常用的一种无锡青铜。铝青铜得以广泛应用还与它具有优良的铸造性能有关。铝青铜的结晶温度范围很小，仅为 10～30℃，因此流动性好，不易产生分散疏松和枝晶偏析，气密性良好。但铝青铜的体收缩很大（体收缩率 4.1%），容易形成集中大缩孔，并产生变形，冷却较快时还会产生裂纹。另外，由于铝青铜含有较多的铝，极易氧化生

成 Al_2O_3，形成氧化夹渣缺陷，并吸收气体（氢），使铸件形成气孔缺陷。

含铝大于8%的二元铝青铜，在浇注大砂型铸件时，由于缓慢冷却，$\beta \rightarrow \alpha + \gamma_2$ 共析相变进行得比较充分，脆性的共析体以粗大的网状分布于α晶界，形成隔离晶粒联结的脆性硬壳，削弱晶间结合，使合金性能显著变脆，俗称“缓冷脆性”或“自动退火”。生产中可用提高冷速或合金化等措施加以解决。

（2）铝青铜的合金化

常常在Cu-Al二元合金中加入Fe、Mn、Ni、Ti、B、Pb等合金元素，以进一步提高铝青铜的性能。

1）铁的作用及铝铁青铜　Fe在铝青铜中的溶解度很小，约为0.5%～1%，如果超过这个含量Fe就会形成k相（CuFeAl化合物），凝固时以细小质点出现，细化α晶粒，提高铝青铜的强度和塑性，另外，组织中均匀分布的k相硬质点，还有利于铝青铜耐磨性的提高。

Fe在Cu-Al-Fe合金中略降低三相共析转变（$\beta \rightarrow \alpha + \gamma_2 + k$）温度并扩大α相区，从而可减弱“缓冷脆性”的影响。但是铝青铜含过多Fe量，会使合金变脆，降低耐腐蚀性能。

常用的铝铁青铜牌号是10-3铝青铜（ZCuAl10Fe3），含10%Al和3%Fe，余为Cu。铸态组织由α固溶体（白色）+β固溶体（黑色），以及分布在α基体上的k相（黑色点状）所组成。它具有高的强度（R_m=500MPa），好的塑性（A=10%～20%），摩擦系数小（有润滑时为0.04，无润滑时为0.18），可用于中等载荷和中等转速工作的零件，如蜗轮、齿轮、轴套等。但它的耐磨性比10-1锡青铜、5-5-5锡青铜稍差，特别是在润滑不良和高负荷时，有“咬死”现象。

2）锰的作用及铝锰青铜　Mn加入Cu-Al合金中能缩小α单相区，显著降低β相共析转变温度，从而提高β相的稳定性，使铝青铜的“缓冷脆性”大大减弱。含10%Al的铝青铜，加入5%Mn，即使是在缓慢冷却条件下，β相也不会分解，无共析体（即 γ_2）出现，因此，高锰铝青铜适合铸造厚大铸件。

Mn还能溶入α固溶体，提高合金的力学性能。随着含Mn量增加，合金中β相稳定性提高，避免或减少了 γ_2 相的出现，所以铝青铜加Mn后随强度增加，但塑性降低不多，因而允许加入较高的Mn量（12%～14%）。另外，加Mn还能进一步提高铝青铜的耐腐蚀性能。

常用的铝锰青铜牌号有ZCuAl9Mn2、ZCuAl8Mn13Fe3和ZCuAl8Mn13Fe3Ni2三种。

低锰铝青铜ZCuAl9Mn2的成分为：8%～10%Al，1.5%～2.5%Mn。它的塑性和耐腐蚀性能较好，可承受压力加工，而且耐水压性能也很高，可达440MPa，通常用来制造船用和化工机械的高压阀门，亦可用作中等负荷的耐磨零件。

为了同时发挥锰和铁的有利作用，将锰和铁同时加入铝青铜，得到工业上应用的ZCuAl10Fe3Mn2（成分为9%～11%Al，2%～4%Fe，1%～2%Mn，余为Cu）铝铁锰青铜。这种青铜的显微组织区别于ZCuAl9Mn2之处，为共析体量更多（因铝的含量较高）。它具有高的强度，耐磨、耐蚀和耐热性能。适于制造重要的耐磨零件，如蜗轮、齿轮、轴承、铀套、螺母以及其他耐蚀零件。

高Mn青铜是近年来高强度青铜发展的一个重要方向。由表3-11可以看出，高锰铝青铜的含锰量远高于含铝量，但锰对组织、性能的影响比铝要弱很多，1%的Mn仅相当于0.16%Al的作用，所以这类合金仍属铝青铜范围。据研究，高锰铝青铜的最佳成分可按

Al+0.16Mn<10.5 来选择。这种青铜有很好的力学性能（见表 3-12），良好的抗空泡腐蚀和腐蚀疲劳性能（所谓空泡腐蚀，即金属材料在高速液流中，其表面局部负压区中液体汽化产生空泡，此空泡运动达到大于某一压力的正压区处即破灭，在此过程中所产生的高速高压液流冲击材料表面，使材料受疲劳破坏而剥蚀）。在海水中抗蚀性好，它的流动性和气密性良好，铸造时不易产生裂纹，可用于制造大型高速船用螺旋桨和高压（耐 100atm 以上压力）阀门。与常用的锰黄铜比较，高锰铝青铜制造的船用螺旋桨强度值要高 1.2～1.5 倍，桨叶厚度减少 15%～30%，密度减少 8%，总重降低 30%，从而提高推进效率，延长了使用寿命。

(3) 铝镍青铜

向含 10%Al 以下的铝青铜中，同时加入 4%Fe、4%Ni，构成 Cu-Al-Fe-Ni 合金，或在含 11%Al 以下的铝青铜中加入 5%Ni 和 5%Fe，都不会出现 β 相以及由它产生的 γ_2 相。因而加 Ni 可有效地消除“缓冷脆性”。

在 Cu-Al-Fe-Ni 合金中加 Ni 还能减少或消除 γ_2 相，有效地提高铝青铜的耐蚀性，使合金的“脱铝”现象大大减轻。所以镍对铝青铜的主要作用是：防止厚大件“缓冷脆性”的产生和提高合金耐腐蚀性能。

此外，Ni 能固溶于 α 固溶体，使合金强化，当含镍量超过固溶极限时，可形成 Ni-Al 新相，其结构与 k 相（CuFeAl）极相似，能细化晶粒和进行时效强化，使合金的抗拉强度、硬度以及耐磨性能和耐热性能都有所提高。若镍、铁同时加入，形成高强度的铝铁镍青铜，它们在 400℃时的力学性能比锡青铜在室温下的强度还要高，可用来制造在高温高压和高速下工作的发动机零件。

常用的铝镍青铜成分为 ZCuAl9Fe4Ni4Mn2，含 8.5%～10%Al，4.0%～5.0%Fe，4.0%～5.0%Ni，0.8%～2.5%Mn，它具有高的力学性能（砂型型铸造时，$R_m \approx 630$MPa，$A \approx 16\%$，HBW≈157），而且还可以通过热处理，进一步提高力学性能。铝铁镍青铜的耐磨性和耐热性良好，可在 500℃以下温度工作，腐蚀疲劳强度也比黄铜和高锰铝青铜高。

3.2.4 铸造铅青铜

(1) 铅青铜（Cu-Pb 合金）的组织及性能

Cu-Pb 合金的二元相图如图 3-41 所示。铅青铜也是一种用途广泛、耐磨性较好的无锡或低锡青铜（2%～10%Sn），主要用于制造轴承的一种合金。

在 Cu-Pb 合金中，当合金的含铅量小于 36%时，首先在液相线下析出 α 相，然后在 955℃发生偏晶反应。偏晶反应时，又从液相 L_1 中析出 α，其余液相变为富铅的液相 L_2，形成 α+(α+L_2) 反应。其后从 955℃至 326℃继续冷却过程中，L_2 液相不断析出 α 相，直至 326℃时，L_2 发生共晶反应析出纯铜和纯铅，因而常温下合金的组织由 Pb+Cu 两相组成。

铅的硬度很低，润滑性好，它在锡青铜中既不溶于铜形成固溶体，也不组成新的化合物，而以独立相存在。当铅以细小分散的颗粒均匀分布在基体上时，就像铸铁中的石墨一样，具有很好的润滑性能，降低锡青铜的摩擦系数，提高耐磨性。

Pb 的熔点低（327℃），在凝固最后阶段以富铅溶液填补枝晶间的孔隙。使枝晶间的显微缩孔体积大大减少，因而，有利于耐水压性能的提高。

此外，由于 Pb 不溶于 Cu 而以孤立分散颗粒分布在 α 固溶体基体上，因而破坏了铜基体的连续性，使切削加工时能够获得零散易断的切屑，从而改善了加工性。

由于铅青铜具有小的摩擦系数和良好的耐磨性能，同时由于铜基底的作用，使铅青铜具

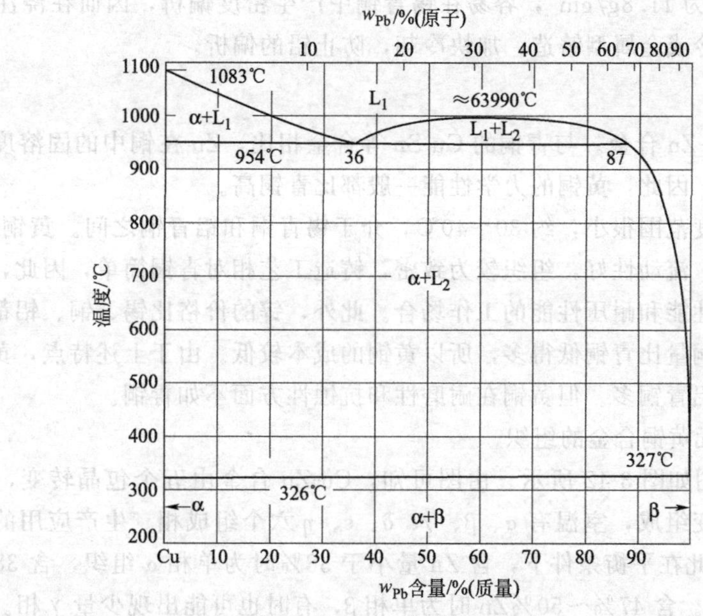

图 3-41　Cu-Pb 合金二元相图

有极好的疲劳强度和导热性（热导率约为锡青铜的4倍），用来制造滑动轴承时，表面不易产生疲劳裂纹和粘连（轴承与轴）现象，是制作承受重负荷、高转速轴承的优良材料。

(2) Cu-Pb 二元铅青铜及其合金化

常用的二元铅青铜牌号为 ZCuPb30，含铅 27%～33%。这种合金被广泛用来制造高速运转（8～10m/s）、高压力并受冲击作用的重要轴套。它的导热性高，不会因摩擦发热与轴颈粘连在一起，工作温度允许高达 300℃。

但是，ZCuPb30 合金存在两大问题：①密度偏析严重；②力学性能很低。由于液相（L_1，L_2）与 α 相共存的温度间隔（自液相线至 326℃）很宽，同时由于 α 与富铅液相 L_2 之间的相对密度相差很大（铅相对密度 11.34），故在合金凝固过程中有较大的密度偏析倾向，在缓慢冷却条件下，合金会产生严重的比重偏析和铅相的聚集和球状化，对合金的耐磨性能起到恶劣影响。因此，应尽量采用金属型或水冷金属型来铸造铅青铜。直径较大的轴套还可采用离心铸造的方法避免偏析产生，并能细化晶粒。此外，在合金中加入少量的 1%～2% Ni、5%～10%Sn、Mn 等合金元素，在凝固过程中能先期形成结晶骨架可减轻偏析现象。因此，工业上广泛应用含 Sn 的铅青铜，如 ZCuPb10Sn10（9.0%～11.0%Sn）、ZCuPb15Sn8（7.0%～9.0%Sn）等。但含锡量过高会使合金的硬度增加，轴承的跑合性变差，故铅青铜含 Sn 量一般应控制在 10%以下。

二元铅青铜 ZCuPb30 的力学性能很低（R_m 60MPa，A 4%），因此，不宜单独制造轴承，通常把它镶铸在钢套内壁上，作成双金属轴承使用。生产中常加入 Sn、Zn、Mn 等元素，用以提高力学性能。Cu-Pb 合金加入 Sn，可提高基体的强度，并使 Pb 的分布均匀和颗粒变细。如 ZCuPb25Sn5（18%～23% Pb，4%～6% Sn），力学性能 R_m 150～180MPa，A 5%～7%，可以作单铸轴承，省去浇双金属轴承的复杂工艺，降低废品率。除锡以外，在铅青铜中加入 Zn 能大大提高力学性能，并减少气孔。加 1%～7%Mn 能显著提高力学性能（强度和布氏硬度提高 1 倍，冲击韧性提高 1～3 倍），并降低摩擦系数和 Pb 的偏析倾向。

Pb 的密度大，为 11.8g/cm^3，容易在锡青铜中产生密度偏析，因而在浇注前应注意搅拌，搅拌后采用水冷或金属型铸造，加快冷却，防止铅的偏析。

3.2.5 铸造黄铜

黄铜主要是 Cu-Zn 合金。与青铜的 Cu-Sn 等合金相比，Zn 在铜中的固溶度很大，有很好的固溶强化效果，因此，黄铜的力学性能一般都比青铜高。

黄铜的结晶温度范围很小，约 30～40℃，介于锡青铜和铝青铜之间。黄铜的熔点随 Zn 含量的增加而降低，流动性好，组织较为致密，铸造工艺相对青铜简单，因此，黄铜广泛应用在要求较高力学性能和耐压性能的工作场合。此外，锌的价格比锡、铜、铝都低，资源丰富，而且黄铜的含铜量比青铜低得多，所以黄铜的成本较低。由于上述特点，黄铜的品种和产量都较锡青铜和铝青铜多。但黄铜在耐磨性和抗蚀性方面不如青铜。

(1) Cu-Zn 二元黄铜合金的组织

Cu-Zn 二元相图如图 3-42 所示。由图可知，Cu-Zn 合金由五个包晶转变，一个共析转变和一个有序化转变组成，室温有 α、β、γ、δ、ε、η 六个组成相。生产应用的黄铜含锌量都在 50%以下，因此在平衡条件下，含 Zn 量小于 38%时为单相 α 组织，含 38%～47%Zn 时为 α+β 两相组织。含 47%～50%Zn 时为单相 β，有时也可能出现少量 γ 相。锌在 α 中的最大固溶度约为 39%（456℃）。

在冷速较快的铸造生产条件下，扩散过程难以充分进行，因此，铸态组织有不同程度的偏聚。主要表现在：①室温时 Zn 在 α 中的最大溶解度不是 39%，而是 30%左右，即含 Zn≥30%就可能有 α+β 两相出现；②随温度降低，由于 β→α（或 β→γ）的相变来不及充分进行，β 相区将因快冷而扩大，α 和 β 的相对比例将发生改变（即 β 相随快冷而增多），因此含 37%～40%Zn 的二元黄铜，铸态组织由 α+β 两相构成。当加入少量其他合金元素时，组织也主要由 α+β 两相构成，并含有少量的其他相，如图 3-43 所示为 ZCuZn40Mn3Fe1 砂型铸造组织，黑色、灰色基体为 β 相，白色条状为 α 相，少量深灰色颗粒状 Fe 相。

β 相是以 CuZn 电子化合物为基的固溶体，室温下硬而脆，对黄铜的性能产生较大影响。

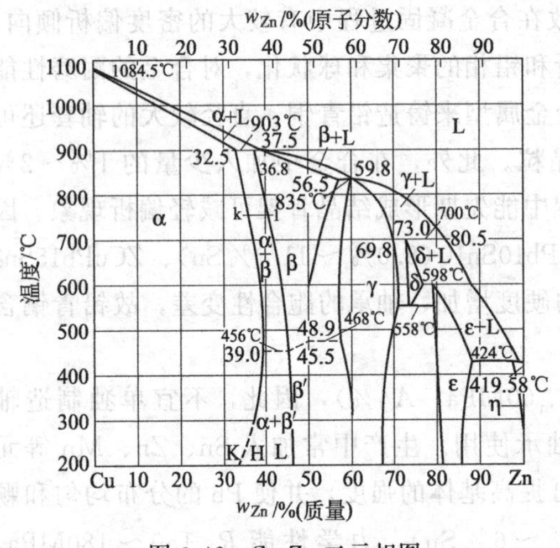

图 3-42　Cu-Zn 二元相图

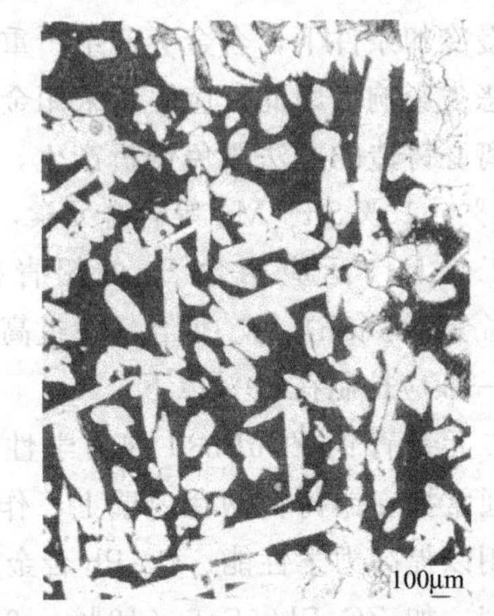

图 3-43　ZCuZn40Mn3Fe1 砂型铸造组织

(2) Cu-Zn 合金的性能

1) 力学性能　由于 Zn 在 α 中有较大的固溶度，因此，黄铜具有比青铜更高的抗拉强度。当含锌量达到47%～50%时，组织为单相β，如图3-44所示，强度可达最大值（R_m 约380MPa）。但随锌量的增加组织中会出现γ相，使黄铜变得十分硬脆，塑性和强度较低，没有实用价值，因此，工业用黄铜的含Zn量一般低于45%～47%。

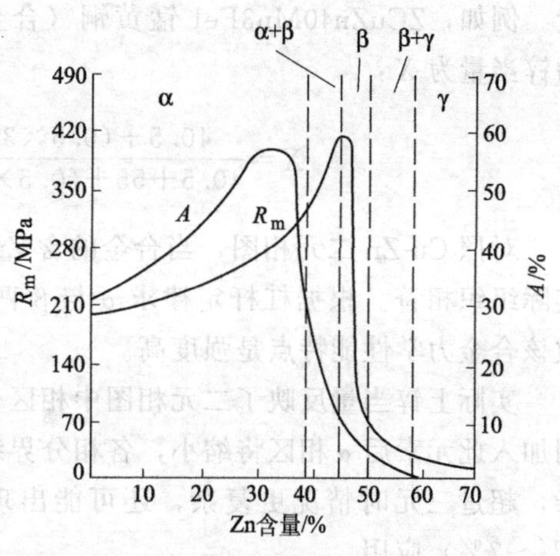

图3-44 含锌量对铸造黄铜力学性能的影响

2）铸造性能 黄铜的结晶温度范围很小，且随含锌量增加，液相线温度下降很快，因此黄铜的流动性好，偏析和疏松倾向也小。锌有高的蒸气压（沸点907℃），熔化时易蒸发并带去铜液中的气体。所以黄铜铸件不易产生气孔，熔铸操作相对简单，宜用于压铸和离心铸造。

3）耐蚀性能 Cu-Zn二元黄铜在大气和淡水中的耐蚀性很好，但在流动的海水、热水、蒸汽、无机酸、特别是盐酸和硫酸中的耐蚀性很差，常发生"脱锌"腐蚀（在溶液中锌的标准电极电位低，呈阳极反应而首先被溶解），同时也出现应力腐蚀裂纹，造成零件表层剥落、穿孔等破坏。

（3）特殊黄铜

为了改善普通黄铜的耐磨性能，进一步提高其力学性能、铸造性能和其他性能，如切削性、耐磨性、可焊性等，常在铜锌合金基础上加入Mn、Al、Si、Fe、Sn、Ni等合金元素构成三元、四元或多元黄铜，即特殊黄铜。铸造黄铜的绝大多数种类都是特殊黄铜。

加入黄铜的合金元素大多能固溶于铜起到同锌类似的固溶强化作用，当合金元素加入量不大时，特殊黄铜的组织可以用"锌当量"来近似地确定。

"锌当量"的含义是：加入一份质量的合金元素相当于加入多少份锌，常用"锌当量系数 η"来度量，它表示合金元素加入1%时所代替的锌的百分数，表3-13为合金元素锌当量系数值。

表3-13 合金元素的锌当量系数值

合金元素	Si	Al	Sn	Pb	Fe	Mn	Ni
锌当量系数 η	+10	+6	+2	+1	+0.9	+0.5	-1.3

锌当量系数为正值表示增锌作用，负值则为减锌作用。特殊黄铜的锌当量 X 值借助于锌当量系数可由下式求出：

$$X=\frac{A+\Sigma C\eta}{A+B+\Sigma C\eta}\times 100\% \tag{3-7}$$

式中 A——含锌量，%；

B——含铜量，%；

C——其他元素的含量，%；

η——锌当量系数。

根据计算出来的锌当量对照Cu-Zn二元相图，即可估计各种特殊黄铜的金相组织，判断合金是α黄铜还是α+β或β单相黄铜，以及组织中α相和β相的大致比例，进而判断它们的力学性能特点。同时，还可以根据已定的组织来确定基本组元的含量或合金元素的加入量。例如，ZCuZn40Mn3Fe1 锰黄铜（合金成分：55％Cu、3.5％Mn、1％Fe、40.5％Zn）的锌当量为 X：

$$X=\frac{40.5+(0.5\times3.5+0.9\times1)}{40.5+55+(0.5\times3.5+0.9\times1)}\times100\%=44\%$$

对照 Cu-Zn 二元相图，当合金的含 Zn 量（或锌当量）为 44％时，其组织为 $\beta'+\alpha$，与实际组织相符。根据杠杆定律求 α 与 β′两相的相对含量，得 α 相约占 30％，β′相占 70％，故该合金力学性能特点是强度高。

实际上锌当量反映了二元相图中相区变化的情况，如果加入某元素后锌当量增大，则说明加入此元素后 α 相区将缩小，各相分界线都向富 Cu 的方向移动。由于三元相图的图形复杂，超过三元时情况更复杂，还可能出现新相，故锌当量仅在元素含量不大时（不大于 2％～7％）应用。

以下介绍几种主要的特殊黄铜。

1）铝黄铜　铝的锌当量系数较大（$\eta=6$），加铝后可显著缩小 α 区，使 β 相增多，提高黄铜的强度和硬度，降低塑性。为了防止合金脆化，铝的加入量不能大于 7％。铝在铜锌铝合金表面上的离子化倾向比锌大，易与腐蚀性气体或溶液中的氧结合形成保护性氧化膜，显著提高在大气、海水和稀硫酸中的抗蚀性。但铝黄铜在海水中的抗蚀性仍低于锡青铜和铜镍合金，对应力腐蚀仍较敏感。

常见的铝黄铜牌号有 ZCuZn31Al2，ZCuZn25Al6Fe3Mn3（25-6-3-3 铝黄铜）等，可作一般抗蚀零件，其流动性、气密性较好，也可用于压铸。25-6-3-3 铝黄铜由于 Al、Fe、Mn 的复合强化作用，所以 $R_m\geqslant740$MPa，HBW≥1665，$A\geqslant7\%$，为强度最高的特殊黄铜，兼有良好的耐磨性、适中的塑性和好的抗蚀性。主要用来制造重型机器上承受摩擦和高负荷的重要零件，如大齿轮、压紧螺母、大型蜗杆等。

2）锰黄铜　锰的锌当量系数小（$\eta=0.5$），故加入量不大时，锰对 α 相区的范围影响不大，但加入 1％～3％Mn，则显著提高黄铜的强度和屈服极限，又不显著降低塑性。当黄铜中含锌量大于 35％，而又加入 4％以上的锰时，其组织中将出现脆性 ε 相，显著降低塑性和韧性，故含 Mn 量一般不大于 4％。锰也能显著提高黄铜在海水和蒸气中的抗蚀性，并提高耐热性。

锰黄铜含锌量较高，合金在熔炼浇注过程中易产生较多的氧化夹杂物，而且铜合金液注入型腔后会产生大量锌蒸气，阻碍合金流动，降低铜液流动，使铸件表皮粗糙，须在工艺上加以注意。

常见的三元锰黄铜牌号为 ZCuZn40Mn2，其组织为 $\alpha+\beta$，强度、硬度、耐磨和抗蚀性均比二元黄铜有显著提高，可制造用于淡水和静止海水中工作的阀门，但在流动海水中仍易产生“脱锌腐蚀”。

另外，ZCuZn40Mn2 中加入 1.5％～2.5％Pb（即为 ZCuZn38Mn2Pb2 黄铜）可提高抗磨性、充型能力和切削性。加 0.5％～1.5％Fe 构成锰铁黄铜（ZCuZn40Mn3Fe1），使强度更为提高（$R_m\geqslant440\sim500$MPa），同时耐蚀性（海水）也好，可广泛用于制造在较高温度下（300℃以下）工作而且要求强度和耐蚀性能较好的重要机器零件，如螺旋桨。

3）硅黄铜　在常用合金元素中，硅的锌当量最大（$\eta=10$），黄铜中加入少量硅就会使 α 区显著缩小，并使低锌黄铜出现脆性 γ 相（Cu_5Si），强度和硬度提高，而塑性下降。因此对硅黄铜来说，含硅量一般不大于4%，含锌量亦相应减少，使组织中保持一定比例的α和β两相。

加硅后黄铜表面形成致密氧化膜，显著提高抗蚀性和抗应力腐蚀能力，使其在大气、淡水以及300℃以下的蒸气、石油、酒精和其他有机介质中抗腐蚀性良好。

加硅的主要优点还在于它显著降低黄铜的液相线温度，缩小结晶温度范围，提高充型能力，减少疏松倾向，使组织致密。

常用的硅黄铜牌号有ZCuZn16Si4，含2.5%～4.5%Si，79%～81%Cu，余为Zn，虽然它们的力学性能属中等，但优于锡青铜。硅黄铜的铸造性能良好，适于砂型铸造，也适用于金属型和压铸，切削性和焊接性亦良好，可用于制造泵壳、叶轮、小泵活塞和阀门等零件。

值得注意的是，在各种铸造黄铜中，P、Sb、As、Sn等元素均作为杂质，显著降低黄铜的塑性、韧性和强度，增加晶间缩松，故在熔炼时应加以控制。

3.3 铸造镁合金

3.3.1 概述

金属镁的密度（约1.7g/cm³）小于铝，镁合金也比铝合金轻，密度约为铝合金的三分之二。镁合金具有很高的比强度、比刚度和比弹性模量，且切削加工性能极好。因此，镁合金零件在汽车工业、电子产品业（计算机、家电及通信设备）中具有巨大的、广泛的用途。进入20世纪90年代以来，我国镁锭的产量以很快的速度增长，目前的生产能力约占世界市场的70%，因此，镁合金的推广应用不仅有利于技术进步，也有利于国民经济的发展。

然而，镁合金在熔炼过程中极易氧化和发生燃烧，传统生产工艺中常在液面撒上盐类熔剂（如$MgCl_2$、KCl等组成）覆盖镁液表面以避免氧化烧损。在浇注过程中也需要在液流周围和浇冒口处撒布硫黄粉，靠硫的燃烧来夺取空气中的氧，以防止镁的燃烧。当采用砂型铸造时，在型砂中也常加入5%～10%（质量比）的氟化物（$NH_4BF_4+NH_4HF_2+NH_4F$）附加剂，以便在型腔内形成NH_4、HF、SiF_4等保护气氛，并在镁合金表面形成致密的由MgF_2、MgS及MgS·2MgO等成分构成的保护膜，以防止镁合金在浇注过程中氧化，所以镁基合金的生产工艺较之铝、铜合金复杂得多。

在现代镁合金的压铸工艺中，不使用溶剂，因此生产环境大为改善，但熔炼时也需要利用保护气体（N_2+SF_6或N_2+SO_2等）保护镁液避免氧化燃烧。

另外，由于镁合金结晶温度间隔较宽（ZM5合金的结晶温度间隔约190℃），而且合金的体收缩较大（约5%～7.5%），所以在铸造过程中有严重的缩松倾向，也容易形成热裂，因此，在铸件结构设计和铸型工艺设计中应加以注意。

3.3.2 铸造镁合金的种类及性能

常用的铸造镁合金牌号及化学成分见表3-14所示。铸造镁合金主要有三类，一类是以Mg-Al合金为基础，如镁铝锌合金和镁铝锰合金；另一类是以Mg-Zn合金为基础，如镁锌锆合金等。这两类合金有较高的常温强度和良好的铸造性能，但耐热性较差，长期工作温度不能超过150℃。第三类是以Mg-RE为基础，如镁稀土锆合金等，这类合金为耐热镁合金，可在250～300℃下长期工作。在高强铸造镁基合金中，除主要元素Al、Zn、Zr外，还添加了一些其他组元，如Cd、Nd、Ag、La等，使力学性能进一步改善。表3-15所示为常用的铸造镁合金的室温力学性能。

表 3-14 铸造镁合金牌号及化学成分（摘自 GB/T 1177—2018）

合金牌号	合金代号	Mg	化学成分[①]/%(质量分数)											其他元素[④]	
			Al	Zn	Mn	RE	Zr	Ag	Nd	Si	Fe	Cu	Ni	单个	总量
ZMgZn5Zr	ZM1	余量	0.02	3.5～5.5	—	—	0.5～1.0	—		—	—	0.10	0.01	0.05	0.30
ZMgZn4REIZr	ZM2	余量	—	3.5～5.0	0.15	0.75[②]～1.75	0.4～1.0	—	—	—	—	0.10	0.01	0.05	0.30
ZMgRE3ZnZr	ZM3	余量	—	0.2～0.7	—	2.5～4.0[②]	0.4～1.0	—	—	—	—	0.10	0.01	0.05	0.30
ZMgRE3Zn3Zr	ZM4	余量	—	2.0～3.1	—	2.5～4.0[②]	0.5～1.0	—	—	—	—	0.10	0.01	0.05	0.30
ZMgAl8Zn	ZM5	余量	7.5～9.0	0.2～0.8	0.15～0.5	—	—	—	—	0.30	0.05	0.10	0.01	0.10	0.50
ZMgAl8ZnA	ZM5A	余量	7.5～9.0	0.2～0.8	0.15～0.5	—	—	—	—	0.10	0.005	0.015	0.001	0.01	0.20
ZMgNd2ZnZr	ZM6	余量	—	0.1～0.7	—	—	0.4～1.0	—	2.0～2.8[③]		—	0.10	0.01	0.05	0.30
ZMgZn8AgZr	ZM7	余量	—	7.5～9.0	—	—	0.5～1.0	0.6～1.2	—	—	—	0.10	0.01	0.05	0.30
ZMgAl10Zn	ZM10	余量	9.0～10.7	0.6～1.2	0.1～0.5	—	—	—	—	0.3	0.05	0.10	0.01	0.05	0.50
ZMgNd2Zr	ZM11	余量	0.02	—	—		0.4～1.0	—	2.0～3.0	0.01	0.01	0.03	0.005	0.05	0.20

① 合金可加入铍，其含量不大于 0.002%。
② 稀土为富铈混合稀土或稀土中间合金。当稀土为富铈混合稀土时，稀土金属总量不小于 58%，铈含量不小于 45%。
③ 稀土为富钕混合稀土，含钕量不小于 85%，其中 Nd、Pr 含量之和不小于 95%。
④ 其他元素是指在本表头列出了元素符号，但在本表中却未规定极限数值含量的元素。
注：含量有上下限者为合金主元素，含量为单个数值者为最高限，“—”为未规定具体数值。

(1) Mg-Al-Zn 合金

铝是镁铝锌合金的主要组元，由前面的图 3-22 所示的 Al-Mg 二元相图可知：铝在镁中的最大固溶度为 12.7%（437℃），而在室温时仅为 0.2%左右，因此镁-铝合金可以进行时效强化，强化相为 γ 相（$Mg_{17}Al_{12}$）。图 3-45 为 Mg-8Al-1Zn（ZM5）合金的铸锭组织的扫描电镜照片。在基体 δ-Mg 晶粒的边界主要是不连续分布的 γ 相（$Mg_{17}Al_{12}$）。

图 3-46 为铝含量对 Mg-Al 合金铸造性能的影响。当铝含量大于 8%时，合金的铸造性

能随铝含量的增加不断提高。但是铝含量大于9%时，由于γ相（$Mg_{17}Al_{12}$）溶入δ-Mg固溶体的溶解速度大大下降，在热处理保温时间内，未溶脆性γ相分布于δ相晶界，使力学性能降低，如图3-47所示（砂型铸造，T_4状态），所以铝含量宜控制在8.0%～8.5%以内。

在Mg-Al合金中加入Zn可增加合金的固溶强化效果，除提高抗拉强度和屈服强度外，还可以提高合金的抗蚀性，但增大结晶温度间隔，降低铸造性能，因此加锌量一般应小于1%。

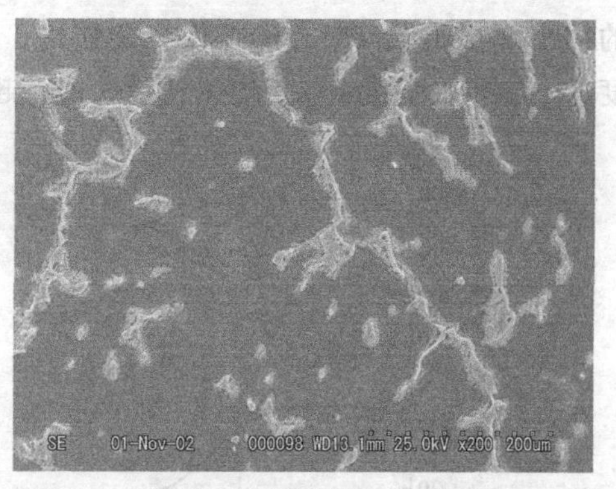

图3-45 ZM5镁合金的铸锭组织扫描电镜照片

表3-15 铸造镁合金室温力学性能（摘自GB/T 1177—2018）

合金牌号	合金代号	热处理状态	力学性能≥		
			抗拉强度 R_m/MPa	规定塑性延伸强度 $R_{p0.2}$/MPa	断后伸长率 A/%
ZMgZn5Zr	ZM1	T1	235	140	5.0
ZMgZn4RE1Zr	ZM2	T1	200	135	2.5
ZMgRE3ZnZr	ZM3	F	120	85	1.5
		T2	120	85	1.5
ZMgRE3Zn3Zr	ZM4	T1	140	95	2.0
ZMgAl8Zn ZMgAl8ZnA	ZM5 ZM5A	F	145	75	2.0
		T1	155	80	2.0
		T4	230	75	6.0
		T6	230	100	2.0
ZMgNd2ZnZr	ZM6	T6	230	135	3.0
ZMgZn8AgZr	ZM7	T4	265	110	6.0
		T6	275	150	4.0
ZMgAl10Zn	ZM10	F	145	85	1.0
		T4	230	85	4.0
		T6	230	130	1.0
ZMgNd2Zr	ZM11	T6	225	135	3.0

典型的Mg-Al-Zn合金为ZM5，成分为7.5%～9.0%Al，0.2%～0.8%Zn，0.15%～0.5%Mn，余为Mg。铸态组织为δ-Mg固溶体+γ相（晶界网状不连续分布）+散布在δ固溶体中的锰铝化合物微小质点。经T_4热处理，典型性能R_m=250MPa，$R_{p0.2}$=85MPa，A=9%，强度和ZL101、ZL104合金性能相近，但比强度和伸长率较高。因为这种合金不含贵重合金元素，熔炼工艺相对简单，故广泛用于航空工业制造承受较大冲击载荷的零件，如飞机轮毂等。

(2) Mg-Zn-Zr合金

和Mg-Al-Zn合金相比，Mg-Zn-Zr合金具有较高的屈服强度和塑性。Mg-Zn相图如图3-48所示。锌在镁中的最大固溶度为6.2%，时效过程中，过饱和固溶体析出弥散分布

的细小 γ′相质点（MgZn），使合金强化。含锌量在 5%～6%时，强化效果最好，其抗拉强度 R_m 和屈服强度 $R_{p0.2}$ 均达到最大值，超过 6%，强度和塑性下降。

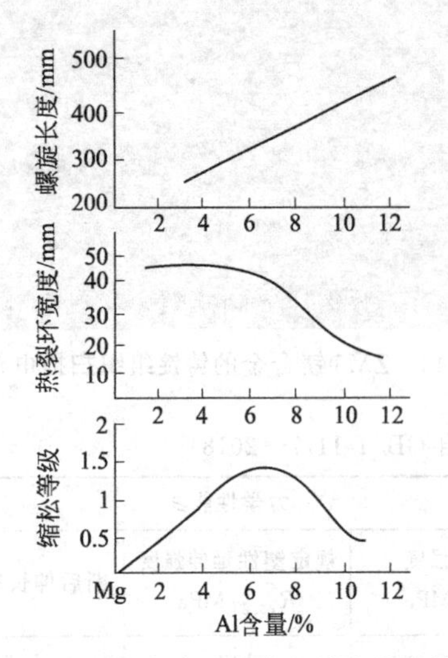

图 3-46　铝含量对 Mg-Al 合金铸造性能的影响

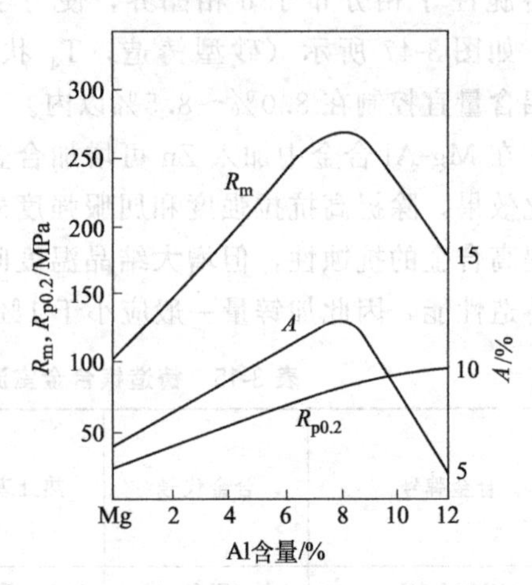

图 3-47　铝含量对 Mg-Al 合金力学性能的影响

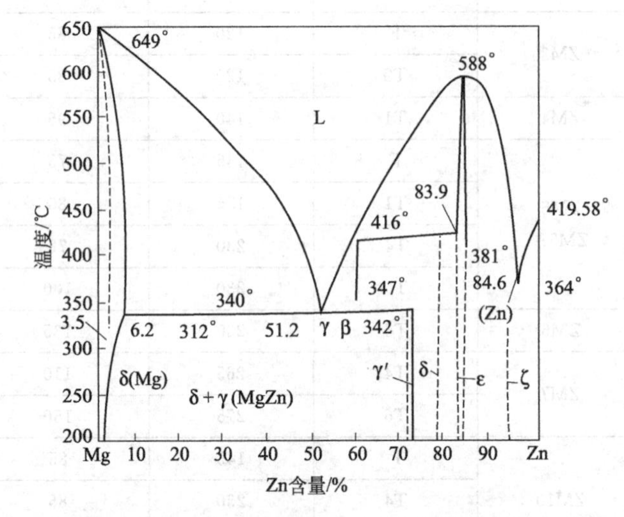

图 3-48　Mg-Zn 相图，虚线表示不平衡状态下的固相线

Mg-Zn 合金的结晶间隔较大，最大可达 290℃（不平衡态），故铸造性能极差。少量锆的加入改善了合金铸造性能，尤其降低缩松倾向。加锆也能细化晶粒，并对 δ(Mg) 相有一定强化作用，显著提高力学性能。此外，加锆还能在合金表面生成致密氧化膜，提高合金的抗蚀性。

锆在镁合金中为辅助元素，主要起细化晶粒的作用。Mg-Zn-Zr 合金的典型代表是 ZM1 合金，成分为 3.5%～5.5%Zn，0.5%～1.0%Zr，余为 Mg。铸态组织为 δ（Mg）+少量 γ′（MgZn）分布于晶界，热处理后 γ′消失，在 T_6 热处理状态，力学性能为：R_m=250～300MPa，$R_{p0.2}$=150～180MPa，A=5%～12%。ZM1 合金强度及伸长率与 Z5 合金相近，但屈服极限（$\sigma_{0.2}$）比 ZM5 要好，所以能承受更高的载荷，用来代替 ZM5 合金使用，可以制造飞机轮毂、轮缘、起落架等零件。

（3）Mg-RE-Zr 耐热合金

改善镁合金耐热性最有效和有实用价值的元素是稀土（RE）金属。稀土镁合金具有较好耐热性的原因有：①Mg-RE 系有较高的共晶温度（552～593℃），比 Mg-Al 及 Mg-Zn 高很多；②Mg-RE 系中 α 固溶体及化合物的稳定性较高；③镁中加入三价的稀土元素，提高了电子浓度，增强了原子间的结合力；④Mg-RE 系合金在 200～300℃下固溶度变化较小，时效析出相均匀，相界面附近浓度梯度较低。

Mg-RE 合金有较小的结晶温度间隔，它们的共晶体有很好的流动性，所以 Mg-RE 合金有很好的铸造性能，其缩松、热裂倾向均小于镁铝、镁锌合金，充型能力也比较好，可用于铸造形状复杂和要求致密的铸件。

典型的 Mg-RE-Zr 合金为 ZM3，成分为 2.5%～4.0%RE，0.2%～0.7%Zn，0.3%～1.0%Zr，余为 Mg。显微组织为 δ 固溶体＋晶界分布的网状共晶体，共晶体中除含有 Mg-RE 化合物外，还有 Zn-RE 化合物存在。在铸态和经 T_2 处理后合金的典型力学性能为：R_m130～150MPa，$R_{p0.2}$85～90MPa，A2%～3%，250℃短时高温强度 125MPa，250℃、100h 的高温强度 50～55MPa。ZM3 在 200～280℃有良好的抗蠕变能力，使它可作发动机零件、进气机闸、齿轮箱等。

(4) Mg-Zn-RE-Zr 合金

目前我国镁合金牌号中的 ZM4 合金就属于 Mg-Zn-RE-Zr 合金，既含有 Zn 又有 RE，其中的 Zr 主要作为晶粒细化剂。但是当前关于 Mg-Zn-RE 合金的研究比仅仅是一个牌号的 ZM4 合金要丰富很多。

在 Mg-Zn-RE 合金中研究较多的稀土 RE 元素主要有 Ce、La、Nd、Y 和 Gd 等。根据稀土元素分类的不同可以将 Mg-Zn-RE 系稀土镁合金分为两类。一类是以轻稀土为主要稀土合金元素的合金，以 Mg-Zn-Ce 和 Mg-Zn-La 等合金为主要；另一类则是以重稀土为主要稀土合金元素的合金，以 Mg-Zn-Y 和 Mg-Zn-Gd 等合金为主要。不同种类与含量的稀土元素的加入，使得 Mg-Zn-RE 合金具有完全不同的相变行为和力学行为。下面将以 Mg-Zn-Ce 合金和 Mg-Zn-Y 合金为代表分别介绍这两类合金。

1) Mg-Zn-Ce 或 Mg-Zn-Ce/La 合金　单独含 Ce 或同时含有 Ce 和 La（混合轻稀土，La 与 Ce 的性质相近）的镁合金，Ce 或 La 的主要作用是细化晶粒。Ce 对铸造镁合金的细化机理不是异质形核的作用，而是凝固过程中 Ce 在结晶前沿富集造成成分过冷度的增大。Mg-Zn-Ce 合金中可能有 $Mg_{12}Ce$、$Mg_{17}Ce_2$ 和 $Mg_xZn_yCe_z$ 三种相的存在，三元化合物一般为 T 相［$Ce(Mg_{1-x}Zn_x)_{11}$］。Ce 的加入能有效地提高合金的屈服强度和抗拉强度，但粗大的 T 相对合金的韧性是不利的，因此当 Ce 含量较高时应采取提高冷却速度等细化晶粒的措施。

图 3-49 所示为 Mg-6Zn-3Ce/La-0.6Zr 合金的扫描电镜 SEM 组织图像。由于稀土含量较高，混合稀土 Ce/La 以稀土化合物的形式在 α-Mg 晶粒边界呈非连续的网状分布。组织分析表明，主要由 α-Mg 基体、很细小的少量 α-Zr（异质形核作用）和化合物组成。化合物的种类主要是 Mg-Zn-Ce-La 四元相，它具有与 T 相相同的晶体结构，这是由于 La 和 Ce 具有非常相似的化学性质，La 原子会取代 $Ce(Mg_{1-x}Zn_x)_{11}$ 相中部分 Ce 原子的位置而形成 (Ce，La)$(Mg_{1-x}Zn_x)_{11}$ 相。该合金的铸态室温抗拉强度和伸长率分别为 190MPa 和 6%，主要是高温强度高，在 200℃高温条件下，其抗拉强度和伸长率分别为 160MPa 和 16.0%，相比于未加稀土的 Mg-6Zn-0.6Zr 合金，高温抗拉强度提高了 28%。

2) Mg-Zn-Y 合金　Mg-Zn-Y 合金中根据组元含量的变化，有三种典型三元相，分别为二十面体准晶 I 相（Mg_3Zn_6Y）、立方晶系 W 相（$Mg_3Zn_3Y_2$）以及长周期堆垛有序结构

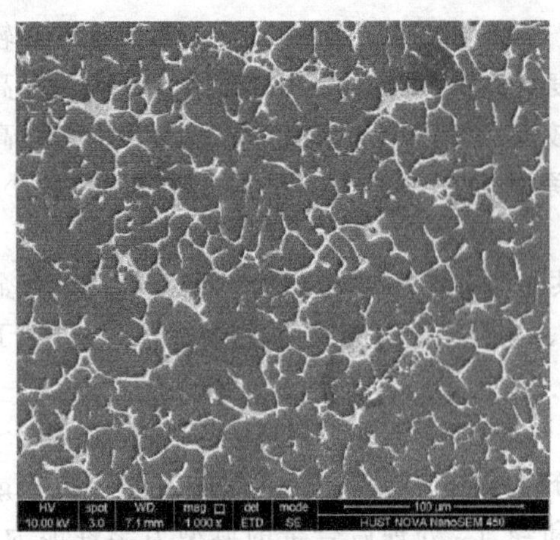

图 3-49 Mg-6Zn-3Ce/La-0.6Zr 合金组织 SEM 图像

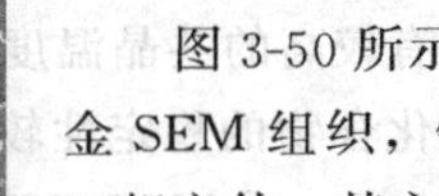

LPSO 相（$Mg_{12}YZn$）。

图 3-50 所示为 Mg-6Zn-1Y-1Ce/La-0.6Zr 合金 SEM 组织，铸态组织中，除了 α-Mg、α-Zr、T 相之外，其主要的 Mg-Zn-Y 三元相为 W 相和准晶 I 相。这些化合物相大多分布于晶界，图中右上角的放大图中 E 所指的是晶界的 T 相［(Ce，La)（$Mg_{1-x}Zn_x$）$_{11}$］，颗粒相为准晶 I 相。准晶 I 相 Mg_3Zn_6Y 具有稳定的二十面体结构，图 3-51 所示为 Mg-Zn-Y 三元合金中基体被腐蚀后准晶 I 相的 SEM 形貌。这些准晶相也对镁合金的力学性能具有强化效果，成为研究的热点之一。

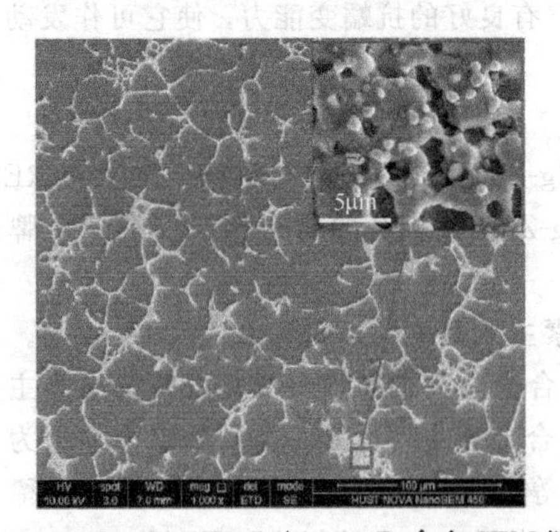

图 3-50 Mg-6Zn-1Y-1Ce/La-0.6Zr 合金 SEM 组织

图 3-51 Mg-Zn-Y 合金中准晶 I 相 SEM 形貌

3.4 铸造锌合金

3.4.1 概述

锌的密度 7.133g/cm^3，熔点 420℃，沸点 911℃。锌与铝、铜、镁等组成的锌合金有良好的熔铸性能，合金熔点低（370～500℃），铸造性能（流动性）优良，熔炼时不易吸收气体，同时铸件尺寸精度及表面光洁度高，所以压铸锌基合金（通常含铝大于 5%）自 1930 年以来就已经在工业部门获得广泛应用，并且随着工业的现代化，得到迅速发展。

纯锌强度、塑性都较低，是一种硬而脆的金属，所以在砂型等重力铸造条件下，含铝较低的锌合金性能不高。为了充分发挥锌合金的优良特性，近一二十年来，通过多元合金化方法和采用金属型、压铸等特种铸造方法研制出一系列性能优良的高铝锌基合金（含 18%～27%Al）。这类合金具有较高的力学强度、优良的湿摩擦性能，可代替锡青铜、锡基和铅基巴氏合金制造轴承材料、机床导轨等。锌基合金有出色的力学性能、铸造性能和光洁的表面，耐磨性也较高。与铸铁相比，高铝锌基合金的成本要低 20% 以上，与锡青铜（如 5-5-5 锡青铜）相比，成本仅为其七分之一，所以是一种价廉、质优、节能的新型材料，有着广阔的应用前景。

下面主要分别介绍压铸用锌合金和高铝锌合金的性能和应用。

3.4.2 Zn-Al合金及其合金化

(1) Zn-Al二元合金

Zn-Al二元相图如图3-52所示。压铸锌合金和高铝锌合金都是以Zn-Al为主加其他元素的多元合金。由相图可知，锌、铝合金包括了一个共晶反应和一个共析反应，共晶点在5% Al处。

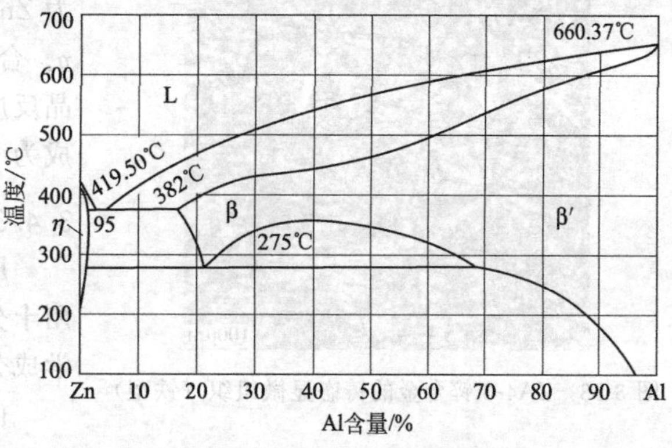

图3-52 Zn-Al二元相图

在Al<5%时，合金的室温组织应为η+(η+β′) 共晶；

在Al>5%时，合金组织为β′+(η+β′) 共晶。

实际铸造过程中，由于冷速较快，共析转变β→η+β′不易发生，所以常温组织仍是β相。但是β相又是一种不稳定相，随着时间的迁移，它将会逐步分解为富铝的β′相和含铝低的η相，并在这个转变过程中，伴随着体积膨胀，称为锌合金的“老化”。这种“老化”在合金中造成很大的内应力，使合金变脆，是一种需要注意的铸造缺陷。

β相是溶入锌的铝基固溶体，η相是溶入铝的锌基固溶体，两者硬度不高，HV(荷重20克) 约为80～120，η相比β相更软。因此，无论压铸锌基合金还是高铝锌基合金，都不采用二元合金，而采用加入Cu、Mg等元素的多元合金。

Al是锌基合金的主要合金元素，它能固溶于锌中，提高合金的强度和塑性，减轻合金的氧化能力，提高抗蚀性。在过共晶成分范围 (Al>5%) 内，随着铝含量增加，σ_b有两次增加的倾向，第一次是含Al<22%时 (共析点)，另一次是含Al为27%时。之所以如此，主要与铝量增加形成的初生β相呈等轴枝晶，使晶粒细化有关。而在过共晶其他范围，初生β枝晶一次分枝长度增加，于性能不利。所以高铝锌基合金的含铝量一般选择在12%、27%左右，或结晶温度间隔较小的8%左右。压铸锌基合金，由于金属型压铸过程能大幅度提高力学性能，所以成分选择在铸造性能最好的共晶成分 (5%Al)。

(2) Zn-Al合金的合金化

① Cu　Zn-Al合金加入Cu，除少量固溶于η、β外，还能形成以$CuZn_3$化合物为基的ε相固溶体，从而使合金强化，提高了力学性能。$CuZn_3$化合物质点较硬，它均匀分布在锌基合金中的η、β软基底内，形成一种优良的耐磨结构，所以，含铜较高的高铝锌合金 (0.75%～2.2%Cu) 具有良好的耐磨性。铜的不利作用是促进锌合金中β相的分解，从而加速锌合金的“老化过程”。含铜量愈高，这个“老化过程”愈显著。

② Mg　Mg在Zn-Al合金中的溶解度不大，在共析成分的锌-铝合金中 (22% Al) 275℃时的溶解度仅为0.025%，但镁同样能起到固溶强化、提高强度和硬度的作用。高强度铸造锌合金的含镁量不宜超过0.02%～0.03% (大体上是固溶强化的极限)。镁量过高，降低合金的塑性、韧性及蠕变强度，增加合金的热裂、冷裂敏感性。锌合金中的镁量尽管低，但却十分重要，因为镁还能防止晶间腐蚀发生。另外，镁可降低锌、铝合金的共析转变温度，抑制β相的分解，防止合金老化。

图 3-53 ZA4-3 锌合金的铸态显微组织（铁型）

图 3-53 所示为 ZA4-3 锌合金的铸态显微组织。合金名义成分为：3.5%～4.5% Al，2.5%～3.2%Cu，0.03%～0.06%Mg，其余为 Zn。图中白色树枝晶为初晶 Zn 基固溶体 η。合金凝固过程中发生 L→η+β+$CuZn_3$ 共晶反应。黑色部分为共晶混合物。铸态相组成为 η+β+$CuZn_3$ 化合物。

3.4.3 压铸用锌基合金

压铸锌合金零部件在五金工具等领域应用十分广泛。我国压铸用锌合金的牌号、化学成分以及力学性能如表 3-16 所示。

由表 3-16 可知，上述合金成分大多都在共晶点左右，熔点低，所以锌合金的压铸性能比铝合金好，表现在：①结晶温度范围小，不易产生疏松；②流动性好，易于成型；③熔化及浇注温度低，熔炼方便，模具寿命长；④力学性能高。因此，在压铸的发展历史中，锌合金的压铸占有相当重要的地位。

表 3-16 压铸用锌合金牌号、化学成分及力学性能（摘自 GB/T 13818—2009） 单位：%

序号	合金牌号	合金代号	主要成分				杂质含量≤			
			Al	Cu	Mg	Zn	Fe	Pb	Sn	Cd
1	YZZnAl4A	YX040A	3.9～4.3	≤0.1	0.030～0.060	余量	0.035	0.004	0.0015	0.003
2	YZZnAl14B	YX040B	3.9～4.3	≤0.1	0.010～0.020	余量	0.075	0.003	0.0010	0.002
3	YZZnAl4Cu1	YX041	3.9～4.3	0.7～1.1	0.030～0.060	余量	0.035	0.004	0.0015	0.003
4	YZZnAl4Cu3	YX043	3.9～4.3	2.7～3.3	0.025～0.050	余量	0.035	0.004	0.0015	0.003
5	YZZnAl8Cu1	YX081	8.2～8.8	0.9～1.3	0.020～0.030	余量	0.035	0.005	0.0050	0.002
6	YZZnAl11Cu1	YX111	10.8～11.5	0.5～1.2	0.020～0.030	余量	0.050	0.005	0.0050	0.002
7	YZZnAl27Cu2	YX272	25.5～28.0	2.0～2.5	0.012～0.020	余量	0.070	0.005	0.0050	0.002

注：YZZnAl4B Ni 含量为 0.005%～0.020%。

但锌合金在自然时效中会出现“老化现象”，降低强度和塑性，为了增大尺寸稳定性，常采用 90℃，约 5h 的时效处理。

在压铸锌基合金材料不纯时，容易发生晶间腐蚀，与原材料中含有 Pb、Sn 和 Cd 等微量杂质元素有关。因此，上述元素在 Zn 中的固溶度极低，在合金凝固过程中主要偏析于晶界，他们的电极电位等电化学特性与基底 η、β 相差较大，形成晶间电化学腐蚀源。铜、镁元素的加入可以改善晶间腐蚀缺陷。

3.4.4 高 Al 锌合金

多数普通压铸用锌基合金的含铝量<4.5%，高 Al 锌合金则含 8.0%～28.0%Al，其性能如表 3-17 所示。表中仅列出了三种典型的高 Al 锌合金牌号（GB/T 1175—2018《铸造锌合金》）：ZZnAl11Cu1Mg（代号 ZA11-1）、ZZnAl27Cu2Mg（代号 ZA27-2）、ZZnAl8Cu1Mg（代号 ZA8-1）。

从表 3-17 中可见，除了伸长率尚嫌较低外，高 Al 锌基合金的力学性能及铸造性能明显优于其他合金。尤其是这类合金具有良好的耐磨组织结构，成本低，使它有可能代替青铜等传统耐磨材料。

三种高 Al 锌合金都是过共晶成分，组织由 β+η+ε 组成，主要用于重力铸造（砂型、金属型、石墨砂），也可用于压铸。由于含铝量不同，性能和用途也有所不同。ZA27-2、ZA11-1 合金含铝量高，β 相相对较多，所以力学性能高，同时这两种合金的耐磨性和自润滑性较好，是目前耐磨材料中应用最多的高铝锌合金。但是，ZA27-2、ZA11-1 合金由于结晶温度范围大，加上锌、铝相对密度相差也较大，所以易于产生分散缩孔、枝晶偏析以及密度偏析，而 ZA8-1 合金则要好些，铸造性能优于前者。

表 3-17 高 Al 锌合金的性能（砂型铸造）

种类	ZA11-1	ZA27-2	ZA8-1
标准化学成分/%	Al 10.5～11.5	Al 25.0～28.0	Al 8.0～8.8
	Cu 0.5～1.2	Cu 2.0～2.5	Cu 0.8～1.3
	Mg 0.015～0.030	Mg 0.01～0.02	Mg 0.015～0.030
	Fe＜0.075	Fe＜0.10	Fe＜0.10
	Zn 余量	Zn 余量	Zn 余量
R_m/MPa	280～315	406～448	252～286
$R_{p0.2}$/MPa	210	371	196
A/%	1～3	3～6	1～2
硬度/HB	105～120	110～120	90～100
杨氏模量/MPa	8.4×10^4	7.63×10^4	8.68×10^4
密度/(g/cm^3)	6.03	5.01	6.37
熔化温度/℃	377～416	376～484	375～404
液相线温度/℃	422	492	403
固相线温度/℃	382	380	382

高 Al 锌合金存在的主要问题是工作温度不高和老化问题，同时需要进一步提高它的力学性能和耐磨性。

思 考 题

3.1 提高铸造 Al-Si 合金力学性能有哪些途径？举例说明。

3.2 对 Al-Si 合金的共晶硅进行变质前后有哪些变化？简述变质机理。

3.3 有哪些 Al-Si 合金的共晶硅变质剂？

3.4 简述 Al-Si 合金初晶硅的变质剂种类及其机理。

3.5 铝合金晶粒细化的原理是什么？试举例说明。

3.6 分析 ZCuSn10Zn2 的结晶过程，描述其铸态组织。

3.7 常用的锡青铜有哪些？含锡量的范围是多少？它们的优缺点如何？

3.8 锡青铜的铸造工艺特点是什么？克服锡青铜阀体渗漏有哪些方法？

3.9 描述 ZCuAl9Mn2 的结晶过程，分析其铸态组织。什么叫铝青铜的“缓冷脆性”？分析产生的原因及克服的措施。

3.10 分析 ZCuZn38 的结晶过程及其铸态组织，分析含锌量和力学性能之间的关系。

3.11 什么是锌当量系数、锌当量？有何用途？试计算 ZCuZn26Al4Fe3Mn3 合金的锌当量及组织中 α 与 β 之比。

3.12 ZM1、ZM5 合金中各元素的作用是什么？

3.13 根据镁合金的物理化学特性阐述镁合金的熔炼浇注特点。

3.14 有哪几类锌合金获得了工业应用？它们各自的优缺点是什么？

3.15 何谓锌合金的“老化”？产生的原因是什么？有哪些克服的工艺措施？

第 4 章　铸造合金的熔炼

4.1　铸铁和铸钢的感应电炉熔炼

4.1.1　感应电炉加热及熔化原理

（1）感应电炉简介

感应电炉是根据电磁感应原理，利用炉料内感生的电流来加热和熔化炉料，可以进行连续或间断作业，容易改变炉料或合金种类，温度可控，最高温度达到 1650℃以上，可熔化从低熔点到高熔点的一切铸造合金，熔炼过程不增碳不增硫，元素烧损少，液体金属自行搅拌，合金的成分和温度均匀，铸件质量高，无烟尘，噪音小，工作条件优越，所以感应电炉得到越来越广泛的应用。

感应电炉分两大类：有芯感应电炉和无芯感应电炉。下面主要介绍无芯感应电炉。

无芯感应电炉的典型结构如图 4-1 所示，盛装金属炉料的坩埚外面绕一感应器，通以交变电流即在炉料内产生强大的涡流并靠涡流在炉料中产生的热量来加热和熔化炉料本身。

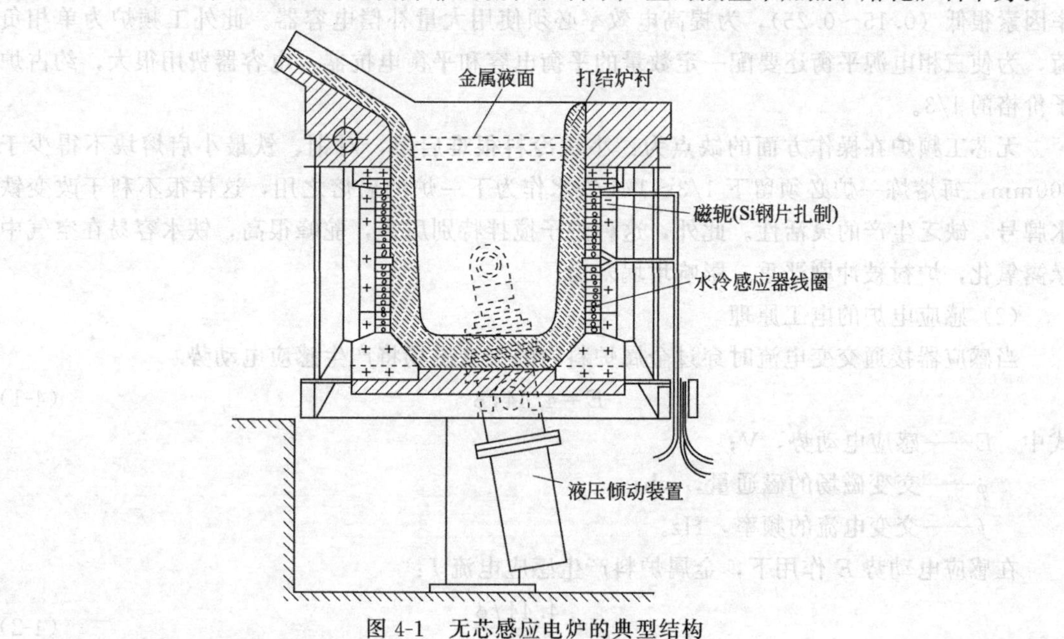

图 4-1　无芯感应电炉的典型结构

按电源工作频率高低分类，无芯感应电炉有三种。

1）高频感应电炉　高频炉使用 10～300kHz 频率。高频电源一般用闸流管或高压硅整流元件把高频交流电整流为高压脉冲直流电，其频率为 20kHz，再用电子振荡器把高压直流电转换为 200～300kHz 的高压交流电，经高频变压器降压后供给感应器作为炉子的电源。高频电炉的最大炉子容量在 100kg 以下，多用于实验室和少量特种钢熔炼。

2）中频感应电炉　这种炉子采用中频发电机或可控硅变频器产生的中频电源工作，频率范围1500～10000Hz。炉子容量从几公斤到几十吨，是一种冶炼优质钢和其他优质合金的冶炼设备。中频炉和其他熔炼设备比较有以下优点。

① 熔化速度快，生产效率高。中频炉的功率密度大，每吨钢液配置的功率比工频炉多20%～30%，故在相同条件下中频炉的熔化速度快，生产率高。

② 使用方便灵活。中频炉可将钢水倒尽，重装新料，改变钢种。和工频炉、有芯炉每次必须留一部分钢（铁）水供下炉启动相比方便得多。

③ 和工频相比，驼峰较低，搅拌不太强烈，有利于提高炉子寿命和钢水质量。

④ 启动方便，不用启熔块，对炉料尺寸无特殊要求。

这些优点使中额炉近年发展很快，广泛用于铸钢、铸铁熔炼。

3）工频感应电炉

工频感应电炉是以工业频率电流（50Hz）作为电源的感应电炉，和冲天炉相比工频炉具有成分和温度易控制、铸铁中的气体和夹杂物含量低、不污染环境、劳动条件好等优点，已发展成熔炼各种铸铁合金的重要设备。

目前主要发展立式无芯工频感应电炉和卧式无芯工频感应电炉。立式感应电炉最大容量65t，功率2100kW。卧式无芯工频炉最大容量90t，可连续加料、连续出铁水，没有急冷急热现象，炉子寿命长，结构简单，不需要倾炉机构，与同容量的立式炉相比，生产能力提高20%～30%，可用作铸铁的连续生产和保温。

无芯工频炉虽用工频电源，免去变频设备，但也因此而增加其他方面的投资，首先是功率因素很低（0.15～0.25），为提高电效率必须使用大量补偿电容器。此外工频炉为单相负荷，为使三相电源平衡还要配一定数量的平衡电容和平衡电抗器，电容器费用很大，约占炉子价格的1/3。

无芯工频炉在操作方面的缺点为：小块冷料很难启熔，对钢、铁最小启熔块不得少于200mm，每熔炼一炉必须留下1/3～1/4铁水作为下一炉的启熔之用，这样很不利于改变铁水牌号，缺乏生产的灵活性。此外，这种炉子搅拌特别厉害，驼峰很高，铁水容易在空气中暴露氧化，炉衬被冲刷严重，影响坩埚寿命。

（2）感应电炉的电工原理

当感应器接通交变电流时穿过金属炉料内的交变磁场将产生感应电动势

$$E=4.44f\phi \tag{4-1}$$

式中 E——感应电动势，V；

ϕ——交变磁场的磁通量，wb；

f——交变电流的频率，Hz。

在感应电动势 E 作用下，金属炉料产生感应电流 I：

$$I=\frac{4.44f\phi}{R} \tag{4-2}$$

式中 I——电流，A；

R——金属炉料的电阻，Ω。

坩埚内的金属炉料可以看成一个封闭回路，这个回路内产生的感应电流称为涡流，根据焦耳-楞次定律，流经导体的电流转换为热能：

$$Q=I^2Rt \tag{4-3}$$

式中 t——时间，h；

I——电流，A；

Q——发热量，kW。

这个热量被炉料吸收、升温直至熔化。

坩埚内的金属炉料从表面到中心的电流密度按下列方程变化：

$$I_x = I_0 e^{-\frac{x}{\delta}} \tag{4-4}$$

式中　I_x——从坩埚内壁到中心任何一点的电流密度，A/m^2；

I_0——坩埚内壁表面的电流密度，A/m^2；

x——坩埚内壁表面到中心任一点的距离，cm；

δ——电流透入深度，cm，表示电流密度从表面衰减到 I_0/e 处的距离（图 4-2），其值按下式决定。

$$\delta = 5030\sqrt{\frac{\rho}{\mu f}} \tag{4-5}$$

式中　f——频率，Hz；

ρ——炉料电阻率，Ω·cm；

μ——磁导率，H/cm。

引出电流透入深度 δ 的概念，其意义在于圆柱形导体表层厚度 δ 的圆筒内感应产生的热量占该圆柱体吸收的热量的 86.5%，即在透入深度 δ 内集中着能量的大部分，加热炉料的热量主要由表面层供给。

根据式（4-5）可以看出合理的炉料尺寸和电源频率有关，频率越低 δ 越大，频率越高 δ 越小。研究电流透入深度 δ、炉料几何尺寸和热效率的关系后发现，当炉料直径 d 和电流透入深度 δ 的比值 $d/\delta = 3.5$ 时总效率最高。由此得出合理的炉料尺寸是：

$$d = 3.5\delta$$

或

$$d = 17665\sqrt{\frac{\rho}{\mu f}} \tag{4-6}$$

可知频率越高，炉料尺寸应该越小；频率越低，炉料尺寸应该越大。

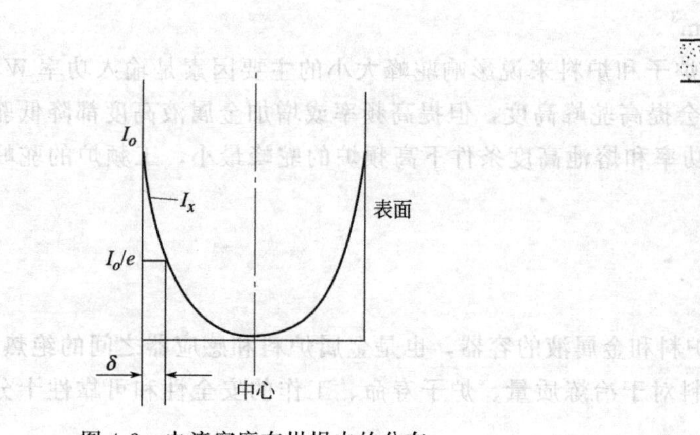

图 4-2　电流密度在坩埚内的分布

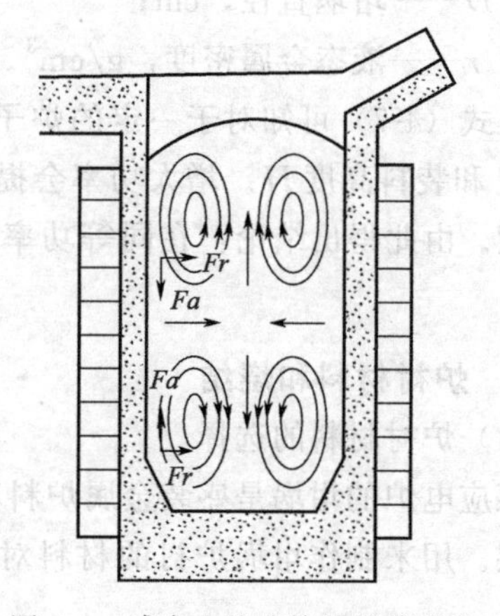

图 4-3　感应电炉熔炼的驼峰现象

以 45 号钢为例，取 $\mu = 1$、$\rho = 104 \times 10^{-6}$ Ω·cm 计算得到不同频率下的透入深度和最佳炉料尺寸，列于表 4-1。

表 4-1 炉料尺寸和频率的关系

电流频率/Hz	50	150	2500	4000	8000	10000
透入深度 δ/cm	7.3	4.2	1.0	0.8	0.6	0.5
最佳炉料直径 d/cm	25.6	14.7	3.5	2.8	2.1	1.8

由此得出结论：工频炉宜熔化大块料，启熔块应大于256mm，高频炉宜熔化小块料（20mm以下），中频炉对炉料尺寸的要求比较宽。

（3）液态金属的搅拌和驼峰现象

根据电工学原理，两个相互平行的载流体通以方向相反的电流时将受到相互排斥力的作用，若电流方向相同则受相互吸引力的作用。感应电炉中的液态金属电流方向始终和感应器线圈中的电流方向相反，因此，液态金属受到向心力 F_r 的作用，其方向自坩埚壁指向中心。同时液态金属中各层的电流方向相同，在纵向方向产生一个吸力 F_a，在 F_r 和 F_a 的联合作用下产生如图4-3所示的自动搅拌运动，并形成凸起的液面叫驼峰。当然向心推力 F_r 和纵向压力 F_a 主要位于电流透入深度 δ 层内，因为该处的涡流密度最大。

搅拌效应有利于化学成分和温度的均匀，有利于排渣和提高冶炼质量，加速新加炉料的熔化，提高熔化率。驼峰高低反应金属搅拌的程度，过高的驼峰会导致液面氧化吸气，影响产品质量，或为覆盖驼峰必须增加炉渣用量，加剧炉衬的侵蚀。

驼峰高低由下式决定：

$$K=0.316\sqrt{\frac{\mu}{\rho f}}\times\frac{W}{F}\times\frac{1}{r} \tag{4-7}$$

式中 K——驼峰高度，cm；

ρ——电阻率，铸铁1450℃的 $\rho=110\times10^{-6}\Omega\cdot cm$；

W——消耗于炉料的有功功率，kW；

F——环绕感应器的炉料表面积 $F=\pi DH$，cm^2；

H——驼峰下沿至坩埚底面的高度，cm；

D——坩埚直径，cm；

r——液态金属密度，g/cm^3。

由式（4-7）可知对于一定的炉子和炉料来说影响驼峰大小的主要因素是输入功率 W、频率 f 和装料高度 H。增大功率会提高驼峰高度，但提高频率或增加金属液高度都降低驼峰高度。由此得出结论：在同等功率和熔池高度条件下高频炉的驼峰最小，工频炉的驼峰最大。

4.1.2 炉衬材料和烧结

（1）炉衬材料的选择

感应电炉的坩埚是盛装金属炉料和金属液的容器，也是金属炉料和感应器之间的绝热、绝缘层。用来制作坩埚炉衬的材料对于冶炼质量、炉子寿命、工作的安全性和可靠性十分重要。

炉衬材料必须具备以下物理化学特性。

1）高耐火度 钢铁熔炼温度在1500～1700℃，炉衬材料必须能长时间承受高温作用而不熔损。可作为炉衬材料的高熔点氧化物列于表4-2。

表 4-2 常用炉衬材料的工作温度

材料名称	矿物成分(×100)	熔点/℃	最高工作温度/℃	酸碱性	膨胀系数/$\times10^{-6}$
电熔镁砂	$MgO\geqslant98$	2300	1800	碱性	15.6
普通镁砂	$MgO\geqslant90$	2000	1700	碱性	
尖晶石(合成)	$70\%MgO+30\%Al_2O_3$	2130	1800	弱碱性	8.5
锆英石	$ZrO_2\cdot SiO_2\geqslant95$	2550	1650	中性	4.5
石英砂	$SiO_2\geqslant98$	1700	1550	酸性	7.5

2）线膨胀和体膨胀系数小　在烧结过程中炉衬材料会产生热胀冷缩，过多的膨胀或收缩会引起烧结层产生裂纹。加入硼酸会降低石英坩埚的体积变化率和线收缩率，减少产生裂纹的概率。

3）好的急冷急热性　在使用过程中炉衬被周期地加热和冷却，伴随着的热胀冷缩会使坩埚内产生应力以致开裂。炉衬材料良好的耐急冷急热性是避免材料产生裂纹的重要特性。影响炉衬急冷急热性好坏的因素有砂粒配比、打结致密度、耐火材料的膨胀系数。所以适当增加中颗粒和大颗粒耐火材料、增加打结致密度、选用膨胀系数小的材料（表 4-2）会获得耐急冷急热性好的炉衬。

4）能抵抗炉渣的侵蚀。

5）绝缘性好　坩埚内的金属和感应器之间有几十到几百伏电位差，炉衬材料必须有足够的绝缘性以免击穿。Fe_3O_4 和 Fe_2O_3 等铁磁性物质能显著降低绝缘性，必须仔细精选，提高炉衬材料的纯度。

根据炉衬材料的化学性质，可制作成以下三种坩埚。

① 碱性坩埚，用 CaO、MgO、ZrO_2、BeO、ThO_2 等制作，其中应用最普遍的是MgO，其他材料价格高很少使用；

② 酸性坩埚，用 SiO_2 制造；

③ 中性坩埚，用石墨、$Al_2O_3\cdot MgO$、$Al_2O_3\cdot ZrO_2\cdot SiO_2$ 制造，多用于冶炼高合金材料。

(2) 炉衬打结

1）砂粒配比　炉衬打结用的砂粒大致上有三个等级，粗砂粒 2～6mm，熔点高，约占20%～25%。在炉衬中起骨架作用。粗砂粒比例过高会降低坩埚的烧结性能和强度，适当提高粗砂粒比例有利于提高炉衬的耐急冷急热性，减少产生裂纹的可能性。

中砂粒（0.5～2.0mm）约占 25%～30%，中砂粒的作用是填充粗砂间隙，增加堆积密度，改善烧结性能，提高强度。

细砂粒（小于 0.5mm）约占 40%～50%，它填充粗、中砂粒之间的空隙。其熔点稍低，烧结时首先被硼酸熔化并将粗、中砂粒黏结起来，故能改善烧结性，提高致密度。

2）助熔剂　正常情况下 MgO 砂的烧结温度 1750℃，石英砂烧结温度 1450℃，如果不加任何东西要把这些耐火材料烧结好是很困难的，为了改善高温耐火砂粒的烧结性必须添加助溶剂硼酸（H_3BO_3），脱水后变为 B_2O_3，1000～1300℃时 B_2O_3 和砂料中的 CaO、MgO、SiO_2 等形成低熔点化合物：$MgO\cdot B_2O_3$ 1142℃，$2MgO\cdot B_2O_3$ 1342℃，$3MgO\cdot B_2O_3$ 1366℃，$SiO_2\cdot B_2O_3$ 1200℃，$CaO\cdot B_2O_3$ 970℃。这些低熔点化合物把松散的砂粒黏结起来成为结构致密的烧结层，并获得足够的强度。

硼酸加入量依炉衬材料而定，炼钢用碱性坩埚加 0.8%～1.5% H_3BO_3，非真空炉取

1.2%～1.5% H_3BO_3，真空炉用0.8%～1.2% H_3BO_3，酸性坩埚用1.5%～2.0% H_3BO_3 加入炼钢炉衬，熔炼铸铁的酸性坩埚取2.0%～2.5%。注意控制硼酸加入量，因为每1% H_3BO_3 使石英砂熔化温度下降15～20℃，这种作用会损坏坩埚的使用寿命。

3）炉衬结构　烧结后的炉衬并不是均匀的整体，由于炉衬内层温度最高外层温度最低，由里向外形成一个温度梯度，最里层为完全烧结层，中间为半烧结层，最外层为松散层。这种结构对改善急冷急热性、减少热量损失十分有利。

4）打结　为了使散装砂粒变成一定致密度的炉衬，必须进行认真的捣打。小炉子可用工具进行人工打结，大炉子则用振动筑炉机打结。筑炉机利用空气马达产生每秒 1.3×10^4 次的振动，产生3～5kg/cm² 振动力。特大型炉子不用打结法成型，而用特制的耐火砖砌筑成坩埚，耐火材料多属碱性耐火砖。

（3）炉衬的烧结

炉衬烧结是决定坩埚质量的关键工序。经过打结的炉衬虽然坚实，但砂粒仍然彼此分散，未形成有一定强度的整体结构，更不能阻挡液体金属的穿透，因此，必须经过加热，使砂粒熔结为坚固的坩埚。酸性炉或碱性炉的炉衬烧结过程分叙如下。

1）酸性炉衬的烧结　酸性炉衬烧结过程如下。

① 850℃以下发生脱水现象。171～302℃首先是 H_3BO_3 发生脱水

$$2H_3BO_3 \xrightarrow{171℃} 2HBO_2 \xrightarrow{302℃} H_2O\uparrow + B_2O_3 \tag{4-8}$$

温度达到580℃时 B_2O_3 熔化，熔融的 B_2O_3 将细粒石英砂熔解形成玻璃状硅酸硼，将大砂粒黏结起来。与此同时，石英砂开始发生相变，由α-石英变为β-石英，体积开始膨胀。

② 850～1300℃时，α-石英变为α-鳞石英，体积增大16%，使炉衬砂粒更加紧密。石英砂的同质异晶转变过程如下：

$$\alpha\text{-石英} \xrightarrow[(\pm0.8\%)]{573℃} \beta\text{-石英} \xrightarrow[(\pm16\%)]{870℃} \alpha\text{-鳞石英} \xrightarrow[(\pm4.7\%)]{1470℃} \alpha\text{-方石英} \xrightarrow{1713℃} \text{石英玻璃} \tag{4-9}$$

反应式下的括弧表示体积膨胀率。不过加入硼酸后最大膨胀量降到1.2%～1.3%。

1200℃时发生以下反应：

$$\left.\begin{array}{l} SiO_2 + B_2O_3 = SiO_2 \cdot B_2O_3 \\ Al_2O_3 + B_2O_3 = Al_2O_3 \cdot B_2O_3 \end{array}\right\} \tag{4-10}$$

形成的低熔点化合物进一步扩大烧结层。

③ 1300～1600℃完全烧结。温度升到1300℃以上时玻璃相继续熔解较远处的大石英砂粒，使整个结构变为一体。继续升温将扩大烧结层厚度，最后形成多层结构的炉衬。为了改善烧结条件通常要进行一次超负荷熔化，将金属液加热到正常出炉温度以上40～50℃并在此温度保温1～4h。

2）碱性炉衬的烧结　碱性炉衬烧结过程大致上也分三个阶段。

第一阶段：850℃以内主要发生水分蒸发，H_3BO_3 脱水及碳酸盐分解，这个阶段放出大量水气和 CO_2，必须缓慢加热以免产生裂纹。

第二阶段：加入低碳钢炉料升温至850～1400℃，形成低熔点化合物：$CaO\cdot B_2O_3\cdot SiO_2$、$MgO\cdot B_2O_3\cdot SiO_2\cdot B_2O_3$、$2MgO\cdot B_2O_3$ 等形成烧结层，炉衬强度提高。

第三阶段：1500～1650℃，炉衬烧结层增厚，强度进一步提高。随着冶炼次数增加，烧结层进一步增厚。

如果打结过程不用钢筒而用石墨芯，则采用一次性烧结法，将温度升到 1800～1850℃可以得到气孔率低、体积密度最大的烧结层。

4.1.3　铸铁的工频感应电炉熔炼

工频炉的炉料吸收功率远远小于高频和中频炉，加热速度也相对缓慢，因此，适合熔炼熔点不太高的铸铁合金。工频感应电炉因电源频率低而具有许多不同于高频和中频感应电炉的冶金特点。现分叙如下。

（1）启熔

工频炉冷装料很难熔化小块炉料，必须用大块料启熔，因为工频炉电流透入深度很大[见式（4-5）]，炉料中感应电流的集肤效应很弱，加热炉料的热能密度低，升温慢，电效率低。为了加快升温速度必须减少料间接触电阻，增大料块尺寸。按理论计算获得最佳总效率（包括电效率和热效率）所需要的铸铁料块尺寸为 256mm，这是熔炼铸铁必须的最小启熔块，又称开炉块。实际操作一般取开炉块尺寸小于坩埚内径 100mm 左右，高度为坩埚深度的 1/4，或占炉子容量的 15%～20%，这样才能输入 40%～50%的功率进行熔化。

改善工频炉启熔效率的另一种办法是用热料启熔，首先装入至少 20%铁水作底料，然后投入其余固体炉料，这样启熔的熔炼效率和冷料启熔相仿，但是每吨铁水消耗的电能更少，因为它省掉了开炉块从加热到熔化所消耗的电能。

（2）出铁率

工频炉的输入功率和炉内贮存的金属量有关，铁水贮存量越多或料柱越高，则炉子的输入功率越大。如图 4-4 所示，当炉内贮存 2/3（或 66.6%）铁水时炉子输入功率达到 90%，换言之，每次出铁量为 1/3 左右时将获得满意的熔化效率。

工作电压也影响输入功率，当装载量一定时输入功率随工作电压升高而提高。图 4-5 表示一个 8t 工频炉的试验情况，升高电压时输入功率也上升。

在强调输入功率时不能忽视料柱波动和功率变化对驼峰的影响，因为根据式（4-7）驼峰高度 K 与输入功率 W 成正比和装料高度 H 成反比：

$$K \propto \frac{W}{H}$$

当输入功率不变时搅拌效应将因装料高度下降而加剧。为了保证正常的搅拌效应，炉子的输入功率应与装料高度变化相适应，即炉内铁水减少时，输入功率应随之减少。

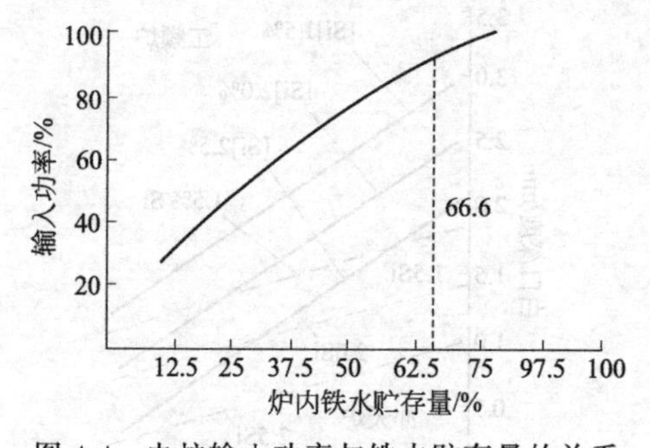

图 4-4　电炉输入功率与铁水贮存量的关系

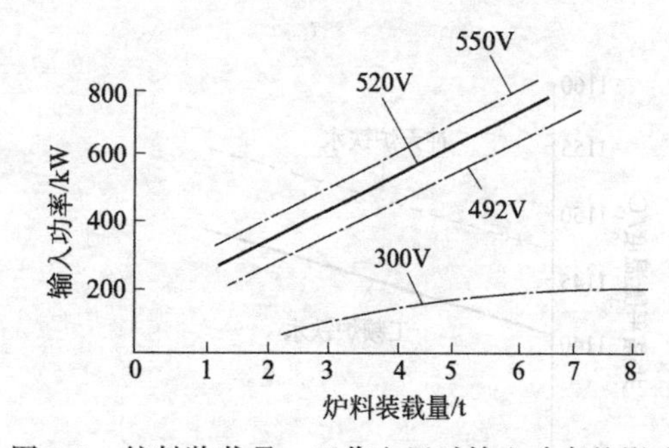

图 4-5　炉料装载量、工作电压对输入功率的影响

（3）炉料预热

工频炉的大容量和小出铁率是一个矛盾，为保持好的熔化效率而保存相当数量的铁水，

就得不到必要的铁水量。相反，为了增加出铁量必须增加冷料投入量，使输入功率下降。为增加熔化率或在一定熔化率条件下降低电耗可采用炉料预热的办法。预热器位于工频炉操作台上，用天然气或重油作燃料，预热器用汽缸驱动，当预热器移到感应电炉上方时汽缸打开底盖，预热的炉料即落入感应电炉内。炉子生产率随炉料预热温度升高而升高，电能消耗随预热温度升高而下降。当然，不能把预热温度提得太高，否则炉料氧化严重，大量的氧化铁带入炉内将增加炉渣的氧化性，加剧炉衬的侵蚀，降低坩埚寿命。合适的炉料预热温度为400～650℃。在此温度下炉料带入的热量将增加冶炼所需要热量的20%～30%。

(4) 熔炼过程的合金元素变化

感应电炉熔炼过程不会引起硫、磷的变化。

从冷料加热到熔化（约1230℃）期间碳、硅、锰都有不同程度的烧损：

$$\left.\begin{aligned} &2[C]+O_2 = CO\uparrow \\ &2[Mn]+O_2 = 2(MnO) \\ &[Si]+O_2 = (SiO_2) \end{aligned}\right\} \tag{4-11}$$

这个阶段碳烧损约0.5%，锰烧损约15%，硅烧损约13%，温度继续上升以后锰含量不变，碳、硅变化受加热温度影响，并与原铁水碳、硅含量有关。在高温下铁水和炉衬之间发生以下反应：

$$SiO_2+2[C] = [Si]+2CO\uparrow \tag{4-12}$$

该式的反应自由能

$$\Delta G^0 = 102160-58.74T \tag{4-13}$$

令 $\Delta G^0=0$ 得到系统平衡温度为1466℃。

当温度高于1466℃时，$\Delta G^0<0$，式（4-12）将自动由左向右进行，发生炉衬反应，出现脱碳增硅现象。

如果铁水成分为高碳低硅也有利于式（4-12）自左向右反应，若铁水为低碳高硅则炉衬反应不能进行或进行缓慢。炉衬反应不仅影响铁水的碳、硅含量变化还影响炉子寿命。由于铁水含碳量是球铁高于灰铁，灰铁高于可锻铸铁，所以熔炼球铁的炉子寿命短，灰铁次之，熔炼可锻铸铁的炉子寿命最长。

(5) 电炉铁水的性质

由于加热方式和金属炉料接触的介质不同致使工频感应电炉铁水和冲天炉铁水特性有许多不同之处。

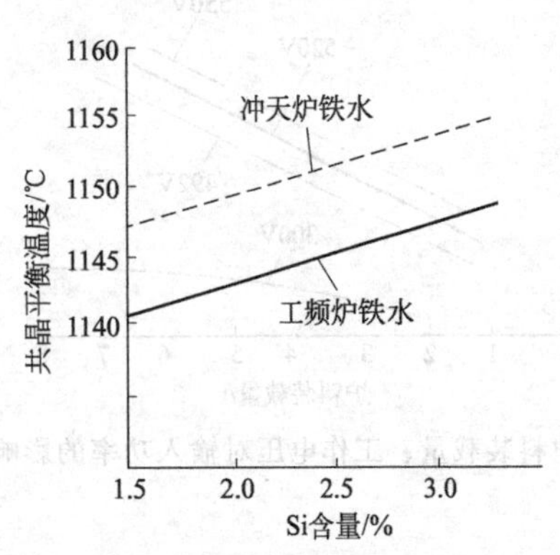

图4-6 工频感应炉铁水和冲天炉铁水的共晶平衡温度

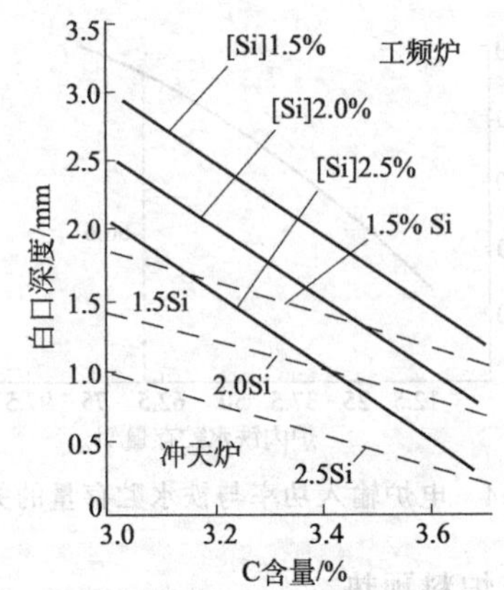

图4-7 工频感应炉铁水和冲天炉铁水的白口深度和碳、硅含量的关系

① 感应电炉铁水有更大的过冷度和更大的白口倾向。由于感应电炉铁水温度高，铁水搅拌激烈，石墨微粒容易熔解而消失，造成形核困难、过冷度增大和白口倾向增加。图4-6和图4-7分别表示两种铁水的共晶温度和白口深度的差异。

② 感应电炉铁水含氮量高，强度高。感应电炉铁水往往过热度高，保温时间长，吸氮量增加。而氮是稳定奥氏体元素，促进珠光体形成。所以同一碳当量的感应电炉铁水具有更高的强度。铁水含氮量与熔炼方式有关，也和废钢加入量有关，如图4-8所示。

③ 感应电炉铁水有更大的体收缩。由于感应电炉铁水纯净度较高，白口倾向大，石墨化能力相对较弱，所以同成分的铁水，感应电炉铁水的体收缩大于冲天炉铁水的体收缩。如图4-9所示。

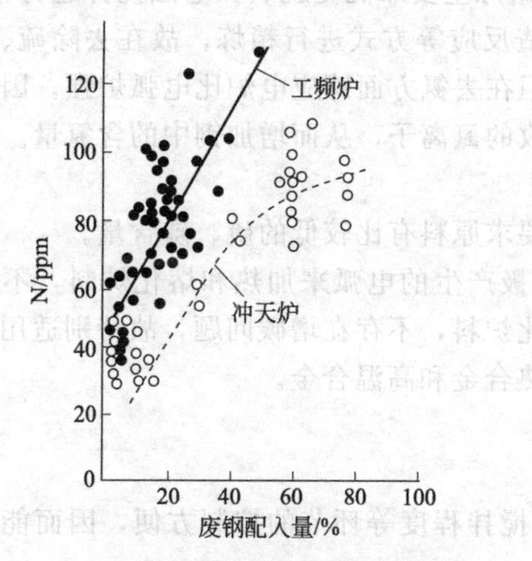

图4-8 感应电炉铁水和冲天炉铁水的含氮量和废钢加入量的关系

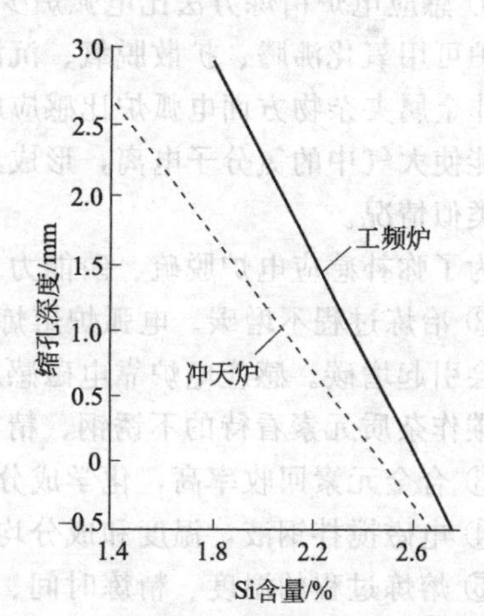

图4-9 感应电炉铁水和冲天炉铁水的体收缩和含硅量的关系

(6) 工频炉熔炼和造型线的配合问题

工频炉的间断出铁和造型线的连续生产是一个矛盾，只有尽可能缩短两次出铁的时间间隔，最大限度地提高小时出铁量才能满足造型线的需要。解决这个问题有两种方案。

① 在炉子容量一定的条件下增加出铁次数，减少出铁率。实践表明，对于3t工频炉的出铁率对总出铁量的影响，如每次出铁2/3，则16.5h出8t铁水，平均生产率0.5t/h，如每次出铁1/2，则17.5h共出铁水10.5t，平均生产率0.6t/h，可见减少出铁率，增加出铁次数，既提高生产率又平衡造型线的生产。

② 用多台小炉子代替大炉子　假设造型线的生产能力为1t/h铁水，化冷料需3h，从第2炉起每化一炉需2h，浇注时间0.5h，则2.5h应供给2.5t铁水。如选择出铁率2/3则需要的炉子容量应该是：

$$2.5\div(2/3)=3.7\text{t}$$

取整数为4t。照此计算，炉子容量至少应等于造型线铁水需要量的4倍。这样处理有两个困难：炉子容量大，运行和维护困难；缺乏生产的灵活性。

另一种解决方案是用多台小炉子和生产线平衡。因为同容量的多台小炉子比一台大炉子能提供更多更均衡的铁水。

对于不连续熔炼，出铁量可占总容量70%～80%。为了充分利用炉子功率在出铁前的大部分时间内应控制铁水温度低于出铁温度100～200℃，这对于减少能耗、延长炉龄、改善铁水冶金特性均有利。

4.1.4 铸钢的感应电炉熔炼

铸钢包括碳素钢、不锈钢、耐热钢以及精密合金等。这些合金熔点高，成分要求严格，宜用中频或高频炉熔炼。不过高频炉容量小，电器可靠性差，正逐渐被中频炉替代，所以铸钢的感应电炉熔炼基本上属中频感应电炉熔炼。

考虑到铸钢要求低硫、磷，熔点高，大多数采用碱性炉而较少采用酸性炉。虽然酸性炉成本低，寿命长，可用于熔炼碳素钢和低合金钢，但相比之下，碱性炉有更大的适应性。

(1) 铸钢的感应电炉熔炼特点

和普通电弧炉炼钢法相比，感应电炉炼钢有以下特点。

① 感应电炉精炼方法比电弧炉少。感应电炉熔炼主要靠沉淀脱氧和电磁搅拌进行精炼，电弧炉可用氧化沸腾、扩散脱氧、沉淀脱氧、钢渣反应等方式进行精炼，故在去除硫、磷、氢及非金属夹杂物方面电弧炉比感应电炉有效。但在去氮方面感应电炉比电弧炉强，因为电弧炉能使大气中的氮分子电离，形成易被钢水吸收的氮离子，从而增加钢中的含氮量。对氧也有类似情况。

为了弥补感应电炉脱硫、磷能力之不足往往要求原料有比较低的硫、磷含量。

② 冶炼过程不增碳。电弧炉熔炼利用石墨电极产生的电弧来加热和熔化炉料，不可避免地会引起增碳。感应电炉靠电磁感应加热和熔化炉料，不存在增碳问题，故特别适用于熔炼以碳作杂质元素看待的不锈钢、精密合金、电热合金和高温合金。

③ 合金元素回收率高，化学成分控制方便。

④ 电磁搅拌钢液，温度和成分均匀。

⑤ 熔炼过程的温度、精炼时间、镇静时间、搅拌程度等环节的控制方便，因而能炼出质量优良的合金。

(2) 碱性坩埚熔炼工艺

1）装料　装料前首先在坍埸底部装入占炉料质量2%～5%底渣，底渣成分70%～80%石灰，20%～30%萤石，使熔化的钢液始终处于碱性渣的覆盖之下，保护元素不被氧化。高碱度炉渣还有脱硫作用。

为了加快熔化速度，提高电效率，坩埚底部和中部炉料要紧密堆放，但上部炉料要求堆放松散，以免熔化过程搭桥。炉料堆放按熔点、密度及炉内温度分布情况决定。底部为低温区应装易熔炉料，如高、中碳钢料，电解镍、铜、高碳铬铁，电解锰等。中部为高温区应堆放难熔炉料，如钨铁、钼铁、低碳及微碳铬铁、工业纯铁等。上部为最低温区主要装钢料。

采用返回料熔炼时大块料装在中、下部，小块料放在大块料之间。碎末料待形成熔池后陆续加入。

料块尺寸原则上是密度大的难熔炉料用小块料，密度轻的易熔炉料用稍大块料。

2）熔化　装料结束后送电熔化，尽快提高熔化速度以减少氧化和元素烧损。熔化期内的氧化反应如下。

① 碳、硅、锰的氧化。大气中的氧直接氧化，其化学反应式与式（4-11）相同。

炉渣中的（FeO）间接氧化

$$[C]+(FeO)=\!=\!=[Fe]+CO\uparrow \tag{4-14}$$

$$\left.\begin{array}{l}[Si]+2(FeO)=\!=\!=(SiO_2)+2[Fe]\\ [Si]+2(MnO)=\!=\!=(SiO_2)+2[Mn]\end{array}\right\} \tag{4-15}$$

$$[Mn]+(FeO)=\!=\!=(MnO)+[Fe] \tag{4-16}$$

钢液中的氧直接氧化

$$[C]+[O]═══CO\uparrow \quad (4\text{-}17)$$

$$[Si]+2[O]═══(SiO_2) \quad (4\text{-}18)$$

$$[Mn]+[O]═══(MnO) \quad (4\text{-}19)$$

由式（4-15）和式（4-18）可知，在熔化期内保持一定量的硅对降低钢中的氧是有利的，通常保持钢液含硅量0.3%～0.5%。

锰的氧化为放热反应，随温度上升而减弱，所以锰主要在熔化期内烧损，温度达到熔点以上，锰的氧化基本停止。此外，提高炉渣碱度也会减少锰的氧化，因为（MnO）进入炉渣后发生下列反应：

$$(MnO)+(SiO_2)═══(MnO \cdot SiO_2) \quad (4\text{-}20)$$

提高碱度CaO浓度增加，（$MnO \cdot SiO_2$）受破坏：

$$(MnO \cdot SiO_2)+(CaO)═══(CaO \cdot SiO_2)+(MnO) \quad (4\text{-}21)$$

随着渣中（MnO）浓度增加，式（4-16）和式（4-19）等反应放慢或停止，锰的氧化将减少。

② 铬氧化。当炉料中有铬时大气中的氧直接将铬氧化：

$$\left.\begin{aligned} &Cr<9\% \quad 则\frac{4}{3}[Cr]+O_2=\frac{2}{3}(Cr_2O_3) \\ &Cr>9\% \quad 则3[Cr]+2O_2=(Cr_3O_4) \end{aligned}\right\} \quad (4\text{-}22)$$

炉渣中的（FeO）间接氧化：

$$\left.\begin{aligned} &\frac{4}{3}[Cr]+2(FeO)=2[Fe]+\frac{2}{3}(Cr_2O_3) \\ &3[Cr]+4(FeO)=2[Fe]+(Cr_3O_4) \end{aligned}\right\} \quad (4\text{-}23)$$

钢液中的［O］直接氧化：

$$2[Cr]+3[O]=(Cr_2O_3) \quad (4\text{-}24)$$

形成的Cr_2O_3、Cr_3O_4大部进入炉渣，极微量残留在钢液内成为非金属夹杂物。进入沪渣的氧化铬和FeO、Al_2O_3形成高熔点尖晶石型化合物$Cr_2O_3 \cdot FeO$、$Cr_2O_3 \cdot Al_2O_3$、使炉渣黏度增加，流动性降低，覆盖性下降。应不断用硅铁粉、硅钙粉脱氧以降低Cr_2O_3、Cr_3O_4含量，提高炉渣流动性，更好地把钢液和大气隔开，减少大气对钢液的污染。

3）精炼　熔化结束后加锰、硅进行预脱氧，取样分析，此后熔炼进入精炼期。

精炼的任务是，①最大限度地消除钢中的氧和非金属夹杂物；②把因氧化进入炉渣中的合金元素还原出来，提高合金回收率；③调整成分到产品要求范围；④把温度升到出钢温度。

为了达到①、②任务，需要对钢液进行扩散脱氧和沉淀脱氧。

Ⅰ. 扩散脱氧。扩散脱氧的原理是分配定律。能同时溶解于炉渣和钢液中的氧，当温度一定时存在以下平衡关系：

$$(FeO)═══[Fe]+[O] \quad (4\text{-}25)$$

此时氧在钢液和炉渣中的浓度比等于常数，即

$$L_0=\frac{a_{[O]}}{a_{(FeO)}}=\frac{f_O[\%O]}{f_{FeO}(\%FeO)} \quad (4\text{-}26)$$

式中　L_0——分配系数，平衡时为常数；

$a_{[O]}$——钢液中氧的活度；

$a_{(FeO)}$——炉渣中FeO的活度；

f_O、f_{FeO}——分别是氧和FeO的活度系数；

$[\%O]$——钢液中氧的浓度；

$(\%FeO)$——炉渣中 FeO 的浓度。

当钢液中的溶解氧含量不高时 $f_O=1$，则钢中的平衡氧量为

$$[\%O]=L_O a_{(FeO)} \tag{4-27}$$

扩散脱氧前钢液中的实际含氧量必然大于平衡氧量，即

$$[\%O]_{实际}>[\%O]_{平衡}$$

或

$$[\%O]_{实际}>L_0 a_{(FeO)}$$

$$[\%O]_{实际}>L_0 f_{(FeO)}(\%FeO)$$

于是钢液中的溶解氧或［Feo］会自动地从钢液内扩散到钢渣界面并进入炉渣内。氧的这种扩散一直进行到平衡为止，即 $[\%O]_{实际}=L_O a_{(FeO)}$

往炉渣中加入粉状脱氧剂将打破氧的分配平衡关系，使钢中的氧不断向炉渣扩散从而降低钢中的含氧量。

脱氧剂中含有石墨碳、硅、铝、钙等，加入炉渣后即把 FeO 还原，降低渣中的(FeO)：

$$\left.\begin{aligned}&C_{石墨}+(FeO)=[Fe]+CO\uparrow\\&Al_{液}+3(FeO)=3[Fe]+(Al_2O_3)\\&Si_{液}+2(FeO)=2[Fe]+(SiO_2)\\&Ca_{液}+(FeO)=[Fe]+(CaO)\end{aligned}\right\} \tag{4-28}$$

扩散脱氧剂的选择以不影响钢液成分和成本低廉为原则，常用的脱氧剂列于表 4-3。

表 4-3　扩散脱氧剂

脱氧剂名称	适用范围和钢种	用量/%
铝石灰、铝粉	≤0.05%C，≤0.2%Si 高温合金、精密合金、低硅钢	Al-CaO0.4～0.6 Al 粉 0.3～0.4
硅钙粉、硅铁粉	Si>0.5% Ni-Cr 及 Cr 不锈钢、合金钢、碳素钢	Si-CaO.2～0.4 Fe-Si0.3～0.5
碳粉、CaC_2	C>0.5% 合金工具钢、模具钢、高碳钢等	C0.2～0.4 $CaC_2$0.2～0.4

扩散脱氧时间随炉子大小而定，500～1000kg 炉子扩散脱氧时间约 15～30min。

为了提高脱氧速度，缩短精炼时间，在扩散脱氧的同时可进行沉淀脱氧。

Ⅱ. 沉淀脱氧。沉淀脱氧是向钢液中加入对氧亲相力大于铁和镍的元素，以便形成不溶于钢液的氧化物，该氧化物靠浮力排出，达到降低钢中含氧量的目的。

在纯铁液中进行沉淀脱氧时发生反应：

$$x[Me]+y[O]=Me_xO_y \tag{4-29}$$

式中　$[Me]$——溶于铁液的脱氧元素；

$[O]$——铁液中溶解的氧浓度。

式 (4-29) 的平衡常数：

$$k=\frac{a_{Me_xO_y}}{a_{[Me]}^x a_{[O]}^y} \tag{4-30}$$

当脱氧产物为纯氧化物时 $a_{MexO_y}=1$，于是，

$$k=\frac{1}{a_{[\mathrm{Me}]}^{x}a_{[\mathrm{O}]}^{y}}$$

或

$$m=a_{[\mathrm{Me}]}^{x}a_{[\mathrm{O}]}^{y}=[\%\mathrm{Me}]^{x}f_{\mathrm{Me}}^{x}[\%\mathrm{O}]^{y}f_{\mathrm{O}}^{y} \tag{4-31}$$

式中　m——脱氧常数，等于脱氧反应达到平衡时脱氧元素的活度和氧的活度的乘积，也等于平衡常数的倒数；

$a_{[\mathrm{O}]}$、$a_{[\mathrm{Me}]}$——分别代表氧及脱氧元素在平衡时的活度；

$[\%\mathrm{O}]$、$[\%\mathrm{Me}]$——氧及脱氧元素的浓度百分数；

f_{O}、f_{Me}——氧及脱氧元素的活度系数。

沉淀脱氧后铁液中的氧及脱氧元素的残余量都很低，可视为理想溶液，于是 f_{O} 和 f_{Me} 均等于 1。式（4-31）可改写为：

$$m=[\%\mathrm{Me}]^{x}[\%\mathrm{O}]^{y} \tag{4-32}$$

由此得到沉淀脱氧后的钢液含氧量

$$[\%\mathrm{O}]=\left[\frac{m}{[\%\mathrm{Me}]^{x}}\right]^{1/y} \tag{4-33}$$

再根据 m 和 T 的关系可得

$$\lg m=-\frac{A}{T}+B \tag{4-34}$$

式中　A、B——分别为与反应有关的常数；

T——温度。

利用 m 和 $[\%\mathrm{Me}]$ 值可计算出钢液含氧量 $[\%\mathrm{O}]$。表 4-4 列出 1600℃铁液加入 0.1% 脱氧元素的平衡含氧量。平衡含氧量越低表示脱氧元素的脱氧能力越强。按表中数据得出脱氧元素在铁液中的脱氧能力强弱次序为：Ba、Ca、Be、Ce（三价）、La、Mg、Zr、Ce（四价）、Al、Ti、B、C、Si、Mn。

表 4-4　1600℃铁液中元素的脱氧能力

脱氧元素及产物	铁液中的平衡氧$[\%\mathrm{O}]$/%	脱氧元素及产物	铁液中的平衡氧$[\%\mathrm{O}]$/%
$\mathrm{Ba}_{液}\longrightarrow\mathrm{BaO}_{固}$	1.98×10^{-9}	$\mathrm{Ce}_{液}\longrightarrow\mathrm{CeO}_{2固}$	3.16×10^{-4}
$\mathrm{Ca}_{气}\longrightarrow\mathrm{CaO}_{固}$	3.48×10^{-8}	$\mathrm{Al}_{液}\longrightarrow\mathrm{Al_2O}_{3固}$	3.55×10^{-4}
$\mathrm{Be}_{液}\longrightarrow\mathrm{BeO}_{固}$	5.5×10^{-7}	$\mathrm{Ti}_{液}\longrightarrow\mathrm{TiO}_{2固}$	2.24×10^{-3}
Ce 液$\longrightarrow\mathrm{Ce_2O}_{3固}$	1.38×10^{-6}	$\mathrm{B}_{液}\longrightarrow\mathrm{B_2O}_{3固}$	2.09×10^{-2}
$\mathrm{La}_{液}\longrightarrow\mathrm{La_2O}_{3固}$	2.11×10^{-6}	$\mathrm{C}_{固}\longrightarrow\mathrm{CO}_{气}$	2.50×10^{-2}
$\mathrm{Mg}_{气}\longrightarrow\mathrm{MgO}_{固}$	3.14×10^{-6}	$\mathrm{Si}_{液}\longrightarrow\mathrm{SiO}_{2固}$	5.30×10^{-2}
$\mathrm{Zr}_{液}\longrightarrow\mathrm{ZrO}_{3固}$	3.75×10^{-5}	$\mathrm{Mn}_{液}\longrightarrow\mathrm{MnO}_{固}$	7.37×10^{-1}

由于铁对氧比镍对氧的亲和力强，故上述元素在镍中的脱氧效果应该更好。

常用的沉淀脱氧剂大致分五类（表 4-5）：

a. 纯金属脱氧剂：品值在 95%以上的铝、镧、铈、硅、锰及混合稀土，多用于终脱氧及预脱氧。如要求同时去氧脱硫，可选用稀土。

b. 镍基脱氧剂：用于高温合金及精密合金的脱氧。

c. 铝基脱氧剂：有很强的脱氧能力，适用于非真空冶炼的脱氧。

d. 硅-锰基脱氧剂：脱氧能力较弱，多用于预脱氧。

e. 硅-钙基脱氧剂：具有较弱的脱氧能力和良好的脱氧效果，可改变夹杂物形态。

表 4-5　炼钢用沉淀脱氧剂分类

类型	脱氧剂	成分/%
纯金属	Al	>98Al
	Si	>98Si
	Mn	≥98Mn
	Ce	≥95Ce
	La	≥95La
	混合稀土	≥95RE
镍基	Ni-B	1～5Al,10～20B,余 Ni
	Ni-Mg	20Mg,余 Ni
	Ni-Zr	70Zr,余 Ni
铝基	Al-Ca	70～75Al,25～28Ca
	Al-Mg	85～90Al,10～25Mg
	Al-Zr	90～95Al,5～10Zr
硅-锰基	Si-Mn-Al	5Al,15Mn,25Si
	Si-Mn-Ca	15～20Ca,14～18Mn,50～60Si
	Si-Mn-Ca-Al	20Al,11～23Ca,8～18Mn,21～27Si
硅-钙基	Si-Ca-Al	10～40Al,15～30Ca,35～55Si
	Si-Ca-Ba	14～18Ba,15～20Ca,55～60Si
	Si-Ca-稀土	25～30Ca,30～35Si,8～10RE
	Si-Ca-Ba Al-RE	20Al,50Si,10Ba,10Ca,5～7RE

4.2　铸铁的冲天炉熔炼

冲天炉熔炼是铸铁熔炼的主要方法之一。对冲天炉熔炼的基本要求是优质（铁液）、低耗、长寿与操作便利四个方面。冲天炉的基本结构如图 4-10 所示，主要包括炉体与前炉、烟囱与除尘装置、风机及送风系统等几个部分。

冲天炉熔炼的基本过程包括炉料的预热、熔化、过热及贮存，这些均在冲天炉的炉身内完成。空气经鼓风机升压后送入风箱，然后均匀地由各风口进入炉内，与底焦层中的焦炭进行燃烧产生大量的热量和气体产物——炉气（如 CO_2、CO、N_2、CO 等）。这些热量通过炉气和炽热的焦炭传给金属和炉料达到熔炼的目的，另外还有 60%左右的热量传给炉衬、炉渣或由炉气带入大气。料柱中的炉料（金属炉料、焦炭、熔剂等）被上升的热炉气加热，温度由室温逐渐升高到 1200℃左右，即完成了预热阶段。金属炉料在此时被炉气继续加热，由固体块料熔化成为同温度的液滴，即为熔化阶段。1200℃左右的液滴下落过程中，继续从炉气和炽热的焦炭表面吸收热量，温度上升到 1500℃以上，称之为过热阶段。高温的液滴在炉底汇集然后分离，炉渣与铁水分别由出渣口和出铁口放出，完成金属炉料由固体到一定温度铁水的熔化过程。在熔化过程中，金属与炉气、焦炭、炉渣之间发生了一系列的化学反应，致使铁水成分与入炉金属料有显著的区别，称之为冶金反应过程。

总之，冲天炉熔炼过程主要包括燃烧过程、热交换过程和冶金反应过程三个部分，此外还有气体运动、炉渣形成及炉衬浸蚀等过程。上述这些过程都是在高温下连续进行的，而且各过程之间又相互影响和制约。

4.2.1　冲天炉的燃烧过程原理

（1）焦炭的燃烧反应

在冲天炉内，焦炭由两大部分组成，其一是底焦，即炉底以上 1～2m 厚的焦炭层，另一部分为层焦，它与金属炉料及熔剂分批分层加入炉内。开始送风后，空气经风口进入炉内只与底焦层中的焦炭发生燃烧反应，而层焦只处于预热、干燥及挥发物排出过程，而未发生燃烧反应。层焦与底焦层接触后，一方面补充底焦，另一方面也开始发生燃烧反应。

在底焦层内，根据燃烧方式不同分为氧化带及还原带，如图 4-10 所示。

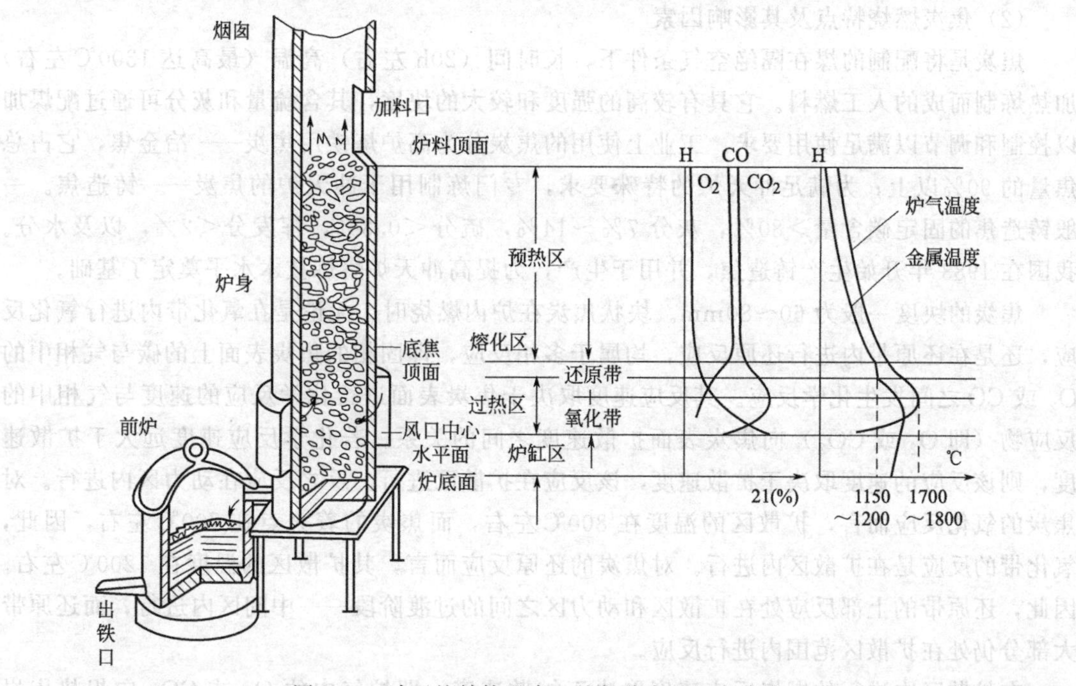

图 4-10 冲天炉结构示意、炉气分布及温度曲线

氧化带的燃烧反应：氧化带即风口平面至入炉空气中氧消耗到 1% 的区间。当空气由风口进入炉内时，即与炽热的焦炭中的碳发生完全燃烧反应，即

$$C + O_2 = CO_2 + 408841 J/mol \quad (4\text{-}35)$$

在氧量较少的部位，发生不完全燃烧反应，即

$$2C + O_2 = 2CO_2 + 123218 J/mol \quad (4\text{-}36)$$

当不完全燃烧反应的产物 CO 与炉气中的氧接触时，即发生二次燃烧反应

$$2CO + O_2 = 2CO_2 + 285623 J/mol \quad (4\text{-}37)$$

因此，在氧化带内，由于炉气中有自由氧存在，焦炭中的碳与炉气中的氧直接或间接地发生反应，其结果是产生大量的热量，使得焦块和炉气的温度急剧上升到 1800℃左右，甚至更高。与此同时，焦炭大量地被消耗；炉气中的氧含量由入炉空气含量 21%，降到因化学反应平衡及热分解反应所限制的氧含量 1% 左右；而炉气中的 CO_2 则由燃烧反应形成，由 0% 升到 20% 左右，此时炉气带着大量的热量向上运动，进入还原带。

还原带的燃烧反应：还原带即从氧化带顶面开始，到炉气中 CO_2 降低基本停止的区间。出于氧化带上升的炉气温度高，炉气中的 CO_2 与焦炭中的碳发生还原反应，即

$$CO_2 + C = 2CO - 162406 J/mol \quad (4\text{-}38)$$

式 (4-38) 是吸热反应，它从炉气中吸收大量的热量，使炉气温度急剧下降。炉气中的 CO_2 随还原反应的进行而减少，与此同时炉气中的 CO 随之上升。当炉气温度下降到 1200℃左右时．还原反应基本停止。炉气继续上升时，其温度因炉料吸热而不断下降，但炉气中的

CO_2 和 CO 含量不会发生明显的变化，燃烧反应基本结束。

由图 4-10 所示的冲天炉的炉气分布及温度曲线可知：冲天炉内的焦炭燃烧，是在底焦层内的氧化带和还原带内进行，实质上是焦炭中的碳与入炉空气中的氧之间的反应。底焦燃烧所消耗的焦炭由层焦补充，以维持底焦内的燃烧反应能继续进行。

（2）焦炭燃烧特点及其影响因素

焦炭是将配制的煤在隔绝空气条件下，长时间（20h 左右）高温（最高达 1300℃左右）加热炼制而成的人工燃料。它具有较高的强度和较大的块度，其含硫量和灰分可通过配煤加以控制和调节以满足使用要求。工业上使用的焦炭分为高炉炼铁用焦炭——冶金焦，它占总焦量的 90%以上；为满足冲天炉的特殊要求，专门炼制用于冲天炉的焦炭——铸造焦。一般铸造焦的固定碳含量＞80%，灰分 7%～14%，硫分＜0.8%，挥发分＜2%，以及水分。我国在 1983 年开始生产铸造焦，并用于生产，为提高冲天炉熔炼技术水平奠定了基础。

焦炭的块度一般为 60～80mm。块状焦炭在炉内燃烧时，无论是在氧化带内进行氧化反应，还是在还原带内进行还原反应，均属于多相反应，即固相的焦炭表面上的碳与气相中的 O_2 或 CO 之间发生化学反应。其反应速度取决于焦炭表面进行化学反应的速度与气相中的反应物（即 O_2 或 CO_2）向焦炭表面扩散速度之间的关系。若化学反应速度远大于扩散速度，则该反应的速度取决于扩散速度，该反应在扩散区进行。反之反应在动力区内进行。对焦炭的氧化反应而言，扩散区的温度在 800℃左右，而焦炭的着火点在 700℃左右，因此，氧化带的反应是在扩散区内进行。对焦炭的还原反应而言，其扩散区的温度在 1200℃左右。因此，还原带的上部反应处在扩散区和动力区之间的过渡阶段——中间区内进行，而还原带大部分仍处在扩散区范围内进行反应。

在扩散区内进行的燃烧反应速度取决于扩散速度，即炉气中的 O_2 或 CO_2 向炽热焦炭表面附面层的扩散速度（如图 4-11 所示），所以附面层厚度 δ 便是影响其扩散速度的制约因素。其关系如式：

$$\delta=\frac{c}{\sqrt{Re}} \tag{4-39}$$

$$Re=\frac{vd\rho}{\eta}$$

式中 Re——雷诺数；

c——常数，受气体种类、成分等因素影响；

v——气流速度，m/s；

d——流道当量直径，m；

ρ——气体密度，kg/m^3；

η——气体内摩擦系数，即动力黏度，Pa·s。

由式（4-39）可知，减少附面层厚度的关键是增大雷诺系数 Re 或提高气体流速 v。因此，增大送风量对提高焦炭燃烧速度是有利的。应该注意的是，此处仅从气体流动特性来分析附面层的影响因素，而在实际燃烧条件下，焦炭灰分的多少及性质等还会影响附面层的厚度，故增加送风量往往只能在一定范围内有效。

影响冲天炉内焦炭燃烧过程的因素，主要是送入炉内空气的数量和质量（即温度、含氧量等），焦炭的质量（即灰分、块度等），分述如下。

1）焦炭质量的影响 焦炭灰分含量不仅影响焦炭中固定碳含量及发热值大小，而且影

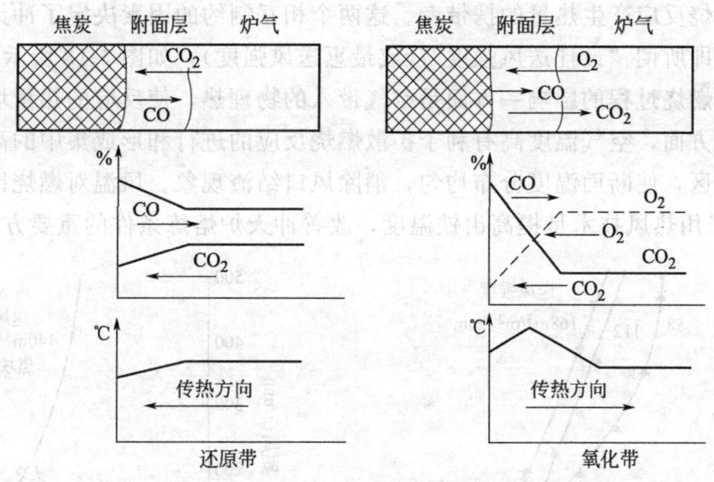

图 4-11　燃烧的焦炭表面的气体及传热示意图

响焦炭的燃烧速度，因此，灰分成为铸造焦品质的主要指标之一，它具体反映在燃烧区的最高温度和温度分布曲线及气体分布曲线上，如图 4-12 所示。此外，焦炭的灰分含量还影响熔剂加入量和炉渣的排放量，因而也影响冲天炉的焦耗。

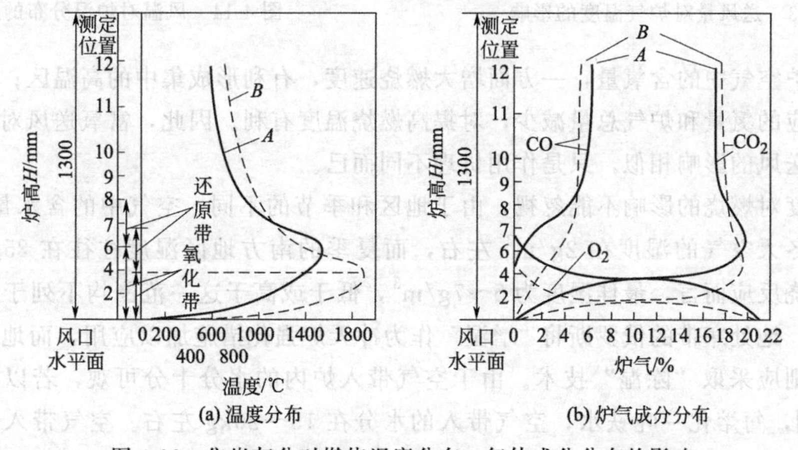

图 4-12　焦炭灰分对燃烧温度分布、气体成分分布的影响

A—灰分 10.77%，固定碳 84.7%；B—灰分 0.71%，固定碳 94.3%

焦炭块度也是影响燃烧过程的另一个因素，块度大小决定燃料的反应面积，故对燃烧区间大小和燃烧温度均有明显影响，一般随焦炭块度增大，氧化带扩大，燃烧温度增高。

焦炭的强度是焦炭质量又一重要指标，焦炭投入冲天炉时，受冲击而破碎的可能性很大。焦炭的强度还影响底焦层内实际燃烧的焦炭块度大小，因此，通常将强度与块度一并考虑。大量实践表明，焦炭强度对冲天炉熔炼过程的影响十分显著。

焦炭质量除上述方面外，还有反应能力（即焦炭与 CO_2 进行还原反应的高低）、气孔率及气孔形态特征、灰分的组成（特别是低熔点组分）等对冲天炉的焦炭燃烧均有一定的影响。

2）空气对燃烧过程的影响　送入炉内的空气量对燃烧过程的影响尤为突出，送风量大小用送风强度来衡量，即每分钟炉膛断面积每平方米所送入的空气量，单位是 $m^3/(m^2 \cdot min)$。因为空气中的氧是燃烧反应物之一，它一方面影响燃烧反应的速度，另一方面反应所形成的炉气又是燃烧反应产生热量的携带者。这两个相互制约的因素决定了冲天炉有一个最佳送风量的范围，即所谓“最佳送风强度”（或最惠送风强度），如图 4-13 所示。

空气温度对燃烧过程的影响一方面是空气带入的物理热，使反应的热量增大，从而提高燃烧温度。另一方面，空气温度高有利于扩散燃烧反应的进行和形成集中的高温区，并且减少风口前的低温区，使断面温度分布均匀，消除风口结渣现象。风温对燃烧区温度的影响如图 4-14 所示。采用热风技术是提高出铁温度，改善冲天炉熔炼条件的重要方法之一。

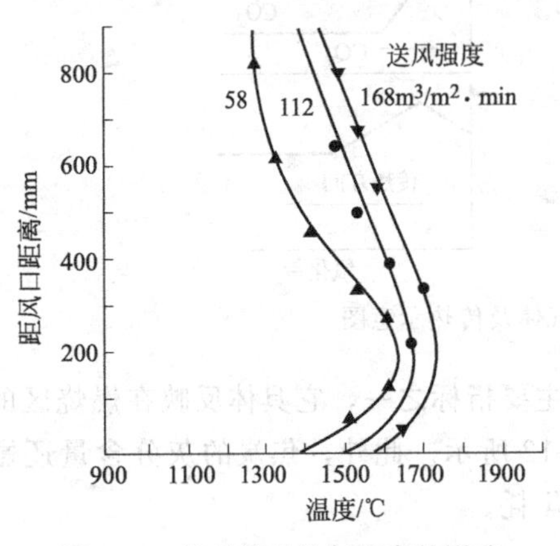

图 4-13　送风量对炉气温度的影响

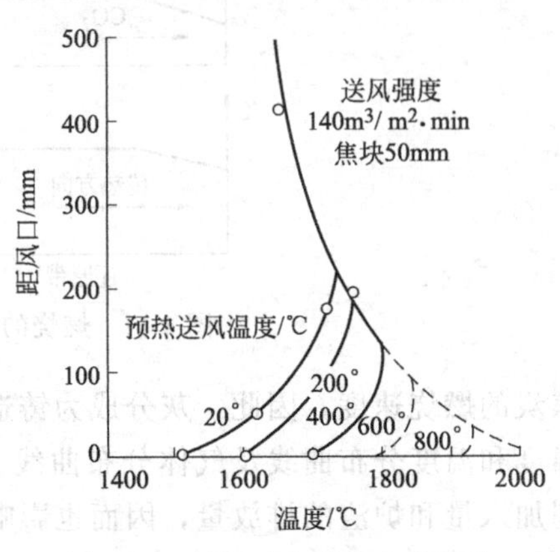

图 4-14　风温对炉温分布的影响

提高入炉空气中的含氧量，一方面增大燃烧速度，有利形成集中的高温区；另一方面不参加燃烧反应的氮量和炉气总量减少，对提高燃烧温度有利。因此，富氧送风对燃烧过程的影响与预热送风的影响相似，只是作用机理不同而已。

送风湿度对燃烧的影响不能忽视，由于地区和季节的不同，空气中的含水量差异极大。如东北地区冬天空气的湿度在 $2g/m^3$ 左右，而夏季的南方地区湿度往往在 $25g/m^3$ 以上。对于碳的燃烧反应而言，最佳湿度为 $5\sim7g/m^3$，低于或高于这一范围均不列于燃烧反应的进行。因此，地处寒带的俄罗斯将“增湿”作为冲天炉强化措施加以应用，而地处我国南方及沿海地区则应采取“除湿”技术。由于空气带入炉内的水分十分可观，若以空气湿度为 $25g/m^3$ 为例，每熔化一吨铁水，空气带入的水分在 15～20kg 左右。空气带入的水在高温条件下与碳发生水煤气反应：

$$C+H_2O═══CO+H_2-130720J/mol \tag{4-40}$$

式（4-40）的反应为强烈的吸热反应，严重降低燃烧温度，而所产生的 H_2 使铁水的含氢量增加。若其中一部分水分进入还原区内，则增加还原带的焦炭耗损。总之，过高的空气湿度对燃烧过程带来严重的影响，而且恶化铁水质量。20 世纪 70 年代以来除温技术在地处热带或海洋性气候的地区得到应用。

衡量冲天炉熔炼效果的主要技术指标是铁水温度和小时熔化率，而能够调节燃烧过程的一般因素是焦炭消耗量和送风强度，它们之间的关系可以用冲天炉网络图表示，如图 4-15 所示。根据冲天炉网络图可以找到与一定出铁温度和熔化率对应的送风强度和焦耗。

（3）冲天炉内焦炭的燃烧计算

由于冲天炉内燃烧情况特殊，所以它的燃烧计算与一般加热炉的燃烧计算有显著区别，但计算的目的都是为了操作控制，为设备设计等提供相关依据。

焦炭的主要成分为固定碳 70%～95%，硫 0.3%～1.5%，灰分 2.5%～3%，挥发物

0.3%～2.0%。另外，水分含量因运输、贮存条件不同而变化，其含量为 3%～15%。冲天炉内焦炭的燃烧在底焦内进行，层焦自加料口投入炉内、经预热区约半小时的高温气流的加热后到达底焦时，其水分和挥发物已完全排出，硫也大部分排除，故降到底焦时只存在固定碳和灰分，其他组分甚微。所以在燃烧计算时，只需对碳进行计算，这是冲天炉燃烧计算与其他燃烧计算的主要区别。

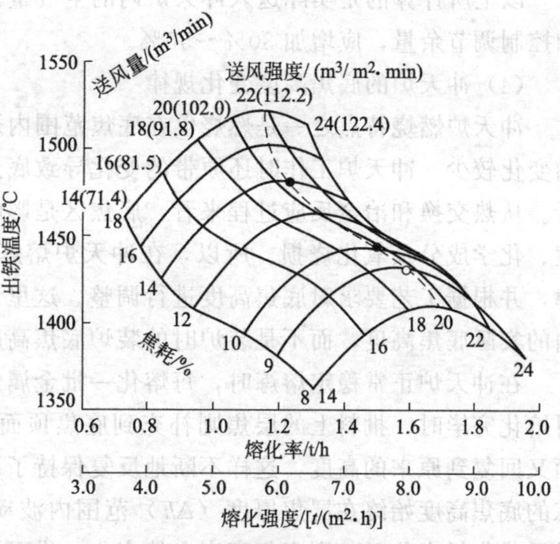

图 4-15　送风强度、焦耗、熔化温度、出炉温度之间的关系

空气的主要成分是氧和氮，忽略其他微量气体，按体积百分数 $O_2=21\%$、$N_2=79\%$进行工业燃烧计算。由于空气为可压缩气体，其体积因压力和温度变化而变化，为了便于计算，均以标准状态的空气量为准（即 0℃，1atm）。这样计算的结果，足以满足误差要求，具体应用时再以实际状态进行换算。

燃烧计算按化学反应式进行，以求出燃烧时所需的空气量、气体产物量及其体积百分含量。完全燃烧的反应式为：

$$C+O_2 = CO_2$$

按此式计算得到每 kg 碳完全燃烧需要的氧为 1.87m³，相应的空气量为 8.9m³，气体燃烧产物为 8.9m³，CO_2 在产物中的体积百分含量为 21%。同理可求出不完全燃烧（即 $2C+O_2=2CO$）时，每 kg 碳需要的氧为 0.935m³，需要的空气量为 4.45m³，气体燃烧产物量为 5.39m³，CO 在产物中的体积百分含量为 34.7%。

实际上冲天炉内的焦炭并非完全燃烧，这种不完全燃烧也是冶金过程的需要。冲天炉燃烧的完全程度可用燃烧系数 η_V 表示，即

$$\eta_V=\frac{CO_2}{CO_2+CO}\times 100\% \tag{4-41}$$

式中　CO_2、CO——冲天炉炉气中的 CO_2 和 CO 的体积百分含量。

若进行完全燃烧时，炉气中的 $CO_2=21\%$，$CO=0\%$，$\eta_V=100\%$；若进行不完全燃烧时，炉气中的 $CO_2=0\%$，$CO=34.7\%$，$\eta_V=0\%$。通常，冲天炉的 $\eta_V=40\%\sim80\%$。

当求得 η_V 之后，即知道冲天炉内焦炭进行完全燃烧所占的分量为 η_V，而不完全燃烧所占的分量为 $(1-\eta_V)$。

实际燃烧 1kg 碳所需的空气量由下式求出

$$V=8.9\eta_V+4.45(1-\eta_V)=4.45(1+\eta_V)\,\mathrm{m^3/kg(C)} \tag{4-42}$$

由此可进一步求出冲天炉的空气需要量。

$$W=Q\times(1000/60)RKV=74.2QRK(1+\eta_V)\,\mathrm{m^3/min} \tag{4-43}$$

式中　Q——冲天炉的熔化率，t/h；

R——冲天炉的焦耗，即每 100kg 金属炉料所消耗的焦炭量；

K——焦炭中固定碳的含量，%。

以上所计算的是实际送入冲天炉内的空气量。在鼓风机选型时，考虑到送风系统的漏损和控制调节余量，应增加 30%～50%。

(4) 冲天炉的底焦高度变化规律

冲天炉燃烧特点之一是燃烧仅在底焦范围内进行，其二是它有还原带存在，而且氧化带的变化较少。冲天炉工作时还原带的变化导致底焦高度的变化，因此，必须对它做进一步分析。从热交换和冶金反应过程来看，底焦区是影响最激烈的区间，它直接影响铁水的出炉温度、化学成分及氧化烧损。所以，在冲天炉熔炼过程中，必须严格按照底焦高度的变化规律，并根据工艺要求对底焦高度进行调整。这里讨论的“底焦高度”是冲天炉熔炼过程中炉内的实际底焦高度，而不是装炉时的装炉底焦高度。

在冲天炉正常稳定熔炼时，每熔化一批金属炉料底焦高度因燃烧而降低（Δh），当这批料熔化完毕时，批料上的层焦则补充到底焦顶面。若层焦的厚度正好为（Δh）时，底焦顶面又回复到原来的高度，这样不断地反复保持了冲天炉稳定正常的连续熔炼。因此，正常熔炼的底焦高度始终在层焦厚度（Δh）范围内波动，其平均底焦高度稳定不变。当冲天炉送风量或焦耗变化时，则底焦高度必然变化，进而使熔炼过程相应变化。

当送风量、焦耗、焦炭质量等因素不变时，底焦中的氧化带和还原带的高度均不变；此时底焦高度也稳定不变。当上述因素发生波动时，氧化带的高度一般很少变化（只有在超出正常范围时才有较明显的变化），因此可以视为不变。所以主要是还原带高度变化导致底焦高度变化，具体分述如下。

若风量不变、层焦用量增加时（即焦耗增大），原来熔化一批金属炉料消耗的底焦少于补充的层焦，使底焦高度上升，但这样并不会造成底焦高度无限升高，经过 3～5 批料后，底焦高度会在一个新的高度上稳定下来，原因是层焦增多会使还原带增高，并使还原反应更充分，造成 CO_2 含量降低，CO 含量升高，燃烧系数（η_V）下降，由式（4-42）可知，η_V 下降将使每 kg 焦炭燃烧所需的空气量减少，因此当送风量不变时，单位时间消耗的焦炭量必然增加，这样经过 3～5 批料的熔炼过渡，底焦高度就会在新的高度上稳定下来。反之，当层焦量减少时，底焦高度会逐渐下降，经过 3～5 批料后，底焦高度也会在某个较低的高度上稳定下来。所以通过改变层焦加入量可以调整底焦高度，并控制和调整熔炼过程。焦耗对实际底焦高度的影响如图 4-16 所示。

冲天炉焦耗不变时，如果送风量变化也会造成底焦高度的变化。当送风量增加时，燃烧速度加快，熔化一批料所消耗的底焦量增多，若层焦量不变时，必然造成底焦高度会逐渐下降，使还原带范围缩短，还原反应不充分，因此炉气中的 CO_2 上升，CO 下降，从而使燃烧系数（η_V）和每 kg 焦炭燃烧所需的空气量随之增大，通过 3～5 批料的过渡以后，增加送风量所燃烧的焦炭量与补充的层焦量相等，底焦高度就会重新在某个较低的高度上稳定下来。反之，当送风量减少时，由于消耗的底焦量少于层焦补充量，底焦高度就会逐渐升高，每 kg 焦炭燃烧所需的空气量也随之逐渐减少，通过 3～5 批料过渡后，底焦便在某个较高的高度上稳定下来。因此，可以应用底焦高度自动平衡的原理，通过调节送风量对冲天炉的熔炼过程进行控制，以适应生产的需要。送风量对实际底焦高度的影响，如图 4-17 所示。

应该看到，调节焦耗和送风量是有限度的，因为底焦高度自平衡过程是依赖还原带高度的变化来实现的。当底焦高度过低，使还原带高度减少到零时，这种平衡过程就无法再进行，冲天炉的熔炼过程就无法继续进行下去，生产中若出现这种情况时，必须立即打炉，否则会出现冻炉或发渣等严重事故。另一种情况是当焦耗过高而风量又不足时，可能出现底焦

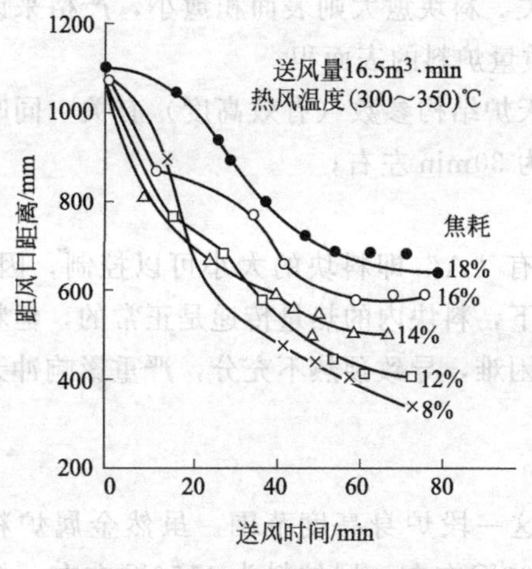

图 4-16　焦耗与底焦高度的变化

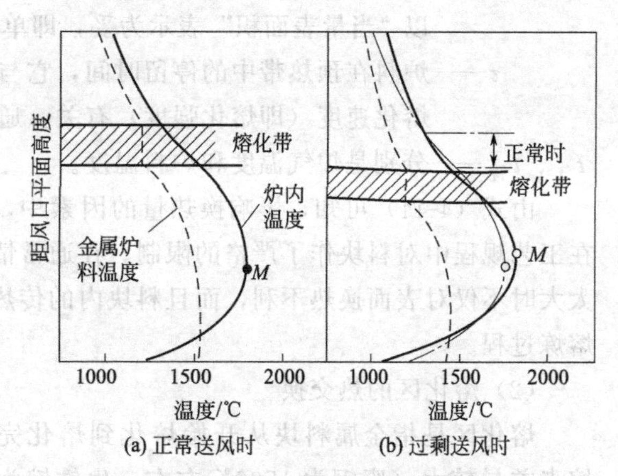

图 4-17　正常送风与过剩送风时的温度分布对比

高度太高，使得还原带上部的温度低于还原反应的温度（1200℃）的情况，这时底焦顶面以上的金属炉料无法熔化，冲天炉的熔炼过程便出现暂时中断现象。

利用这一原理，当冲天炉所熔炼的铸铁牌号需要变更时，往往在两种炉料之间有意识地多加一些焦炭（为层焦量的 2～3 倍）。这部分焦炭称为“隔离焦”或“隔焦”，其目的就是有意造成冲天炉熔化过程短期中断，避免出现“混料”，造成铁水化学成分难以控制。

4.2.2　冲天炉的热交换过程原理

冲天炉在熔炼过程中，炉料从加料口投入，经预热、熔化、过热最后经贮存到一定量时，再从出铁口放出的全过程中，金属从炉气和炽热的焦炭表面吸收热量，由固态变为液态，而整个过程又是从上向下运动的过程中完成的，因此，热交换过程极其复杂，现分区进行分析。

(1) 预热区的热交换

预热区是指从加料口到金属炉料加热到平均熔点（一般取 1200℃）为止的区间。预热区约占炉身高度的三分之二，炉料通过这一区间的时间约 30min，温度从室温升到 1200℃。炉气自下而上在料块间隙中运动，温度由 1200～1300℃下降到料柱顶面时约 300℃左右。其热交换过程在料块表面进行，然后再由料块表面向中心传递，使其均匀达到 1200℃。对金属炉料而言，由于热导率较大，料块内的热交换较易完成，故炉内主要是料块表面与炉气之间的热量交换。另外，焦炭在该区还要完成预热、水分蒸发、挥发物的排出和部分硫化物的分解。熔剂（主要是石灰石）也要完成预热并分解成 CaO，但相对于金属炉料所消耗的热量少并易于完成，故主要对金属炉料的预热进行分析。

在预热区中金属呈块状表面与炉气之间的热交换，主要以对流方式进行。虽然在预热区下段，炉气温度较高时具有一定的辐射能力，但料块间隙较小，没有足够的辐射空间（即当量直径太小），辐射换热所占比例较少，故可忽略不计。对流换热的公式为：

$$Q = kA\tau(t_{气} - t_{料}) \tag{4-44}$$

式中　Q——炉料吸收的热量；

k——对流换热系数，与气体流速、表面状况有关；

A——料块表面积，与料块的大小和形状有关．料块愈大则表面积愈小，严格来讲应以“当量表面积”表示为妥，即单位质量炉料的表面积；

τ——炉料在预热带中的停留时间，它与冲天炉结构参数（有效高度）有关，同时与熔化速度（即熔化强度）有关，通常为30min左右；

$t_{气}$、$t_{料}$——分别是炉气温度和炉料温度。

由式（4-44）可知，影响换热量的因素中，只有“A”即料块的大小可以控制，因此，在工艺规程中对料块作了严格的限制。在通常情况下，料块内的热量传递是正常的，但料块太大时不仅对表面换热不利，而且料块内的传热也困难，导致预热不充分，严重影响冲天炉熔炼过程。

（2）熔化区的热交换

熔化区是指金属料块从开始熔化到熔化完毕这一段炉身高度范围。虽然金属炉料的熔点差异较大（废钢为1500℃左右，生铁锭为1200℃左右，回炉料为1150℃左右，铁合金在1400℃左右），料块大小的差异也很大、熔化带也并非在某一水平区间，往往出现两批料甚至三批料同时熔化的情况，但从热交换的角度来看，其过程都相同。块状固体与1300℃左右的炉气进行的热交换仍然是在料块表面进行，并以对流换热方式为主。其影响因素和预热区相同，只是料块温度始终保持不变，料块在熔化带停留的时间较短（6～12min）。

为了尽可能减少因炉料的熔点差异造成熔化带范围太大，造成铁水成分波动带来的不利影响，在操作工艺上对不同炉料块度分别作了限制（如废钢块度比回炉料块度要小），在加料顺序上也作了规定（如先加废钢后加回炉料）。

（3）过热区的热交换

金属液滴离开团体料块后即进入过热区，液滴在底焦层的焦块间隙内下落，在焦块表面淌流或在焦块表面停留一段时间，当到达下排风口平面处时即完成铁水的过热过程。在该区间内，铁水的温度从熔点（1200℃左右）过热到1500℃以上，炉气温度可达到1800℃左右，而炽热的焦炭表面温度则更高。液滴在这里所停留的时间极短，一般认为只有十余秒钟，要在这么短的时间里将铁滴温度升高300℃以上，与预热和熔化阶段相比，其热交换的难度要大得多。同时该区域也是决定出铁温度的最后阶段，因此成为人们关注的焦点，成为各种强化冲天炉熔炼过程的关键区域。

液滴通过该区域时，继续从焦炭表面和炉气中吸收热量。热量传递方式包括：炉气与液滴表面之间的对流换热；炉气与液滴之间的辐射换热；炽热焦炭表面与液滴之间的辐射换热；还有当液滴在焦炭表面淌流和滞留时焦炭表面与液滴之间的“接触换热”（实质上是焦炭表面与液体金属间的对流换热），如图4-18所示。因热交换过程十分复杂，故采用综合换热公式来表达各换热方式之间的关系：

$$Q=A\tau\Delta t(k_1+k_2+k_3+k_4) \tag{4-45}$$

式中 A——换热面积；

τ——换热时间，与实际底焦高度有关；

Δt——温度差，即热源（炉气或焦炭表面）与液滴之间的温度差；

k_1、k_2、k_3、k_4——分别为炉气对流、炉气辐射、焦炭辐射和接触换热方式的换热系数。根据试验结果这四种换热系数如表4-6所示。

表 4-6 过热区的换热方式及换热系数

换 热 方 式	换热系数 W/(M^2·h)	百分比(平均值)
炉气对铁滴的气体对流方式换热	440～500	13.3～15.9(14.6)
炉气对铁滴的气体辐射方式换热	11～17	0.4～0.5(0.4)
焦炭表面对铁滴的固体辐射方式换热	340～470	12.3～12.5(12.4)
焦炭表面对铁滴的接触方式换热	1980～2180	71.4～73.8(72.6)
综合换热总值	2771～3167	(100)

从表 4-6 中不难看出，在过热区内铁滴与焦炭表面之间的接触换热和辐射换热所得到的热量占 85%左右。故式（4-45）应改写为：

$$Q=kA\tau(t_{焦}-t_{金}) \quad (4-46)$$

式中 k——综合换热系数，即四种换热方式的换热系数之和；

$t_{焦}$——焦炭表面燃烧温度；

$t_{金}$——铁滴的温度。

式（4-46）中的 k、A、$t_{金}$ 基本上可看作定值，故提高过热区热交换效率的关键是延长换热时间 τ（即增加底焦高度）和提高焦炭表面燃烧温度 $t_{焦}$。

焦炭表面的燃烧温度与其所进行的反应性质直接相关。在氧化带，焦炭表面进行放热反应，并将反应生成的热量传给炉气，故焦炭表面的温度高于炉气的温度。而在还原带，焦炭表面进行吸热反应，焦炭从炉气中吸收热量来维持还原反应继续进行，故焦炭表面的温度低于炉气的温度。试验结果表明，在氧化带内焦炭表面的温度高于炉气温度 200～400℃，而在还原带内焦炭表面的温度低于炉气温度 100℃左右。过热区焦炭表面温度、炉气温度和铁滴温度的分布曲线，如图 4-19 所示。

强化过热区热交换过程，可从两方面采取措施：其一是延长过热时间，具体办法是增加焦炭用量和采用适当块度、反应能力低的焦炭；其二是提高焦炭表面温度，具体办法有预热送风，富氧送风，除湿送风，或采用固定碳含量高（即灰分低）的优质焦炭。

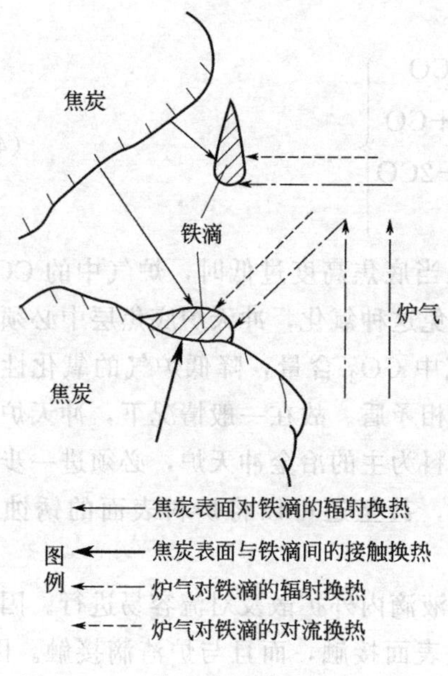

图 4-18 过热区热量传递方式示意图

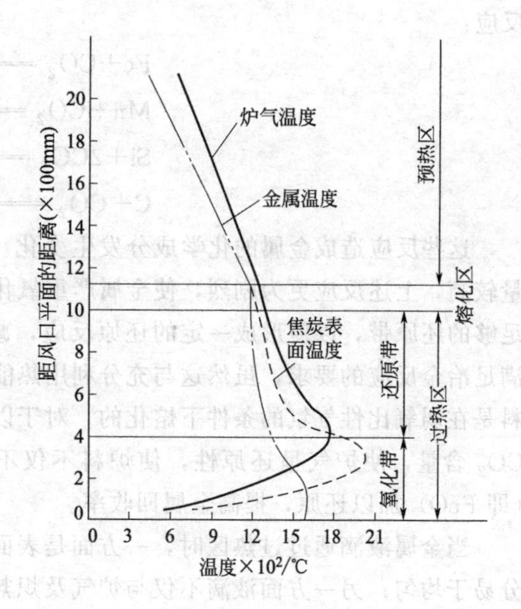

图 4-19 炉气、焦炭及金属温度分布曲线

(4) 汇集贮存区的热交换

当液滴通过过热区后，即进入炉缸区（下排风口平面至炉底面区域），由于该区没有燃烧反应所必须的空气和CO，因此，不可能进行氧化反应和还原反应，焦炭既不放热也不吸热。但进入汇集贮存区的铁水温度将因炉壁和炉底耐火材料吸热而降低。通常铁水在炉缸、过桥和前炉内降温约60～100℃，对于贮存时间较长或小型冲天炉的降温更为严重。

从以上分析可知：过热区是冲天炉热交换最薄弱的环节。冲天炉的总热效率为35%左右，其中预热带热效率为50%～60%，熔化带为50%左右，但过热带的热效率仅为6%～8%。因此，几乎所有冲天炉的强化措施，无论是从工艺或结构还是其他方面的措施，都是围绕着提高过热区热效率进行的。虽然如此，如果预热区和熔化区的热交换过于薄弱，使块料预热不充分，熔化位置低于正常高度，导致过热高度缩短也会影响总过热效率，故对这两个区域也都应重视。

4.2.3 冲天炉的冶金反应原理

(1) 冲天炉各个区域的冶金反应

在冲天炉熔炼过程中，自金属炉料投入炉内到铁水放出炉外，始终存在着冶金反应。在预热区，金属炉料与炉气中的CO_2、CO、SO_2等气体接触，发生下列反应：

$$\left.\begin{aligned} &Fe+CO_2 = FeO+CO \\ &3Fe+SO_2 = FeS+2FeO \\ &10FeO+SO_2 = FeS+3Fe_3O_4 \\ &Fe+CO = FeO+C \end{aligned}\right\} \tag{4-47}$$

由于预热区的金属炉料呈块状，温度相对于其他区域低一些，反应仅在料块表面进行，相对整个冲天炉熔炼过程而言，所占比例很少。若金属炉料质量很差（如比表面积大的轻薄料、切屑等的用量大），预热区的上述反应则不能忽视，特别是铁的氧化和增硫反应。

在熔化区内，块料逐层熔化，其表面与炽热炉气接触，冶金反应十分强烈。主要有以下反应：

$$\left.\begin{aligned} &Fe+CO_2 = FeO+CO \\ &Mn+CO_2 = MnO+CO \\ &Si+2CO_2 = SiO_2+2CO \\ &C+CO_2 = 2CO \end{aligned}\right\} \tag{4-48}$$

这些反应造成金属的化学成分发生变化。尤其是当底焦高度过低时，炉气中的CO_2含量较高，上述反应更为剧烈，使金属严重氧化。为避免这种氧化，冲天炉底焦层中必须保留足够的还原带，以便形成一定的还原反应，减少炉气中CO_2含量，降低炉气的氧化性，以满足冶金反应的要求，虽然这与充分利用热能的要求相矛盾。故在一般情况下，冲天炉的炉料是在弱氧比性气氛的条件下熔化的。对于以轻薄材料为主的冶金冲天炉，必须进一步降低CO_2含量，使炉气呈还原性，使炉料不仅不被氧化，甚至还可以将炉料表面的锈蚀部分(即FeO)加以还原，提高金属回收率。

当金属液滴通过过热区时，一方面是表面积大、液滴内外扩散及对流容易进行。因而成分易于均匀；另一方面液滴不仅与炉气及炽热的焦块表面接触，而且与炉渣滴接触。因此，除与CO_2发生反应外，在氧化带还发生下列冶金反应：

$$\left.\begin{aligned} &C+O_2 = CO_2 \\ &Fe(或\ Si、Mn)+O_2 = FeO(或\ SiO_2、MnO) \\ &S+O_2 = SO_2 \end{aligned}\right\} \qquad (4\text{-}49)$$

在与炽热的焦炭表面接触时发生下列传质过程：

$$C_{焦} \longrightarrow C_{金}$$
$$FeS_{焦} \longrightarrow FeS_{金}$$

当液滴与炉渣滴接触时，炉渣中的 FeO 与液滴中的组分发生下列反应：

$$\left.\begin{aligned} &Si+2FeO = SiO_2+2Fe \\ &Mn+FeO = MnO+Fe \end{aligned}\right\} \qquad (4\text{-}50)$$

这两种反应对于 Si、Mn 而言是氧化反应，而对 Fe 而言则是还原反应。由于 Si、Mn 元素含量少，对铸铁的性能影响大，价格高，故在实际生产中还是将上述反应归为氧化反应之列。

当液滴进入炉缸内，以及在汇集贮存过程中，因该区没有气体流动和燃烧反应（无论是氧化反应还是还原反应），炉气中几乎没有 O_2 和 CO_2，只有 CO 和 N_2 存在，故液滴和铁水只与焦炭、炉渣和炉气中的 CO 接触。此时除焦炭、炉渣的氧化和溶解外，没有 CO_2、O_2 的氧化反应。但当温度等因素合适时可能发生下列还原反应：

$$\left.\begin{aligned} &FeO+C = Fe+CO \\ &SiO_2+2C = Si+2CO \\ &MnO+C = Mn+CO \end{aligned}\right\} \qquad (4\text{-}51)$$

从以上分析可知，冲天炉熔炼过程的主要反应是 Fe、Si、Mn 与 CO、CO_2、O_2、FeO 及 C 之间的氧化还原反应、其他反应都处于次要地位。

（2）Fe、Si、Mn 等元素的氧化还原规律

在冲天炉熔炼过程中，金属元素与炉气、炉渣以及焦炭中的碳发生的氧化还原反应可归纳为：

直接氧化反应：

$$\left.\begin{aligned} &M+O_2 = MO \\ &M+CO_2 = MO+CO \end{aligned}\right\}$$

间接氧化反应： $M+FeO = MO+Fe$

直接还原反应： $MO+C = M+CO$

间接还原反应： $MO+CO = M+CO_2$

式中，M 表示铸铁合金中的 Fe、Si 及 Mn。

合金中的 Fe、Si、Mn 与 O_2 的反应都是氧化反应，不过 Fe 元素占绝大多数（在 95% 左右）。液滴与炉气中的 O_2 接触时，首先氧化的是 Fe，而 Si、Mn 既被炉气中的 O_2 氧化，同时也被 FeO 氧化。

合金中的 Fe、Si、Mn 与 CO_2 以及 CO 的关系比较复杂，首先是 Fe 的氧化：

$$Fe+CO_2 = FeO+CO \qquad \Delta G^0 = 949-1.14T \qquad (4\text{-}52)$$

式中 ΔG^0——标准状态自由能。

若 $\Delta G^0<0$，反应向右方进行（即正方向），即 Fe 被 CO_2 氧化。反之，$\Delta G^0>0$，则反应向左方进行（即逆方向），此时 FeO 被 CO 还原。由冶金反应原理可知

$$\Delta G^0=-RT\ln\frac{P_{CO}}{P_{CO_2}} \tag{4-53}$$

式中 P_{CO}、P_{CO_2}——分别为 CO 和 CO_2 分压。

取不同的温度进行计算，分别求出该温度下的 CO 和 CO_2 的分压值，进而求出冲天炉的燃烧系数 η_V，如表 4-7 所示。

表 4-7 冲天炉的炉气温度、气体浓度与燃烧系数的关系

T/K	600	800	1000	1200	1400	1600
CO_2/%	17.3	13.6	10.8	9.0	7.6	6.7
CO/%	6.2	12.2	16.8	19.9	22.1	23.6
η_V/%	73.6	52.7	39.1	31.1	25.6	21.4

一般冲天炉的燃烧系数（η_V）为 40%～80%，由此不难看出，只有在冲天炉的预热区的上部和炉缸处才有可能出现 FeO 被 CO 还原，而预热区的下部、熔化区和过热区中，均是 Fe 被 CO_2 所氧化。在冶金冲天炉（有还原目的）上，为了避免 CO_2 的氧化，促进 CO 的还原反应，将燃烧系数控制在 20%左右是完全必要的。为了充分说明 Fe 与 CO_2、CO 的氧化还原关系，根据标准自由能的计算，可绘制出 CO、CO_2 和温度之间的关系曲线，如图 4-20 所示。

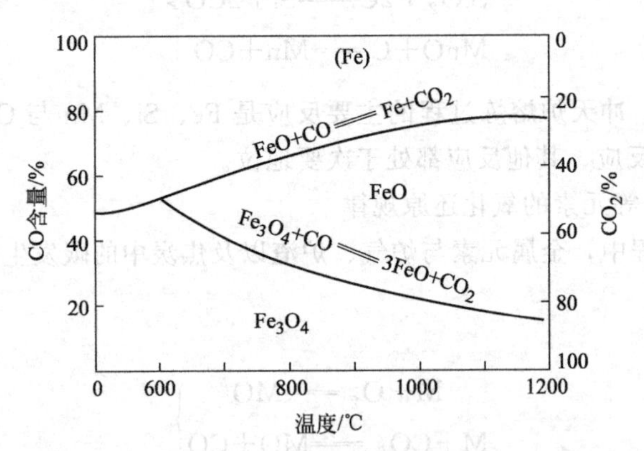

图 4-20 CO、CO_2 混合气体对铁的氧化还原平衡关系

由于 Si、Mn 与 O_2 的亲和力比 Fe 与 O_2 的亲和力更大，无疑 CO_2 对它们更具有氧化性，但是 Si、Mn 是否可能由 CO 还原，可从以下反应得到说明：

$$\left.\begin{array}{ll}2CO+SiO_2 = Si+2CO_2 & \Delta G^0=83100-1.9T \\ CO+MnO = Mn+CO_2 & \Delta G^0=50600-4.5T\end{array}\right\} \tag{4-54}$$

按 1500K 和 2000K 计算的结果是：当气体压力 $P_{CO_2}/P_{CO}<10^{-5}\sim10^{-6}$ 时，SiO_2 才可能被 CO 还原；当 $P_{CO_2}/P_{CO}<10^{-4}\sim10^{-5}$ 时，MnO 才可能被 CO 还原，但在冲天炉的条件下是无法达到的。若 CO 的含量提高，相应的 CO_2 含量则降低，使 CO_2 对 Si、Mn 的氧化作用减轻。进而可知，在冲天炉底焦燃烧的还原带中，只有 CO_2 被 C 还原生成 CO，不可能是 FeO，更不可能是 SiO_2 和 MnO 被 CO 还原。

由于 Si、Mn 与氧的亲和力大，Si、Mn 还会被 FeO 所氧化，同时 Fe 被还原。在实际生产中，企图用 Si、Mn 还原 FeO，在冲天炉内是不合理的，然而炼钢脱氧却常用 Si、Mn 作为脱氧元素，将钢水的 FeO 还原，以消除 FeO 的危害，则是合理的并大量采用。

在冲天炉熔炼过程中，金属或炉渣与焦炭接触发生直接还原反应：

$$FeO+C \xlongequal{} Fe+CO \tag{4-55}$$

标准状态下：

$$\Delta G^0=-2RT\ln P_{CO}$$

$$\Delta G^0=68500-70T$$

按上式计算，$\Delta G^0<0$ 时即 $T>979$K（或大于 706℃）时，FeO 能够被 C 还原成 Fe。温度越高，还原反应越激烈，因此在冲天炉条件下，在预热区下部开始出现 FeO 还原，但在预热区中部该反应极少，只有在过热区和炉缸内，才能较顺利的进行这个反应。根据 C 与 SiO、MnO 的反应：

$$\left.\begin{aligned} 2C+SiO_2 \xlongequal{} Si+2CO \qquad \Delta G^0=160900-82.1T \\ C+MnO \xlongequal{} Mn+CO \qquad \Delta G^0=128400-75.7T \end{aligned}\right\} \tag{4-56}$$

可知，当 $T>1959.8$K（即 1686.8℃）时，SiO_2 被 C 还原，当 $T>1704.3$K（即 1431.3℃）时，MnO 被 C 还原。进而可知，在标准状态下，冲天炉内的 SiO_2、MnO 均可以在高温下被 C 还原，而且 MnO 比 SiO_2 更易于被 C 还原。

应该指出的是：实际生产条件并非标准状态。一般冲天炉由于采用酸性炉衬，只能造酸性渣，炉渣中的 SiO_2 含量很多，MnO 含量很低。按实际状态自由焓计算结果，当 $t=1400\sim1500$℃时，SiO_2 即可被 C 还原，而 MnO 则需 $t>1700$℃时才有可能。因此，酸性冲天炉熔炼可能出现增硅现象，不可能出现增锰现象。若在碱性冲天炉上才可能出现增锰现象。

在铸铁熔炼过程中，由于炉气、炉渣对金属的氧化作用，铁液中存在着大量 SiO_2 悬浮状质点，对凝固过程和铸件质量带来一系列危害（如缩松、气孔、夹渣等缺陷）。此外，SiO_2 是硬质点，对加工时所用的刀具也很不利。但 SiO_2 质点可以通过提高铁水温度、利用铁水中的碳进行还原反应予以消除。

$$SiO_2+2C \xlongequal{} Si+2CO \tag{4-57}$$

上述反应产物 CO 气泡上浮排除。根据铁水的化学成分，按实际状态进行计算，得出 C、Si 含量与临界反应温度的关系曲线，如图 4-21 所示。图中所表示的临界温度为最低反应温度，而实际熔炼温度要稍高一些，才能保证这一反应的充分进行。

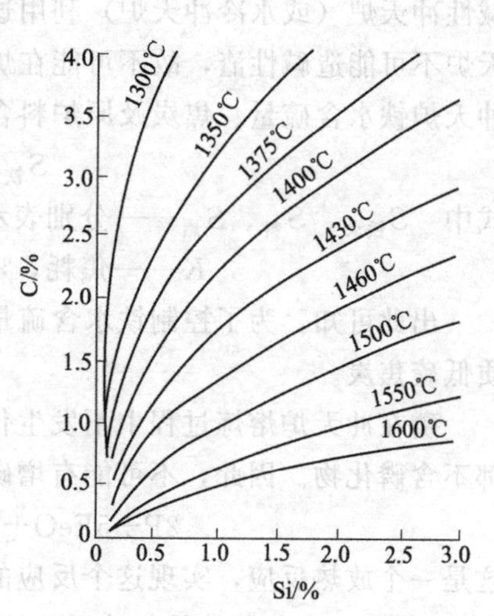

图 4-21　$SiO_2+2C \xlongequal{} Si+2CO$ 反应的成分与临界温度关系图

（3）冲天炉熔炼过程中合金元素的变化规律

冲天炉熔炼过程中合金元素会发生变化。酸性冲天炉 Si 被烧损 5%～20%，Mn 被烧损 10%～25%，当发生底焦高度过低时，烧损还会严重。但采用高温热风，优质焦炭且焦耗较多的所谓“高温熔炼”时，Si、Mn 的烧损会减少一些，甚至出现增 Si 的可能，虽然 Fe 是铸铁的主要元素，通常不计算其烧损量，但实际烧损量一般在 0.5%左右。

碳作为铸铁的重要元素，在冲天炉熔炼过程中，既被O_2、CO_2和FeO氧化损失，又因焦炭中的碳向铁水溶解而增加。通常碳在铁水中的溶解度由下式决定：

$$C=0.5+2.63\times10^{-3}T$$

由此式可知，碳在铁水中的溶解度随温度升高而增加：$t=1200$℃时，$C=4.37\%$；$t=1300$℃，$C=4.64\%$；$t=1400$℃时，$C=4.9\%$；$t=1500$℃时，$C=5.16\%$；$t=1600$℃时，$C=5.43\%$。故一切有利于提高铁水温度的措施，均有利于碳的溶解而使铁水含碳量升高，而一切促使炉内氧化性加强的因素，均增大碳的烧损而使铁水含碳量降低。通常情况下，冲天炉熔炼都会出现增碳。

虽然在冲天炉熔炼过程中铁水中的硫有所烧损，但总的来看硫是增加的，而且增硫率一般为20%～50%。铁水增硫来源于焦炭。一般焦炭含硫约为0.4%～1.2%，它分别以有机硫（如CS_2、H_2S）、化合硫（如FeS、CaS）以及少量的硫酸盐（如$CaSO_4$、$FeSO_4$）存在于焦炭中。焦炭预热时，有机硫分解为SO_2随炉气上升与金属块料发生反应。导致增硫，反应式如下：

$$\left.\begin{aligned}3Fe+SO_2 &= FeS+2FeO\\ 7Fe+SO_2 &= FeS+3Fe_2O_3\end{aligned}\right\} \tag{4-58}$$

其中以FeO与SO_2的反应尤为突出，这与金属块料表面的FeO结构松散有关。当液滴与焦炭接触时，FeS即溶入铁水中，引起增硫。而焦中的CaS则进入炉渣中。此外在熔炼过程中铁水中的硫可能与炉气中的O_2作用造成烧损，同时铁水中的FeS与炉渣中的CaO反应发生脱硫反应：

$$FeS+CaO = CaS+FeO \tag{4-59}$$

硫在铁水和炉渣中的分配关系由分配系数（L_S）决定。

$$L_S=1.22k\frac{(CaO)}{(FeO)} \tag{4-60}$$

式中　k——分配常数（随温度、炉渣性能变化）；

(CaO)、(FeO)——分别表示CaO和FeO在渣中的浓度。

从式（4-60）看出，分配系数随渣中的CaO含量增多而加大，随渣中FeO含量增多而减小。碱性冲天炉（或水冷冲天炉）利用这一原理造碱性渣，达到炉内脱硫的目的。然而，酸性冲天炉不可能造碱性渣，故不可能在炉内脱硫，只会出现增硫现象。根据生产统计归纳出酸性冲天炉铁水含硫量、焦炭及原炉料含硫量的关系：

$$S_{铁水}=0.75S_{料}+0.35KS_{焦} \tag{4-61}$$

式中　$S_{铁水}$、$S_{料}$、$S_{焦}$——分别表示铁水、炉料和焦炭中的含硫量；

K——焦耗，%。

出此可知，为了控制铁水含硫量，除选用低硫金属炉料外，更主要是降低焦耗和选用优质低硫焦炭。

磷在冲天炉熔炼过程中不发生什么变化。因为除金属炉料带入磷之外，焦炭和熔剂一般都不含磷化物。因此，不可能有增磷现象。但在特殊的炉渣条件下可能出现下述反应：

$$2P+5FeO+4CaO = 4CaO\cdot P_2O_5+5Fe+Q \tag{4-62}$$

这是一个放热反应，实现这个反应的条件是：高碱度（CaO含量高）、高氧化性（FeO含量高）、低温。这些条件是与冲天炉熔炼的基本要求（高温、低氧化性）是相矛盾的，故在生产中不可能得到应用。但炼钢的氧化期则刚好满足了上述脱磷的要求，因此在炼钢过程的脱磷在氧化期内完成。当冲天炉熔炼高磷铸铁时，除选用高磷生铁作原料以提高含磷量外，更多的是在冲天炉的熔剂中加入磷灰石（霞石，主要成分是 $Ca_3P_2O_8$）以达到增磷的目的，其反应如下：

$$Ca_3P_2O_8+5FeC_3 = 2Fe_3P+9Fe+3CaO+5CO \tag{4-63}$$

4.2.4 冲天炉强化熔炼的主要措施

虽然冲天炉具有一系列的优点，是铸铁熔炼的主要设备，生产中得到广泛应用，但是冲天炉熔炼也有不足之处，如出铁温度不够高、铁水温度和化学成分稳定性差，并且调节也困难，不能长时期作业等问题比较突出。人们为了实现冲天炉高温、高效、优质的目标，进行了大量的研究工作，出现了多种特殊结构或特殊附属装置的冲天炉，使冲天炉熔炼技术有了长足的进步。

（1）预热送风

为了提高出铁温度及进一步提高冲天炉的热效率，预热送风是人们最早想到和应用的技术，目前热风温度最高可达到 900℃左右。预热送风的效果是不容置疑的，关键是预热空气的温度高低、预热装置的使用寿命、造价及操作场地等。冲天炉的热风装置按以下分类。①按热源分类有内热式，利用冲天炉本身炉气中的化学热（即 CO）或物理热；外热式，利用另外的热源（如煤气、油等）；以及综合式，即内外热都用。② 按预热装置的安装位置不同可分为：炉外式，预热装置安装在冲天炉之外，需另占场地；炉内式，预热装置安装在冲天炉炉内（如炉身或烟囱处）。③ 按换热方式不同而分为对流式、辐射式及综合式。目前国内应用较多的是炉内式换热器，如图 4-22 所示，而国外应用较多的是炉外式换热器，如图 4-23 所示。

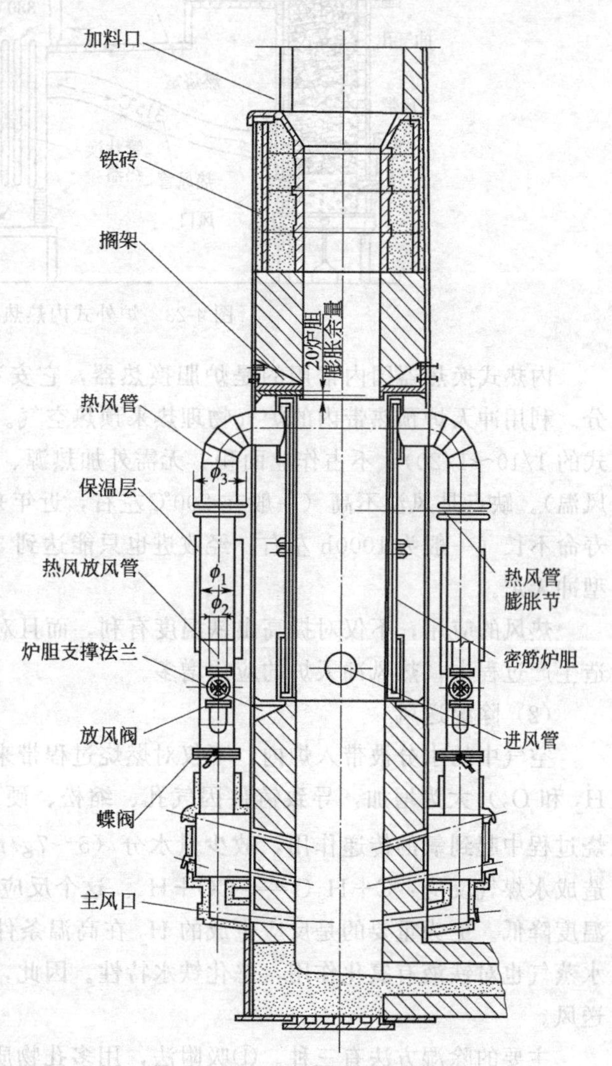

图 4-22 炉内式内热热风冲天炉

外热式换热器利用油、煤气或天然气作燃料，也可利用炉气中的 CO 再燃烧产生热量。这类换热器的优点是：可以获得较高的风温（一般在 450℃以上），温度调节方便，若提前工作可保证冲天炉一开始便获得较高的风温。这种换热器的缺点是：结构复杂造价高，需另占作业面积，热惰性大，需外加燃料等，故适用于大批量生产的连续作业（两班工作以上）的冲天炉。

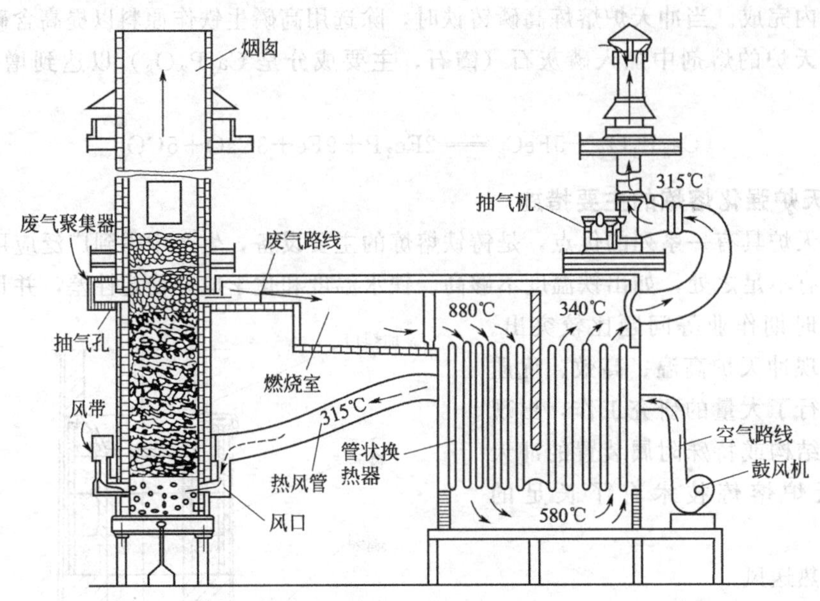

图 4-23 炉外式内热热风冲天炉

内热式换热器国内常用的是炉胆换热器，它安装在冲天炉的预热带并作为炉身的一部分。利用冲天炉预热带内的炉气物理热来预热空气。其优点是结构简单、造价低（仅为外热式的 1/10～1/20）、不占作业面积、无需外加热源、热情性小（开风半小时内即可达到最高风温）。缺点是风温不高（一般在 200℃左右，近年来经改进也只能达到 300 ℃左右），工作寿命不长（一般为 1000h 左右，经改进也只能达到 3000h 以内），故适用于间断作业的中小型冲天炉。

热风的应用，不仅对提高出铁温度有利，而且对改善炉内冶金过程有利。因此在现代铸造生产过程中，热风冲天炉的应用增多。

(2) 除湿送风

空气中的水分被带入炉内，不仅对燃烧过程带来不利影响，而且使铁水含气量（主要是 H_2 和 O_2）大为增加，导致铸件因气孔、缩松、硬度不均匀等缺陷而报废。由于水分在燃烧过程中起到氧的传递作用，故少量水分（5～7g/m^3）对燃烧是有利的，但过多的水分会造成水煤气反应：$C+H_2O \xlongequal{} CO+H_2$。这个反应既消耗了焦炭又吸收了热量，造成铁水温度降低。更为重要的是反应生成的 H_2 在高温条件下溶入铁水中，使 H_2 含量增加；高温水蒸气也对铁液有氧化作用，恶化铁水特性。因此，对于空气湿度较大的地区，应采用除湿送风。

主要的除湿方法有三种。①吸附法，用多孔物质（如硅胶、分子筛）表面吸附水分子的能力，将空气中的水分除去，达到控制湿度的目的。在这个过程中只有物理吸附过程，没有化学反应发生。②吸收法，利用吸水物质（如 $CaCl_2$、$LiCl_2$）吸收空气中的水分，达到控制湿度的目的，在这个过程中有化学反应发生。这两种方法都存在吸水物质饱和并需要再生两个过程。为了连续对空气除湿，必须有两套装置，而且除湿的稳定性较差，在冲天炉上不宜使用。③冷冻法，这是能真正用于冲天炉的除湿方法，如图 4-24 所示。冷冻除湿原理是将空气温度降到露点以下，使空气中的水分凝结成液体水珠。为了将空气湿度降到 5～7 g/m^3。必须将空气温度降到 3℃左右。冷冻机输出的低温冷却液通过热交换器（即除湿箱）

使空气冷却到3℃以后，水分即凝结流出。经除湿的空气进入风机升压，送入冲天炉内。此法的特点是除湿量大，可以连续稳定工作，能根据空气湿度情况调节冷冻机的制冷能力。

应用除湿送风可使铁水温度提高20～30℃，熔化率提高10%～20%，铁水中的H_2、O_2含量降低50%～60%，因此，显著降低废品率，提高铸件的内在质量（如气密性、硬度均匀性等）。送风湿度与成分、性能关系如图4-25所示。当生产球铁件和孕育铸铁件时，还可减少球化剂和孕育剂用量，降低铸件废品率更显著。

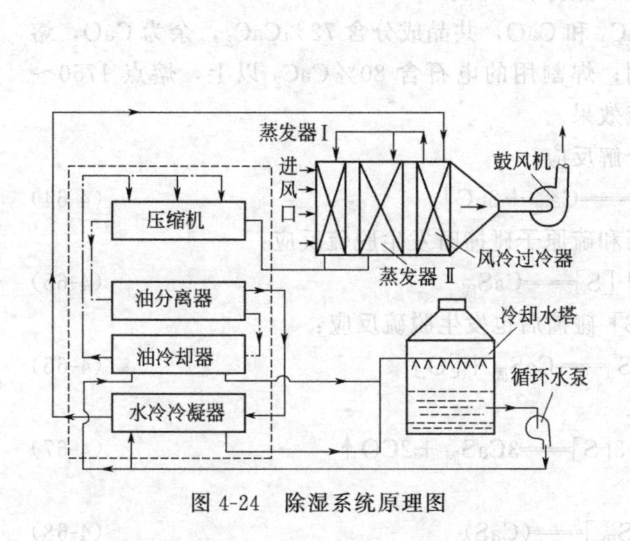

图4-24　除湿系统原理图

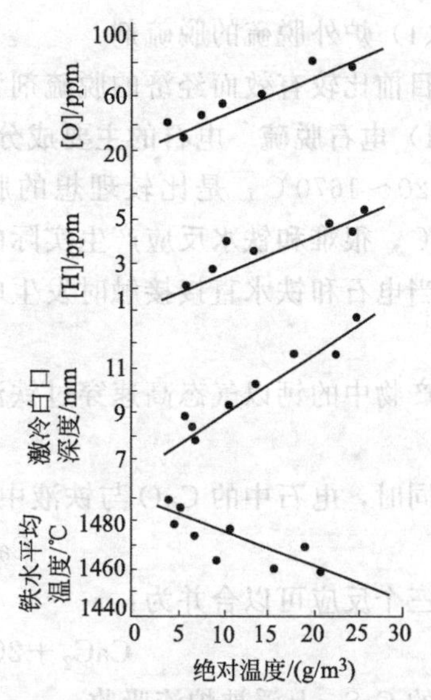

图4-25　送风湿度与灰铁液质量的关系

（3）富氧送风

富氧送风是在冲天炉的送风系统内，附加送氧装置，增加空气的氧含量，有助于改善燃烧条件，提高出铁温度和熔化率。富氧的具体方法有两种：其一是将工业纯氧直接加到冲天炉的送风管中。使空气的氧含量提高到24%左右。该法耗氧多，效果不太好。另一种方法是将工业纯氧经各个风口直接喷入炉内（一般只在下排风口内喷氧）。这种方法耗氧少，效果显著，但结构复杂、维修困难。目前国内只有少数有制氧能力的工厂使用。国外采用液氧球罐来满足冲天炉对氧的需要。即使这样，多数工厂也只作为冲天炉调节出铁温度和熔化率之用，很少在冲天炉熔炼全过程中使用。

（4）双联熔炼

前面已提到冲天炉熔炼的最大不足是：出铁温度低、铁水化学成分不便于调整；过热区热效率太低（仅7%左右）。随着生产的发展，对铁水温度及化学成分要求愈来愈严格，单用冲天炉熔炼已难于满足生产要求，因此双联熔炼技术在生产中应用日益增多。所谓双联熔炼，即将冲天炉与电炉等其他熔化炉组合，冲天炉铁水经过其他熔炼炉升温及成分调整后才浇注。常用的双联熔炼有冲天炉-电炉（包括电弧炉、有芯工频炉、无芯工频炉）熔炼。

冲天炉的预热及熔化的热效率高（约60%），但过热效率低（约7%），而电炉的过热热效率高（>60%），故冲天炉-电炉双联熔炼可最大限度地降低能耗和成本，并获得高质量的铁水。因此，发达国家应用双联熔炼技术达到总熔炼量20%～30%。随着我国对高质量铸铁件需求量日益增加，双联熔炼将得到更广泛的应用。

4.2.5 铸铁熔液的炉外脱硫

铸铁熔液中的硫，破坏球墨铸铁球化处理和蠕墨铸铁蠕化处理的稳定性，消耗更多的球化剂或蠕化剂，影响可锻铸铁的石墨化退火时间。因此遇到超常量的含硫量应进行炉外脱硫精炼，待铁水含硫量降到规定值以下再进行其他处理。此处的炉外脱硫，是指利用在放置冲天炉或电炉的前面的脱硫装置对熔化的铁液进行脱硫处理的方法。

铸铁熔液的炉外脱硫必须用脱硫剂及相应的处理装置。

(1) 炉外脱硫的脱硫剂

目前比较有效而经济的脱硫剂为电石、苏打和石灰。

1) 电石脱硫　电石的主要成分是 CaC_2 和 CaO，共晶成分含 72%CaC_2，余为 CaO，熔点 1620～1670℃，是比较理想的脱硫剂；焊割用的电石含 80%CaC_2 以上，熔点 1750～1800℃，很难和铁水反应产生实际的脱硫效果。

当电石和铁水直接接触时发生电石分解反应：

$$CaC_2 = Ca_{气} + 2[C] \tag{4-64}$$

分解产物中的钙以气态高速穿过铁液，当和硫原子碰撞时发生脱硫反应：

$$C_{气} + [S] = CaS_{固} \tag{4-65}$$

同时，电石中的 CaO 与铁液中的［S］碰撞后也发生脱硫反应：

$$CaO + [S] = CaS_{固} + [O] \tag{4-66}$$

以上三个反应可以合并为：

$$CaC_2 + 2CaO + 3[S] = 3CaS_{固} + 2CO\uparrow \tag{4-67}$$

形成的 $CaS_{固}$ 上浮被炉渣吸收：

$$[CaS_{固}] = (CaS) \tag{4-68}$$

式（4-67）的脱硫速度受到扩散过程的限制。当固态 CaO、CaC_2 和［S］接触时，反应形成的 CaS 会在 CaO 及 CaC_2 颗粒表面形成 CaS 壳层，从而使脱硫剂颗粒失去脱硫能力。CaS 壳很难自行脱落，整个颗粒上浮进入炉渣，使脱硫作用减弱。

根据脱硫反应动力学条件，脱硫速率由下式表示：

$$-\frac{d[\%S]}{dt} = \frac{D_S}{\delta} \times \frac{A}{V}[\%S] \tag{4-69}$$

式中　$-\frac{d[\%S]}{dt}$——熔体中硫随时间的变化率；

D_S——硫原子在熔体中的扩散系数；

δ——脱硫剂表面反应层厚度；

A——反应相界面间的接触面积；

V——熔体体积；

$[\%S]$——铁液中的含硫量。

由式（4-69）可知，提高脱硫率的关键是提高扩散系数 D_S，减少反应层厚度 δ，增加 A/V 值，为了达到这些目的必须借助强烈的搅拌作用。

在无搅拌设备条件下改善电石脱硫效果的途径有两种：① 改善电石的表面状态，可往电石中加入 5%～49% Na_2CO_3，9%～10% $CaCl_2$，3% CaF_2。由于 Na_2CO_3 熔点低（850℃），氯化物和氟化物中的 Cl^- 及 F^- 具有破坏电石结合键的作用，使电石表面在铁水温度下呈熔融状态而加速电石与硫的反应速度。有人试验用简单的烧包冲入法用于上述附加物可使脱硫率从19.6%提高到65%以上。② 增加电石与铁水的接触机会，可在电石中加入$CaCO_3$和$MgCO_3$，由于碳酸盐受热分解产生CO_2对铁水产生搅拌作用而增加电石和铁水的接触机会。但CO_2具有氧化性，为避免铁水氧化亦可用20%～60%碳素物质取代碳酸盐，依靠碳素物质的挥发作用来加强脱硫剂与铁水的接触机会也能提高脱硫率。

2）苏打脱硫　苏打又叫Na_2CO_3，它和铁水接触时发生以下反应：

$$Na_2CO_3 + FeS = Na_2S + FeO + CO_2\uparrow \tag{4-70}$$

$$CO_2 + Fe = FeO + CO\uparrow \tag{4-71}$$

$$Na_2S + MnO + FeO + Na_2CO_3 = 2Na_2O + Mn + Fe + SO_2\uparrow + CO\uparrow \tag{4-72}$$

以上三个反应均为吸热反应，故苏打脱硫降温比较大。同时式（4-72）反应生成物为气相SO_2和CO，所以反应容易从左往右进行。实践表明，苏打用量约占铁水处理量1.0%左右才比较有效。根据式（4-71）可知铁水氧化，FeO浓度增高会发生可逆反应，产生回硫现象。同时，铁水中的SiO_2比较多时，碱性Na_2S和酸性SiO_2也形成低熔点熔渣，使Na_2CO_3的脱硫效果减弱。

苏打脱硫的缺点是Na_2CO_3遇热分解后极易挥发，还有回硫现象，故脱硫效率低。此外环境污染严重。抑制苏打挥发有两种方法，一是化学方法，另一是物理方法。化学方法是加入酸性氧化物SiO_2发生以下反应：

$$Na_2CO_3 + SiO_2 = Na_2O \cdot SiO_2 + CO_2 \tag{4-73}$$

存在$Na_2O \cdot SiO_2$就抑制了Na_2O的挥发。试验表明，当Na_2O/SiO_2摩尔比例为0.7～1.1时脱硫效果最好。

物理方法是在苏打中加入一些其他碱性物质以降低苏打的相对含量，通过吸附方式抑制苏打挥发，在苏打中加入石灰既能抑制挥发又能防止回硫，还改善渣铁的可分性，使脱硫能力得到提高。

3）石灰脱硫　石灰是比苏打、电石价格更低来源更广泛的脱硫剂，CaO的脱硫反应借助C、Si等元素的作用：

$$Si + 2S + 2CaO = 2CaS + SiO_2 \tag{4-74}$$

$$C + S + CaO = CaS + CO \tag{4-75}$$

式（4-74）适用于铁水含硫量大于0.03%的条件，式(4-75）适用于铁水含硫量低于0.03%的铁水。反应产物为热力学稳定、熔点高（2450℃）、密度小（$2.5g/cm^3$）的CaS，容易和铁水分离。但CaS和SiO_2反应形成$2CaO \cdot SiO_2$变成包覆CaO颗粒表层的硬壳，阻碍了CaO的脱硫反应。

为了提高CaO的脱硫效果可进行以下改进。

① 加入脱氧剂破坏$2CaO \cdot SiO_2$结构，如加铝可明显提高CaO的脱硫效率。图4-26为石灰中加入1%Al，用1%脱硫剂的试验结果。电子探针测定表明。加铝以后石灰表层已不存在$2CaO \cdot SiO_2$包膜。

② 加低熔点碱性物质。苏打和烧碱的熔点都很低，它们都能和渣中的SiO_2反应生成非致密的$Na_2O \cdot SiO_2$化合物，从而阻止石灰表面生成致密的$2CaO \cdot SiO_2$硬壳，有人试验用3%石灰-苏打混合物处理含0.05%S的铁水，使脱硫率达到70%～75%。

③ 加氟盐。氟化物具有降低石灰熔点、帮助硫扩散的作用，如用石灰加氟化钙混合物的脱硫效果甚至比单独加电石还好。图4-27试验结果表明，当石灰中掺入10%以上的氟化钙（即萤石）时，在同样的处理时间内，混合物的脱硫率超过电石。

④ 减少石灰尺寸，搅动铁水有利于增加石灰与铁水的接触，改善反应条件。加 Na_2CO_3 是一个措施，由于分解产物 CaO 晶质细小、活性大，具有很强的脱硫能力；同时另一分解产物 CO_2 具有搅动铁水的作用，防止石灰颗粒凝聚，促进化学反应的进行，因而用（7%～15%）Na_2CO_3 +CaO 混合物可使脱硫率达到75%左右。

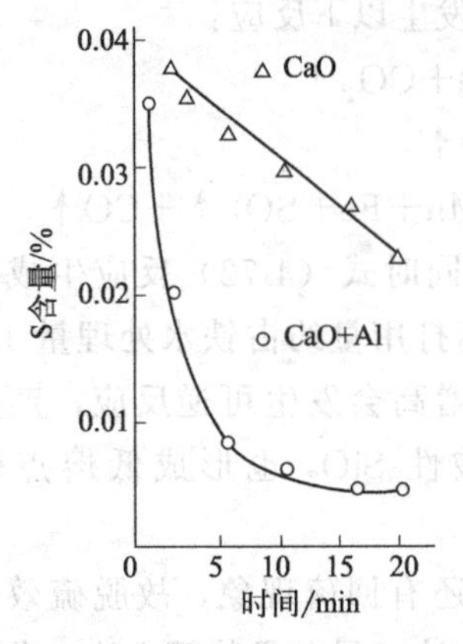

图 4-26 铝对石灰脱硫的影响

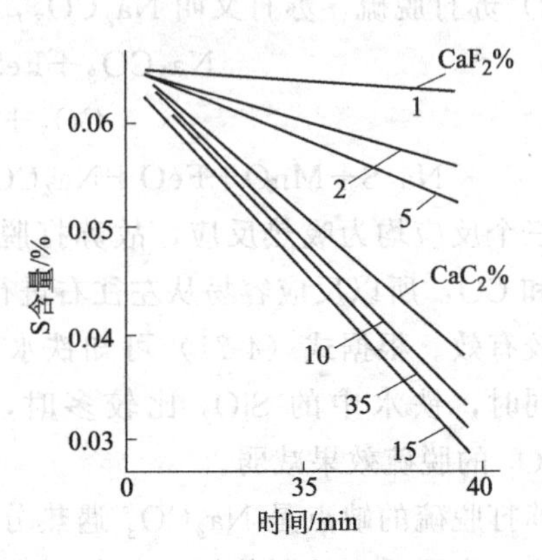

图 4-27 氟化钙对石灰脱硫的影响

（2）采用脱硫装置强化脱硫反应

提高脱硫率除了应用改良的脱硫剂以外，还可以用各种搅拌装置来强化铁水和脱硫剂的反应条件。目前应用最广泛的脱硫装置有以下几种。

1）摇动包 摇动包脱硫原理是把要处理的铁水包放在一个摇动框架上，整个框架由电动机驱动，处理包作偏离轴线一定距离的正反向偏心回转，使铁水在偏心力作用下自行回转和翻动，起到强烈的搅拌作用（图 4-28）。往铁水中投入一定量的脱硫剂以后，铁水亦和脱硫剂充分混合，加速脱硫过程。摇动包脱硫最早由瑞典的 Kalling 教授于 1958 年试验成功，1965 年日本有人改造成有双向回转功能的 DM 摇包并获得专利，脱硫效率提高一倍左右。

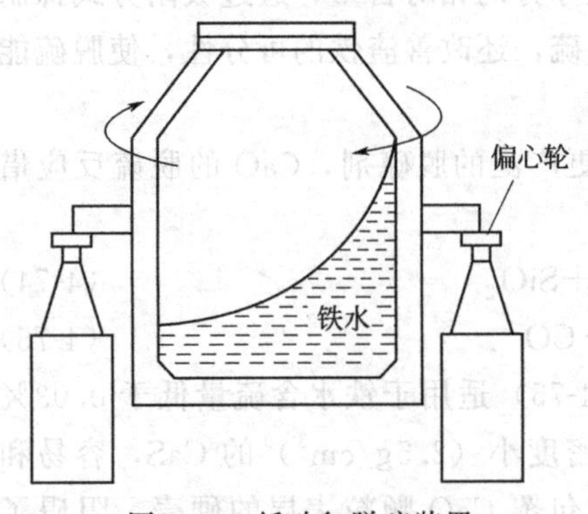

图 4-28 摇动包脱硫装置

摇动包可用 CaO、CaC_2、$NaCO_3$ 等脱硫剂，经过几分钟摇动可达到 80%～90%脱硫率，铁水含硫量从 0.1%以上降到 0.02%以下，球化剂可大大减少，球化衰退缓慢，并使型内球化成为可能。

摇动包处理时间一般为 3～5min，5min 后再延长时间脱硫效果提高不大。处理过程铁水温度降低 60～80℃，故铁水温度必须超过 1450℃。

脱硫效果最好的脱硫剂是 CaC_2，用量 1.0%～2.0%，粒度以 0.1～0.5mm 为宜，破碎后立即包装防潮备用。若用 CaO 作脱硫剂则用量应大于 2.0%。CaO 成本只有 CaC_2 的 1/10，来源广泛，成本低廉。

2）多孔塞气动包

气动包是继摇动包之后发展起来的一种结构简单而有效的新装置，如图 4-29 所示。包底有一耐火多孔塞，通以氮气搅拌铁水，铁水表面产生强烈翻腾使铁水和脱硫剂能充分混合达到强化脱硫的效果。多孔塞由耐火材料（高铝红柱石、熟耐火黏土、刚玉/锆砂）经压制烧结而成，耐火度在1800℃以上，透气率为20%～40%。

气动包脱硫率达到70%～90%，铁水含硫量可降到0.02%以下，设备简单，操作方便，球化剂用量可节约30%。

影响气动包脱硫效率的因素是铁水温度、通气压力、多孔塞的透气率、脱硫剂种类及气动包尺寸。

提高温度是增大反应平衡常数、提高脱硫率最有效的因素，1500℃处理的脱硫率为85%，1550℃的脱硫率可上升到95%左右。

通气压力影响搅拌激烈程度。实践表明，铁水翻腾高度控制在200～300mm为宜。为此，氮气压力应保持3～6kg/cm^2，1.5t摇包的氮气流量控制在2～3m^3/h以内。

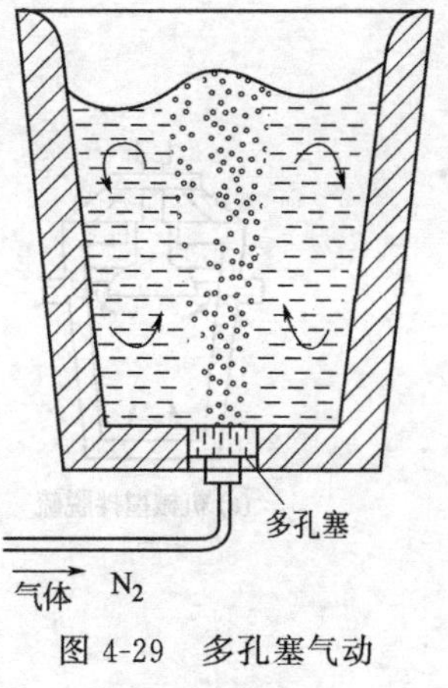

图4-29 多孔塞气动包脱硫装置

提高多孔塞的透气率有助于强化搅拌效果，提高脱硫率。而透气率随耐火材料的粒度增大和成型压力的降低而提高，但高温强度却随之下降，所以透气率以控制在30%～40%为宜。

气动包设计要考虑到翻腾需要的空间，一般铁水装载量占铁水包高度2/3，其余1/3作为翻腾空间。铁水包高度和直径比取2.0左右。此外，多孔塞数量依处理包大小决定，3t以上处理包需装两个以上多孔塞才能保证铁水有充分的搅拌条件。

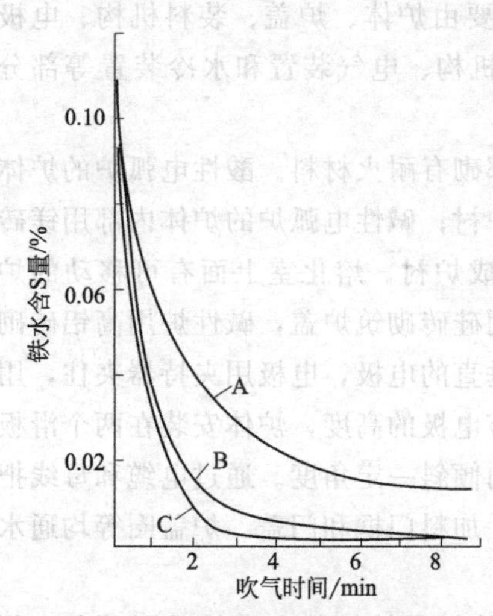

图4-30 脱硫剂种类和吹气时间对多孔塞气动脱硫的影响

A—石灰；B—石灰＋萤石；C—电石

气动包脱硫的缺点是吹入的氮气带走大量的热量，降温比较大，例如处理1.0t铁水，加入1.5% CaC_2，搅拌5～6min，降温95～125℃。因此，气动包脱硫只适用于处理1500～1550℃以上的铁水。而这种铁水只能用电炉或冲天炉-电炉双联熔炼才得到。

多孔塞吹气时间与铁水含硫量变化的关系如图4-30所示，3～4min内脱硫速度很快，此后脱硫速度趋于稳定。脱硫效果与脱硫剂的性质密切相关。由图4-30所示可知，CaC_2 脱硫效果最好，CaO最差，但CaO＋CaF_2 的脱硫效果接近于 CaC_2。

3）机械搅拌法　用耐火材料制成的机械搅拌器借助离心力作用，铁水从中央吸入从侧面排出，造成激烈的搅拌作用，使铁水和脱硫剂充分混合、反应。搅拌器以100rad/min的速度旋转，使铁水-脱硫剂界面产生循环运动，但脱硫剂位于此界面之上，所以脱硫剂的运动速度低于铁水的运动速度，使得脱了硫的铁水不会旋到处理包底部。机械搅拌法的降温少，铁水损耗也少，在美国得到广泛应用。图4-31（a）所示为机械搅拌脱硫装置示意图。

4）气体喷射法　喷射法脱硫装置示意图4-31（b），2～3atm的氮气带着粉状脱硫刑喷入铁水中，使铁水和脱硫剂激烈搅拌混合，促进脱硫反应。

5）连续脱硫装置　连续脱硫装置用于大吨位连续出铁冲天炉，其结构为炉前安装一个多孔塞气动包，脱硫剂从出铁槽加入，脱硫渣从处理包顶部溢出，处理好的铁水从侧面排放孔流出，整个过程连续进行。图4-31（c）为连续脱硫装置示意图。

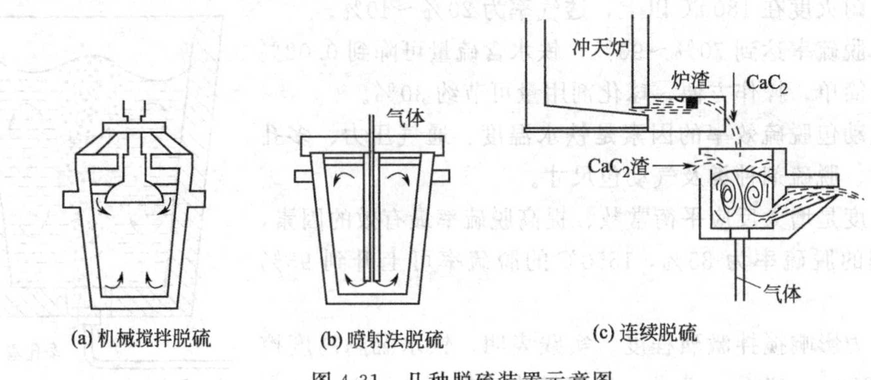

(a) 机械搅拌脱硫　(b) 喷射法脱硫　(c) 连续脱硫

图 4-31　几种脱硫装置示意图

4.3　铸钢和铸铁的电弧炉熔炼

4.3.1　电弧炉炼钢的特点

电弧炉主要用于铸钢的熔炼。除一小部分铸钢采用感应电炉或其他特种熔炼设备熔炼外，相当数量的铸钢目前采用电弧炉熔炼。

电弧炉的构造如图 4-32 所示。常用的三相电弧炉主要由炉体、炉盖、装料机构、电极升降与夹持机构、倾炉机构、炉体开出机构、炉盖旋转机构、电气装置和水冷装置等部分构成。

电弧炉的炉体是一个圆筒形，底部为球形铁壳，内部砌有耐火材料。酸性电弧炉的炉体内部用硅砖砌成，硅砖的表面用石英砂加水玻璃打结成炉衬；碱性电弧炉的炉体内部用镁砖和黏土砖砌成，镁砖的表面用焦油镁砂或卤水镁砂打结成炉衬。熔化室上面有可移动的炉盖，它用钢板制成炉盖圈，圈内用耐火砖砌成；酸性炉用硅砖砌筑炉盖，碱性炉用高铝砖砌筑炉盖。炉体上装有装料门、出钢口和出钢槽。有三根垂直的电极，电极用夹持器夹住，用横杆将夹持器与支架相连，并借助电器装置转动鼓轮调节电极的高度，炉体安装在两个滑板上。炉旁备有倾转机构，可使炉体门向炉门和出钢口方向倾斜一定角度。通过电缆和母线把电流从变压器输出到电极夹持器。电极夹持器、密封圈、加料门框和门盖、炉盖圈等均通水冷却。

铸钢件的质量与合金液的质量有直接的关系，因此炼钢是铸钢件生产的重要环节。例如：铸钢件的力学性能在很大程度上取决于合金液的化学成分及其纯净度。铸件缺陷，如气孔、夹杂、缩松和热裂等都与合金液的质量有关。因此，要保证铸钢件的质量就必须炼出高质量的钢液。

炼钢的主要任务是：熔化炉料，去除合金液中的有害元素、非金属夹杂物和气体，使其含量不超过规定范围；调整钢液的化学成分，使各元素的含量符合规格要求；将合金液过热到一定温度以保证浇注需要。电弧炉熔炼法可以满足铸钢熔炼的绝大部分要求。

电弧炉炼钢的主要特点如下。

电弧炉借助电极与金属炉料间形成的高温电弧来熔化炉料和过热钢液。由于不用燃料燃烧的方法加热，故容易控制炉气的气氛为氧化性或还原性。炉料熔化后炼钢过程在炉渣覆盖下进行，由于炉渣的温度很高、化学性质活泼，使钢渣之间的化学反应能够进行。电弧炉依

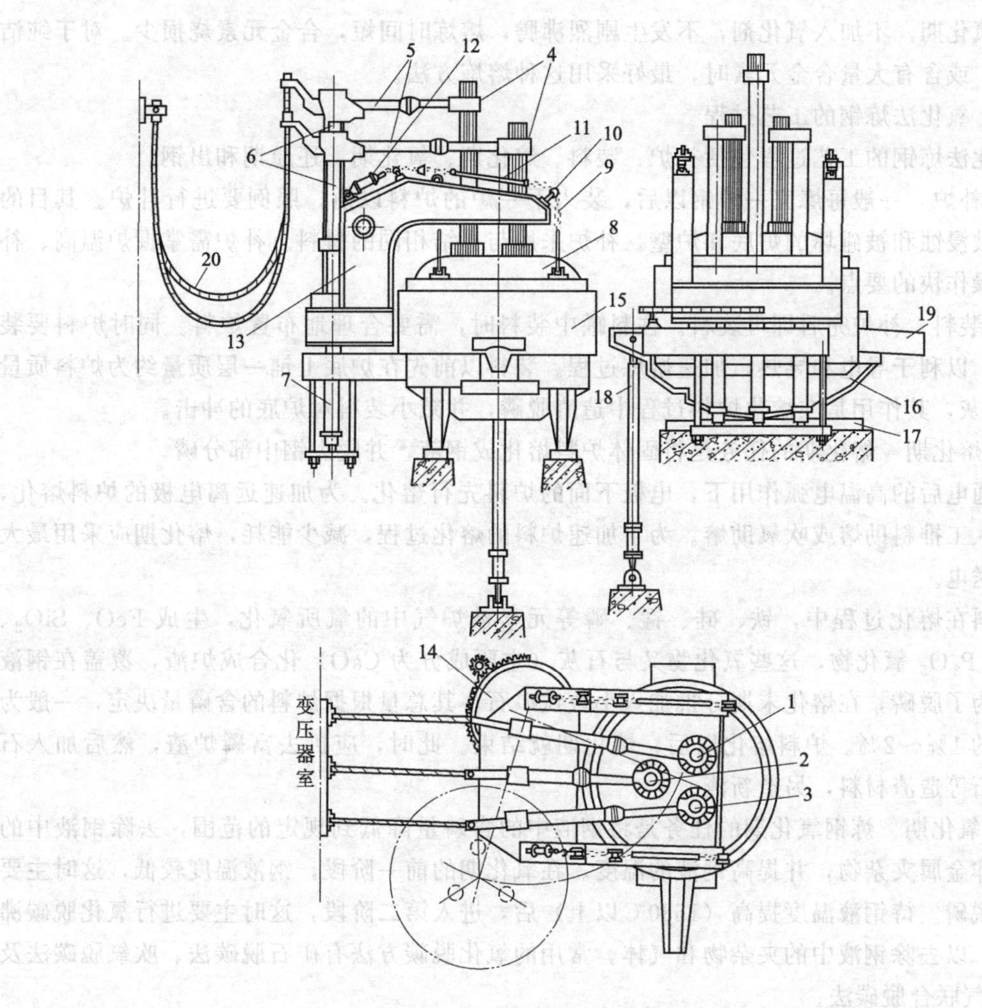

图 4-32 三相电弧炉的构造

1、2、3—电极；4—电极夹持器；5—电极支承横臂；6—升降电极立柱；7—升降电极液压缸；8—炉盖；9—提升炉盖链条；10—滑轮；11—拉杆；12—提升炉盖液压缸；13—提升炉盖支承臂；14—转动炉盖机构；15—炉体；16—月牙板；17—支承轨道；18—倾炉液压缸；19—出钢槽；20—电缆

照所采用的炉衬耐火材料的性质而分为碱性电弧炉和酸性电弧炉。碱性电弧炉具有较高的脱磷和脱硫能力，对炉料的适应能力强。电弧炉作为炼钢设备的最大优点是热效率高，特别是在熔化炉料方面，其热效率高达75%。由于以上优点，电弧炉成为在铸钢方面应用最普遍的炼钢炉。

电弧炉炼钢的缺点是钢液容易吸收氢气。在电弧的高温作用下，空气中的水分子离解为离子氢和离子氧，在炉渣覆盖不严密的条件下，氢易侵入钢液而使钢液增氢。

4.3.2 碱性电弧炉熔炼

常用的有两种碱性电弧炉冶炼方法：氧化法和不氧化法。氧化法熔炼的特点是：炉料熔化后要加入矿石或吹入氧气，使钢液产生剧烈的氧化沸腾，其目的是为了脱碳、脱磷、除气和去除非金属夹杂物。这种方法对炉料要求不十分苛刻，料源很广。氧化法适用于冶炼大多数碳素结构钢、合金结构钢和某些特殊钢种，如不锈钢。不氧化法熔炼的特点是：在熔炼过程中无氧化期，不加入氧化剂，不发生剧烈沸腾，熔炼时间短，合金元素烧损少。对于纯洁的炉料，或含有大量合金元素时，最好采用这种熔炼方法。

(1) 氧化法炼钢的工艺过程

氧化法炼钢的工艺过程包括补炉、装料、熔化期、氧化期、还原期和出钢。

1) 补炉　一般每炼完一炉钢以后，装入下一炉的炉料以前，照例要进行补炉。其目的是修补被浸蚀和被碰坏的炉底和炉壁。补炉采用与打结相同的材料。补炉需掌握炉温高、补层薄、操作快的要点。

2) 装料　补炉完后即可装料。往料罐中装料时，需要合理地布置炉料。同时炉料要装得紧密，以利于导电和导热，加速熔炼过程。装料以前先在炉底上铺一层质量约为炉料质量1%的石灰，其作用是在熔化炉料过程中造渣脱磷，并减小装料对炉底的冲击。

3) 熔化期　熔化期的任务是将固体炉料熔化成钢液，并脱去钢中部分磷。

在通电后的高温电弧作用下，电极下面的炉料先行熔化。为加速远离电极的炉料熔化，可采取人工推料助熔或吹氧助熔。为了加速炉料的熔化过程，减少能耗，熔化期应采用最大的功率送电。

炉料在熔化过程中，铁、硅、锰、磷等元素被炉气中的氧所氧化，生成 FeO、SiO_2、MnO 及 P_2O_5 氧化物，这些氧化物又与石灰（主要成分为 CaO）化合成炉渣，覆盖在钢液表面。为了脱磷，在熔化末期分批加入小块铁矿石，其总量根据炉料的含磷量决定，一般为装料量的1%～2%。炉料熔化以后，熔化期就结束。此时，应扒去富磷炉渣，然后加入石灰、萤石等造渣材料，另造新渣。

4) 氧化期　炼钢氧化期的任务是将钢液中的含磷量降低到规定的范围，去除钢液中的气体和非金属夹杂物，并提高钢液的温度。在氧化期的前一阶段，钢液温度较低，这时主要是造渣脱磷。待钢液温度提高（1530℃以上）后，进入第二阶段，这时主要进行氧化脱碳沸腾精炼，以去除钢液中的夹杂物和气体。常用的氧化脱碳方法有矿石脱碳法、吹氧脱碳法及矿石-氧气联合脱碳法。

矿石脱碳法是在氧化期分批加入经过焙烧的铁矿石。铁矿石中的氧化铁与钢液中的铁发生吸热反应：

$$Fe_2O_3 + Fe = 3FeO - Q \tag{4-76}$$

反应生成的氧化亚铁溶解在钢液中，起脱碳作用：

$$FeO + C = Fe + CO - Q \tag{4-77}$$

碳的氧化生成大量的 CO 气泡，造成钢液沸腾，具有清除钢液中的气体和非金属夹杂物的作用。矿石用量根据脱碳量来确定，一般加入矿石 1kg/t 钢液，可脱碳 0.01%左右。为了达到高效地去除钢液中的气体，应使钢液激烈沸腾。为了使钢液温度不至于因加入铁矿石大幅度降低，应采取分批加入矿石的方法，以保证维持钢液的激烈沸腾状态，提高除气排渣的效果。

吹氧法是用直径 12～25mm 的普通钢管从炉门插入钢液 100～200mm 内吹氧，并通过调节供氧压力控制熔池的沸腾。吹入的氧与铁首先发生放热反应：

$$2Fe + O_2 = 2FeO + Q \tag{4-78}$$

形成的 FeO 再与铁水中的碳发生吸热反应，与式（4-77）相同。

吹氧过程中的耗氧量与脱碳量有关，为保证除气及去除非金属夹杂物的效果，脱碳量应达到 0.3%～0.4%，因而每吨钢液的耗氧量约为 4～5m^3。

除上述矿石法和吹氧法之外，也可采用矿石-吹氧结合法。该方法是分批加入矿石，并在加每批矿石之间吹氧。

经过氧化脱碳后，钢液中含有大量的氧化亚铁，同时残存未熔的矿石致使停止供氧的条件下钢液仍继续沸腾一段时间，这一阶段的沸腾称为净沸腾，钢液净沸腾时间 5～15min。

为使脱磷效果更好，在氧化期内还要加入新鲜石灰（CaO）造渣并加入萤石（CaF_2）调整炉渣的黏度。

当钢液含磷量和含碳量都已符合规定要求，钢液温度足够高时，可以扒出氧化渣，进入还原期。

5）还原期　在氧化期结束后扒去氧化渣，造稀薄渣覆盖钢液表面，以减少降温和吸气。渣料组成比为石灰∶氟石∶砖块＝4∶1.5∶0.2，渣料加入量相当于钢液质量的 2%～3%。

在还原初期加锰铁预脱氧，锰铁加入量按规格成分下限含锰量计算。

预脱氧后开始造还原渣，它有很好的脱氧脱硫能力。还原渣有两种，即白渣和电石渣。白渣适于冶炼含碳量低于 0.35%的钢种，电石渣适于冶炼含碳量高于 0.25%的钢种。

造白渣方法是稀薄渣形成后，每吨钢水按此比例加入以下渣料：石灰 8～12kg，氟石 1～2kg，炭粉 1.8～2.0kg。关上炉门 10～15min，即形成白渣，其成分为 55%～65%CaO，15%～20%SiO_2，<10%MgO，5%～10%CaF_2，2%～3%Al_2O_3，余为 FeO、CaS 等。白渣在冷却后即粉化。

在白渣形以后，白渣覆盖钢液 20～30min，促进炭粉脱氧和石灰脱硫。

$$\left.\begin{array}{l} FeO+C=Fe+CO-Q \\ (CaO)+(FeS)=(CaS)+(FeO) \end{array}\right\} \tag{4-79}$$

白渣的脱氧脱硫能力随时间延长而减弱，为恢复其还原能力，在白渣覆盖期间，每隔 6～8min 分批加入调整渣料，每批渣料每吨钢水包括：石灰 4～6kg，硅铁粉 2～3kg。硅铁粉起脱氧作用：

$$Si+2(FeO)=(SiO_2)+2[Fe] \tag{4-80}$$

造电石渣的方法是稀薄渣形成后，每吨钢水加入石灰 8～12kg，氟石 2～4kg 和炭粉 4～5kg，15～20min 后形成电石渣，其颜色为暗灰色或灰黄色，浸入水中有电石气味。电石渣成分为 55%～65%CaO，10%～15%SiO_2，8%～10%MgO，2%～3%Al_2O_3，8%～10%CaF_2，2%～5%CaC_2，余为 FeO、CaS、MnO 等。在高温电弧和还原性气氛条件下炉渣中的石灰与炭粉反应生成电石：

$$(CaO)+3C=(CaC_2)+CO\uparrow \tag{4-81}$$

电石渣中的碳起脱氧作用，石灰起脱硫作用，而电石既脱氧又脱硫：

$$\left.\begin{array}{l} C+(FeO)=CO\uparrow+[Fe] \\ CaO+(FeS)=(CaS)+(FeO) \\ CaC_2+3(FeO)=(CaO)+3[Fe]+2CO\uparrow \\ CaC_2+3(FeS)+2(CaO)=3(CaS)+3[Fe]+2CO\uparrow \end{array}\right\} \tag{4-82}$$

为了使钢液充分脱氧脱硫，钢液应在电石渣覆盖下保持 15～25min 的还原时间。在此期间每隔 8～12min 分批加入补充渣料，如每吨钢水加入石灰 4～6kg 及炭粉 1～2kg，以保持电石渣的还原能力。

电石渣的还原能力优于白渣，缺点是钢液增碳太快，每小时约增碳 0.1%，所以这种方法不能冶炼低碳钢。此外，电石渣与钢液的润湿性好，与钢液不易分离，易引起铸件夹渣。

因此，出钢前要使电石渣变成白渣。其方法是打开炉门，让空气大量进入炉内，渣中的电石成分就会被氧化而成为石灰：

$$2CaC_2+3O_2 = 2CaO+4CO \tag{4-83}$$

当含氧量和含硫量都已降到合格的程度，钢液温度达到出钢温度要求时，可以调整钢液的化学成分。冶炼碳钢时，加入适量的硅铁和锰铁来调整含硅量和含锰量。冶炼合金钢时，除了调整含硅量和含锰量以外，还要调整合金元素含量。

6）出钢　钢液化学成分调整好后，即可用铝进行终脱氧。终脱氧的加铝量与钢炉和铸型状况有关，一般为钢液重的0.10%～0.15%。用铝终脱氧的方法有两种，插铝法和冲铝法。插铝法是在临出钢前，用钢钎将铝块插入钢液中进行脱氧，操作时应切断电源。冲铝法是将铝块放在出钢槽上，利用钢液将铝块冲熔进行脱氧。插铝法脱氧效果较好；冲铝法操作简单，但有时铝块会被炉渣裹住，不能起到应有的脱氧作用。

终脱氧后，升起电极，倾炉出钢。出钢时钢流要大，且要钢、渣齐出。这样，炉渣可起到保护作用，减小钢液的氧化、吸气和冷却。此外，由于钢、渣同时注入包内，得到充分搅拌和接触，可起到进一步脱硫作用。对于少数含有易氧化元素的钢种，为了提高元素的收得率和稳定钢液的化学成分，则采用先出钢后出渣的出钢方法。

（2）合金钢的冶炼

采用氧化法冶炼合金钢的工艺过程与冶炼碳钢的工艺过程大体相同。其区别在于冶炼合金钢时需要往钢中加入合金元素。合金元素可以铁合金或纯金属的形式加入。为了炼出优质合金钢，加入合金元素应注意以下几点。

1）加入时间　不易氧化的合金元素如镍等可以在装料时随同大批炉料一起装入炉中。氧化程度比较轻的元素如铜，可以在熔化末期或氧化期初加入。总之，这类元素应在氧化脱碳前加入，这样处理的优点是能够在氧化期当中，由钢液沸腾来清除这些合金带入的气体和非金属夹杂物。特别是电解镍和电解铜，由于含有较多的氢，如果在还原期加入，就会使钢液的含氢量增加。

容易氧化的合金元素则应在还原期加入。越是容易氧化的合金元素，越是要求在脱氧良好的条件下加入。在还原期加入合金元素的优点是减少合金元属的烧损，提高其收得率，便于控制钢的化学成分。

2）收得率　冶炼合金钢时，为了准确地控制钢的化学成分，应该掌握各种元素的收得率。表4-8列出正常冶炼条件下合金元素的收得率。

表4-8　碱性电弧炉氧化法炼钢中合金元素的收得率

元素名称	合金名称	适宜的加入时间及条件	收得率/%
镍	电解镍	装料时加入	98
铜	钼铁	装料时或熔化期中加入	95～98
铜	电解铜	熔化末期或氧化初期加入	95～98
钨	钨铁	氧化末期或还原初期加入	95～98
铬	铬铁	在良好的白渣下还原15min后加入	95
锰	锰铁	还原期中，在良好的白渣下加入	90～95
硅	硅铁	出钢前(7～10)min，在良好的白渣下加入	90
钛	钛铁	出钢前(5～10)min加入	40～70
钒	钒铁	出钢前(5～8)min加入	80～95
铝	电解铝	还原期终了，停电，往钢液中插铝	60～80
硼	硼铁	出钢时加入盛钢桶中冲熔	30～60

3）铁合金的处理　铁合金在使用前应破碎成 30～80mm 块度。电解镍板和电解铜板应剪成较小的块度。块度过大时不易熔化，块度过小易氧化烧损。铁合金投入炉内以前应该经过充分的烘烤并及时使用，以便尽可能避免将水分带入炉中产生气体。

4）加入合金的操作要点　加合金时操作应根据合金的特点采取相应的措施。例如：装料时，镍和钢铁等随炉料一起装入的合金，不应该装在电极下面的位置，否则电弧强烈的高温作用会使合金元素大量烧损。对于密度大而且难于熔化的合金（如钨铁），加入炉内后应注意搅拌，防止它沉入炉温较低的底部而长时间不能熔化。对于相对密度小的合金（如钛铁和铝），应该先扒开炉渣后再加入，并把它们压入钢液中，否则易发生合金被炉渣包裹而不能沉入钢液的现象。

（3）不氧化法熔炼

所谓不氧化法熔炼实质上是废钢重熔，故又名返回法。它是近代熔炼合金钢，特别是高合金钢的主要方法。该法的优点是可以采用 100%的废钢。应该指出：来自轧钢、锻造、铸造和其他部门的废钢，其数量是非常可观的，可达到钢产量的 50%左右。由于这种熔炼方法没有氧化期，可以使钢料中 60%以上的合金元属保留下来，因而节省了大量的贵重合金元素。也由于没有氧化期，不仅免去氧化沸腾的时间，而且钢液氧化程度减小，需要补充的合金元素也少，因而也缩短了还原期。这就大大减少了总的冶炼时间，降低了电能消耗，延长炉子寿命。但因为这种熔炼方法没有沸腾氧化期，所以不能有效地脱碳和去磷，也不能充分去气和排除非金属夹杂物。为了保证不氧化法炼钢的质量，应从以下几个方面采取措施。

1）炉料　炉料的成分应尽量接近铸件的要求，并考虑熔炼中的烧损，不足的成分，可以用适当的附加料来弥补。不氧化法熔炼合金元素的烧损为：铁 3%～4%，硅 30%～50%，锰 20%～30%，铬 15%。炉料的平均含碳量不得超过钢的规格含碳量的下限，磷的含量比规格限度低 0.02%。含硫量也不得超过规格限度。

炉料可采用 100%同种废钢或用几种不同含碳量的废钢搭配而成，也可采用 70%～80%的合金废钢和 20%～30%低碳废钢。

炉料必须干燥、清洁、无锈、无油。加入的铁合金必须预热。使用的石灰必须干燥无水分。这是获得优质钢的重要条件。

2）装料　除钒铁和钛铁外，用来增加合金元素的铁合金与炉料一同装入炉中。由于钒和铁易氧化，所以在还原末期才加入。装料时应将难熔的钨铁等装在炉子中央，易吸气的铬铁和易挥发的镍和锰铁装在炉坡。

3）熔化　在熔化期，应经常向炉内加入已经烤过的石灰石或新烧的石灰，其加入量为炉料质量的 2%～4%。石灰石的使用对不氧化法冶炼特别重要，因为它能使炉渣活泼，促使炉温上升和清除钢液中的气体。在熔化期，炉料中约有 30%的磷与碱性炉渣中的 CaO 结合。除磷所必需的 FeO，一部分是炉料的氧化铁带入，另一部分是来自炉气对钢液的氧化。因为炉料的含磷量低，FeO 少，所以脱磷不明显。

为了加速熔化或冶炼某些低碳高合金钢，可以采用吹氧助熔，有效地缩短熔化期。

炉料熔化后，如炉温不够高，需要短期升温。熔化期一般不扒渣即进入还原期。但钢液中的磷含量较高时，必须扒渣后方可进入还原期。

4）还原　由于钢液中的 FeO 少，加入的铁合金不多和脱硫量也不多，所以还原期比氧化法缩短 20～30min。还原操作与氧化法相同。

与氧化法比较，不氧化法炼钢缩短冶炼时间 1h 左右，提高炉子生产率 19%～21%，减少电能消耗12%～15%。

4.3.3 碱性电弧炉吹氧返回法炼钢

吹氧返回法是常用于冶炼不锈钢的一种炼钢方法。这种方法的优点是能充分利用不锈钢返回料，回收其中的铬，达到节约铬的目的。

吹氧返回法的冶炼过程也包括熔化期、氧化期和还原期。但在工艺上与氧化法是有区别的。用氧化法冶炼不锈钢时，铬在还原期加入；而用吹氧返回法冶炼时，铬的全部或大部分是在装料时加入。这种方法能够避免由于在还原期中加入大量炉料（不锈钢返回料或铬铁），而带入气体和非金属夹杂物，保证钢液质量。用吹氧返回法冶炼，可以大量使用不锈钢的返回料。

我国有很多工厂采用这种方法来冶炼铬不锈钢、铬镍不锈钢、铬锰不锈钢，并已掌握了成熟的经验。不锈钢返回料的用量达到全部炉料的60%～70%，返回料中铬的回收率一般可达90%以上。吹氧返回法除了冶炼不锈钢外，还可以冶炼含铬低合金钢，也能收到节约铬的效果。

(1) 吹氧返回法炼钢原理

吹氧返回法炼钢时，不锈钢返回料和铬铁可在装料时加入。炉料熔化后，钢液中含有13%以上的铬。在氧化期，为了清除钢液中的气体和非金属夹杂物，需要进行吹氧脱碳。但吹氧脱碳过程会使钢液中的铬氧化。钢液含铬量越高，铬的氧化烧损越多。因此，如何能做到既脱掉钢液中的碳，又保留住其中的铬就成为冶炼的关键。

1）脱碳保铬　向高铬钢液吹氧时，碳和铬都被氧化，碳和铬的氧化反应为：

$$\left.\begin{array}{ll}[C]+[O]=CO\uparrow & \Delta G_1=-2500-10.75T \\ 2[Cr]+3[O]=(Cr_2O_3) & \Delta G_2=-361280+179.37T\end{array}\right\} \tag{4-84}$$

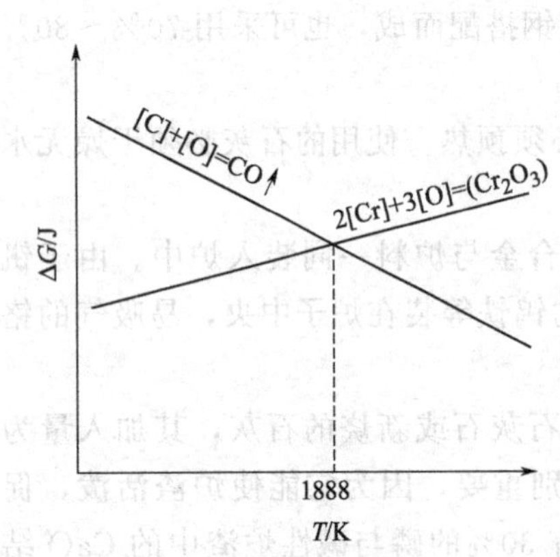

图4-33　碳和铬的氧化反应的自由能变化

碳、铬与氧的亲和力随温度而变化。温度升高，Cr-O亲和力下降，C-O亲和力上升，根据Cr-O和C-O反应自由能与温度的关系，如图4-33所示，得到$\Delta G_1=\Delta G_2$的温度$T=1888\text{K}$，即1615℃。这个关系说明在温度低于1615℃时吹氧，优先氧化的是铬而不是碳，温度高于1615℃时吹氧，优先氧化的是碳而不是铬。为保证钢液中铬不致因氧化而大量损失，吹氧温度应在1615℃以上。

既然在1615℃以上的温度条件下碳与氧的亲和力大于铬，那么碳也可以将铬从其氧化物中还原出来：

$$(Cr_mO_n)+n[C]=m[Cr]+nCO_{(g)} \tag{4-85}$$

此反应的平衡常数

$$k=\frac{a_{[Cr]}^m p_{CO}^n}{a_{[C]}^n a_{(Cr_mO_n)}}$$

式中　$a_{[Cr]}$、$a_{[C]}$——分别为金属液中Cr、C的活度；

$a_{(Cr_mO_n)}$——渣相中Cr_mO_n的活度；

p_{CO}——气相中CO的分压。

为简化问题，做以下假设：$P_{CO}=0.1\text{MPa}$，$a_{(Cr_mO_n)}=1$，$m=n=1$及碳、铬的活度系

数相等，则有：

$$k=\frac{0.1[Cr]}{[C]}=f(T)$$

对 3%～30%Cr 的钢液，由实验得到以下关系：

$$\lg\frac{[Cr]}{[C]}=-\frac{13800}{T}+8.76 \tag{4-86}$$

根据此式，可以得到不同温度下钢中的铬和碳的定量关系。由此可知，钢中的含铬量一定时，碳含量将随温度的提高而降低；碳含量一定时，随温度的提高，钢中将保留更多的铬，图 4-34 所示为不同温度下钢液中的含碳量与含铬量的实验结果。由图可知，在钢液含碳量较低的情况下，要保证钢液较高的含铬量，冶炼温度必须很高。吹氧返回法就是基于这一原理采用了比氧化法更高的吹氧温度才达到减少铬氧化烧损的目的。

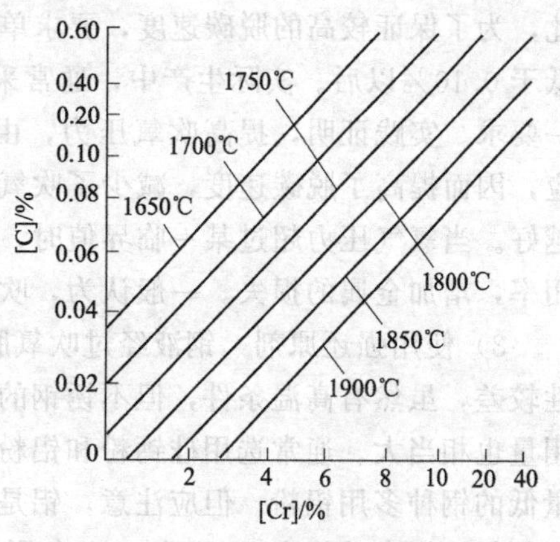

图 4-34 不同温度下钢液含碳量与含铬量的关系

2）铬的回收

虽然在氧化期提高钢液温度可减少铬的氧化损失。但由于吹氧脱碳后碳含量的降低和氧的大量引入，渣中仍然含有比较多的氧化铬。一般 Cr_2O_3 可达 25%以上。显然，扒掉这种成分的炉渣是很不经济的。

吹氧返回法冶炼，采取氧化期终了不放掉氧化渣，而将其留到还原期的办法。在还原期中再用强脱氧剂把铬从富氧化铬渣中还原出来，并返回到钢液中而使铬得以回收。

用硅钙粉脱氧时，合金元素的还原反应如下：

$$\left.\begin{aligned}
&2(Cr_2O_3)+3[Si]=4[Cr]+3(SiO_2)\\
&2(FeO)+[Si]=2[Fe]+(SiO_2)\\
&2(MnO)+[Si]=2[Mn]+(SiO_2)\\
&(Cr_2O_3)+3[Ca]=2[Cr]+3(CaO)\\
&(FeO)+[Ca]=[Fe]+(CaO)\\
&(MnO)+[Ca]=[Mn]+(CaO)
\end{aligned}\right\} \tag{4-87}$$

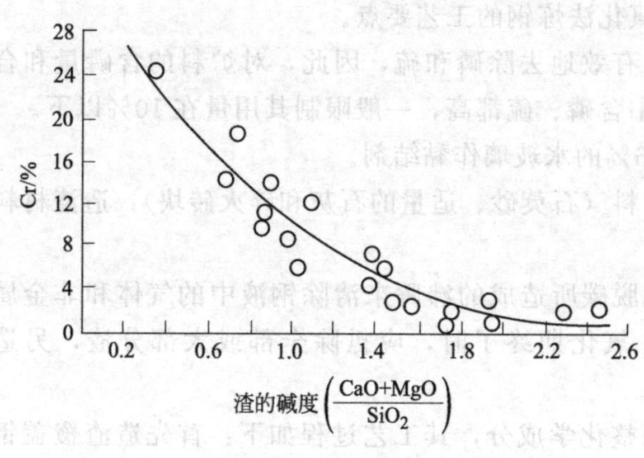

图 4-35 炉渣碱度与渣中铬含量的关系

从反应式可知：提高炉渣碱度，降低 (SiO_2) 活度，对各种金属元素的还原都有利。如图 4-35 所示，保持 2.0～2.4 的炉渣碱度，铬的回收率最高。一般情况下，吹氧返回法冶炼不锈钢时，铬的收得率可达 85%～95%。

（2）吹氧返回法的工艺特点

吹氧返回法冶炼工艺过程与氧化法相同。但为减少铬的氧化，提高铬的收得率，在工艺操作上又有一些不同于氧化法的特点。

1）吹氧温度高　如前所述，为保证钢中的铬不致因大量氧化而损失，吹氧温度须大于1615℃。吹氧温度越高，铬的氧化损失越小。实际操作中常从两个方面来保证开始吹氧的温度。一是保证熔炼的钢液中有一定的硅量。因硅同氧的亲和力大于铬，硅的氧化又是强放热反应，钢液中有一定的硅量不但保住了铬，而且可以迅速提高钢液的温度。二是吹氧助熔的开始时间不能过早。应在炉料熔化75%以后才进行，这样可以降低铬在低温下的氧化损失。

2）吹氧压力高　不锈钢液的碳含量比较低，脱碳必需的过剩氧量远大于一般钢种。因此，为了保证较高的脱碳速度，要求单位时间内能够向钢液内提供较多的氧量，尤其是含碳低于0.10%以后。实际生产中，通常采用提高吹氧压力或增加吹氧管支数的办法来满足这一要求。实践证明，提高吹氧压力，由于强化了熔池搅拌，增加了供氧量，加快了脱碳反应，因而提高了脱碳速度，减少了吹氧时间，降低了铬的损失。但并不是说，氧气压力越高越好。当氧气压力超过某一临界值时，不但不能有效地提高脱碳速度，而且会降低氧气的利用率，增加金属的损失。一般认为，吹氧压力为8～12atm时效果最好。

3）使用强还原剂　钢液经过吹氧脱碳后，碳含量很低，氧含量很高，加上钢渣的流动性较差，虽然有高温条件，但不锈钢的脱氧仍相当困难，必须用强脱氧剂进行脱氧，而且其用量也相当大。通常选用硅钙粉和铝粉作为主要脱氧剂。硅含量高的钢种多用硅钙粉，硅含量低的钢种多用铝粉。但应注意，铝是强烈形成铁素体的元素，用铝脱氧时，对于奥氏体钢必须保证钢中残铝少于0.1%，以免影响钢的质量。

4）吹氧返回法炼钢的注意事项

① 尽量减少钢液在还原期中增碳　由于不锈钢的规格含碳量比一般碳钢低得多，所以应尽量避免钢液在还原期中增碳。通常从以下三个方面采取措施：第一，还原期造渣不用含碳的造渣材料；第二，还原期加入的铁合金的含碳量应尽量低，如调整含锰量常用金属锰而不用锰铁；第三，还原期熔炼使用长电弧冶炼，电弧短时增碳多。

② 控制炉料含磷量　吹氧返回法炼钢时，氧化期结束后不放掉炉渣，炉渣中的磷被全部保留到还原期中，由于强脱氧剂的还原作用，炉渣中的磷会大量返回到钢液中。因此，必须严格控制炉料的含磷量。

4.3.4　酸性电弧炉熔炼

（1）酸性电弧炉炼钢工艺要点

酸性电弧炉炼钢主要用氧化法，个别情况下也不例外。酸性炉炼钢工艺与碱性炉炼钢工艺有许多相似之处。下面介绍酸性电弧炉氧化法炼钢的工艺要点。

1）配料　由于酸性电弧炉炼钢法不能有效地去除磷和硫，因此，对炉料的含磷量和含硫量必须严格控制。由于生铁和回炉废铁中含磷、硫都高，一般限制其用量在10%以下。

2）补炉　补炉材料用石英砂加2%～6%的水玻璃作黏结剂。

3）熔化期　熔化期中加入酸性造渣材料（石英砂、适量的石灰和碎火砖块），造渣材料的加入量占钢液质量的2%。

4）氧化期　氧化期的任务是借助氧化脱碳所造成的沸腾来清除钢液中的气体和非金属夹杂物。脱碳可以采用吹氧法或矿石法。氧化期终了时，应扒除全部或大部分渣，另造新渣。

5）还原期　还原期的任务是脱氧和调整化学成分，其工艺过程如下：首先造渣覆盖钢液表面，造渣材料的石英砂和石灰的质量为3∶2，加入量约为钢液质量的3%。然后加入锰铁预脱氧，再加入混合脱氧材料进行还原。脱氧材料为炭粉、碎电极块和硅铁粉。脱氧材料应分批加入，还原的总时间大约 15～30min。当钢液脱氧良好，而且钢液温度达到出钢温度要求时，即可进行钢液化学成分的调整。化学成分调整好后，便可准备出钢。出钢前用铝进行终脱氧。

6）出钢　插铝脱氧后即可停电，升起电极，倾炉出钢。钢液在盛钢桶中镇静 5min 以上开始浇注。

（2）酸性电弧炉炼钢的优点

酸性电弧炉炼钢法是在酸性炉衬和酸性炉渣下进行的熔炼方法。与碱性电弧炉熔炼法相比，它具有以下优点。

1）熔炼时间短，生产效率高　这主要是由于没有脱硫和脱磷的工作，大大缩短了氧化期和还原期。

2）炉衬寿命长　碱性炉的炉衬是用镁砖和镁砂筑成。虽然氧化镁（MgO）的耐火度很高，但其热稳定性差，在反复的加热和冷却过程中容易产生裂纹，降低寿命，特别是不耐急冷急热，酸性炉衬是用硅砖和石英砂筑成。虽然二氧化硅（SiO_2）的耐火度比氧化镁低，但它的热稳定性好，能经受多次反复的加热和冷却，也比较能耐剧烈的温度变化。

3）耗电量少　一方面，由于熔炼时间缩短而节约了电能；另一方面，以二氧化硅为主要成分的酸性炉衬耐火材料的导热率比以氧化镁为主要成分的碱性炉衬耐火材料的导热率低很多，因而酸性电弧炉通过炉壁的散热损失比碱性炉小得多。其次，由于不脱硫、不脱磷，所以渣量较少，耗电量就少。

4）合金元素回收率高，钢液中的气体和非金属夹杂物较少　合金元素回收率高是由于酸性炉渣的氧化能力远远小于碱性炉渣的原因。

气体和非金属夹杂物的含量较少，一方面是由于酸性炉渣的流动性差，能严密地遮盖住钢液表面，比较有效地防止气体侵入；另一方面，在酸性炉渣的作用下，钢液中所含的 FeO 较少。这是因为 FeO 是碱性氧化物，它与酸性炉渣的结合能力强，而与碱性炉渣的结合力弱。也就是说，酸性炉渣比碱性炉渣的脱氧能力强。其结果是在酸性电弧炉炼钢的还原期中，钢液的氧化亚铁含量很低，因而终脱氧任务轻，所需加入的脱氧剂的量较少，钢液的脱氧产物少。

（3）酸性电弧炉炼钢的缺点

与碱性电弧炉炼钢法相比，酸性电弧炉炼钢法也有较大的缺点，主要有以下几个方面。

1）不能脱硫和脱磷　由于钢液不能脱硫和脱磷，因此，冶炼用的金属炉料中的磷和硫应低于成品钢的要求。造渣材料及增碳剂等材料中的磷和硫的含量应尽量低。而低硫、低磷的原材料是很缺乏的，这是限制它发展的根本原因。

2）钢的韧性差　由于钢中含有高硅非金属夹杂物，所以钢的伸长率、断面收缩率和冲击韧性较差。

3）不适于冶炼低碳钢　由于炉渣中所含的自由 FeO 少，对钢液中碳的氧化能力差，因此难以冶炼低碳钢。

4）钢的硅含量高　由于硅在酸性炉渣下易被还原出来而进入钢液，因此，很难熔炼低硅钢和对硅含量有严格要求的钢种。

4.3.5 低碳及超低碳钢的炉外精炼

过去冶炼特种钢主要在电炉内进行精炼，由于电炉炼钢时渣和钢的接触面积小，反应速度慢，还原期长，导致炉体浸蚀并吸收大量气体，造成电炉炼钢的一些质量问题不能根本解决，尤其是电炉钢浇注过程中钢水进一步吸收气体引起二次氧化，大大恶化了钢水的纯洁度。所以在浇注以前对钢水进行一次炉外精炼以提高特殊钢的纯洁度和质量是十分必要的。

电炉熔炼结合炉外精炼可以冶炼一些成分要求比较严格、规格范围很窄的钢种，像原子能电站用钢等。

不锈钢冶炼由于采用了炉外精炼，通过真空脱碳和气体稀释法强化脱碳，可以回收大量的不锈钢车屑返回料，还可用价格低廉的高碳铬铁、氧化铬矿石进行合金化，从而比较容易地获得价格低廉的低碳及超低碳钢种。

目前，欧美及日本生产不锈钢用电弧炉冶炼的比例已降到 9%，AOD（氩氧混吹脱碳）法则高达 64.3%，VOD（真空吹氧脱碳）法为 16.8%，其他炉外精炼为 9.7%。

采用炉外精炼生产低碳及超低碳不锈钢有显著的技术经济效益。

① 由于精炼移至炉外进行，钢渣反应条件远比炉内优越，使电炉的生产率提高 50%～100%。

② 降碳保铬过程合理化。无论真空或稀释气体条件下，$P_{CO}<1atm$，从而实现碳优先氧化，达到降碳保铬的目的。这样就可以使价格低廉的高碳铬铁作炉料成为可能，而不像过去电炉炼需要价格昂贵的微碳铬铁，使生产成本大大降低。

③ 不锈钢质量显著提高。炉外精炼不锈钢可达到超低碳（≤0.03%C）和极低碳（≤0.015%C），还能生产超纯不锈钢（C+N≤150ppm）。

钢液的炉外精炼大致可以分为三种方法：①真空脱气法；②真空吹氧脱碳法；③稀释气体脱碳法。

(1) 真空脱气法

钢中的氮和氢在电炉的氧化期和精炼期都有不同程度的下降，但在随后的处理过程中又可能回升。氢的回升主要是还原剂和石灰中的水分造成。在还原期中氮的变化没有氢那么显著。但出钢时，一旦与大气接触，钢水的吸氮量急剧增加。因此，出钢以前还要设法大幅度降低钢中的氢和氮。

钢中的含气量和气体分压有关：

$$\left.\begin{aligned}[\%H]&=K_H\sqrt{p_{H_2}}\\ [\%N]&=K_N\sqrt{p_{N_2}}\end{aligned}\right\}\tag{4-88}$$

式中 K_H、K_N——分别为 H、N 的平衡常数；

p_{H_2} p_{N_2}——分别为 H_2、N_2 的分压。

常压下空气中的氢分压为 $p_{H_2}=0.02atm$，氮气分压为 $p_{N_2}=0.78atm$，故钢中的平衡浓度为：

$$[\%H]=0.14K_H$$
$$[\%N]=0.88K_N$$

在 10^{-6} atm 真空条件下

$$[\%H]=0.001K_H$$
$$[\%N]=0.001K_N$$

相比之下，氢在常压下的溶解度比真空下高 140 倍，比氮的溶解度高 880 倍。由此可见，真空熔炼和真空处理一样，可以冶炼出含气量极低的优质钢。

已出现的真空脱气装置有多种，著名的有：液罐脱气装置，液滴脱气装置，DH 真空提升脱气装置和 RH 真空循环脱气装置。

液罐脱气装置是最早的一种真空处理系统，它把要处理的钢水包置于密封容器内，把密封容器抽真空使钢水达到净化。

液滴脱气法结构比较复杂，典型结构是下部为盛钢包与真空泵连接，上部为一矮包接受电炉钢水，矮包和盛钢包之间有一喷嘴，当钢水从喷嘴喷入盛钢包时受到真空室的吸力而变成大量分散液滴，使钢水得到充分的真空脱气。

(2) 真空吹氧脱碳（VOD）法

为了实现除气和脱碳双重目的，有一种带有吹氧枪和氩气搅拌系统的真空脱碳装置，顶部吹氧使钢水中的碳氧化，底部吹入氩气使钢水得到搅拌，真空室使钢液表面获得一个低压环境，使钢水中的气体从液面逸出，达到既脱碳又除气的作用。

(3) 稀释气体脱碳（AOD）法

在真空脱碳发展的同时，另一种氩-氧稀释气体脱碳法也得到了发展。氩氧脱碳依据原理以下。

常压下向含铬熔池吹氧时将发生钢水中的碳和铬竞相氧化的情况，一方面碳被氧化

$$4[C]+2O_2 = 4CO\uparrow \tag{4-89}$$

另一方面铬也被氧化

$$3[Cr]+2O_2 = (Cr_3O_4) \tag{4-90}$$

两式相减得

$$(Cr_3O_4)+4[C] = 3[Cr]+4CO\uparrow \tag{4-91}$$

该式的平衡常数 K 由下式表示：

$$K=\frac{[\%Cr]^3 p_{CO}^4}{[\%C]^4}$$

于是

$$[\%C]=P_{CO}\sqrt[4]{\frac{1}{K}[\%Cr]^3} \tag{4-92}$$

由此可知，要降低钢液的含碳量，只有提高温度（增大 K 值）和降低一氧化碳分压 p_{CO} 值。p_{CO}、[%C]、[%Cr] 和温度的关系如图 4-36 所示。在温度相同的情况下，CO 分压越小含碳量越低；提高温度降低 p_{CO} 值能得到最好的降碳保铬的效果。真空处理可实现降低冶炼空间的 p_{CO} 值。常压下利用氩氧混吹同样达到降低 p_{CO} 的目的。

典型的 AOD 炉如图 4-37 所示。它利用惰性气体（Ar、N_2）来稀释 CO，使 CO 分压降低来达到促进碳氧化的目的。AOD 炉类似氧气顶吹转炉，只是炉底有一个或几个风眼，这些风眼分布在炉底稍上一点的炉墙上，张角为 45°圆弧。当炉体处于垂直向上位置时，风眼沉浸在钢液里。但装料或取样而把炉体倾斜时风眼就露出液面。当炉体从转动轴环上移出即可换上另一个炉体。

Fruehan 提出 AOD 炉脱碳模型，它以传质理论为基础对 AOD 脱碳过程提出了解释，此模型认为：气体从风口吹入后，其中的氧气并不直接与钢中的碳作用，而是与浓度较大的铬作用，并在气泡和钢液的界面上生成一层固体的 Cr_3O_4 膜。这层膜的形成抑制了铬进一步氧化。在气泡上浮时，这层包裹在气泡外的 Cr_3O_4 膜不断与周围钢液中的碳作用，使碳氧

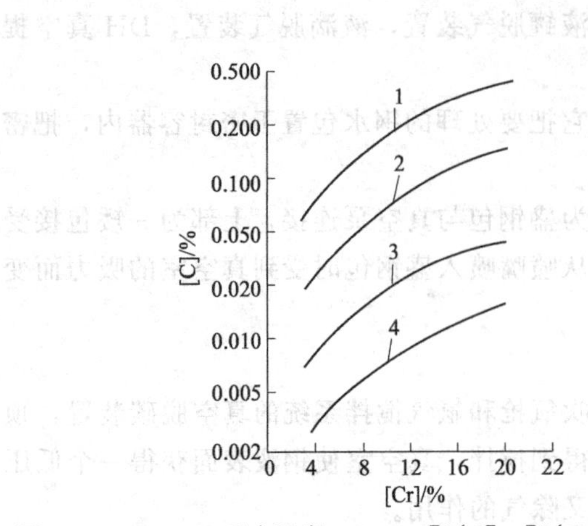

图 4-36 Fe-C-Cr 系中温度、P_{CO}、[%C]、[%Cr] 间的关系

1—1700℃，P_{CO}=1.0atm；2—1815℃，P_{CO}=1.0atm；
3—1700℃，P_{CO}=0.1atm；4—1815℃，P_{CO}=0.1atm

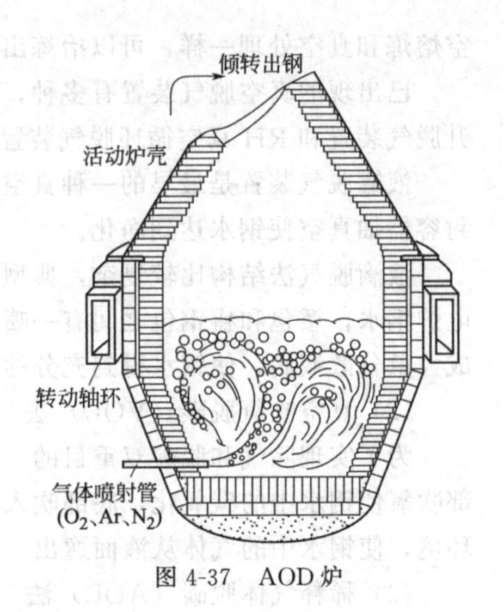

图 4-37 AOD 炉

化而铬被还原。消耗掉的膜会因气泡中剩余的氧气与邻近钢液中的铬作用而再生，直到氧气消耗殆尽；而气泡外包裹的 Cr_3O_4 膜则继续不断地和周围钢液中的碳作用，直至消失。上述过程可用图 4-38 来说明。

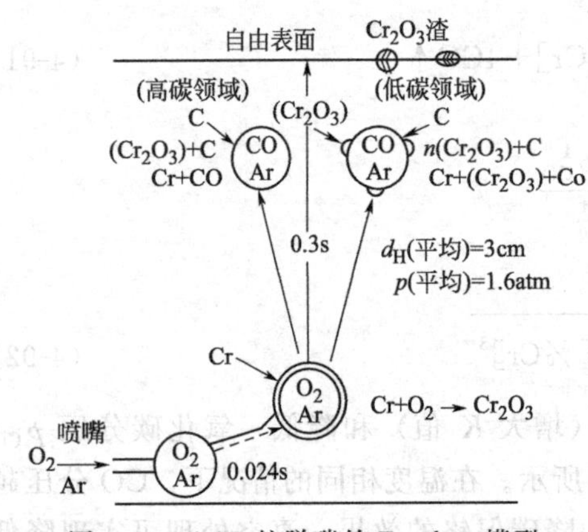

图 4-38 AOD 炉脱碳的 Fruehan 模型

AOD 精炼前期的主要任务是稀释脱碳。碳选择性氧化效果可用脱碳效率 CRE（Carbon Removal Efficiency）表示，它表示氧用于脱碳而不是氧化 Cr、Mn、Fe 等元素。

影响 CRE 值的因素有 O_2/Ar 比、开吹温度和原始含碳量。在 O_2/Ar 比较大的条件下，例如 O_2/Ar=4/1，CRE 随原始含碳量增加和开吹温度上升而提高。但在 O_2/Ar 较小（如 1/4）条件下，如果温度仅达到 1700℃，则 CRE 只有 35%左右。显然，靠升温来维持高的 CRE 值对炉况极不利。为了保持高的 CRE 值应该不断地根据钢水含碳量由高变低的情况降低 O_2/Ar 比。根据这个原理，工业上倾向于吹炼前期用 4/1～3/1 的 O_2/Ar 比，并将碳量配到（1.5%～2.5%）C，随着温度上升和碳量下降不断将 O_2/Ar 比降到 1/3～1/4。

从不锈钢冶炼的 Cr-C-温度平衡条件看，高温及快速升温是使碳优先氧化的首要条件。由于吹氧是一种主要升温手段，因而供氧强度对精炼起决定性作用。实践证明，提高供氧强度、缩短吹氧时间可使铬烧损减少，终点碳量降低。从图 4-39 和图 4-40 试验结果说明，增大供氧强度可以迅速提温并提高脱碳速率。提高供氧强度是减少吹氧时间，减少铬烧损，获得低碳钢水的重要途径。如果供氧强度超过 0.9m^3/min·t，只要吹炼 10～15min 即可使钢水温度提到 1800℃，碳降到 0.05%以下。如果供氧强度低于 0.24m^3/min·t，则不仅无法使碳降到 0.05%，而且吹炼 30min 只能使温度升到 1650℃。从氧气消耗来看，供氧强度

0.28m^3/min·t，须 55min，即消耗 15.6m^3/t 氧气才能使碳降到 0.05%。而供氧强度增加到 0.47m^3/min·t，只需 20min，即消耗 9.44m^3/min·t 氧即可达到 0.05%终碳量，后者比前者节约 40%氧气量。若用 0.944m^3/min·t 供氧强度，则达到同样的终碳量只需花 10min，时间节约一半，耗氧量同样是 9.44m^3/t。

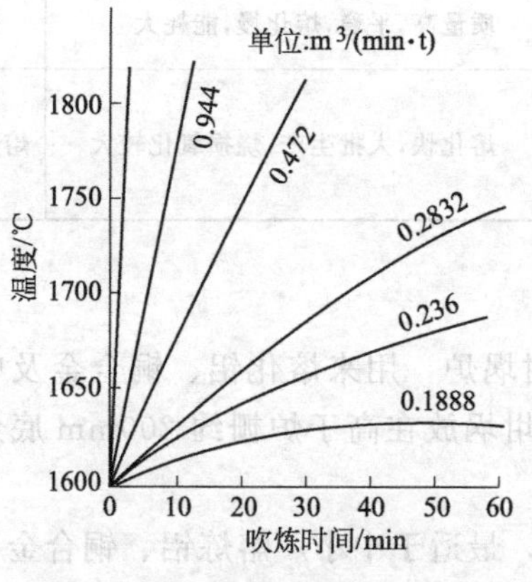

图 4-39　供氧强度与升温的关系

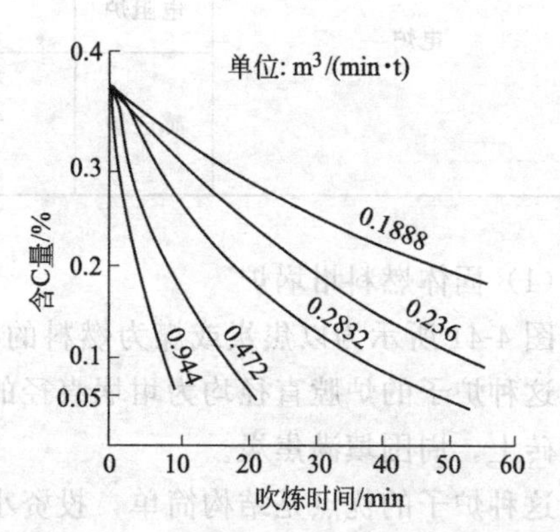

图 4-40　供氧强度与脱碳效率的关系

4.4　铝合金熔炼

4.4.1　熔炼炉

熔炼铝合金、铜合金及镁合金的设备有两大类：一类为燃料炉，包括使用固体（如焦炭）、液体（如柴油）、气体（天然气）等燃料坩埚炉或火焰炉；另一类为电炉（包括电弧炉、电阻炉、感应电炉等）。

影响熔炼炉发展的因素主要有三个：能源供应状况，公害的限制和对合金质量要求的提高。随着现代工业的发展，有色合金的熔炼设备也经历了一场变革。在工业化初期以焦炭为燃料的坩埚炉和反射炉为主，设置高大烟囱自然通风或强制通风。1958 年后进入石油廉价时期，燃油炉的应用得到了很大发展，采用可倾式炉，石墨坩埚炉和反射炉。由于重油和煤油（或柴油）产生的废气公害，以及温度难于控制，有色合金熔炉逐步向天然气或煤气熔炉，特别是电炉方向发展。在电炉熔炼发展初期，开始采用电弧炉，后来发展为工频炉或中频炉。现将各类熔炉特点及应用范围简述如下。有色合金中的大多数元素的化学性质活泼、容易氧化、吸气，并形成夹杂物，直接影响铸件质量，同时考虑到生产批量及设备成本，所以有色合金熔炼设备应满足以下要求。

① 熔炼平稳，金属液无搅动或少搅动；

② 熔炼时间短；

③ 能耗少，炉龄长且使用方便；

④ 生产成本低，价格便宜。

满足第①、②条可减少有色金属液氧化吸气及元素损烧，提高产品质量。满足第③、④条则降低生产成本，提高经济效益。常用铸造有色合金熔炼炉列于表 4-9。

表 4-9 常用铸造有色合金熔炼炉

熔炉类型	名称	熔炉主要特点	主要优缺点	用途
燃料炉(用固体、液体或气体燃料)	坩埚炉 火焰炉	固定式 可倾式	成本低,批量不限,温度不易控制,工作环境较差	炼铝 炼铜
电炉	电弧炉	直接加热	成本高,熔化快,烧损较大	熔铜
	电阻炉	间接加热	质量高,平稳,熔化慢,能耗大	熔铝
	感应炉	有芯工频炉 无芯工频炉 中频炉	熔化快,大批生产,烧损氧化较大	熔铝和铜

(1) 固体燃料坩埚炉

图 4-41 所示为以焦炭或煤为燃料的固定式鼓风坩埚炉，用来熔化铝、铜合金及中间合金。这种炉子的炉膛直径均为坩埚直径的 2 倍左右，坩埚放在高于炉栅约 200mm 底焦层上或砌砖上，周围填满焦炭。

这种炉子的优点是结构简单，投资小，适应性强，最适于中小厂熔炼铝、铜合金，批量不限，缺点是直接加热，温度不易控制，质量不易保证，劳动条件差。

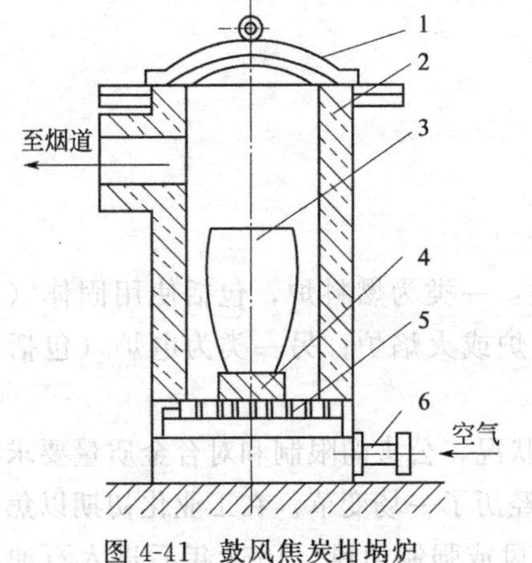

图 4-41 鼓风焦炭坩埚炉

1—炉盖；2—炉身；3—坩埚；4—填砖；5—炉栅；6—风管

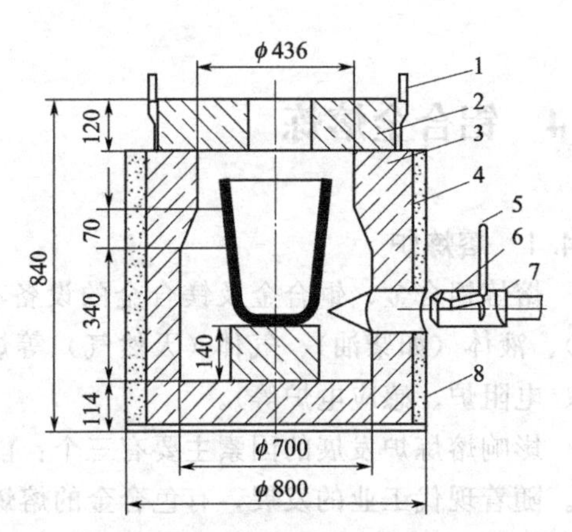

图 4-42 固定式柴油化铜炉

1—吊环；2—炉盖；3—炉身；4—炉壳；5—油管；6—低压喷嘴；7—风管；8—填料

(2) 液体、气体燃料坩埚炉

燃油坩埚炉主要以柴油作燃料，燃气坩埚常以煤气或天然气作燃料。图 4-42 为固定式柴油化铜炉，容量 100kg。燃料炉比固体燃料燃烧快而稳定，因而熔化速度快，炉温可以控制，合金质量较高，适用于中小型车间，最大容量可达 900kg。

液体燃料燃烧使用的主要部件是雾化器——喷嘴；而气体燃料燃烧使用的主要部件是混合器——烧嘴。

操作时，喷嘴将风、油混合物切线方向喷入炉中，火焰自下而上绕坩埚旋转运动。炉膛入口较大，有足够的时间和空间使燃料得以充分燃烧，放出热量，炉口直径小，可增加气流速度，提高传热效率。这种炉子浇注时需要有坩埚的起吊设备，但也可以改为倾转式。

(3) 电阻坩埚炉

电阻坩埚炉是通过电热体发热熔化合金，炉子的容量为 30～300kg，电热体有金属（镍铬合金或铁铬铝合金）或非金属（碳化硅）两种，是广泛用来熔化铝合金的炉子。

该炉的优点是炉气为中性，铝液无翻腾，氧化吸气少，炉温易控制，操作技术易掌握，劳动条件好。缺点是熔化时间长，熔炼 150～200kg 铝液，第一炉需 4～5h，能耗大，生产率低。因此，一般用来与燃油坩埚炉及工频炉联用作保温及变质处理炉。

(4) 无芯工频感应电炉

无芯工频感应电炉在炼铁、炼钢工业使用较多，用来熔铜、熔铝也有很好效果。

与电阻炉相比，无芯工频感应炉的优点是熔化速度快，生产率高，金属液成分、温度均匀，且易于控制。与高频及中频炉相比，这种炉子结构简单，维修方便，设备寿命长。

根据生产实践，无芯工频感应电炉熔炼铝合金的主要问题是电磁搅拌作用使铝液翻腾，大量表面氧化膜被卷入铝液中，使夹杂物及含气量增加，变质效果也不易稳定。因此常采用下列补救措施：①采用工颇炉-电阻炉双联，铝首先在工频炉中熔化，然后转入电阻炉保温、精炼和变质；②熔炼时满装料，使铝液面高于感应圈上缘一定距离，电磁搅拌只在铝液内部进行，减少氧化膜破损。生产结果表明，由于工频炉熔炼缩短了冶炼时间，同时又采取了上述措施，使所熔炼的合金质量仍然较高。

(5) 快速熔化炉

这种熔炉目前已成为铸铝生产的主要熔化设备，其特点是节能，熔化速度快，熔化量大。快速熔化炉使用的燃料为气体燃料（煤气、天然气或液化气）或液体燃料（煤油、重油）。

快速熔化炉的构造如图 4-43 所示，大体可分为预热竖炉、熔化区和金属液过热升温熔池等三个主要部分。

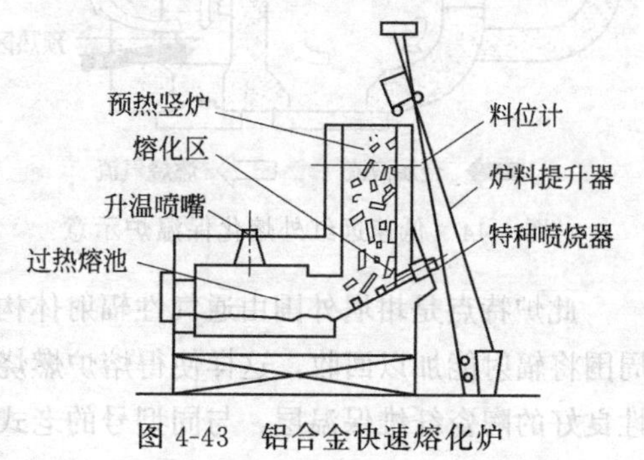

图 4-43　铝合金快速熔化炉

一般反射炉的热效率为 18%～30%，而快速熔化炉的热效率可以达到 42%～60%。该炉可连续熔化一周，每日熔化 19.5h，保温时间 4～5h，金属熔化的实收率达到 98.5%～99%。熔炉火焰直冲炉料的加热方法似乎违背一般铝合金的加热熔化原则，实际上熔耗氧化不像预想的那样高，主要原因是经充分预热的炉料，从开始直接受到火焰冲击到熔化所经历的时间非常短，即金属液氧化的时间非常短，金属的烧损也就较低。

为了进一步提高熔化率，新熔炉正朝着下列三个方面进行改进：①改高速火焰为低速富红外火焰，以进一步提高合金液的质量和热效率；②完善炉外的辅助设备；③改变炉内结构，以便于维修。

(6) 低速远红外熔化保温炉

有人认为这是铝合金第三代用炉（第一代是较原始的熔化保温炉，第二代是集中熔化，分散保温用炉），该熔炉是新型熔化保温合为一体的熔炉，不但使用方便，而且节能，使用这种熔炉，没有必要再进行集中熔化，也可以使用气体或液体燃料。

此炉内部结构示意如图 4-44 所示，大体可分为预热区、熔化区、保温区和出水口等四部分，联通一体非常紧凑，便于清理。在保温区和熔化区设置了喷嘴，废气在通过熔化区时与炉料进行很好的热交换，然后被排出，与上面所介绍的快速熔化炉非常相似。

该炉的主要特点是采用新发明的远红外火焰喷烧器（HMB），这种喷烧器喷出的火焰速度低（25m/s），火焰温度低（约为1100℃），呈红色（普通气体喷烧器喷出的火焰速度高达50～100m/s，火焰充分燃烧呈蓝色，前端温度1300～1400℃，可达到充分燃烧）。由于这种火焰带有大量易于被铝吸收的红外线，使铝的吸热能力增强，加上如图所示的结构特点使金属液与燃烧气体流动时，能进行充分热交换，故热效率较高，这种炉型能耗为2.09GJ/t，与集中熔化用的快速熔化炉的能耗相当，而且不到电阻坩埚炉能耗的一半。

这种熔炉适宜于压铸、金属型铸造，熔化能力为50～500kg/h。该炉性能特点是：保温温差小（为±3℃）；气体杂质含量低，未除气时气体含量可达到0.20mL/100g；炉衬寿命较长，易于清理。

(7) 新型坩埚节能熔化保温炉

这种熔炉称为DNK型坩埚炉，是日本某株式会社生产的节能坩埚熔化炉，以气体或液体作燃料，构造如图4-45所示。

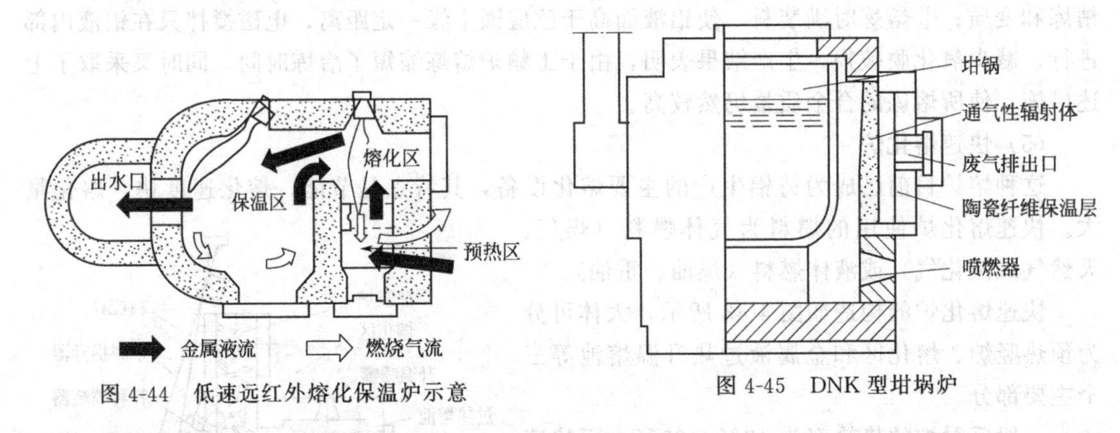

图4-44 低速远红外熔化保温炉示意

图4-45 DNK型坩埚炉

此炉特点是坩埚外围由通气性辐射体构成，这种通气性辐射体按专利技术制成，置于坩埚周围将辐射能加以回收，这样使得熔炉燃烧废气的温度降低到250～300℃，加上该炉采用绝热性良好的陶瓷纤维保温层，与同型号的老式坩埚炉相比，炉壁上的热损失可以降低6/7，从而使熔化时间大大缩短，保温时也明显节能，应用这种熔炉，可以实现小型非电热炉节能。

4.4.2 铝合金的熔炼特点

与铁和铜相比，铝是一种化学活性更强的金属。铝液很容易和空气中的氧、水蒸气和炉气中的挥发物起作用。也容易和熔炼工具（首先是坩埚）起作用而造成危害。但是，大部分铝合金液表面都有一层不溶于铝液的致密 Al_2O_3 固态氧化膜，能防止铝液继续氧化。因此，铝合金在熔炼时无需专门的防护措施。但含镁量高的铝合金液表面膜结构疏松，不再起保护作用，为了避免表面氧化必须用熔剂（光卤石等）覆盖，并在型砂中加入硼酸等保护剂进行保护。

铝合金熔液的表面氧化膜在熔炼过程中，如受到搅动，例如采用工频炉熔炉的电磁搅拌作用、加合金元素时的工具搅动以及浇注时的合金飞溅等，均会使铝液混入氧化夹杂物，在铸件凝固后形成夹杂缺陷，并为气孔的产生提供媒介。另外，铝液与水汽的反应使合金液大量吸入气体（如氢等），是气孔的主要来源。因此在熔炼时，除炉料、工具、熔剂等须彻底预热干燥外，在熔炼后期，应进行精炼以排出铝液内的气体和夹杂物。同时，在浇注过程中和浇注系统设计上应考虑液流的平稳，防止出现涡流、紊流和飞溅，并尽量采用挡渣措施（放置过滤片或过滤块）。

多数铸造铝合金（主要是Al-Si合金）的铸造性能良好，与铸铜、铸钢相比，它的充型能力最好，线收缩小，易于铸造复杂的大型薄壁零件。但它们有相当大的体收缩（为铸铁的4～6倍），易在后凝固处形成缩孔和缩松，而且铝液的相对密度小，压力头也比较小，需设置数量较多、尺寸较大的冒口，减少了工艺出品率（铝铸件的浇冒口质量约为铸件的0.5～1.5倍，而铸钢、铸铜仅为铸件重的0.5～0.7倍，并常需用冷铁）。

Al-Cu类合金容易产生热裂、缩松和反偏析，充型能力也差，因此，应使铸型有良好的退让性，并采用多个分散的内浇口引入液流，以保证充型和防止局部过热。为了避免热裂、缩松，可适当降低浇注温度。此类合金含有相对密度较大、且在铝液中溶解度较小的难熔元素（如Mn、Ti等），熔炼时应注意搅拌以防密度偏析。

Al-Mg合金液容易氧化，形成氧化夹渣，也易形成缩松和热裂，故设计浇注系统时应注意液流的平稳和挡渣，也应特别注意防止局部过热，并尽量降低浇注温度（≤700℃）。厚壁处要加快冷却和注意补缩，浇注时应防止溶剂混入形成夹渣。

由于大部分铸造铝合金的铸造性能良好，故在金属型铸造、压铸工业，以及挤压铸造、低压铸造等特种铸造工艺上有广泛应用。金属型铸造不仅铸件精度和光洁度高、加工余量少、易于实现机械化，而且可大大减少缩孔倾向，细化晶粒，显著提高铸件的力学性能和气密性。另外铝液温度较低，金属型寿命较长，所以金属型铸造是目前铸铝工业普通采用的工艺方法。

4.4.3 铝合金熔液的精炼

提供合格的合金熔液，是生产优质有色合金铸件的重要前提。有色合金的熔炼包括：原材料的选择和成分配制，熔化和过热，变质精炼，浇注。大多数有色合金元素如铝、铜、镁、锌等都有很强的氧化和吸气倾向，极易在铸件中形成气孔和夹杂物等缺陷，因而比熔炼铸铁更为困难，废品率也较高。

所谓精炼，主要指在铸造铝合金的熔炼过程中，采用物理或化学的方法清除铝液中的气体和夹杂，从而清除铸件中的气孔体和夹杂物的过程。

据不少工厂统计，铸造铝合金铸件的废品主要有气孔、夹杂物和缩松。而与熔炼过程有直接关系的气孔和夹杂物缺陷占相当比例（约大于50%）。因此，分析气孔和夹杂物的来源，寻找防止及去除的方法，是获得合格铸件、降低生产成本的重要前提。

(1) 气孔和夹杂物的来源

铝铸件中的气孔主要以针孔的形式出现，呈网状和点状分布。这些孔洞的存在除了影响合金的致密性以外，更主要的是使力学性能（抗拉强度和疲劳极限）明显下降，削弱铸件的抗蚀能力和阳极氧化性能。

浇注前在铝液中存在的氧化夹杂物统称“一次氧化夹杂”，主要是熔炼过程中铝、氧的反应生成物（Al_2O_3），按形状可以分为两类。第一类是宏观组织中分布不均匀的大块夹杂物和氧化膜，它的危害性是降低合金的强度和塑性，使金属组织不连续、铸件渗漏或成为腐蚀的根源。第二类夹杂呈弥散状，在低倍显微镜下观察看不到，精炼也难以去除，它使铝液黏度增大，降低凝固时铝液的补缩能力，形成显微缩孔。第二类氧化夹杂物的危害性比第一类小。

分析了铝合金中的气体成分表明：氢占85%以上，因而铝合金的“含气量”可以近似地视为“含氢量”。铝合金中的气体并不来源于炉气组成中的氢。根据气体分析，大气中氢的分压极微（约 5×10^{-5}atm），远比铝液中的氢分压低，从热力学来看氢在铝液中是不稳定的。研究指出，分子态的氢不能溶入铝液中，只有离解成原子态才能进入铝液内。有人在纯净的氢气氛下熔炼合金，结果获得了没有气孔、组织致密的合金锭。可见，炉气中的氢分子不是形成气孔的前提。科学研究证明：铝液中的氢和氧化夹杂物主要来自铝液和水汽的反应。

铝液和 H_2O（水汽）在高温下产生下列反应：

$$2Al+3H_2O = Al_2O_3+6[H] \tag{4-93}$$

生成物 Al_2O_3 相对密度为 3.778g/cm^3，与铝液相差不大，化学稳定性好，可能成为氧化夹杂物进入铸件，氢则溶入铝液。值得注意的是，铝液与水汽的反应异常激烈。按热力学理论计算，在一般熔炼条件下（T=1000K），铝液中的氢分压 p_{H_2}=0.03atm，而铝液表面上的氢分压 p_{H_2} 可能高达 1.20×10^{10} MPa，因而氢剧烈地溶于铝液中，如果操作工具和炉料潮湿则有发生爆炸的危险。

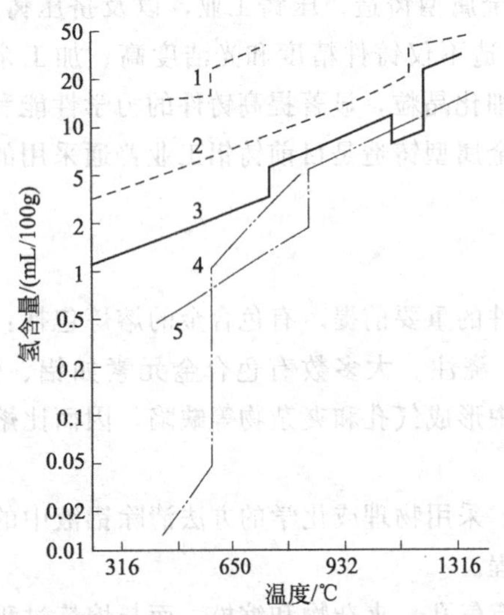

图 4-46　几种金属在液态、固态下氢的溶解度
1—氢在镁中溶解度；2—氢在镍中溶解度；3—氢在铁中溶解度；4—氢在铝中溶解度；5—氢在铜中溶解度

由铝液中氢的溶解度曲线（如图 4-46 所示），可知浇注后，随着温度降低，溶入铝液的氢将重新析出，成为针孔缺陷。

和铝液反应的水汽主要来自炉料以及铝液表面的 Al_2O_3 膜和炉气中的微量水分。据研究，在低温状态（＜250℃），铝锭和空气中的水汽接触可产生下列反应：

$$Al_{(固)}+3H_2O_{(气)} = Al(OH)_{3(固)}+\frac{3}{2}H_{2(气)}$$

$Al(OH)_3$ 是一种白色粉末，俗称“铝锈”，没有防氧化能力，在高温（＞400℃）条件下发生下列反应：

$$2Al(OH)_3 = Al_2O_3+3H_2O \tag{4-94}$$

Al_2O_3 和 H_2O 成为吸气及夹杂物的来源。

水汽的另一重要来源是 Al_2O_3 氧化膜的吸附作用。铝与氧的亲和力很大，在 500～900℃纯铝表面极易形成不溶入铝液的致密 γ-Al_2O_3 氧化膜，这层膜虽能阻止铝液的继续氧化，但外表面疏松。

（2）铝液的去气精炼原理

溶入铝液的氢浓度与溶液表面上的氢分压服从亨利定律：

$$[\%H]=K\sqrt{p_{H_2}} \tag{4-95}$$

$$K=-\frac{A}{T}+B$$

式中　[%H]——铝液中氢的浓度；

p_{H_2}——液面炉气中的氢分压；

A、B——常数；

T——熔液温度，K。

由式中可以看出，熔液温度下降或者减小炉气中的氢分压 p_{H_2} 都降低合金液中的氢浓度。因此，采用真空处理，即降低铝液表面的氢分压，或者往铝液中吹入惰性气体，即在铝液内部形成许多氢分压为零或氢分压较低的气泡，直至气泡中氢的分压 p_{H_2} 上升，与铝液中氢的浓度符合 $[\%H]=K\sqrt{p_{H_2}}$ 达到平衡关系为止，在这个过程中惰性气泡带着氢逸入大气。这就是目前国内外熔铝精炼采用的主要方法。

铝液中的氢向外来的初始无氢气泡迁移的动力学过程可分解为五个步骤。

① 通过对流和扩散，氢原子迁移到铝液与气泡的气-液界面；

② 氢原子由熔解状态转变为吸附状态；

③ 气—液界面吸附的氢原子彼此相互作用缔结为氢分子，即 $2H \rightarrow H_2$；

④ 氢分子从气-液界面脱附；

⑤ 氢分子扩散进入气相，并随气泡上浮逸出铝液。

一般认为，铝液的除氢速度为氢在铝液中的扩散速度所限制。高温时，表面化学反应的速度很快，上述步骤②、③、④不大会成为速度的限制性环节。高温时（特别是真空条件），气相中的分子扩散速度很快，步骤⑤也不会成为速度的限制性环节。根据列恩斯特（Nernst）的边界层理论，由于两相界面分子相互吸引及流体本身具有一定的黏度，使得任意两相接触面都存在边界层，因此较多的学者认为，除氢速度由氢在铝液中的扩散边界层的扩散速度所控制。

氢在边界层的扩散过程是一种传质过程，它不能简单地用扩散定律加以描述。因为，冶金熔体中存在着流动现象，流体中的传质，除了分子扩散外，还有流体的对流传质，称为对流体扩散。按照列恩斯持的边界层理论，氢气在熔炼中的脱气速度为

$$\frac{dC_m}{dt}=-\frac{A}{V}k(C_m-C_{ms}) \tag{4-96}$$

对大多数试验，界面上的浓度 C_{ms} 可视为常数，经积分得到脱气动力学方程为

$$\ln\frac{C_m-C_{ms}}{C_{mo}-C_{ms}}=-\frac{A}{V}kt \tag{4-97}$$

式中　C_m——反应时间 t 时铝液内部的氢浓度；

C_{mo}——铝液内部的原始氢浓度；

C_{ms}——气液界面处的氢浓度；

A——反应界面积；

V——熔体体积；

k——传质系数，与流体的物理性质、扩散系数 D、相界面形状等有关；

t——反应时间。

如果忽略界面处气相边界层扩散阻力，那么 C_{ms} 可从氢在气相的分压力和化学平衡数据求出。对于真空熔炼条件，$C_{ms}\rightarrow 0$，$C_{ms}\ll C_m\ll C_{mo}$，式（4-97）可简化为：

$$\lg\frac{C_m}{C_{mo}}=-\frac{A}{2.3V}kt \tag{4-98}$$

式（4-98）就是铝液边界层扩散为限制性环节的除氢速度公式。

由式（4-98）可以看出：①减少精炼气泡直径（A/V 与气泡直径成反比）；②延长喷气精炼时间（即增加气泡与铝液接触时间 t）；③加强搅拌，可能提高除气精炼效果。因此，国外已普遍采用通过多孔吹头等多孔材料吹入气体熔剂等方法代替单管吹气法，产生大量细小分散的气泡，达到良好的除气效果，如图 4-47 所示。多孔吹头吹气，由于气泡小，与铝

液接触时间长，精炼效果明显优于单管吹气法。

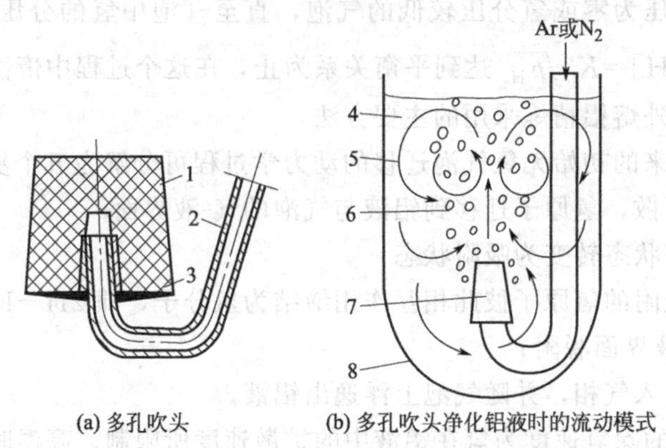

图 4-47 多孔吹头及其净化铝液时的流动模式

1—多孔吹头；2—铁管；3—联结材料；4—铝液；5—铝液流动方向；6—气泡；7—多孔吹头；8—坩埚

当然，多孔吹气所产生的气泡在上浮过程中会发生合泡现象，减弱精炼除气作用。因此，又出现旋转喷头吹气净化方法，如图 4-48、图 4-49 所示。气体熔剂由轴心孔道或轴与套管间的间隙引入，被旋转叶轮打碎成微细气泡，在旋转与上浮双重作用下气泡呈螺旋形曲线轨迹缓慢上升，因而产生极高的除氢效果，是目前具有世界先进水平的净化技术。

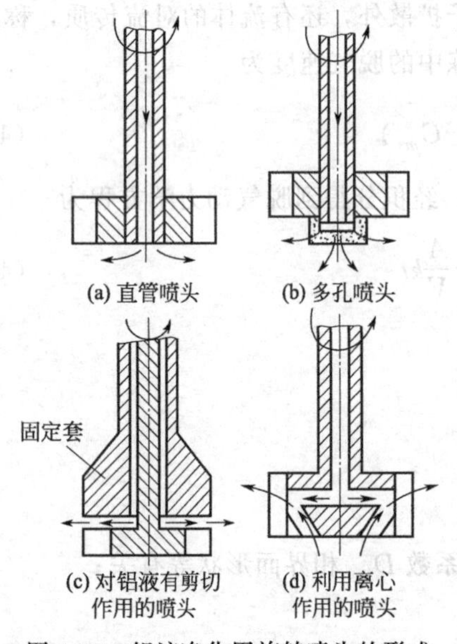

图 4-48 铝液净化用旋转喷头的形式

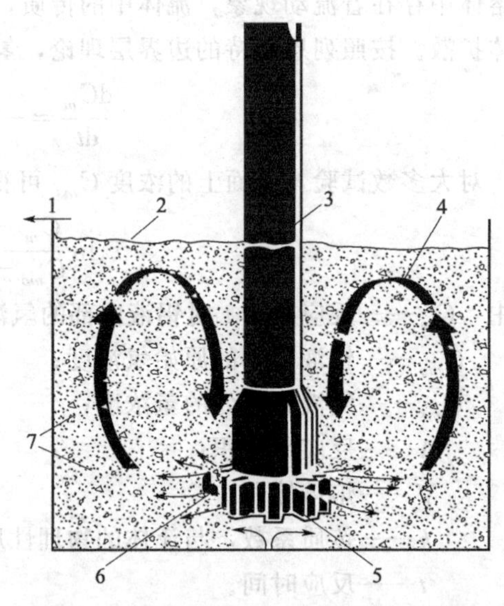

图 4-49 旋转喷头净化铝液时的流动模式

1—出渣方向；2—熔渣；3—旋转喷头；4—铝液流动方向；5—喷头的转子；6—旋转方向；7—气泡

(3) 铝液中夹杂物的去除

1) 气泡法去夹杂物 由于 Al_2O_3 氧化夹杂物与铝液相互不润湿，所以在浮游法除气时，Al_2O_3 夹杂物也能自动吸附在气泡上被带出液面。

气泡捕捉夹杂物的模型有两种，一是对较大的夹杂物可能产生惯性碰撞俘获，即假定质点比气泡小得多，均为球形，无大小之分，只有质量不同。熔体在上浮气泡的作用下产生流动，当流线与气泡相遇时，轻质点沿流线运动，重质点（聚集的非金属夹杂物）则偏离流线，与气泡正面碰撞而被捕捉。另一模型是夹杂物质点较小难以与气泡相撞，但可能在气泡周围产生相切被俘获。气泡越小，去渣效果越好。

2）过滤去夹杂物　用过滤的方法可以有效地除去熔体中的夹杂物，因为当铝液通过过滤装置时，产生机械的和物理的吸附作用将渣挡住。按照过滤的形式可分为：网型过滤器，颗粒状过滤器和多孔陶瓷过滤器。

网形过滤器俗称过滤网，主要用玻璃丝布或玻璃纤维涂覆树脂而成。网孔规格有1.65mm×1.55mm至0.6mm×0.6mm不等。这种过滤器主要放置在铝液进入锭模（或连铸连轧流水线的前箱）前的流道上；在铸造生产中，主要安放在浇注系统中，把熔炼过程产生的一次夹杂物及在浇注过程中产生的二次氧化夹杂物挡住。近几年来，我国的过滤网技术的研究和应用已取得很大进展。

颗粒状过滤器亦称滤床，多用于大批量生产连续铸锭和转注金属液方面，其结构如图4-50所示。最简单的颗粒状过滤器是具有一定厚度的同一材料的颗粒层，这种颗粒常称为过滤剂。让铝液流经这种过滤层，通过机械阻挡和物理吸附来获得净化效果。常用的过滤剂有两类：①非活性过滤剂，它靠机械作用去除铝液中的氧化夹杂物，属于这类过滤剂的有石墨、镁砖、铬镁砂、玄武岩、刚玉等碎块；②活性过滤剂，它除靠机械作用外，还依靠吸附作用清除氧化夹杂物。因此，净化效果优于非活性过滤剂，属于这类过滤剂的有萤石（CaF_2）、冰晶石（Na_3AlF_6）等。

多孔陶瓷过滤器有两种，即微孔陶瓷过滤器和泡沫陶瓷过滤器。前者的空隙率较小（小于50%），而后者较大（大于80%～90%），两者过滤净化机理相同，均具有深床过滤机制。过滤时，铝液携带着非金属夹杂物沿曲折的沟道和孔隙流动，在此过程中，夹杂物在沉积作用、流体动力作用、直接截取作用、布朗扩散运动等作用的捕集机理联合作用下（通常沉积作用和直接截取作用占优势），与过滤材料内表面相接触，受到流体轴向压力、摩擦力、表面吸附力，有时还有化学力等滞留作用的夹杂物，便被牢固地滞留在过滤材料的孔洞内表面、缝隙或洞穴处而与金属液分离。应用这种过滤器，能有效清除微米级大小的悬浮颗粒，过滤后的铸锭轧制成0.003mm厚的超薄铝箔都无针孔，是目前过滤效果最好、也是最有发展前途的一种过滤器。

（4）铝合金熔体常用精炼工艺

由于熔炼铝合金不可避免地发生氧化吸气，并形成夹杂物，因而严格执行精炼工艺，除去铝液中的气体，特别是除去Al_2O_3等氧化物就成为必要任务。在生产条件下，除气和除渣往往同时完成。根据精炼机理，精炼可分为吸附精炼和非吸附精炼两种。非吸附精炼法就是依靠物理作用达到精炼目的的方法。它对全部铝液发生精炼作用，效果好。这类方法有真空精炼、超声波精炼等，由于设备复杂、操作困难、成本高而很少得到应用。吸附精炼法就是靠精炼剂产生的吸附作用达到去除氧化夹杂物及气体的方法。这种精炼作用仅发生在吸附界面，不能对全部铝液产生作用，效果有一定限制。除了前述的旋转吹气法外，采用吸附精炼的方法还有浮游法、溶剂法和过滤法。

1）旋转吹气法　已如前所述，主要吹入氯气或氮气等惰性气体进行精炼。

2）浮游法　其原理如图4-51所示。通入不溶于铝液的气体后（一般为氯气，或加入氯盐后产生的气体）产生大量气泡，由于气泡中氢的分压力$p_{H_2}=0$，因此溶入铝液中的氢即不断溶入气泡，直到气泡中氢的分压p_{H_2}增加到与铝液中氢的浓度平衡，即$[\%H]=K\sqrt{p_{H_2}}$关系。气泡浮出液面后，气泡中之氢即逸入大气。因此，连续产生气泡，即能不断除去溶解于铝液中的氢，气泡表面所吸附的夹杂物也随之上浮而排除。由上述过程可以推测，气泡的数量、大小、上浮距离对精炼效果都有重要影响。

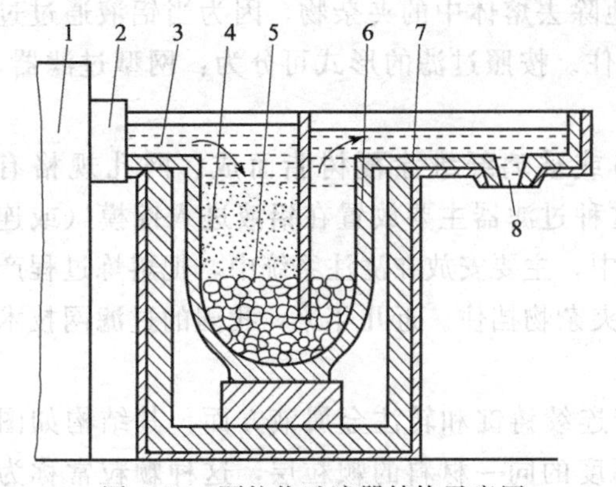

图 4-50 颗粒状过滤器结构示意图

1— 反射炉；2—出铝槽；3—铝液；4—铝矾土
5—铝矾土球；6—坩埚；7—容器；8—浇注口

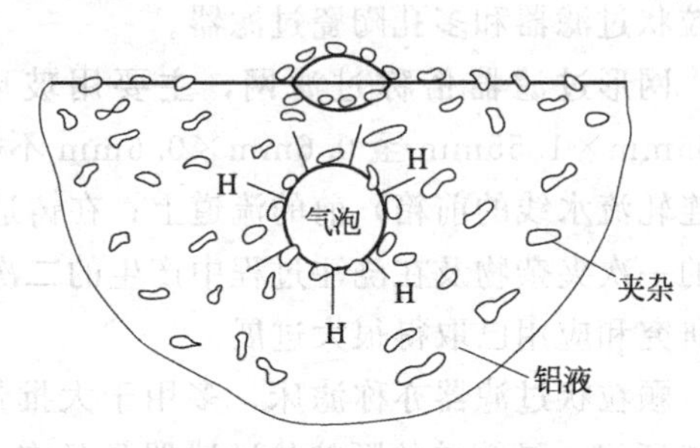

图 4-51 浮游法精炼示意图

浮游法操作简单，没有产生溶剂夹杂的危险。按浮游法精炼剂不同，浮游工艺可分为以下几种。

① 通入气体法。在铝液中通入氯气（Cl_2），即发生下列反应：

$$2Al + 3Cl_2 \longrightarrow 2AlCl_3 \uparrow + 159.8J/mol \tag{4-99}$$

$$Cl_2 + H_2 \longrightarrow 2HCl \uparrow + 184.2J/mol \tag{4-100}$$

在铝合金熔炼温度下，$AlCl_3$（沸点183℃）、HCl及未参加反应的氯都呈气态，不溶于铝液，在铝液中形成气泡，上浮时起到精炼作用。

实践证明，通氯的作用比通氮气好，因为，通氮后形成少量的氮化铝没有上浮除气作用，甚至影响铝液的质量。但氯是剧毒气体，如果控制不严，污染环境，影响人体健康。为了改善精炼效果并进一步改善环境，可采用混合气体精炼（$90\%N_2 + 10\%Cl_2$）或三气精炼（N_2-Cl_2-CO_2），其精炼效果比单独用氯气或氮气好，且合金液中镁的烧损也比通氯精炼少。

② 氯盐精炼法。由于气体精炼需成套设备，投资成本较高，因此，对多数工厂而言（单件小批生产，或批量较大的工厂）应用氯盐加入法精炼铝液更为便利。

常用的氯盐有 $ZnCl_2$、$MnCl_2$、C_2Cl_6、C_2Cl_4、$TiCl_4$ 等，氯盐的精炼反应：

$$Al + 3MeCl = AlCl_3 + 3Me \quad (Me\text{表示金属}) \tag{4-101}$$

产生气体起精炼作用，毒性较 C_2Cl_6 小。几种常用的氯盐精炼剂特性如下。

$ZnCl_2$：熔点365℃，沸点732℃，与铝液接触后，生成气态 $AlCl_3$，上浮时即起精炼作用。操作工艺为将占铝液重0.1%～0.2%的无水 $ZnCl_2$ 分批用钟罩压入700～720℃铝液中，慢移钟罩直至不再有气泡产生，静置3～5min使残留的 $AlCl_3$ 上浮，扒渣后迅速加热至浇注温度，即可进行变质处理或浇注。$ZnCl_2$ 有强烈的吸湿性，使用前须重熔脱水，由于 $ZnCl_2$ 价格便宜，生产中普遍使用，只有对Zn的允许含量控制较严时，才使用其他氯盐。

$MnCl_2$：吸湿性小，脱水及保存方便，不易挥发，压块后生成的 $AlCl_3$ 气泡小，上浮速度慢，精炼效果好，且锰为大多数铝合金的有益元素，但 $MnCl_2$ 价格较贵，一般不宜大批量使用。

C_2Cl_6：为白色晶体，密度 2.09g/cm^3，升华温度 185.5℃。C_2Cl_6 和铝液产生下列反应：

$$3C_2Cl_6+2Al=\!=\!=3C_2Cl_4+2AlCl_3 \tag{4-102}$$

C_2Cl_4：沸点121℃，不溶于铝液，和 $AlCl_3$ 一起参与精炼，故精炼效果比 $ZnCl_2$ 显著。C_2Cl_6 不吸湿，使用保管方便，为工厂广泛采用，有时为避免反应过快，掺入缓慢剂（$NaBF_4$，$NaSiF_5$）可提高精炼能力。C_2Cl_6 用量和合金成分有关，特别与镁含量有关，因为，含镁合金精炼时有 $MgCl_2$ 化合物形成，熔点 715℃，使合金中的镁量烧损，故含镁量较高的合金用 C_2Cl_6 精炼时镁用量要增加。

近年来国外研究和采用更为方便的自沉精炼剂，典型成分为 25%C_2Cl_6＋45%MnF_2＋27%$BaSO_4$＋3%（$NaBF_4$＋NaF），压块后投入铝液中，由于加入 MnF_2 和 $BaSO_4$，使精炼剂密度大于铝液。$NaBF_4$＋NaF 作为烧结物，使精炼剂在铝液温度下结块下沉。沉入铝液的块状精炼剂由于 C_2Cl_4 的挥发而形成多孔组织，故后挥发的气泡通过微孔逸出，尺寸很小，大大提高了精炼作用。

③ 无毒精炼剂。用氯气及氯盐精炼的最大缺点是产生大量含氯的气体（如 HCl、Cl_2 气体），它们对人体和设备，厂房都有很大危害。因此，无害精炼剂的研究引起国内、外的重视。近年来，国内外研究和应用无毒精炼剂已经取得一定成果。表 4-10 为几种无毒精炼剂的典型配方。

表 4-10　几种无毒精炼剂的典型配方

编　号	配方组成/%（质量）								加入量/%
	硝酸钠 $NaNO_3$	硝酸钾 KNO_3	石墨粉 C	六氯乙烷 C_2Cl_6	冰晶石 Na_3AlF_6	氟硅酸钠 Na_2SiF_6	食盐 NaCl	耐火砖屑	
No1	34		6	4			24	32	0.3
No2		40	6	4			24	26	0.3
No3	34		6		20		10	30	0.3
No4		40	6	4	20	20	10		0.3
No5	36		6				28	30	0.5

在铝液中，无毒精炼剂将产生下列反应：

$$4NaNO_3+5C\xrightarrow{\text{加热}}2NaCO_3+2N_2+3CO_2 \tag{4-103}$$

N_2 和 CO_2 都不溶入铝液中，在上浮过程中起到精炼作用。耐火砖屑在铝液中会烧结成块。精炼后，硝酸钠和石墨粉全部反应完毕，只留下空洞，其残渣上浮至铝液表面，极易扒除。冰晶石粉和氟硅酸钠具有一定的精炼作用和延缓反应作用。加入食盐起缓和剂作用，防止反应进行过快，同时也改善精炼效果。

3）熔剂法　铝合金熔炼时，液面上形成一层致密的氧化膜，它会严重阻碍铝液中的氢排入大气（H 原子一般首先在界面结合成 H_2 分子，再逸入大气）。当铝液表面撒上熔剂后，由于熔剂能使致密氧化膜破碎为细小颗粒并具有将氢吸入熔剂层的作用，因而氢分子很易通过熔剂层进入大气。另一方面，熔剂层不仅隔离铝液与大气中的水汽接触起防止铝液氧化作用，而且熔剂层还有吸附氧化夹杂物的作用。

因此，熔炼 Al-Mg 合金，或重熔小块回炉料、切屑、废边料时，必须在熔剂覆盖下进行。铝硅合金的变质剂，也具有熔剂的特性。

根据作用条件，对熔剂的选择应满足以下要求。

① 不与铝液发生作用，也不相互溶解；

② 熔点低于熔炼温度，流动性好，具有好的铺展性，易于形成连续覆盖层；

③ 精炼作用好；

④ 密度与铝液有显著差别，易上浮或下沉，并能与金属分离，便于去除；

⑤ 来源广、价格低。

常用的铝合金熔剂由碱金属、卤盐类混合物构成及用途，见表 4-11。

表 4-11 铝合金常用熔剂成分及用途

NaCl	KCl	Na_3AlF_6	CaF_2	NaF	$MgCl_3$	用途
50	50					一般铝合金用覆盖剂
47	47	6				一般铝合金用覆盖剂
45	15			40		精炼变质兼用熔剂
38～48			15～20		44～77	铝镁合金用覆盖剂
39	50	6.6	44			重熔切屑
50	35	15				重熔废料

NaCl 和 KCl 的混合物能满足大部分要求，因而是各种熔剂的基本组成，这是由于 ① NaCl、KCl，特别是它们的混合物在液态时对固态 Al_2O_3 夹杂物有很好的润湿能力，有利于熔剂吸附夹杂物；② NaCl 和 KCl 的共晶混合物（45%NaCl+55%KCl）具有较低的熔点（650℃），所以在熔炼温度下能保持液体状态；③ NaCl 和 KCl 在熔炼温度下有较好的流动性，并对铝液有良好的润湿能力和覆盖能力；④ NaCl 和 KCl 均不与铝发生化学反应。所以 NaCl 和 KCl 的共晶混合物是铝合金熔剂中最常用的基本成分。

在 NaCl 和 KCl 混合物中加入少量氟盐（1.5%CaF_2 或 3%～5%Na_3AlF_6）可显著提高熔剂吸附氧化物的能力和除气效果，此外氟盐提高了熔剂与铝液界而上的表面张力，减少了熔剂与铝液夹杂的可能性，有利于熔渣去除。

4.5 铜合金熔炼

4.5.1 铜合金的熔炼特点

铜合金的熔炼设备见“4.4.1 熔炼炉”。

铜合金熔炼的最基本问题是氧化和吸氢这两个互相关联而又互相矛盾的问题。

铜本来是不容易氧化的金属，但在高温时铜液面会被炉气中的 O_2 和 CO_2 氧化而生成 Cu_2O。Cu_2O 部分熔入铜液内，无法用气泡法加以清除。

铜合金如果在还原性气氛中熔炼（即火焰不旺，炉气中没有多余的 O_2，而有一定数量的 CO 与没有完全燃烧的碳氢化合物），则 Cu 被氧化很少，但是此时和熔铝一样，可大量吸收和溶解氢，并且在凝固和冷却过程中陆续析出氢气，形成气孔。

实际上，在熔炼过程中，炉气是多变的，当燃烧旺盛时，气氛呈氧化性，当中途添加焦炭或停风时，气氛又呈还原性。而且在炼铜时不可能像炼铝那样使金属与炉气隔绝。因此，冶炼铜合金时，既溶解 Cu_2O 也溶解氢。在铜液的凝固与冷却过程中 Cu_2O 与氢可能同时析出，这两者结合起来可形成水蒸气，如凝固前来不及逸出，则这种水蒸气与多余的氢在铸件中形成气孔，产生“氢脆”等缺陷。

在熔炼铝合金时，铝通过和水蒸气反应而吸氢。但铜不和水蒸气反应（铝青铜除外），当有 Cu_2O 存在时，它可以和炉气中的 H_2 起作用而生成水蒸气，这种作用在液面进行，因此对合金无害。这就是说 Cu_2O 存在时（铜合金氧化倾向大），金属吸氢的机会减少。或者说铜合金的氧化和吸氢是对立的。

因此，熔炼铜合金应尽可能保持弱氧化性气氛，就是说要使燃烧旺盛，这时，铜液在覆盖剂下面仍有一定的氧化现象，但合金的吸氢量却减少。至于铜液中的氧，可在熔炼后期加入磷铜进行脱氧处理，从而获得氧化和吸氢倾向都很小的优质铸件。

不同的铜合金脱氧处理应有所不同。对锡青铜，一般用磷铜脱氧后加入锡、锌、铝等元素即可出炉。如果等待浇注的时间过长或为了提高流动性，可进行第二次脱氧。为了减少脱氧后的铝青铜重新吸气氧化，还要在出炉前进行去气除渣的综合处理（用 N_2 或脱水 $ZnCl_2$ 或 C_2Cl_4 等）。黄铜含有大量低熔点、低沸点锌（Zn 熔点 420℃，沸点 907℃），在熔炼过程中不断与氧反应生成 ZnO 白烟或丝状物，带走大量氧，所以不需用磷铜脱氧或覆盖，熔炼工艺较为简单。

铜合金常采用金属型、石墨型、水冷铜型铸造，也用低压铸造和离心铸造。离心铸造的组织细密，夹渣、气孔少，尤其适用于高大圆筒形铸件的铸造。铜合金也可用于压铸，但由于铜液温度高，模具寿命较短。

铜合金在熔炼时，尤其是在过热的过程中，伴随着严重的氧化及吸气（吸氢）倾向，是铸铜件气孔、氧化夹杂物（Al_2O_3、SiO_2、SnO_2）缺陷形成的主要原因，严重地影响铸件的成品率及使用性能。因此，严格控制铸造铜合金的吸气氧化，并采用适当的精炼工艺，是铸造铜合金熔炼的重要步骤。

铸造铜合金的氧化与铜合金的某些物理化学特性有关。

（1）铜合金的氧化特性

铜在高温下熔炼，很容易被空气中的氧所氧化

$$4Cu + O_2 = 2Cu_2O \tag{4-104}$$

反应生成的氧化亚铜（Cu_2O）有以下三个特点。

① 在熔炼温度下不断溶入铜液，将氧带入合金液，直到饱和溶解度为止，此时不再溶解，而以游离的 Cu_2O 浮在铜液表面（Cu_2O 密度约为 $6g/cm^3$，轻于一般铜合金）。

② 氧在固态纯铜中的溶解度极小，在含氧量极微的情况下，和 α 铜形成共晶体，共晶点的含氧量为 0.39%（见图 4-52 及图 4-53）。当溶有氧的铜液凝固时，氧又以（$\alpha + Cu_2O$）共晶体形式析出在 α-Cu 的晶界上。这种脆性 Cu_2O 夹杂物使铜的塑性和导电性能显著降低，如果合金中含有氢，则 Cu_2O 和氢在凝固阶段将大量析出，并在晶界处产生以下化学反应：

$$Cu_2O + H_2 = 2Cu + H_2O\uparrow \tag{4-105}$$

反应生成的水蒸气促使铸件在凝固时膨胀，组织疏松，产生大量气孔和晶间显微裂纹，引起纯铜严重脆化（“氢脆”）。

③ 与铜液中的大多数合金的氧化物相比 Cu_2O 的分解压要高得多，因此，这些合金元素将与溶入铜液中的氧发生反应生成氧化物，如 Al_2O_3、SiO_2、MnO、ZnO、SnO、PbO、P_2O_5。这些氧化物大多熔点很高，以固态悬浮弥散在铜液中，不易自行排出，以致在铸件中形成夹杂物而降低其力学性能和气密性。

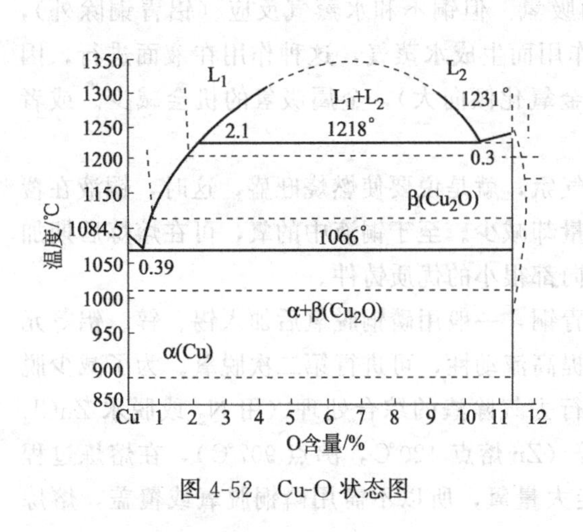

图 4-52　Cu-O 状态图

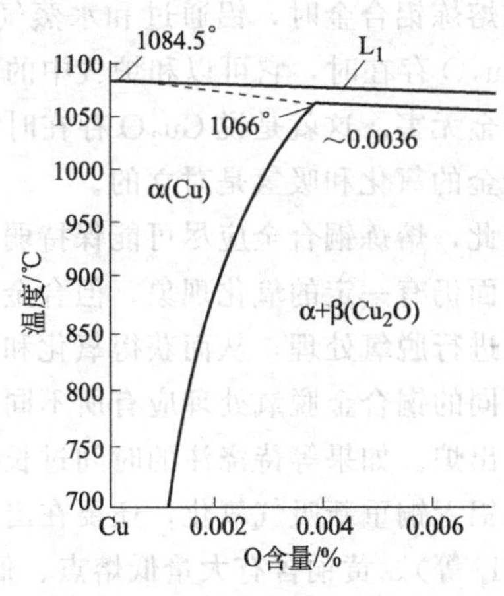

图 4-53　Cu-O 状态图（低氧部分）

（2）铜合金的吸气性

熔炼铜合金时炉气中的气体有 H、O、N、CO、CO_2、SO_2、H_2O 等，这些气体能溶解在铜液中，并在凝固时因溶解度下降而析出，成为析出性气孔。

1）铜与氢的作用　氢在铜中的溶解度随温度升高而增大（见图 4-46），凝固时氢的溶解度降低，析出氢气形成气孔。含氢量不高时形成分散的细小针孔，而当含氢量很高时，将形成集中的大气泡。

铜液中的氢主要来自炉气中的游离氢（水蒸气分解）及碳氢化合物（煤气、重油挥发物）。碳氢化合物与铜液相遇很易分解成碳及氢，析出的氢即溶入铜液。

铜液中加入不同元素，对氢的溶解度有不同影响。某些合金元素如 Sn、Al 能减少氢在铜中的溶解度，而镍则增加溶解度。铜液中含磷时，将与水蒸气发生反应，形成的氢即溶入铜液中。所以含磷高的铜合金易增加氢气孔。含锌的铜合金液虽会发生锌与水汽的反应而析出氢，但因锌的蒸汽压较大，含锌化合物也汽化，使氢在铜液中的溶解度显著降低。当合金中含锌量较高时，能完全防止溶氢发生，因而避免了氢气孔的产生。

2）铜与水蒸气的作用　水蒸气不能直接溶入铜液中，但在熔化状态下，水蒸气能与铜液发生如下反应：

$$2Cu+H_2O = Cu_2O+H_2 \tag{4-106}$$

反应生成的 Cu_2O 溶入铜液，而氢以原子态［H］溶入铜液。根据化学反应组成定律，式（4-106）又可以改写为

$$H_2O(汽) \rightleftharpoons [O]+2[H] \tag{4-107}$$

反应平衡常数 k：

$$k=[\%H]^2[\%O]/p_{H_2O(汽)} \tag{4-108}$$

$p_{H_2O(汽)}$ 一定时，式（4-108）可改写为：

$$k'=[\%O][\%H]^2 \tag{4-109}$$

由此可知，当反应平衡时，溶入铜液中的［H］与［O］之间将遵守上述制约关系，即含氢量较高时，含氧量必然降低，反之亦然（见图 4-54）。研究结果也证实，当含氧量过低时，如氧在 0.04% 以下，会导致含氢量升高而出现缺陷。另外当含氧量较高时，如超过 0.1%，虽能有除氢作用，但降低铸件的导电性和塑性。因此，生产合格铸件，除氢、除氧

都是必要的。

4.5.2 铸造铜合金的脱氧

(1) 铸造铜合金的脱氧原理和脱氧剂

溶于铜液中的 Cu_2O 不能用机械方法去除，但它的稳定性较差，分解压大，可用其他与氧亲和力更大的物质去夺取 Cu_2O 中的氧，还原出铜，而生成的新氧化物又不溶于铜液，再设法使它从铜液中排除，这样就能除去铜液中的氧，这个过程称为脱氧，用于脱氧的物质称为脱氧剂。

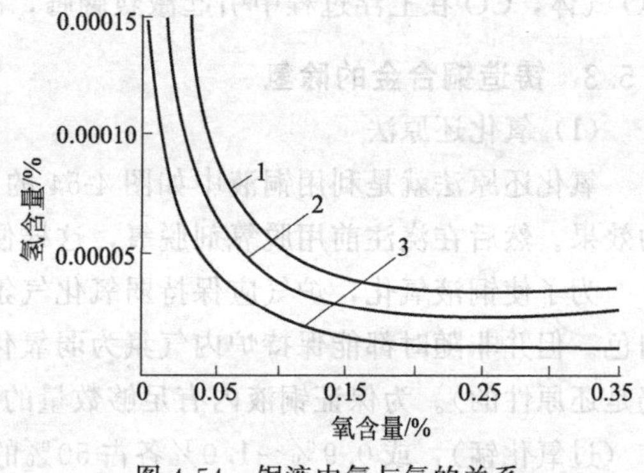

图 4-54　铜液中氢与氧的关系

1—1350℃；2—1250℃；3—1150℃

选择脱氧剂应满足以下要求。

① 脱氧剂与氧的亲和力应高于铜与氧的亲和力；

② 脱氧产物不溶于铜液，易于排除；

③ 铜液中剩余的脱氧剂应不损害铜合金的使用性能；

④ 价廉，无毒，使用方便。

常用的脱氧剂有磷铜、木炭、碳化钙、硼化镁、硼渣（$Na_3B_4O_6 \cdot MgO$）等。

(2) 常用的脱氧方法

根据脱氧剂性能的不同，铜合金脱氧的方法有以下三种。

1) 沉淀脱氧　加入的脱氧剂能溶解于铜合金液，使脱氧反应在整个熔池内进行。这种脱氧方法速度快，脱氧彻底，缺点是脱氧剂本身可能残留在金属液中，影响金属性能。

沉淀脱氧用得最多的脱氧剂是磷铜合金（含 8%～14%P）。铜液加入磷铜后即产生以下三个反应。

$$5Cu_2O+2P = P_2O_5\uparrow+10Cu \tag{4-110}$$

$$Cu_2O+P_2O_5 = 2CuPO_3 \tag{4-111}$$

$$5Cu_2O+2P = 2CuPO_3+10Cu \tag{4-112}$$

其中 P_2O_5 为气体逸出铜液，$CuPO_3$ 熔点低，密度小，在铜液中呈球状液体，很易聚集上浮。

磷铜的加入量一般为铜液质量的 0.2%～0.4%，视铜液含氧量而定，其最佳用量以 Cu_2O 夹杂物从显微组织中消失为准。为保证脱氧充分，要求铜合金残余磷含量为 0.005%～0.02%。

在实际操作上，磷铜可分两次加入。第一次在纯铜料熔化后，加入约 0.3%的磷铜脱氧，然后加入其他合金料，其目的是为了避免 Al、Pb、Sn、Zn 等合金元素加入后与铜液中的氧相遇生成不易排除的夹杂物，同时减少合金元素的烧损；第二次是在铜液浇注前加入 0.1%磷铜起辅助脱氧和精炼作用，并使浮在液面上的夹杂物能很好地造渣和排出。

2) 扩散脱氧　扩散脱氧剂有 CaC_2、Mg_3B_2 等，它们和氧化亚铜产生下述反应：

$$5Cu_2O+CaC_2 = CaO+2CO_2+10Cu \tag{4-113}$$

$$6Cu_2O+Mg_3B_2 = 3MgO+B_2O_3+12Cu \tag{4-114}$$

此反应使纯铜还原，并生成低熔点和密度小的氧化夹杂物以及气体氧化物，易于排除，使铜液的氧含量降低。

3) 沸腾脱氧（又称青木脱氧）　用青木、重油等脱氧剂进行脱氧可产生不溶于铜液的

CO 气体，CO 在上浮过程中引起激烈翻腾，故称沸腾脱氧。沸腾脱氧常用于反射炉熔炼。

4.5.3 铸造铜合金的除氢

(1) 氧化还原法

氧化还原法就是利用铜液中如图 4-54 的氢氧平衡原理，熔铜时利用铜液氧化达到除氢的效果。然后在浇注前用脱氧剂脱氧，这样便可以得到低氢、低氧的无气孔致密铸件。

为了使铜液氧化，炉气应保持弱氧化气氛，使燃气中保持少量过剩空气，火焰呈透明亮白色。但并非随时都能保持炉内气氛为弱氧化性（如焦炭炉中鼓风量增加，其炉内气氛通常仍是还原性的）。为保证铜液内有足够数量的氧，在装炉前常在坩埚底部加入1%～2%的锰矿（过氧化锰），或0.9%～1.0%各占50%的 Cu_2O 与 KNO_3 混合物。采用氧化性熔剂的缺点是成本高，对炉壁和坩埚有侵蚀作用，氧化渣容易残留在合金中。此外，坩埚熔化时合金液与熔剂的接触面积小，故用氧化性熔剂增氧的效果不大。当合金中含锌大于20%和含磷大于0.1%时会降低氧在铜液中的溶解度，以致氢难以排除。

氧化法除气只适用于纯铜及铜锡、铜铅等合金，对含有铝、硅、锰等活泼金属的铜合金，则氧化法除氢操作只能在加入上述元素及回炉料之前进行。

(2) 氮气浮游法

氮对铜合金液来说是惰性气体，不起化学反应，也不溶于铜液，所以可用浮游吸附原理除去铜液中的氢，其操作过程如下所示。

氮气由钢瓶输出，经减压后通过干燥剂（如 $CaCl_2$）除水，再由钻有许多小孔的石墨管（或不锈钢管）通入铜液深处，铜液发生剧烈翻动，使原来溶解于铜液中的原子氢很快进入氮气泡内，并形成分子氢带出液面。

吹氮处理不仅可以除氢而且有助于熔液中其他夹杂物的上浮。根据资料介绍，锡锌铝青铜通氮后，铸件的力学性能（特别是延伸率）有很大提高，并降低由于气密性不好而产生的废品率。同时吹氮还有晶粒细化效果（因锌与氮生成 Zn_3N_3 化合物，使晶核数增加，产生细化作用），提高铸件性能。

氮气处理只能排除氢气，因此，合金在浇注前还需要用磷铜脱氧。用氮除氢适用于熔池较深的坩埚熔炼，对于反射炉，因熔池浅，金属液面大，除氢效果不佳。

(3) 氯盐和氯化物除氢

氯盐和氯化物对含铝的铜合金（如铝青铜）同样有除气作用（与铝合金除气原理相同）。但铝青铜的含铝量少，除气效果不如铝合金明显。常用的氯化物为 $ZnCl_2$。

(4) 沸腾法

主要用于黄铜（铜锌合金），由于锌的蒸汽压高，当熔炼温度超过锌的沸点（970℃）时，锌蒸汽泡大量析出，引起合金液激烈沸腾，使溶解在铜合金液中的气体被排除。所以高锌黄铜熔炼时，可以不采取除气措施而获得无气孔的致密铸件。

4.5.4 铸造铜合金用的熔剂

铜合金熔炼常用各种熔剂，这些熔剂有两类，一类为覆盖剂，用于防止铜合金的氧化、蒸发和吸气；另一类为精炼剂，主要用于去除铜合金中的各类氧化夹杂物。

(1) 覆盖剂

铜合金常用的覆盖剂有木炭、玻璃、硼砂、苏打等。

1) 木炭　是应用最普遍的一种覆盖剂，主要作用是防氧化、脱氧和保温。碳在大部分铜合金液中的溶解度极小，因此，可认为是惰性的。木炭在高温下与大气相遇形成CO，因此，木炭覆盖层的存在阻止大气中的氧进入铜液。同时覆盖液面的木炭还能使铜液中的 Cu_2O 还原（即扩散脱氧），因而也起到辅助脱氧的作用。由于具有一定厚度，也是优良的保温剂。

木炭使用范围广泛，不论酸性或碱性炉衬均可使用而无侵蚀作用，常用作纯铜和铝青铜、或铅青铜等合金熔炼的覆盖剂。熔化黄铜时较少单独使用木炭覆盖，因为，木炭不但不能阻碍锌的蒸发，还由于木炭的还原作用使铜液表面不能形成一层阻碍锌蒸发的致密 ZnO 膜，反而增加了熔耗。

当炉气为还原性气氛时（如焦炭、重油燃烧不充分），由于炉气中的含氧量很少，含氢量较多，不宜用木炭覆盖。因为，木炭具有吸附大量还原性气体的能力，炉气中的氢将通过活性木炭不断向铜合金溶解。

2）玻璃　玻璃也是使用较多的一种覆盖剂，在不宜用木炭覆盖的情况下，使用玻璃覆盖较好。玻璃是复合硅酸盐（$Na_2O \cdot CaO \cdot 6SiO_2$），熔点 900～1200℃，性能稳定，不易与有色金属发生化学反应，也不易吸收空气中的水分和气体，这是它的最大优点。但由于玻璃熔点高、黏度大，扒渣较为困难，因此，一般与苏打、石灰、硼砂等复合使用。

另外，食盐（熔点 800℃）、硼渣（$Na_2B_4O_7 \cdot MgO$）也有较好的覆盖效果，能起脱氧和精炼的作用。

(2) 精炼熔剂

铜合金中最常见的不溶性氧化夹杂有 Al_2O_3、SiO_2、SnO_2 等。因其分解压低，熔点高，不能用脱氧法使其还原，因此在铜液中加入碱性熔剂，生成熔点低、密度小、易于聚集上浮的复合盐，进入熔渣排除。常用的碱性精炼剂有苏打、冰晶石（Na_3AlF_6）、碳酸钙、萤石及硼砂等。

一般铜合金往往不加熔剂精炼，仅对于杂质（特别是 SnO_2 和 Al_2O_3）含量较多的杂铜和某些氧化严重的铜合金（如铝青铜），在熔炼时需加熔剂进行精炼，精炼后熔渣量较大，必须彻底清渣。

4.6 镁合金熔炼

4.6.1 镁合金熔炼设备

(1) 普通坩埚炉

普通重力铸造一般采用坩埚炉熔炼镁合金，其加热方式可以是电阻加热炉、油炉或燃气炉，与“4.4.1 节熔炼炉”中介绍的坩埚炉相同。由于镁合金的理化性质不同于铝合金，因而坩埚材料和炉衬耐火材料不同，并且需要对炉子结构进行适当修改。

镁合金的化学性质比较活泼，开始熔化时，容易氧化和燃烧，需要采取保护措施防止熔融金属表面氧化。此外，熔融的镁合金极易和水发生剧烈反应生成氢气，并有可能导致爆炸。因此对镁合金熔体采用熔剂或保护气氛隔绝氧气或水汽是十分必要的。

1）敞开式坩埚　镁熔体不会像铝熔体一样与铁发生反应，因此可以用铁坩埚熔化镁合金并盛装熔体。通常采用低碳钢坩埚来熔炼镁合金和浇注铸件，特别是在制备大型镁合金铸件时，大多采用低碳钢坩埚。

熔炼镁合金的坩埚容量一般在 50～350kg 范围内。小型坩埚常常采用含碳量低于

0.12%的低碳钢焊接件制作。镍和铜严重影响镁合金的抗蚀性，因此钢坩埚中这两种元素的含量应分别控制在0.10%以下。为了安全，坩埚可继续使用的最小壁厚要求，可查相关手册。

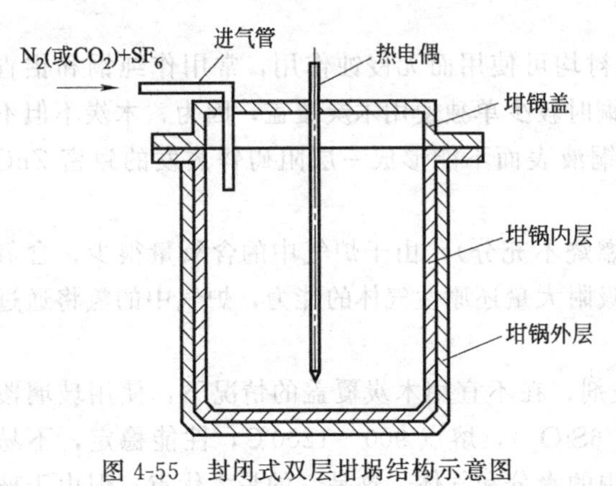

图 4-55　封闭式双层坩埚结构示意图

一般地，采用敞开式坩埚熔炼镁合金时在液面都要溶剂覆盖进行保护。

2）封闭式坩埚　目前通常采用的封闭式镁合金熔炼坩埚的结构与普通的敞开式坩埚有较大的区别。为了通入保护气体，坩埚必须具有封闭的结构（不是密闭，有保护气体泄漏）。图 4-55 所示为封闭式双层坩埚结构示意图。

坩埚盖具有非常重要的功能。一方面，在它上面有加料口、清理口和熔池热电偶的入口；另一方面，它阻隔了金属镁液与周围的空气。坩埚盖的密封作用可防止空气进入熔化状态的镁液中，加上在坩埚内部通入保护性气体，从而避免了镁的氧化和燃烧，减少了金属镁的损失。

目前镁合金的熔炉大多采用双层坩埚结构。坩埚内层为耐热低合金钢板，外层为高镍铬不锈钢板。两层钢板最好是紧密结合的复合材料结构。这样，与镁液接触的内层坩埚不含 Ni 等降低耐腐蚀性的元素，避免了对镁液的污染；另一方面，外层坩埚具有高温抗氧化性，虽然与空气接触，而不会产生氧化皮的脱落，没有剧烈的氧化，从而具有较长的寿命。

双层坩埚的另一突出优点是保证了安全性。即使内层坩埚产生裂纹等破坏现象而发生镁液泄漏时，由于有外层坩埚的阻挡作用，不会发生镁液的燃烧。但是不足之处是传热效率会降低。

目前，工业生产中镁合金熔炼的主要设备包括预热炉、熔炼炉和保护气体混合装置等（见图 4-56）。

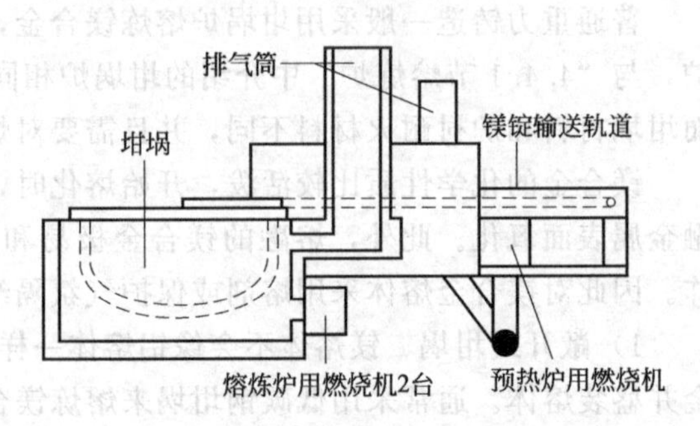

图 4-56　镁合金熔炼设备示意图

(2) 专用熔化炉

目前大多数镁合金产品是采用压铸方法生产的，因此，与压铸机配套的专用镁合金熔化炉应满足压铸机间歇式、快速供料、定量供给的要求。图 4-57 所示为某公司生产的双室熔化炉，并有气体置换泵＋虹吸式自动供料装置，专为冷室压铸机配套使用。图 4-58 为某公司生产的与压铸机配套的镁合金熔化炉，带有螺旋泵式自动供料装置。

(3) 镁合金熔炼的保护气体混气装置

镁的熔炼保护主要有两种方式，即熔剂保护和气体保护。熔剂保护用熔剂很难与镁

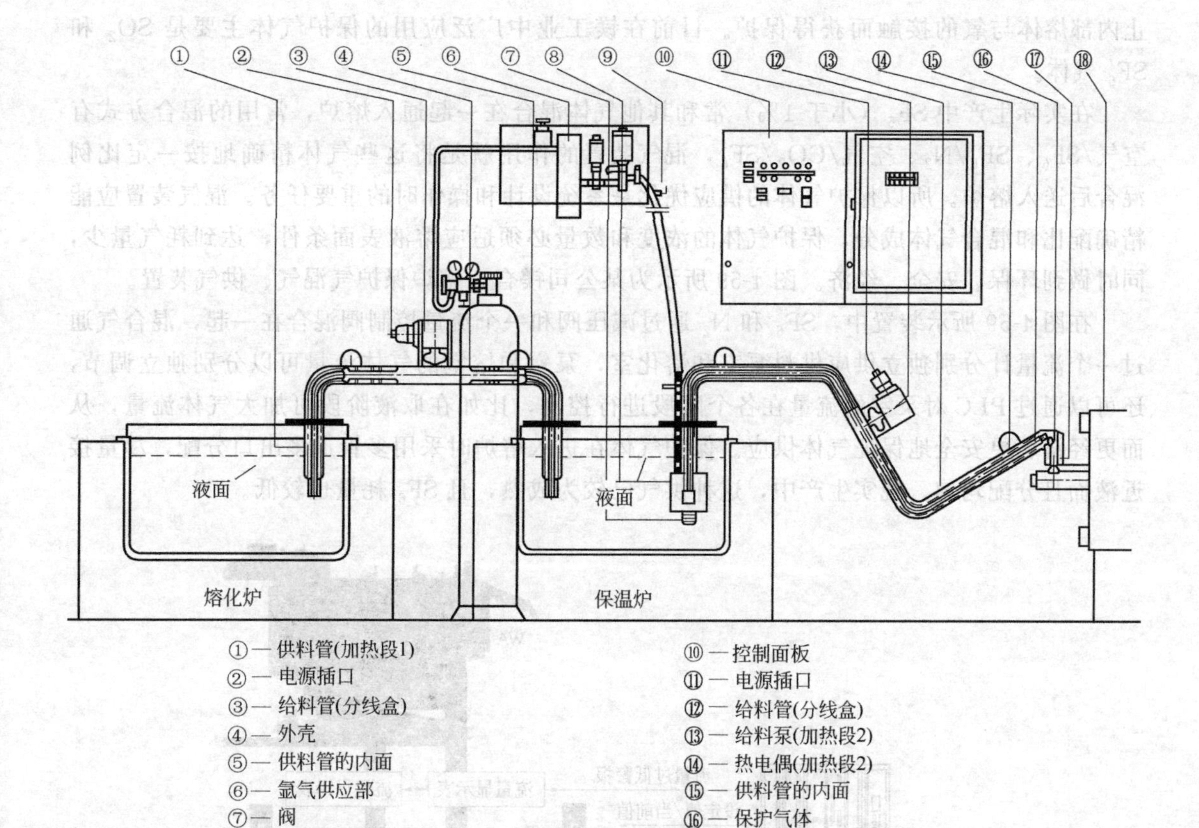

图 4-57　气体置换泵＋虹吸式自动供料装置

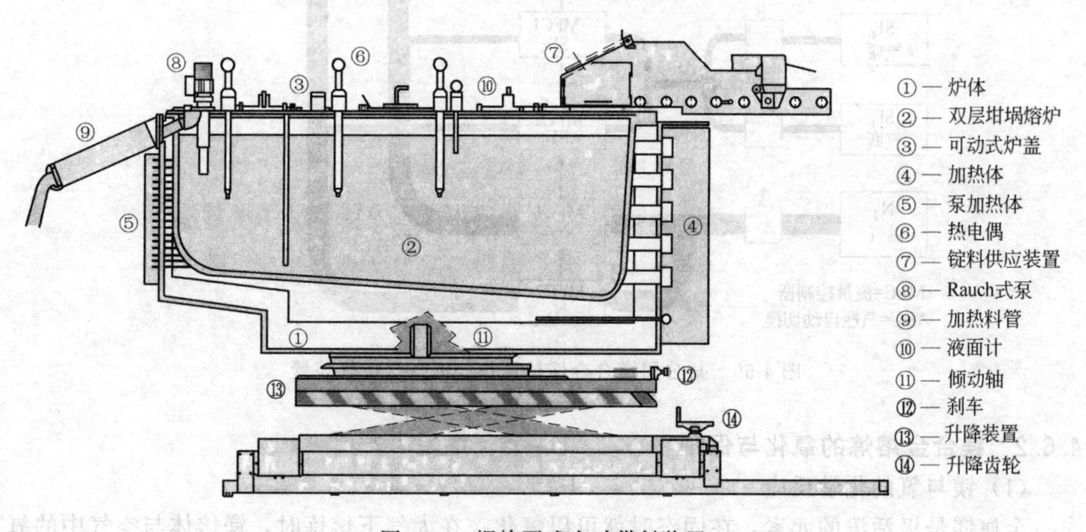

图 4-58　螺旋泵式自动供料装置

熔体完全分离而导致在熔体中形成熔剂夹杂，大大降低了镁合金的耐腐蚀性能和力学性能，因此目前国内外高品质镁合金及其制品的生产都倾向于采用气体保护熔炼。气体保护方法则是将保护性气体覆盖在熔体表面，利用气体与镁的反应产物使熔体表面膜结构变得致密，阻止内部熔体与氧的接触而获得保护。目前在镁工业中广泛应用的保护气体主要是 SO_2 和 SF_6 气体。

在实际生产中 SF_6（小于1%）常和其他气体混合在一起通入熔炉，常用的混合方式有空气/SF_6、SF_6/N_2、空气/CO_2/SF_6，混气装置的作用就是将这些气体精确地按一定比例混合后送入熔炉。所以保护气体的供应优化是系统设计和操作时的重要任务。混气装置应能精确配比和混合气体成分，保护气体的浓度和数量必须适应熔液表面条件，达到耗气量少，同时做到环保、安全、经济。图4-59所示为某公司镁合金熔炉保护气混气、供气装置。

在图4-59所示装置中，SF_6 和 N_2 通过减压阀和一个流量控制阀混合在一起，混合气通过一个流量计分别独立供应供料泵室和熔化室，泵室和熔室的气体流量可以分别独立调节，还可以通过PLC对泵室的流量在各个阶段进行控制，比如在取液阶段可加大气体流量，从而更经济、更安全地保证气体供应。保护气体在进入熔炉时采用多管道多出口分配，尽量接近液面且分配均匀。现实生产中，这种供气已较为成熟，且 SF_6 耗量也较低。

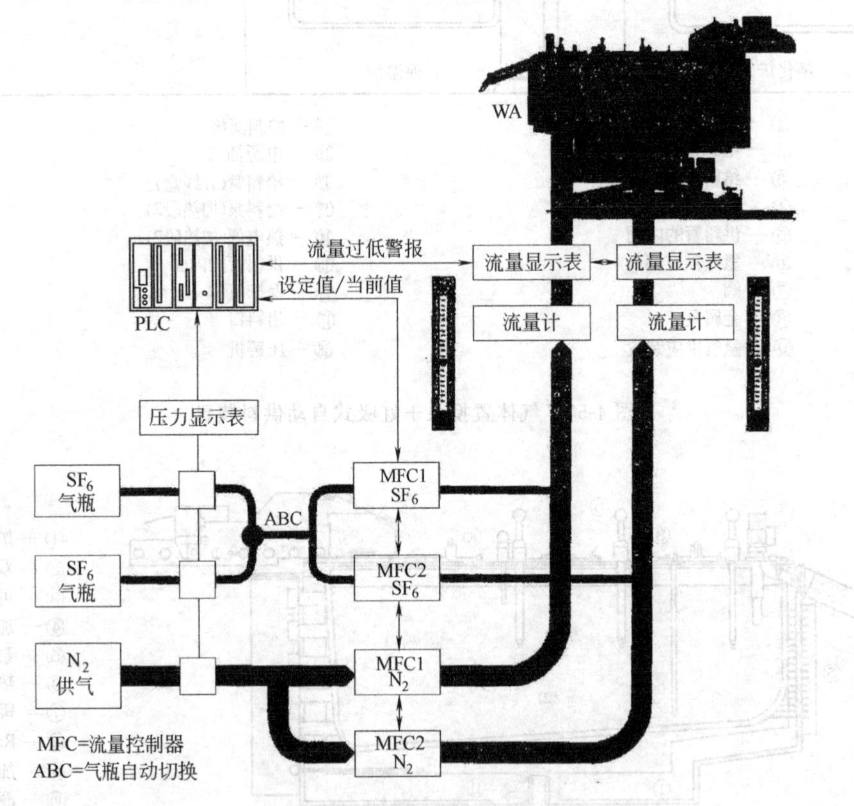

图4-59 某公司镁合金熔炉保护气混气、供气装置

4.6.2 镁合金熔炼的氧化与保护

(1) 镁与氧的化学反应

金属镁是极活泼的元素，在固态时就可以氧化。在大气下熔炼时，镁熔体与空气中的氧直接接触，将产生强烈的氧化作用，生成氧化镁，其反应式为：

$$2Mg + O_2 = 2MgO \quad (4\text{-}115)$$

熔炼镁合金时，一般当温度超过350℃时就应通入保护气体，以减少固态的氧化。镁一经氧化，就变成氧化物，通常称为氧化烧损。镁与氧的化学亲和力很大，而且生成的氧化膜是疏松的（致密度系数 $\alpha=0.79$）。虽然在较低温度下镁的氧化速度不大，但当温度超过熔点，镁处于液态时，其氧化速度大大加快，镁液遇氧时即发生氧化而燃烧，放出大量的热，而生成的 MgO 层绝热性又很好，使反应生成的热量不能很快地散出去，因而提高了反应界面的温度，温度的提高又反过来加速了镁的氧化，使燃烧加剧。如此循环下去，将使反应界面的温度越来越高，最高可达 2850℃，此时已引起镁的大量汽化，使燃烧大大加剧，引起爆炸。

（2）镁与水蒸气的反应

镁无论是固态还是液态均能与水发生反应，其反应方程式为：

$$Mg+H_2O_{(g)}=\!=\!=MgO+H_2\uparrow+Q \tag{4-116}$$

$$Mg+2H_2O_{(g)}=\!=\!=Mg(OH)_2+H_2\uparrow+Q \tag{4-117}$$

式中　Q——热量。

在室温下，反应速度缓慢，随着温度升高，反应速度加快，并且 $Mg(OH)_2$ 会分解为 H_2O 及 MgO，在高温时只生成 MgO。在其他条件相同时，镁与水汽间的反应将较 Mg-O 间的反应更为激烈。当熔融的镁液与水接触时，不仅由于发生上述反应而放出大量的热，而且还因为反应产生的氢与周围大气中的氧迅速反应以及液态的水受热而迅速汽化而导致猛烈的爆炸，引起镁液的剧烈飞溅。因此熔炼镁合金时，与熔液相接触的炉料、工具、熔剂等均应干燥。镁与水的反应也是镁熔体中氢的主要来源，这将导致镁合金铸件出现缩松等缺陷。

（3）镁与氮的作用

镁与氮的反应方程式为

$$3Mg+N_2=\!=\!=Mg_3N_2 \tag{4-118}$$

式（4-118）的反应在室温下速度极慢，当镁处于液态时，反应速率加快，生成多孔性 Mg_3N_2 膜，该膜不能阻止反应的继续进行，不能防止镁的进一步蒸发，因此氮气不能阻止镁熔体的氧化和燃烧。Mg 与 N_2 反应的激烈程度比 Mg-O、Mg-H_2O 间的反应要弱得多。

氮还能与镁合金中的元素反应，生成氮化物，形成非金属夹渣，影响金属的纯度，直接影响合金的抗腐蚀性和组织上的稳定性。这是由于氮化物不稳定，遇水时，氮化镁会发生分解，反应方程式如下：

$$Mg_3N_2+6H_2O_{(g)}=\!=\!=3Mg(OH)_2+2NH_3\uparrow \tag{4-119}$$

（4）镁与 CO_2、CO 间的反应

镁与 CO_2、CO 反应生成（Mg_2C+MgO）复合物。在低温下，反应进行十分缓慢。因此可以认为，这两种气体对固态镁是惰性气体。但是在高温下，镁与 CO_2、CO 气体间的反应将会加速。不过，其程度远较 Mg-H_2O 及 Mg-O 反应小。反应生成的表面膜有一定的防护作用。实验研究表明，在 700℃下采用密封坩埚熔炼镁合金，CO_2 的防护性尚好。

一般认为 CO_2 与镁在高温下产生如下反应：

$$2Mg+CO_2=\!=\!=2MgO+C(\text{无定型}) \tag{4-120}$$

实验证明：处于各种温度下的镁在干燥、纯净的 CO_2 中，其氧化速度均很低，这与表面膜中出现了无定型碳密切有关。这种无定型碳存在于氧化膜的空隙处，提高了镁表面膜的致密度系数，使 $\alpha=1.03\sim1.15$。带正电荷的无定型碳，还能强烈地抑制镁离子透过表面膜的扩散运动，故也能抑制镁的氧化。在纯净、干燥的 CO_2 气氛中，700℃左右镁熔体表面形成晶莹的有金属色泽的薄膜，此膜具有一定的塑性，但随着温度的升高，表面膜渐渐变厚变硬，致密度逐渐降低，随后发生开裂，表面膜也就失去了防护作用，镁开始燃烧。

(5) 镁合金熔炼的保护

如上所述，为了防止熔炼时镁液表面的氧化、燃烧和吸气，必须在熔炼时进行保护。保护方法主要是覆盖熔剂保护或者采用气体保护。气体保护的方法前面已经介绍，一般需要坩埚的封闭性较好。

1）溶剂保护 当镁合金在大气中熔炼时，常使用熔剂保护，即在镁熔体表面撒上覆盖熔剂。镁合金用熔剂的化学成分及用途如表 4-12 所示。熔剂应保持干燥，在使用前须在300℃的烘箱中烘烤两小时以上。覆盖剂要求在保证覆盖镁液不发生燃烧、不氧化的条件下尽可能少加，以确保镁合金液质量以及降低生产成本。熔剂在进货后，应抽样进行小炉试验，确定质量合格后方可在生产线上使用。

表 4-12 镁合金用熔剂的化学成分及用途

编号	主要成分/%							杂质成分≤/%				用途
	氯化镁	氯化钾	氯化钡	氟化钙	氯化钠	氧化镁	氯化钙	氯化钠＋氯化钙	不溶物	氧化镁	水	
光卤石	44～52	36～46						7	1.5	2	2	洗涤熔炼浇注工具或配制其他熔剂
RJ-1	40～46	34～40	5.5～8.5					8	1.5	1.5	2	洗涤熔炼浇注工具或配制其他熔剂
RJ-2	38～46	32～40	5～8	3～5				8	1.5	1.5	3	熔炼 ZM5 合金用作精炼和覆盖
RJ-3	34～40	25～36		15～20		7～10		8	1.5		3	带隔板坩埚熔炼 ZM5 合金覆盖
RJ-4	32～38	32～36	12～16	8～10				8	1.5	1.5	3	ZM1 合金精炼和覆盖
RJ-5	24～30	20～26	28～31	13～15				8	1.5	1.5	2	ZM1、ZM2、ZM3 精炼和覆盖
RJ-6		54～56	14～16		1.5～2.5		27～29		1.5	1.5	2	ZM3 精炼和覆盖

熔剂保护的缺点如下。

使用保护熔剂熔炼通常会带来以下问题：①氯盐和氟盐高温下易挥发产生某些有毒气体如 HCl、$C1_2$ 等。②所用熔剂的密度一般较大，如 RJ-2 熔剂的密度在 $2.0g/cm^3$ 以上，大于镁合金的密度。因此，在熔炼过程中熔剂会下沉，需要不断添加熔剂。而且部分熔剂作为熔渣残留在合金液中形成夹杂物，降低合金的力学性能。这也是使用熔剂熔炼后镁合金铸件的常见缺陷。③熔剂挥发的气体如 HCl 有可能渗入合金液中，成为材料使用过程中的腐蚀源，加速材料腐蚀，降低使用寿命。

2）气体保护原理

① SF_6 气体保护原理。SF_6 是一种无色、无嗅、无毒、化学惰性很强的气体，分子量 146.1，比空气重 4 倍。从分子结构看，一个硫原子被六个氟原子包围，具有化学惰性结构，在常温下极稳定。SF_6 气体是目前镁工业中最广泛使用的保护气体之一。

与熔剂熔炼及采用 Ar、CO_2 等气体保护熔炼相比，SF_6 气体保护熔炼具有如下特点。a. SF_6 是一种无毒、无味的气体，对人体不会直接造成危害；b. SF_6 气体用量很少(0.1%～1%)，通常 SF_6 与空气、CO_2、Ar 或 SO_2 等气体混合使用，在 SF_6＋空气或 SF_6＋空气＋CO_2 混合气体中，只要加入少量的 SF_6 就能起到保护作用，因此成本低；

c. SF_6 不会对镁液产生污染。用 SF_6 保护熔炼可以大大减少由于熔剂熔炼而带来的夹渣缺陷，有效降低镁合金铸件的腐蚀速率，提高耐蚀性能。因此，SF_6 气体保护熔炼已经成为国外镁合金熔炼中广泛采用的生产技术。

SF_6 对镁合金液的保护主要是通过形成保护膜来实现的。其反应式为：

$$2Mg+O_2 = 2MgO \tag{4-121}$$

$$2Mg+O_2+SF_6 = 2MgF_2(s)+SO_2F_2 \tag{4-122}$$

$$2MgO+SF_6 = 2MgF_2(s)+SO_2F_2 \tag{4-123}$$

通过对表面膜分析，大多数物质为 MgO (s)，也有少量的 MgF_2。MgF_2 是最稳定的一种化合物。通过 XPS 谱仪分析，表面膜化学组成与保护气体中 SF_6 量无关，也就是说，熔炼过程中只要维持少量的 SF_6，镁合金表面即能形成稳定的氧化薄膜。根据反应式(4-121)～(4-123)，氧化膜的形成过程可以描述为：首先在镁液表面，Mg 与 O 反应生成 MgO，进一步 Mg 与 SF_6 反应生成 MgF_2。之后 MgF_2 与 MgO 结合形成薄膜。这一层薄膜是有金属色泽的、致密的、连续的，以此来阻止镁合金液的进一步氧化而获得了保护能力。但它只能维持几分钟，故混合气体要不间断地供应。

② 其他气体保护熔炼。镁工业正面临着要求减少 SF_6 使用的越来越大的压力，这主要出于两方面的原因：一是 SF_6 正变得越来越昂贵，更主要的是 SF_6 具有极高的温室效应。根据联合国政府间气候变化协调组织（1PCC）的计算结果，SF_6 气体在 100 年之内的温室效应是 CO_2 的 23900 倍，也就是说，1kg SF_6 的温室效应大约相当于 24t CO_2。而且，SF_6 在大气中的生存周期达到 3200 年，很难自然衰退。

鉴于以上原因，SF_6 已经受到环境保护人员严重的关注。尽管镁工业消耗的 SF_6 只占 SF_6 年产量的 10%左右，但是随着镁应用的迅速增长，SF_6 消耗也会大大增加。可以肯定地说，在不远的将来，SF_6 的大规模工业化应用将会被禁止，这就给整个镁工业提出了严峻的挑战。目前用于替代 SF_6 的气体主要有 SO_2、HFC 134a 及 BF_3 等。

Ⅰ. SO_2 保护熔炼。一般认为 SO_2 的保护机理是由于混合气体与镁熔体反应生成的多层复合保护膜而具有保护性。可能的反应式如下：

$$Mg_{(L)}+O_{2(G)}+SO_{2(G)} = MgSO_{4(S)} \tag{4-124}$$

$$MgSO_{4(S)}+4Mg_{(L)} = 4MgO_{(S)}+MgS_{(S)} \tag{4-125}$$

$$MgS_{(S)}+2O_{2(G)} = MgSO_{4(S)} \tag{4-126}$$

$$2MgO_{(S)}+2\ SO_{2(G)}+O_{2(G)} = 2MgSO_{4(S)} \tag{4-127}$$

Ⅱ. HFC 134a

采用含氟材料作为 SF_6 的替代物，并建议用 HFC 134a（1,1,1,2-四氟乙烷）来代替 SF_6，认为采用 HFC 134a 具有以下优点：a. 它对一些镁合金和纯镁都有保护作用；b. 它的 GWP（温室效应）值是 1300，而 SF_6 为 23900；c. 几乎没有臭氧破坏效应；d. 室温下安全、无毒、不燃；e. 在室温无腐蚀性，但在金属熔融温度下由于形成 HF 而具有一定的腐蚀性；f. 它的价格是 SF_6 的三分之一，且有充足的供应。可见，用 HFC 134a 代替 SF_6 可使 CO_2 的等值排放降低 98%。与 CO_2/SO_2 的低价相比，HFC 134a 的无毒更具优势。

4.6.3 镁液除气与精炼

(1) 熔剂净化

镁的化学活性很强，在空气中易氧化，在原镁生产、合金熔炼及合金化过程中易产生大量的夹杂物并带入大量的气体，熔炼镁合金时常采用专门的熔剂对镁液进行精炼，去除镁液中的气体、氧化夹杂以及一些有害合金元素。镁合金熔剂的主要成分是碱金属或碱土金属的氯化物及氟化物的混合物。

1）对除夹杂物熔剂性能的要求　一般应熔点低，在金属熔炼过程中形成完整严密的覆盖层或精炼时能很好地吸附合金液中的夹杂物及易于从金属液中分离。熔剂和金属液应有较大的密度差，即熔剂的密度大于金属液的密度或者小于金属液的密度，以防止熔剂混杂在金属液中成为熔剂夹杂。从覆盖的角度看，要求熔剂的黏度小些，以便在金属液面上容易铺开；从浇注操作角度分析则要求熔剂的黏度应大些，便于将熔剂和金属液分开。

熔剂不与镁合金、坩埚壁、炉衬及炉气发生化学反应，熔剂本身不挥发，不分解。无公害，熔剂本身对人体无毒，不会燃烧，便于运输储存，使用中产生的有害气体要少，残渣便于处理。

2）熔剂的主要组元　目前国内常使用的熔剂是商品化的 RJ 系列熔剂，见表 4-12。熔剂的主要组分均为氯盐和氟盐。也可以根据镁合金种类及需要配制溶剂，可参考其他手册或资料。

3）杂质的去除机理　镁熔体中的非金属杂质有 MgO、CaO、SiO_2、Mg_3N_2、$2CaO \cdot SO_2$、Al_2O_3 等，Mg_3N_2 置放在空气中吸水，很快变成 $Mg(OH)_2$，$Mg(OH)_2$ 在熔体中也以 MgO 形式存在。金属杂质 K、Na、Fe、Zn、Mn、Cu、Al、Ni 等部分以合金形式存在于镁中，它们对熔体的物理化学性质影响小，因此引起物理化学性质发生变化的主要是非金属氧化物杂质，其行为归纳如下。

① 大部分氧化物能被 KCl、$NaCl$ 润湿，部分氧化物（MgO 和 CaO）能和 $MgCl_2$ 形成稳定或不稳定的配合物：

$$MgO + MgCl_2 = MgCl_2 \cdot MgO \tag{4-128}$$

$$CaO + MgCl_2 = MgCl_2 \cdot CaO \tag{4-129}$$

$$5MgO + MgCl_2 = 5MgO \cdot MgCl_2 \tag{4-130}$$

如熔剂中含有氟化物会降低熔剂和夹杂之间的界面张力，也就是降低了自由能变化，从而可以提高净化效果。

② 杂质的融入随着熔盐的汇聚和沉积，都能使熔盐的密度增大，凝固点提高，黏度变大。

③ 大部分氧化物杂质被熔盐浸渍后，在熔体中表现为表面活性物质，降低熔盐的表面张力。

④ 氧化物都能使镁和熔剂的分散体系稳定，不利于镁的汇聚。

由此可见，氧化物杂质能被熔盐体系由物理或化学吸附而去除，对于金属杂质 K、Na，一般都能在熔体中发生下列置换反应而被除去：

$$2K + MgCl_2 = 2KCl + Mg \tag{4-131}$$

$$2Na + MgCl_2 = 2NaCl + Mg \tag{4-132}$$

（2）吹气净化

在镁合金的熔炼中要消除镁液中的气体。溶入镁熔体中的气体主要是氢气，镁合金中的氢主要来源于溶剂中的水分、金属表面吸附的潮气以及金属腐蚀产物带入的水分。氢在镁熔体中的溶解度比在铝熔液中大两个数量级，凝固时的析出倾向也不如铝那么严重（镁合金熔液中氢的溶解度为固态的 1.5 倍），用快冷的方法可以使氢过饱和固溶于镁中，所以通常压铸薄壁镁合金零件时往往不进行除气处理，因而除气问题往往不大引起重视。镁合金中的含气量与铸件中的疏松程度密切相关，这是由于镁合金结晶间隔大，尤其在不平衡状态下，结晶间隔更大。因此在凝固过程中如果没有建立顺序凝固的温度梯度，熔液几乎同时凝固，形成分散细小的孔洞，不易得到外部金属的补充，引起局部真空。在真空的抽吸作用下，气体很容易在该处析出，而析出的气体又进一步阻碍熔液对孔洞的补充，最终缩松更加严重。

生产中常采用吹气法来去除镁熔体中的氢。吹气法又称气泡浮游法，它主要是将惰性气体（如氩气），通入熔体内部，形成气泡，熔体中的氢在分压差的作用下扩散进入这些气泡中，并随气泡的上浮而被排除，达到除气的目的。气泡在上浮的过程中还能吸附部分氧化夹杂，起到除杂的作用。

吹气法过去主要应用于铝合金除氢，现将其应用于镁合金净化。按其气体导入方式，可分为单管吹气法、多孔喷头吹气法、固定喷吹法和旋转喷吹法，所用的气体一般为惰性气体氩气。吹气法的效果一方面取决于惰性气体的性质和纯度，更主要的取决于气泡的大小和气泡在熔体中的分散程度。吹入的气泡直径越小，分布越均匀弥散，则气泡比表面积越大，熔体中的氢扩散进气泡的路程越短，气泡上浮越慢，除气率越高。另外，还取决于吹气时间、吹气压力、吹气温度等工艺参数。旋转喷吹法是吹气法中效果最好的方法。它主要是依靠喷头的形状，以及适当高转速的喷头对气泡的破碎来控制气泡的本小和分布。喷头是这些方法的技术核心，不同的喷头，产生的气泡大小不同。不论哪种方法，产生的气泡一般为毫米级。

工业上常采用下列方法去除镁合金中的气体。

1）通惰性气体（如氩或氦）法　一般在750～760℃下通入0.5%Ar于镁液中。通气速度应适当，以不使镁液发生飞溅为原则。通气延续时间约为10～15min，过久会引起晶粒粗化。此法可使镁合金中氢含量由原来15～19cm^3/100gMg降至10cm^3/100gMg。

2）通氮法　此法多用于大型熔化炉预除气，目的是防止氮与镁激烈进行反应生成Mg_3N_2。通氮温度应控制在660～685℃，耗量与镁液容量有关。例如，每吨镁合金液通过ϕ6mm钢管的通氮时间为30min左右，通氮往往会使镁合金产生氮化物夹杂。

3）添加六氯乙烷（C_2Cl_6）法　镁合金用C_2Cl_6除气的最适宜温度为750℃，加入量一般不超过合金液质量0.1%。它不仅有除气作用，还兼有变质效果，其细化晶粒效果优于$MgCO_3$。但空气污染比较严重，应用受到一定限制。

4）联合除气法　先向镁合金液通入CO_2，接着用氮气吹送$TiCl_4$，这样可使镁合金液的气体含量降至6～8cm^3/100gMg（普通情况为13～16cm^3/100gMg)，即降低50%左右。

在熔剂保护条件下分别用带搅拌的Ar气和C_2Cl_6除气，除气30min后静置，待温度降至700℃时开始测量镁液的含氢量，结果如图4-60所示。未除气时镁液含氢量为13.9cm^3/100gMg，用C_2Cl_6除气时含氢量降至9.8cm^3/100gMg，用带搅拌的Ar气除气时降至7.0cm^3/100gMg。可以看出，带搅拌的Ar气除气效果比C_2Cl_6好。镁液的除气处理是基于气泡浮游法原理。当外界净化气的气泡进入镁液时，气泡内氢分压为零。这时为达到［H］浓度平衡，镁液中的氢原子就向气泡内扩散，随着气泡的浮出，从而把镁液中的氢带走，达到除气

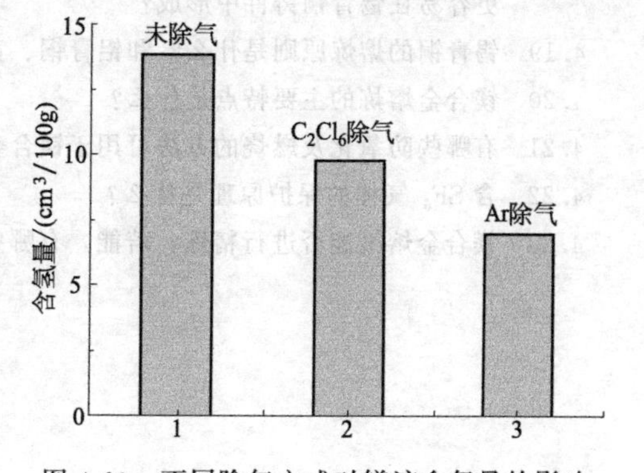

图4-60　不同除气方式对镁液含氢量的影响

的目的。

C_2Cl_6 除气时机理为：在高温时发生如下反应：

$$C_2Cl_6 = C + 3Cl_2\uparrow \tag{4-133}$$

$$Mg + Cl_2 = MgCl_2 \tag{4-134}$$

可见起除气作用的是 Cl_2 气。反应生成 $MgCl_2$ 容易在镁液表面与 MgO 形成一层黏稠的熔渣，消耗一部分氯气，同时反应产生的沸腾使新鲜镁液与空气不断接触，引起回氢。而带搅拌 Ar 气除气能加速镁液中氢原子的传质和扩散，使氢原子迅速扩散到 Ar 气泡内，随着气泡上浮而带出，同时浮出的 Ar 气由于相对密度大，在熔液表面形成一种气幕，防止因直接暴露于大气而引起回氢。所以镁液用 Ar 气除气的效果更好一些。

思考题

4.1 分析感应电炉的容量与所采用的电频率之间的大体对应关系。

4.2 试分析碱性感应电炉炼钢过程中，一般不进行大量脱硫和脱磷操作的道理。

4.3 分析感应电炉熔炼铸铁时各主要化学成分的变化规律。

4.4 根据冲天炉的底焦燃烧规律，分析风速、炉温与焦炭燃烧反应的关系。

4.5 试根据冲天炉内炉气及炉温分布规律，讨论冲天炉内的热交换特点，并分析如何强化热交换及提高铁液温度的措施。

4.6 根据冲天炉的网状图，讨论在熔炼过程中风量、焦耗、铁液温度和熔化率之间的关系。如何准确地选择冲天炉熔炼的主要参数？

4.7 试根据冲天炉的冶金反应规律，讨论铁液中各元素的变化规律。

4.8 什么是富氧送风、预热送风和除湿送风？分析这些措施强化冲天炉熔炼过程及提高炉温的原理。

4.9 从冶金反应动力学角度分析电弧炉炼钢中，炉渣黏度过大或过小所带来的问题。

4.10 电弧炉炼钢时如果炉料的平均含磷量或含硫量过高，应采取哪些工艺措施？这些措施的冶金原理是什么？

4.11 试分析炼钢工艺中出钢前采用插铝法终脱脱氧的优缺点及注意事项。

4.12 试全面分析比较 AOD 精炼法与 VOD 精炼法的优缺点。

4.13 铝液精炼工艺分几类？试举例说明并比较不同工艺的优缺点。

4.14 从除气动力学方面分析如何提高除气效果？

4.15 铝中的氢的来源有哪些方面？铝液吸氢的影响因素有哪些？

4.16 铜液有哪些脱氧方法？各自的优缺点如何？

4.17 分析磷铜脱氧的原理及其脱氧工艺要点。

4.18 锡青铜铸件中形成“锡汗”的主要原因是什么？为什么因水汽引起的气孔比因氢气引起的气孔更容易在锡青铜铸件中形成？

4.19 锡青铜的熔炼原则是什么？和铝青铜、黄铜有什么区别？

4.20 镁合金熔炼的主要特点是什么？

4.21 有哪些防氧化及燃烧的方法可用于镁合金熔炼中？

4.22 含 SF_6 气体的保护原理是什么？

4.23 镁合金熔液能否进行精炼？若能，有哪些方法？

参考文献

［1］ 陆文华，李隆盛，黄良余. 铸造合金及其熔炼. 北京：机械工业出版社，2012.

［2］ 韦世鹤. 铸造合金原理及熔炼. 武汉：华中科技大学出版社，1997.

［3］ 张伯明. 铸造手册1：铸铁. 第3版. 北京：机械工业出版社，2013.

［4］ 梁义田，刘真，袁森. 合金元素在铸铁中的作用. 西安：西安交通大学出版社，1992.

［5］ 崔忠圻 覃耀春. 金属学与热处理. 第2版. 北京：机械工业出版社，2007.

［6］ 李长龙，赵忠魁，王吉岱. 铸铁. 北京：化学工业出版社，2007.

［7］ 王春祺. 铸铁孕育理论与实践. 天津：天津大学出版社，1991.

［8］ Iulian Riposan，Mihai Chisamera，and Stelian Stan. New developments in high quality grey cast irons. China Foundry，2014，11（4）：351-364.

［9］ 张建振，吴晓涛，刘兆英，等. 浅析硅固溶强化球墨铸铁及其应用前景. 汽车工艺与材料，2014，3：58-63.

［10］ Philipp Weiβ，Anže Tekavčič，Andreas Bührig-Polaczek. Mechanistic approach to new design concepts for high silicon ductile iron. Materials Science & Engineering A 713（2018）67-74.

［11］ 方克明. 铸铁石墨形态和微观结构图谱. 北京：科学出版社，2000.

［12］ Steve Dawson. Process Control for the Production of Compacted Graphite Iron. 106th AFS Casting Congress，Kansas City，4-7 May 2002.

［13］ 金胜灿，韩振中，李连杰. OCC 蠕墨铸铁蠕化工艺及其生产控制技术的应用研究. 2014 中国铸造活动周论文集，郑州，2014. 10.

［14］ 郝石坚. 现代铸铁学. 第2版. 北京：冶金工业出版社，2009.

［15］ 日本钢铁协会. 铸铁与铸钢. 徐君文，等译. 上海：上海科技出版社，1982.

［16］ 郑来苏. 铸造合金及其熔炼. 西安：西北工业大学出版社，1994.

［17］ 娄延春. 铸造手册（第2卷），铸钢. 第3版. 北京：机械工业出版社，2012.

［18］ 耿浩然，章希胜，陈俊华，等. 铸钢. 北京：化学工业出版社，2007.

［19］ 吴树森，柳玉起. 材料成形原理. 第3版. 北京：机械工业出版社，2017.

［20］ 李炯辉. 金属材料金相图谱. 北京：机械工业出版社，2007.

［21］ 方昆凡. 工程材料手册：有色金属材料卷. 北京：北京出版社，2002.

［22］ 董若璟. 铸造合金熔炼原理. 北京：机械工业出版社，1991.

［23］ 吴树森. 材料加工冶金传输原理. 第2版. 北京：机械工业出版社，2019.

［24］ 戴圣龙. 铸造手册，铸造非铁合金. 第3版. 北京：机械工业出版社，2011.

［25］ 郭景杰，傅恒志. 合金熔体及其处理. 北京：机械工业出版社，2005.

［26］ 吴树森，吕书林，刘鑫旺. 有色金属熔炼入门与精通. 北京：机械工业出版社，2014.

［27］ 肖恩奎，李耀群. 铜及铜合金熔炼与铸造技术. 北京：冶金工业出版社，2007.

［28］ 丁文江，等. 镁合金科学与技术. 北京：科学出版社，2007.

［29］ 吴树森，万里，安萍. 铝、镁合金熔炼与成形加工技术. 北京：机械工业出版社，2012.